산업안전지도사 1차대비
최신 산업안전일반

출제예상문제 종합편 합격 비서!

안전무재해 전문 지도위원
공학박사 · 기술사 · 지도사

권오운 편저

- ✓ 산업안전관리 국가자격시험 기출반영
- ✓ 최신 개정 법령의 필수정보 반영 해설
- ✓ 최근 4년간 기출문제 수록, 핵심 해설
- ✓ 25여년간 제조기업 혁신 진단·지도 경력

도서출판 정일

행운은 100% 노력한 뒤에
남는 것이다!
- 랭스턴 콜만 -

"산업안전지도사 1차대비 최신 산업안전일반"을 발간하면서

이 책을 쓰게 된 동기는 대한민국의 산업경쟁력 향상을 위한 원동력은 바로 그 근간이 되는 무재해 사업장을 확보하는 것이 중요하므로, 필자가 25여년간 산업현장에서 제조업 경쟁력 향상을 위한 컨설팅(교육 및 지도)을 수행해 오면서 경험한 우수한 무재해 달성의 이론 및 기법, 사례들을 바탕으로 산업안전지도사 자격증의 단기 취득에 도움을 주기 위해 집필하게 되었습니다.

산업안전지도사 자격증 취득에는 1차시험(3과목-산업안전보건법령, 산업안전일반, 기업진단·지도), 2차시험(전공 1과목), 3차시험(면접, 구술형)의 3단계를 거치며, 학습범위가 매우 **광범위**하므로 어렵고 수준 높은 시험으로 알려져 있습니다. 본 교재의 수록 예상문제 수준으로 출제되므로 기초이론 학습 후의 **종합적** 학습에 추천되며, 상세히 해설된 풀이가 어려운 경우에는 기초보강용 기사 기본서 등 확보로 병행학습을 추천합니다.

산업안전지도사의 단기합격을 위해서는 광범위한 시험범위이므로 기출문제 분석하에 시험에 나올 영역의 **예상문제**에 집중하는 것이 효과적이고 **합격비결**이라고 봅니다.

본 교재에서는 산업안전지도사 자격증을 단기간에 취득하기 위한 산업안전일반 기출문제의 출제 유형에 대비하고, 문제해결의 응용력이 생길 수 있도록 예상문제를 중심으로 관련 이론, 법령, 실무들을 정리 해설함으로써 논리적 비약없는 시험대비 학습을 할 수 있도록 했습니다. 교재 특징으로서 학습없이 가능한 상식적 문제는 **제외**시켰습니다.

산업안전일반 분야는 공개되어 있는 산업안전지도사의 기출문제 검토, 관련 자격증의 기출문제를 검토하고 학습에 활용하여 시험에 대비하는 것이 합격을 위해 매우 효과적입니다. 산업안전과 관련된 국가기술자격시험인 산업안전지도사, 산업보건지도사, 산업안전관리기사, 건설안전기사, 산업위생관리기사, 인간공학기사, 품질경영기사 등의 **공개**된 **기출문제**를 검토 후 시험출제 예상문제로 엄선하여 상세 해설을 제시했습니다.

본 교재의 해설에서 산업안전보건법령 관련은 명칭을 간략화 표기하고, 기타 법령·출처는 원문으로 표기했습니다(**산업안**전보건**법** → 산안법, **산업안**전보건법 시행**령** → 산안령, **산**업안전보건법 **시행규**칙 → 산시규, **산**업안전보건**기**준에 관한 **규**칙 → 산기규).

이 책을 통한 효과적 학습으로 시험에 대비중이신 모든 분들에게 조기에 시험 합격이라는 목적달성과 대성공을 기원드립니다. 아울러 본 교재가 출판될 수 있도록 많은 도움을 주시고, 좋은 출판 도서로 거듭나게 할 수 있도록 항상 지원해 주시는 전통있는 "도서출판 정일"의 이병덕 사장님과 여러 직원분들께도 감사의 인사말씀을 전해 드립니다.

편저자 공학박사·기술사·지도사 권오운 배상

☆ 편저자 약력 : 공학박사·기술사·지도사 권오운

- 소속 : ㈜ATPM컨설팅(www.atpm.co.kr) 대표컨설턴트/사장
  국가기술자격취득 e-학원 CP에듀(www.cpedua.com) 원장
  ☆전문: 기술사(품질/공장)/지도사(안전/경영/기술)/기사(QM)
- 경력 : 대우조선해양 QA/QC과장, 한국표준협회 수석전문위원/팀장
- 학력 : 공학박사(산업공학; 고려대), 공학석사(산업경영공학; 연세대)
  공학사(기관공학; 한국해양대학), 학군 ROTC 해군장교(기관)
- 자격 : 기술사(품질관리), 기술지도사(생산관리/기술혁신관리), 선박기관사(갑종1등)
  에너지관리기사(취득시: 열관리기사1급), 품질경영기사
  산업안전지도사 1차합격(01070559)/2차합격(기계;01220256)(제13회)/단기고득점
- 저서 : [최신]산업안전지도사 도서 총 6권 저술(1차&2차 2024년 R1판, 3차 2024 초판)
  ☆기출문제풀이집/산안법령/산안일반/기업진단지도/기계안전공학/면접실전연습
  [최신]품질관리기술사 도서 총 3권 저술(품질경영 등 3권, ATPM, 2024 14판)
  [최신]공장관리기술사 도서 총 3권 저술(생산시스템 등 4권, ATPM, 2024 14판)
  [최신]경영지도사(생관) 도서 총 3권 저술(경영과학 등 3권, ATPM, 2024년 7판)
  [최신]기술지도사(생관) 도서 총 3권 저술(생산관리 등 3권, ATPM, 2021년 6판)
  기술지도사(기술혁신) 도서 총 3권 저술(재료역학 등 3권, 2024년, 3판)
  [최신]품질경영기사 도서 총 6권 저술(신뢰성관리 등 6권, 정일출판, 2021 6판)
  [종합]품질경영기사 필기(증보5판), 실기(증보2판)(성안당→ATPM,2024)
  [최신]품경산업기사 도서 총 5권 저술(통계적품질 등 6권, 정일출판, 2021 6판)
  [종합]품경산업기사 필기(증보5판), 실기(증보2판)(성안당→ATPM,2024)
  혁신활동 단행본 저서 총 6권 공동저술(품질경영추진론, 차별화경영, e-Biz 등)
  TPM혁신활동 저서 총 19권 저술(최신 TPM종합실무, 영문판 상·하 TPM실무 등)
- 논문 : 이익이 나는 TPM의 효율적 추진방안 연구 등 10여편 (1996년~현재)
- 기고 : TPM 도입 기업의 6시그마, TPS의 통합추진 방안 등 27건(KSA, 1996~현재)
- 실적 : 삼성계열사(7개사), 두산계열사(7개사), LG/현대 계열사 등 대기업 60여개사 및
  중소기업 220개사 무재해, TPM, 품질혁신, 원가혁신 등 기업혁신 교육 및 지도
- 진흥 : 산업자원부 주관 국가품질경영상(품질·생산·TPM분야) 대통령상 심사위원 역임
  국가품질망 웹구성설계 단독 수주 및 설계(www.q-korea.net) (KSA, 2005) 등
- 수상 : 대한민국 인물 大賞(권오운)(한경BUSINESS), 대한민국 우수브랜드 大賞(CP에듀)
  한국소비자만족도 평가1위(공장관리기술사 교육)(한국브랜드진흥협회) 권오운
  대한민국 우수기업 브랜드 大賞(국가자격 총6종 교육)(주최: 한국브랜드진흥협회)
  한국경제신문사장賞(공로상), 한국표준협회장賞(공로상), 대우조선 사장賞(공로상)

◆ 산업안전지도사 정보 및 시험 출제기준 ◆

□ 자격증 기본정보

○ 자격개요 :
　외부전문가인 지도사의 객관적이고도 전문적인 지도·조언을 통하여 사업장 내에서의 기존의 안전상의 문제점을 규명하여 개선하고 생산라인 관계자에게 생산현장의 생산방식이나 공법도입에 따른 안전대책수립에 도움을 주기 위함

○ 수행직무 :
　- 유해위험방지계획서, 안전보건개선계획서, 공정안전보고서, 물질안전보건자료 작성지도
　- 산업안전분야에 대한 안전성 평가 및 기술지도

○ 소관부처 : 고용노동부(산업보건과)

□ 시험과목 및 방법

구분	시험과목	문항수	시험시간	시험방법
제1차 시험	1. 공통필수Ⅰ (산업안전보건법령) 2. 공통필수Ⅱ (산업안전일반) 3. 공통필수Ⅲ (기업진단·지도)	과목 당 25문항 (총 75문항)	90분	객관식 5지 택일형
제2차 시험 (전공필수 - 택1)	1. 기계안전분야 2. 전기안전분야 3. 화공안전분야 4. 건설안전분야	논술형 4문항 (3문항 작성, 필수 2/택1) 및 단답형 5문항(전항 작성)	100분	논술형
제3차 시험	면접시험 : 전문지식과 응용능력, 산업안전·보건제도에 대한 이해 및 인식 정도, 지도·상담 능력 등		1인당 20분 내외	면접

□ 합격기준

구분	합격결정 기준
제1,2차 시험	매 과목 100점을 만점으로 하여 매 과목 40점 이상, 전 과목 평균 60점 이상 득점한 자
제3차 시험	10점 만점에 6점 이상 득점한 자

■ 출제 영역
□ 자격명 : 산업안전지도사 제1차 시험 세부내용

과목명	주요항목	세부항목
산업안전보건 법령	1. 산업안전보건법 2. 산업안전보건법 시행령 3. 산업안전보건법 시행규칙 4. 산업안전보건기준에 관한 규칙 5. 산업안전보건법령 관련 고시	1. 총칙 등에 관한 사항 2. 안전·보건관리체제 등에 관한 사항 3. 안전보건관리규정에 관한 사항 4. 유해·위험 예방조치에 관한 사항 　(산업안전보건기준에 관한 규칙 포함) 5. 근로자의 보건관리에 관한 사항 6. 감독과 명령에 관한 사항 7. 산업안전지도사 및 산업보건지도사에 관한 사항 8. 보칙 및 벌칙에 관한 사항
산업안전일반	1. 산업안전교육론	1. 교육의 필요성과 목적 2. 안전·보건교육의 개념 3. 학습이론 4. 근로자 정기안전교육 등의 교육내용 5. 안전교육방법(OJT, O_{ff}JT 등) 및 교육 평가 6. 교육실시방법 　(강의법, 토의법, 실연법, 시청각교육법 등)
	2. 안전관리 및 손실방지론	1. 안전과 위험의 개념 2. 안전관리 제이론 3. 안전관리의 조직 4. 안전관리 수립 및 운용 5. 위험성평가 활동 등 안전활동 기법
	3. 신뢰성공학	1. 신뢰성의 개념 2. 신뢰성 척도와 계산 3. 보전성과 유용성 4. 신뢰성 시험과 추정 5. 시스템의 신뢰도
	4. 시스템안전공학	1. 시스템 위험분석 및 관리 2. 시스템 위험분석기법 　(PHA, FHA, FMEA, ETA, CA 등) 3. 결함수분석 및 정성적·정량적 분석 4. 안전성평가의 개요 5. 신뢰도 계산 6. 위해위험방지계획

산업안전일반	5. 인간공학	1. 인간공학의 정의 2. 인간-기계체계 3. 체계설계와 인간요소 4. 정보입력표시(시각·청각·촉각·후각 등의 표시장치) 5. 인간요소와 휴먼에러 6. 인간계측 및 작업공간 7. 작업환경의 조건 및 작업환경과 인간공학 8. 근골격계 부담 작업의 평가
	6. 산업재해조사 및 원인분석	1. 재해조사의 목적 2. 재해의 원인분석 및 조사기법 3. 재해사례 분석절차 4. 산재분류 및 통계분석 5. 안전점검 및 진단
기업진단 ·지도	1. 경영학(인적자원관리, 조직관리, 생산관리)	1. 인적자원관리의 개념 및 관리방안에 관한 사항 2. 노사관계관리에 관한 사항 3. 조직관리의 개념에 관한 사항 4. 조직행동론에 관한 사항 5. 생산관리의 개념에 관한 사항 6. 생산시스템의 설계, 운영에 관한 사항 7. 생산관리 최신이론에 관한 사항
	2. 산업심리학	1. 산업심리 개념 및 요소 2. 직무수행과 평가 3. 직무태도 및 동기 4. 작업집단의 특성 5. 산업재해와 행동 특성 6. 인간의 특성과 직무환경 7. 직무환경과 건강 8. 인간의 특성과 인간관계
	3. 산업위생개론	1. 산업위생의 개념 2. 작업환경노출기준 개념 3. 작업환경 측정 및 평가 4. 산업환기 5. 건강검진과 근로자건강관리 6. 유해인자의 인체영향
자료출처	담당부서 : 한국산업인력공단 인문교육출제부, 자료실 등록 : 2023.03.09	

□ 지도사 자격시험 중 제2차 시험의 업무 영역별 과목 및 범위

(산업안전보건법 시행령 별표 32) (1차 : 공통필수 3과목, 2차 : 전공필수 1과목)

구분		산업안전지도사			
		기계안전 분야	전기안전 분야	화공안전 분야	건설안전 분야
전공 필수	과목	기계안전공학	전기안전공학	화공안전공학	건설안전공학
	시험 범위	- 기계·기구·설비의 안전 등(위험기계·양중기·운반기계·압력용기 포함) - 공장자동화 설비의 안전기술 등 - 기계·기구·설비의 설계·배치·보수·유지기술 등	- 전기기계·기구 등으로 인한 위험방지 등(전기방폭설비포함) - 정전기 및 전자파로 인한 재해예방 등 - 감전사고 방지기술 등 - 컴퓨터·계측제어 설비의 설계 및 관리기술 등	- 가스·방화 및 방폭설비 등, 화학장치·설비안전 및 방식기술 등 - 정성·정량적 위험성 평가, 위험물누출·확산 및 피해 예측 등 - 유해위험물질 화재폭발 방지론, 화학공정 안전관리 등	- 건설공사용 가설구조물·기계·기구 등의 안전기술 등 - 건설공법 및 시공방법에 대한 위험성평가 등 - 추락·낙하·붕괴·폭발 등 재해 요인별 안전대책 등 - 건설현장의 유해·위험요인에 대한 안전기술 등
공통필수Ⅰ		산업안전보건법령			
	시험범위	「산업안전보건법」,「산업안전보건법 시행령」,「산업안전보건법 시행규칙」,「산업안전보건기준에 관한 규칙」			
공통필수Ⅱ		산업안전 일반			
	시험범위	산업안전교육론, 안전관리 및 손실방지론, 신뢰성공학, 시스템안전공학, 인간공학, 위험성평가, 산업재해 조사 및 원인분석 등			
공통필수Ⅲ		기업진단·지도			
	시험범위	경영학(인적자원관리, 조직관리, 생산관리), 산업심리학, 산업위생개론			

□ 자격명 : 산업안전지도사 제3차 시험 세부내용

과목명	평정내용	시험방법
면접시험	1. 전문지식과 응용능력 2. 산업안전·보건제도 관련 이해 및 인식 정도 3. 상담·지도능력	평정내용에 대한 질의·응답

■ 지도사의 업무 영역별 업무 범위

(산업안전보건법 시행령 제102조 제2항 관련 별표 31)

1. 법 제145조 제1항에 따라 등록한 산업안전지도사(기계안전·전기안전·화공안전분야)
   가. 유해위험방지계획서, 안전보건개선계획서, 공정안전보고서, 기계·기구·설비의 작업계획서 및 물질안전보건자료 작성 지도
   나. 다음의 사항에 대한 설계·시공·배치·보수·유지에 관한 안전성 평가 및 기술 지도
      1) 전기 2) 기계·기구·설비 3) 화학설비 및 공정
   다. 정전기·전자파로 인한 재해의 예방, 자동화설비, 자동제어, 방폭전기설비 및 전력시스템 등에 대한 기술 지도
   라. 인화성 가스, 인화성 액체, 폭발성 물질, 급성독성 물질 및 방폭설비 등에 관한 안전성 평가 및 기술 지도
   마. 크레인 등 기계·기구, 전기작업의 안전성 평가
   바. 그 밖에 기계, 전기, 화공 등에 관한 교육 또는 기술 지도

2. 법 제145조 제1항에 따라 등록한 산업안전지도사(건설안전 분야)
   가. 유해위험방지계획서, 안전보건개선계획서, 건축·토목 작업계획서 작성 지도
   나. 가설구조물, 시공 중인 구축물, 해체공사, 건설공사 현장의 붕괴우려 장소 등의 안전성 평가
   다. 가설시설, 가설도로 등의 안전성 평가
   라. 굴착공사의 안전시설, 지반붕괴, 매설물 파손 예방의 기술 지도
   마. 그 밖에 토목, 건축 등에 관한 교육 또는 기술 지도

미래는 꿈의 아름다움을
믿는 자의 것이다!
- 엘리너 루즈벨트 -

산업안전지도사 1차대비
최신 산업안전일반

차례

제1장 산업안전관리론	………	1
제2장 산업안전심리	………	41
제3장 산업안전교육	………	99
제4장 신뢰성공학	………	137
제5장 시스템안전공학	………	241
제6장 인간공학	………	289
제7장 작업환경 안전	………	367
제8장 산업재해 조사분석	………	433
제9장 최근 기출문제 풀이	………	463

낭비한 시간에 대한 후회는
더 큰 시간낭비이다.
- 메이슨 쿨리 -

제1장

산업안전관리론

1.1 안전관리 개요 / 2

1.2 안전관리 이론 / 11

1.3 안전관리 기법 / 20

1.4 안전관리 조직 / 30

1.5 무재해운동 방법 / 33

1.1 안전관리 개요

> 안전관리 일반

01 1900년대 초 미국 한 기업의 회장으로서 "안전제일(Safety First)"이란 구호를 내걸고 사고예방활동을 전개한 후 안전의 투자가 결국 경영상 유리한 결과를 가져 온다는 사실을 알게 하는데 공헌한 사람은?

① 게리(Gary)   ② 하인리히(Heinrich)   ③ 버드(Bird)
④ 피렌제(Firenze)   ⑤ 아담스(Adams)

해설 ① [○] 게리(E. H. Gary)는 '안전제일'이란 구호로 안전에 대한 투자를 주장한 사람이다.

02 레빈(Lewin)의 법칙 B=f(P·E) 중 B가 의미하는 것은?

① 인간관계   ② 행동   ③ 환경   ④ 함수   ⑤ 재해

해설 ② [○] 레빈(Lewin)의 법칙 B=f(P·E)
여기서, B : Behavior, 행동, f : function, 함수관계
P : Person, 개체(연령, 경험, 성격, 지능, 소질 등)
E : Environment, 환경(인간관계, 작업환경 등)

03 K사는 세계 곳곳에 생산 공장을 두고 있는 글로벌 기업이다. 각 생산공장에 적용 가능한 안전보건경영시스템을 조사하고자 한다. 국내·외에 존재하는 안전보건경영시스템 관련 규격명과 제정한 국가의 연결이 옳지 않은 것은?

① ISRS (International Safety Rating System) - 노르웨이
② KOSHA (Korea Occupational Safety & Health Agency) 18001 - 한국
③ HS(G)65 (Successful Health and Safety Management) - 영국
④ VPP (Voluntary Protection Program) - 미국
⑤ Work Safe Plan - 독일

정답 01. ①   02. ②   03. ⑤

해설 ⑤ [×] Work Safe Plan - 오스트리아, MKK - 독일

04 안전관리의 PDCA Cycle에 관한 설명으로 옳지 않은 것은?

① P 단계는 추진방법을 계획하고 교육·훈련을 하는 단계이다.
② D 단계는 계획에 대한 준비와 실행을 하는 단계이다.
③ C 단계는 실행 결과를 목표와 비교하여 실행결과를 평가하는 단계이다.
④ A 단계는 평가결과에 대한 보완을 통해 목표를 달성하는 단계이다.
⑤ PDCA Cycle은 지속적으로 되풀이하는 유지개선의 사고방식이다.

해설 ① [×] P(Plan) 단계는 추진방법을 계획하는 단계가 맞지만, 교육·훈련을 하는 것은 D(Do) 단계이다. P(Plan, 계획), D(Do, 실시), C(Check, 검토), A(Action, 조처)는 관리의 4단계인 PDCA의 두문자를 의미한다.

05 방호장치가 미설치된 프레스에서 작업 중에 3개월 이상의 요양이 필요한 1명의 부상자가 발생하였다. 이 상황에 대한 설명으로 옳은 것은?

① 산업안전보건법상 중대재해 조사대상이며, 원인을 분석하여 대책을 수립하여야 한다.
② 하인리히(H. W. Heinrich)의 도미노 이론에 의하면 4단계인 사고를 제거하면 예방할 수 있는 재해이다.
③ 버드(Frank Bird)의 신도미노 이론에서 5단계인 상해를 제거하면 예방할 수 있는 재해이다.
④ 발생된 사고가 인적 손실이 수반되므로 '아차사고'라 할 수 있다.
⑤ 작업 전 프레스의 이상 여부와 방호장치를 점검하면 예방할 수 있는 재해이다.

해설 ⑤ [○] 중대재해에는 해당이 되지 않으며, 작업 전 프레스의 이상 여부와 방호장치를 점검하면 예방할 수 있는 재해이다.

06 인간 안전보건관리계획의 초안 작성자로 가장 적합한 사람은?

① 경영자   ② 관리감독자   ③ 안전스탭   ④ 근로자대표
⑤ 안전보건총괄관리자

정답 04. ①   05. ⑤   06. ③

해설 ③ [○] 인간 안전보건관리계획의 초안 작성자는 '안전스탭'이 적임자이다.
○ 안전보건관리계획의 초안은 안전스탭이 작성
1. 관리감독자 : 위험요인 발견하여 안전스탭에게 전달
2. 경영자 : 위험요인을 개선하도록 명령   3. 근로자대표 : 명령에 적극 협조

안전관리 용어

01 다음 용어의 설명 중 맞는 것은?

① 리스크테이킹이란 한 지점에 주의를 집중할 때 다른 곳의 주의가 약해져 발생한 위험을 말한다.
② 부주의란 목적수행을 위한 행동전개과정 중 목적에서 벗어나는 심리적, 신체적 변화의 현상을 말한다.
③ 역할갈등이란 개인에게 여러 개의 역할기대가 있을 경우 그 중의 어떤 역할기대는 불응, 거부하는 것을 말한다.
④ 투사란 다른 사람으로부터의 판단이나 행동에 대하여 무비판적으로 논리적, 사실적 근거없이 수용하는 것을 말한다.
⑤ 심포지엄이란 새로운 자료나 교재를 제시한 후, 문제점을 피교육자로 하여금 발표하고 토의하는 방법이다.

해설 ② [○] 부주의란 목적수행을 위한 행동전개과정 중 목적에서 벗어나는 심리적, 신체적 변화의 현상을 말한다.
① 리스크테이킹이란 객관적인 위험을 자기 나름대로 판정해서 의지결정을 하고 행동에 옮기는 것을 말한다.
③ 역할갈등이란 작업 중에는 상반된 역할이 기대되는 경우가 있으며 그럴 때 갈등이 생기게 되는데 원인은 다음과 같다.
1. 역할 부적합   2. 역할 마찰   3. 역할 모호성
④ 투사란 자기 속의 억압된 것을 다른 사람의 것으로 생각하는 것을 말한다.
⑤ 포럼이란 새로운 자료나 교재를 제시한 후, 문제점을 피교육자로 하여금 발표하고 토의하는 방법이다. 심포지엄이란 몇 사람의 전문가 견해를 발표한 뒤 참가자로 하여금 의견이나 질문을 하게 하여 토의하는 방법이다.

정답   01. ②

02 매직넘버라고도 하며, 인간이 절대식별시 작업 기억 중에 유지할 수 있는 항목의 최대수를 나타낸 것은?

① 3±1   ② 7±2   ③ 10±1   ④ 15±2   ⑤ 20±2

해설 ② [○] 밀러(George A. Miller)의 매직 넘버 7(혹은 마법의 숫자 7)이란, 일반적으로 인간이 단기로 기억할 수 있는 아이템의 개수는 7개 전후(5~9, 7±2)라는 의미이다.

03 사고의 용어 중 Near Accident에 대한 설명으로 옳은 것은?

① 사고가 일어나더라도 손실을 수반하지 않는 경우
② 사고가 일어날 경우 인적재해가 발생하는 경우
③ 사고가 일어날 경우 물적재해가 발생하는 경우
④ 사고가 일어나더라도 일정 비용 이하의 손실만 수반하는 경우
⑤ 사고가 일어나더라도 무상해이지만 경미한 고장이 발생한 경우

해설 ① [○] 무재해사고(Near Accident), 아차사고 : 사고가 일어나더라도 손실을 수반하지 않는 경우이며, 인명이나 물적 등 일체의 피해가 없는 사고이다.

04 동력프레스기의 No hand in die 방식의 안전대책으로 틀린 것은?

① 안전금형을 부착한 프레스   ② 양수조작식 방호장치의 설치
③ 안전울을 부착한 프레스   ④ 전용프레스의 도입
⑤ 자동프레스의 도입

해설 ② [×] 금형 안에 손이 들어가지 않는 구조(No hand in die type)의 프레스에 대한 안전조치로는 전용프레스 도입, 자동프레스, 안전 울을 부착한 프레스, 안전금형을 부착한 프레스 등이 해당한다.

05 심실세동 전류란 무엇인가?

① 최소 감지전류   ② 치사적 전류   ③ 고통 한계전류
④ 마비 한계전류   ⑤ 가수전류(이탈전류)

해설 ② [○] 심실세동 전류는 치사적 전류에 속한다.

정답 02. ②   03. ①   04. ②   05. ②

○ 감전전류의 용어 구분

분류	내용	비고
최소감지 전류	고통을 없고 짜릿함을 느끼는 최소전류	상용주파수 60Hz에서 성인남자의 경우 1mA
고통한계 전류	고통은 느끼나 참을 수 있는 전류	상용주파수 60Hz에서 7~8mA
마비한계 전류	근육의 수축현상이 나타나고 신경이 마비되어 움직이지 못하고 말을 못하는 상태	상용주파수 60Hz에서 10~15mA
심실세동 전류	심장 근육의 기능에 장애를 받을 수 있는 전류	$I = \dfrac{165}{\sqrt{T}}$ (mA) 여기서, I : 심실세동전류(mA) T : 통전시간(s)

* 가수전류(이탈전류) : 사람이 자력으로 이탈 가능한 전류로 고통한계 전류
* 불수전류(교착전류) : 사람이 자력으로 이탈 불가능한 전류로 마비한계 전류

06 다음에서 설명하는 것은?

옥외의 가스 저장탱크지역의 화재발생시 저장탱크가 가열되어 탱크 내 액체부분은 급격히 증발하고 가스부분은 온도상승과 비례하여 탱크 내 압력의 급격한 상승을 초래하게 된다. 탱크가 계속 가열되면 용기 강도는 저하되고 내부압력은 상승하여 어느 시점이 되면 저장탱크의 설계압력을 초과하게 되고 탱크가 파괴되어 급격한 폭발현상을 일으킨다.

① 보일오버 ② 슬롭오버 ③ 증기운폭발 ④ 블레비 ⑤ 백드래프트

해설 ④ [○] 블레비(BLEVE)는 Boiling Liquid Expanding Vapor Explosion의 약자로서 비등액팽창증기폭발을 말한다. BLEVE란 인화점이나 비점이 낮은 인화성 액체(유류)가 가득 차 있지 않는 저장탱크 주위에 화재가 발생하여 저장탱크 벽면이 장시간 화염에 노출되면 윗 부분의 온도가 상승하여 재질의 인장력이 저하되고 내부의 비등현상으로 인한 압력상승으로 저장탱크 벽면이 파열되는 현상을 말한다.

정답 06. ④

07 화염일주한계에 대해 가장 잘 설명한 것은?

① 화염이 발화온도로 전파될 가능성의 한계값이다.
② 화염이 전파되는 것을 저지할 수 있는 틈새의 최대 간격치이다.
③ 폭발성 가스와 공기가 혼합되어 폭발한계내의 상태를 유지하는 한계값이다.
④ 폭발성 분위기가 전기불꽃에 의하여 화염을 일으킬 수 있는 최소 전류값이다.
⑤ 화염이 전파되는 것을 저지할 수 있는 틈새의 최소 간격치이다.

해설 ② [○] 전기기계 기구를 위한 용기의 접합면 틈새가 길이에 비해 매우 작은 용기 내부에서 폭발이 발생해도 폭발 화염이 용기 외부의 위험분위기로 전파되지 않는 최대안전틈새를 화염일주한계(MESP : Maximum Experiment Safe Gaps, 火焰逸走限界)라 하며 일명 최대안전틈새, 안전간극이라고도 부른다.

08 우리나라의 안전전압으로 볼 수 있는 것은 약 몇 V인가?

① 30V ② 50V ③ 60V ④ 70V ⑤ 80V

해설 ① [○] 우리나라의 안전전압으로 볼 수 있는 것은 30V이다.
○ 안전전압 (Safety Voltage)
1. 인체를 위험하게 하는 전기적 충격은 인체를 흐르는 통전전류의 크기와 경로, 전원의 종류(교류, 직류) 및 인체저항과 전압의 크기 등이 관계하고 있다. 그 중 전압으로 나타낸 위험성의 한계, 즉 전격으로부터 안전한 범위의 전압을 안전전압이라 한다.
2. 우리나라는 안전전압의 한계를 산업안전보건법(산업안전기준에 관한 규칙 제324조)에서 대지전압이 30V 이하로 규정하고 있다.

09 전기설비기술기준에서 정의하는 전압의 구분으로 틀린 것은? (2021년 개정된 KEC 규정 적용)

① 교류 저압 : 1,000V 이하
② 직류 저압 : 1,500V 이하
③ 직류 고압 : 1,500V 초과 7,000V 이하
④ 특고압 : 7,000V 이상
⑤ 교류 고압 : 1,000V 초과 7,000V 이하

해설 ④ [×] 특고압은 7,000V 초과하는 전압으로 정의된다.

정답 07. ② 08. ① 09. ④

○ 전압의 구분 (2021년 개정된 KEC 규정)

	AC(교류)	DC(직류)
저압	1,000V 이하	1,500V 이하
고압	1,000V 초과 7,000V 이하	1,500V 초과 7,000V 이하
특고압	7,000V 초과	

10 수분을 함유하는 에탄올에서 순수한 에탄올을 얻기 위해 벤젠과 같은 물질을 첨가하여 수분을 제거하는 증류 방법은?

① 추출증류   ② 공비증류   ③ 가압증류   ④ 감압증류   ⑤ 진공증류

해설 ② [○] 공비 증류는 끓는점이 같거나 비슷한 성분으로 이루어진 혼합물이나 액체 혼합물을 분리하는 증류법이다. 원액(原液)에 제3의 성분을 넣어 원액과 한 개 또는 그 이상의 끓는점이 같은 혼합물을 만들어 원액을 분리하는 방법으로, 석유화학공업에 널리 쓰인다.

11 액체 표면에서 발생한 증기농도가 공기 중에서 연소하한농도가 될 수 있는 가장 낮은 액체온도를 무엇이라 하는가?

① 인화점   ② 비등점   ③ 연소점   ④ 발화온도   ⑤ 착화점

해설 ① [○] 제시문은 인화점(引火點)에 대한 내용이다. 인화점은 액체 표면에서 발생한 증기농도가 공기 중에서 연소하한농도가 될 수 있는 가장 낮은 액체온도이다.
② 비등점 : 액체 물질의 증기압이 외부 압력과 같아져 끓기 시작하는 온도. 외부 압력이나 물질의 조성에 변화가 있으면 온도도 따라서 변한다.
③ 연소점 : 가연성 액체나 고체의 공기 또는 산소 중에서 가열하였을 때, 점화원에 의해 발화되어 지속적으로 연소가 진행되는 최저 온도
④ 발화온도(발화점) : 물질이 공기 또는 산소 중에서 가열하였을 때 점화원 없이 발화하거나 폭발을 일으키는 최저 온도
⑤ 착화점(=발화점) : 어떤 온도에서 점화원이 없어도(불을 붙이지 않아도) 스스로 착화(발화)되는 온도

정답   10. ②   11. ①

12 물이 관 속을 흐를 때 유동하는 물 속의 어느 부분의 정압이 그 때의 물의 증기압보다 낮을 경우 물이 증발하여 부분적으로 증기가 발생되어 배관의 부식을 초래하는 경우가 있다. 이러한 현상을 무엇이라 하는가?

① 서어징(surging)   ② 공동현상(cavitation)   ③ 비말동반(entrainment)
④ 피팅(pitting)   ⑤ 수격작용(water hammering)

해설 ② [○] 공동현상 또는 캐비테이션(cavitation)이란 유체의 속도 변화에 의한 압력변화로 인해 유체 내에 공동(빈 곳, cavity)이 생기는 현상을 말하며, 공동현상이라고도 한다. 액체의 포화증기압보다 낮아진 범위에서 증기가 발생하거나 액체 속에 녹아 있던 기체가 나와서 공동을 이루게 되어 침식을 유발시킨다.
④ pitting 또는 pitting 부식은 작은 구멍이 금속에 무작위로 발생하는 극도로 국부적인 부식 유형이다.

13 지반에서 나타나는 보일링(boiling) 현상의 직접적인 원인으로 볼 수 있는 것은?

① 굴착부와 배면부의 지하수위의 수두차
② 굴착부와 배면부의 흙의 중량차
③ 굴착부와 배면부의 흙의 함수비차
④ 굴착부와 배면부의 흙의 토압차
⑤ 굴착저면 하부의 투수성이 나쁜 사질지반

해설 ① [○] 굴착부와 배면부의 지하수위의 수두차가 보일링의 직접적인 원인이다.
○ 보일링 현상의 정의 : 사질지반 굴착시 흙막이벽 배면의 지하수위가 굴착저면보다 높을 때, 굴착저면으로 흙과 물이 끓어오르는 것처럼 분출되는 현상이다. 일명 quick sand라고도 한다.

14 철골용접부의 내부결함을 검사하는 방법으로 가장 거리가 먼 것은?

① 알칼리반응시험   ② 방사선투과시험   ③ 자기분말탐상시험
④ 침투탐상시험   ⑤ 초음파탐상시험

해설 ① [×] 철골용접부의 내부결함을 검사하는 방법으로 비파괴검사법을 이용한다.

정답   12. ②   13. ①   14. ①

○ 결함위치에 따른 비파괴검사(또는 비파괴시험)의 분류
1. 표면결함 검출을 위한 비파괴시험
    가. 육안검사(VT : Visual Testing)
    나. 자분탐상시험(MT : Magnetic Particle Testing)
    다. 액체침투탐상시험(PT : Penetrating Testing)
    라. 와전류탐상시험(ET : Eddy Current Testing)
2. 내부결함 검출을 위한 비파괴시험
    가. 방사선투과시험(RT : Radiographic Testing)
    나. 음향방출시험(AET, Acoustic Emission Testing)
    다. 초음파탐상시험(UT : Ultrasonic Testing)

15 흙막이벽 근입깊이를 깊게 하고, 전면의 굴착부분을 남겨 두어 흙의 중량으로 대항하게 하거나, 굴착예정 부분의 일부를 미리 굴착하여 기초콘크리트를 타설하는 등의 대책과 가장 관계가 깊은 것은?

① 파이핑현상이 있을 때   ② 히빙현상이 있을 때   ③ 지하수위가 높을 때
④ 굴착깊이가 깊을 때   ⑤ 보일링현상이 있을 때

해설   ② [○] 히빙(heaving)은 연약 점토지반을 굴착하고 벽체를 세워 흙이 무너지지 않도록 막았을 때, 뒷채움 흙의 자중과 추가하중을 점착력이 버티지 못하여 결국 굴착한 곳의 흙이 부풀어오르는 현상이다.
    ① 파이핑현상 : 파이핑(piping)란 수위차가 있는 지반 중에 파이프 형태의 수맥이 생겨 사질층의 물이 배출되는 현상이다.

1.2 안전관리 이론

> 재해발생 관련 이론

01 하인리히의 재해발생 이론은 다음과 같이 표현할 수 있다. 이때 α가 의미하는 것으로 옳은 것은?

재해의 발생＝물적 불안전 상태＋인적 불안전 상태＋α
＝설비적 결함＋관리적 결함＋α

① 노출된 위험의 상태　② 재해의 직접원인　③ 재해의 간접원인
④ 잠재된 위험의 상태　⑤ 선천적 결함

해설　④ [○] α는 잠재된 위험의 상태를 의미한다.
　○ 하인리히의 재해발생 연쇄이론
　　　1단계 : 사회적 환경 및 유전적 요소 (선천적 결함) (간접원인)
　　　2단계 : 개인적 결함 (직접원인)
　　　3단계 : 불안전 행동(인적) 및 불안전한 상태(물적) (직접원인)
　　　4단계 : 사고
　　　5단계 : 재해(상해)
　○ 하인리히의 재해발생 이론
　　　재해발생＝물적 불안전상태＋인적 불안정상태＋잠재된 위험의 상태
　　　　　　　＝설비적 결함＋관리적 결함＋잠재된 위험의 결함

02 하인리히(Heinrich)의 재해구성비율에 따른 58건의 경상이 발생한 경우 무상해 사고는 몇 건이 발생하겠는가?

① 58건　② 116건　③ 600건　④ 900건　⑤ 1,200건

해설　③ [○] 하인리히(Heinrich)의 재해구성 비율 → 1 : 29 : 300
　　　1(중상 또는 사망) : 29(경상) : 300(무상해 사고) → 2 : 58 : 600
　　　29건의 2배이므로 무상해 사고도 2배가 됨. 300×2=600

정답　01. ④　02. ③

03) 다음 중 하인리히가 제시한 재해발생의 연쇄성 이론의 도미노 이론에서 3단계에 해당하는 요소로서 사고나 재해예방에 가장 핵심이 되는 요소는?

① 사고   ② 개인적 결함   ③ 사회적 환경 및 유전적 요소
④ 선천적 결함   ⑤ 불안전한 행동 및 불안전한 상태

해설 ⑤ [○] 제시문은 '불안전한 행동 및 불안전한 상태'에 대한 내용이다.
○ 하인리히의 재해발생의 연쇄성 이론
1단계 : 사회적 환경과 유전적 요소(선천적 결함)
2단계 : 개인적 결함   3단계 : 불안전한 행동 및 불안전한 상태
4단계 : 사고   5단계 : 재해

04) 하인리히(H. W. Heinrich)의 사고발생 연쇄성 이론에서 "직접원인"은 아담스(E. Adams)의 사고발생 연쇄성 이론의 무엇과 일치하는가?

① 작전적 에러   ② 전술적 에러   ③ 유전적 요소   ④ 사회적 환경
⑤ 관리구조

해설 ② [○] 제시문은 아담스 사고 발생 연쇄성 이론의 단계 중 '전술적 에러'에 해당된다.
○ 아담스 사고발생 연쇄성 이론 : 관리구조 → 작전적 에러 → 전술적 에러 (직접원인) → 사고 → 상해(재해)

05) 아담스(Adams)의 재해발생과정 이론의 단계별 순서로 옳은 것은?

① 관리구조 결함 → 전술적 에러 → 작전적 에러 → 사고 → 재해
② 관리구조 결함 → 작전적 에러 → 전술적 에러 → 사고 → 재해
③ 전술적 에러 → 관리구조 결함 → 작전적 에러 → 사고 → 재해
④ 작전적 에러 → 관리구조 결함 → 전술적 에러 → 사고 → 재해
⑤ 작전적 에러 → 전술적 에러 → 관리구조 결함 → 사고 → 재해

해설 ② [○] 아담스(Adams)의 재해발생과정 이론의 단계별 순서이다.
○ 아담스 연쇄성 5단계 :
관리구조 결함 → 작전적 에러 → 전술적 에러 → 사고 → 상해(재해)

정답   03. ⑤   04. ②   05. ②

[참고]
○ 하인리히 도미노 5단계
사회적 환경 및 유전적 요소(기초 원인) → 개인의 결함(간접 원인) → 불안전한 행동 및 불안전한 상태(직접 원인) → 사고 → 재해

○ 버드 연쇄성 5단계
관리소홀(통제미흡) → 기본원인 → 직접원인 → 사고 → 상해

06 버드(Bird)의 신 연쇄성이론 중 재해발생의 근원적 원인에 해당하는 것은?

① 상해 발생 ② 징후 발생 ③ 접촉 발생 ④ 관리의 부족
⑤ 유전적 원인

해설 ④ [○] 버드(Bird)의 연쇄성이론 5단계
1단계 : 통제미흡(관리소홀) : 근본적 원인
2단계 : 기본원인(기원) : 간접원인
3단계 : 직접원인(징후)
4단계 : 사고(접촉)   5단계 : 상해(손실)

07 다음 중 버드(Bird)의 사고발생 도미노 이론에서 직접원인은 무엇이라고 하는가?

① 통제 ② 징후 ③ 손실 ④ 위험 ⑤ 기원

해설 ② [○] 버드(Bird)의 사고발생 도미노 이론에서 직접원인은 '징후'이다.
○ 버드의 도미노 현상
1단계 : 통제부족(관리)   2단계 : 기본원인(기원)
3단계 : 직접원인(징후)   4단계 : 사고(접촉)   5단계 : 상해(손실)

08 버드(Bird)의 신 도미노이론 5단계에 해당하지 않는 것은?

① 제어부족(관리)   ② 직접원인(징후)   ③ 간접원인(평가)
④ 기본원인(기원)   ⑤ 상해(재해)

해설 ③ [×] 버드(Bird)의 신 도미노이론에서 간접원인(평가)는 해당 단계가 아니다.

정답 06. ④   07. ②   08. ③

09 버드(Bird)의 재해분포에 따르면 20건의 경상(물적, 인적상해)사고가 발생했을 때 무상해·무사고(위험순간) 고장발생 건수는?

① 60　　② 200　　③ 600　　④ 1200　　⑤ 12000

해설　④ [○] 버드의 재해구성 비율은 1(중상 또는 폐질) : 10(경상) : 30(무상해 사고) : 600(무상해·무사고 고장)의 비율을 말한다.
1 : 10 : 30 : 600 = 2 : 20 : 60 : 1200

10 다음 중 버드(Bird)가 발표한 새로운 사고연쇄예방 이론에서 사건을 방지하기 위해 제기한 직전의 사상은?

① 기준 이하의 행동(substandard acts) 및 기준 이하의 조건(substandard conditions)
② 기준 이하의 행동(substandard acts) 및 작업 관련요소(job factor)
③ 사람 관련 요소(personal factor) 및 작업 관련 요소(job factor)
④ 사람 관련 요소(personal factor) 및 기준 이하의 조건(substandard conditions)
⑤ 안전 관련 요소(safety factor) 및 환경 관련 요소(environment factor)

해설　① [○] 버드(Bird)의 사고연쇄예방 이론의 기본 사상은 "기준 이하의 행동(substandard acts) 및 기준 이하의 조건(substandard conditions)"이다. 이는 사고가 발생하는 원인은 기준 이하의 행동과 조건에서 비롯된다는 것을 의미한다. 기준 이하의 행동은 작업자가 안전한 작업 방법을 따르지 않거나 안전 규정을 어기는 등의 행동을 말하며, 기준 이하의 조건은 작업 환경이나 장비 등이 안전 기준을 충족하지 못하는 상태를 말한다.

○ 버드의 신연쇄성 이론
1단계 : 관리의 소홀(통제의 부족)
2단계 : 기본원인(기원) - 개인적 또는 과업과 관련된 요인
3단계 : 직접원인(징후) - 불안전한 행동 및 불안전한 상태
4단계 : 사고(접촉)
5단계 : 상해(손해)

11 버드의 재해구성 비율 이론에 따라 중상이 5건 발생한 경우 경상이 발생할 건수는?

① 1,500   ② 150   ③ 145   ④ 100   ⑤ 50

해설 ⑤ [○] 1 : 10 : 30 : 600 → 중상(1건→5건)이면 경상(10건→10×5=50건)

○ 버드의 재해 구성 비율 → 1 : 10 : 30 : 600
  1 : 중상 또는 폐질
  10 : 경상
  30 : 무상해 사고(물적손실 수반)
  600 : 무상해·무사고 고장(위험순간)

○ [참고사항] 하인리히의 재해 구성 비율 → 1 : 29 : 300
  1 : 사망, 중상
  29 : 경상
  300 : 무사고, 위험순간(아차사고)

12 어느 사업장에서 물적손실이 수반된 무상해 사고가 180건 발생하였다면 중상은 몇 건 발생할 수 있는가? (단, 버드의 재해구성 비율법칙에 따른다.)

① 6건   ② 18건   ③ 20건   ④ 29건   ⑤ 34건

해설 ① [○] 1 : 10 : 30 : 600 → 6 : 60 : 180 : 3600

○ 버드의 재해구성 비율 : 1 : 10 : 30 : 600
  1 : 중상 또는 폐질   10 : 경상
  30 : 무상해 사고(물적손실 수반)
  600 : 무상해·무사고 고장

13 다음 중 웨버(D. A. Weaver)의 사고발생 도미노이론에서 "작전적 에러"를 찾아내기 위한 질문의 유형으로만 구성된 것은?

① what, why, where
② what, why, whether
③ what, where, whether
④ why, where, whether
⑤ why, when, whether

정답   11. ⑤   12. ①   13. ②

해설 ② [○] 웨버(D. A. Weaver)의 작전적 에러 질문유형 3가지
1. what : 무엇이 불안전한 상태이며 불안전한 행동인가? (사고의 원인)
2. why : 왜 불안전한 상태와 불안전한 행동이 용납되는가?
3. whether : 감독과 경영 중에서 어느 쪽이 사고방지에 대한 안전지식을 가지고 있는가?

14 다음은 재해발생에 관한 이론이다. 각각의 재해발생 이론의 단계를 잘못 나열한 것은?

① Heinrich 이론 : 사회적 환경 및 유전적 요소 → 개인적 결함 → 불안전한 행동 및 불안전한 상태 → 사고 → 재해
② Bird 이론 : 제어(관리)의 부족 → 기본원인(기원) → 직접원인(징후) → 접촉(사고) → 재해(손실)
③ Adams 이론 : 기초원인 → 작전적 에러 → 전술적 에러 → 사고 → 재해
④ Weaver 이론 : 유전과 환경 → 인간의 결함 → 불안전한 행동과 상태 → 사고 → 재해(상해)
⑤ Zabetakis 이론 : 안전정책과 결정 → 불안전 행동과 불안전 상태 → 물질에너지 기준이탈 → 사고 → 구호

해설 ③ [×] 아담스(Adams)의 연쇄이론 : 관리구조 → 작전적(전략적)에러 → 전술적 에러 → 사고 → 재해

재해손실비용 이론

01 하인리히의 재해코스트 평가방식 중 직접비에 해당하지 않는 것은?

① 산재보상비 ② 치료비 ③ 간호비 ④ 생산손실 ⑤ 유족보상비

해설 ④ [×] 하인리히의 재해코스트 평가방식
1. 총 재해비용 : 직접비+간접비 (1 : 4의 구성 비중)
2. 직접비 : 휴업보상비, 장해보상비, 요양보상비, 유족보상비, 장의비, 간병비
3. 간접비 : 인적손실, 물적손실, 시간손실, 생산손실 등

02 하인리히의 재해손실비 평가방식에서 간접비에 속하지 않는 것은?

① 요양급여　② 시설복구비　③ 교육훈련비　④ 생산손실비
⑤ 물적손실

해설　① [×] 간접비 : 인적손실, 물적손실, 생산손실, 기타손실
　　○ 직접비 : 휴업보상비, 장해보상비, 요양보상비, 유족보상비, 장의비, 간병비

03 다음 중 하인리히의 재해코스트 선정 방식에서 간접비용에 해당되지 않는 것은?

① 시설의 복구에 소비된 시간손실비용　② 유족에게 지불된 보상비용
③ 사기·의욕 저하로 인한 생산손실비용　④ 간병비용
⑤ 기계·재료 등의 파손에 따른 재산손실비용

해설　② [×] 유족에게 지불된 보상비용은 직접비에 해당한다.
　　○ 간접비
　　　1. 신규직원 섭외비용　2. 시간손실비용
　　　3. 재산손실비용　　　4. 생산손실비용
　　　5. 교육훈련비용　　　6. 시설복구비용

04 하인리히의 재해손실비의 평가방식에 있어서 간접비에 해당하지 않는 것은?

① 사망 시 장의비용　② 신규직원 섭외비용
③ 재해로 인한 본인의 시간손실비용　④ 시설복구로 소비된 재산손실비용
⑤ 병상 위문금, 여비 및 통신비

해설　① [○] 사망 시 장의비용은 직접비용에 해당한다.
　　○ 간접비 : 재산손실 및 생산중단 등으로 기업이 입은 손실
　　　1. 인적 손실 : 본인 및 제3자에 관한 것을 포함한 시간손실
　　　2. 물적 손실 : 기계·공구·재료·시설의 보수에 소비된 시간손실 및 재산손실
　　　3. 생산손실 : 생산감소, 생산중단, 판매감소 등에 의한 손실

정답　02. ①　03. ②　04. ①

4. 특수 손실 : 근로자의 신규채용, 교육훈련비, 섭외비 등에 의한 손실
5. 기타 손실 : 병상 위문금, 여비 및 통신비, 입원중의 잡비, 장의비용 등

05 재해코스트 산정에 있어 시몬즈(R. H. Simonds) 방식에 의한 재해코스트 산정법으로 옳은 것은?

① 직접비+간접비
② 간접비+비보험코스트
③ 공동비용비+개별비용비
④ 보험코스트+비보험코스트
⑤ 보험코스트+사업부보상금 지급액

해설 ④ [○] 시몬즈(R.H. Simonds) 방식은 '보험코스트+비보험코스트'이다.
⑤ 콤패스(Compass) 방식은 '총재해비용=공동비용비+개별비용비'이다.
여기서, 공동비용 : 보험료, 안전조직 및 유지비용
개별비용 : 작업손실비용, 수리비, 치료비 등
○ 재해코스트 산정에 있어 시몬즈(R. H. Simonds) 방식
1. 총재해코스트=보험코스트+비보험코스트
여기서, 비보험코스트=(A×휴업상해건수)+(B×통원상해건수)+(C×구급조치건수)+(D×무상해 사고건수)
2. 영구 전노동불능 상해(신체장해등급 1~3급)는 시몬즈 방식의 보험코스트에는 미포함(포함이 안됨).

06 다음 중 시몬즈(Simonds)의 재해손실비용 산정 방식에 있어 비보험코스트에 포함되지 않는 것은?

① 영구 전노동불능 상해
② 영구 부분노동불능 상해
③ 일시 전노동불능 상해
④ 일시 부분노동불능 상해
⑤ 응급조치 상해

해설 ① [×] 영구 전노동불능 상해는 보험코스트에 해당된다.
○ 시몬즈의 총 재해코스트=보험코스트+비보험코스트
1. 보험코스트 : 산재보험료
2. 비보험코스트 : 휴업상해, 통원상해, 응급조치상해, 무상해 사고

정답 05. ④   06. ①

재해예방 관련 이론

01 하인리히의 사고예방대책 기본원리 5단계에 있어 "시정방법의 선정" 바로 이전 단계에서 행하여지는 사항으로 옳은 것은?

① 분석　② 사실의 발견　③ 안전조직 편성　④ 시정책의 적용
⑤ 시정책의 수립

해설　① [○] 질문은 '분석'이 해당되는 단계이다.
○ 하인리히의 사고예방대책 기본원리 5단계
　　1단계 : 안전조직
　　2단계 : 사실의 발견
　　3단계 : 분석
　　4단계 : 시정책(시정방법) 선정
　　5단계 : 시정책 적용

정답　01. ①

1.3 안전관리 기법

> 시스템 위험 분석기법

01 다음과 같은 특징을 가지고 있는 위험성평가 기법은

○ 사업장에서 위험성과 운전성을 체계적으로 분석·평가한다.
○ 가이드워드에 의해 위험요소를 도출하는 것이 고유한 특성이다.
○ 토론에 의해 위험요소를 도출한다.
○ 공정의 설계의도에서 이탈을 찾아낸다.

① FMEA ② HAZOP ③ FTA ④ Checklist ⑤ PHA

해설 ② [○] HAZOP은 '위험과 운전분석(Hazard and operability study)'를 의미하며, 공정에 존재하는 위험요인과 공정의 효율을 떨어뜨릴 수 있는 운전상의 문제점을 찾아 내어 그 원인을 제거하는 방법을 말한다.

02 HAZOP 기법에서 사용하는 가이드워드와 그 의미가 잘못 연결된 것은?

① Other than : 기타 환경적인 요인
② No/Not : 디자인 의도의 완전한 부정
③ Reverse : 디자인 의도의 논리적 반대
④ More/Less : 정량적인 증가 또는 감소
⑤ As Well As : 성질상의 증가

해설 ① [×] Other than : 완전한 대체의 사용

○ HAZOP(위험 및 운전성 검토)의 유인어 종류
  1. No 또는 Not : 완전한 부정
  2. More 또는 Less : 양의 증가 또는 감소
  3. As Well As : 성질상의 증가
  4. Part of : 성질상의 감소
  5. Reverse : 논리적인 역
  6. Other than : 완전한 대체

정답 01. ② 02. ①

03 다음 중 HAZOP의 전제조건으로 적합하지 않은 것은?

① 이상 발생시 안전장치는 동작하지 않는 것으로 간주한다.
② 두 개 이상의 기기 고장이나 사고는 일어나지 않는 것으로 간주한다.
③ 장치 자체는 설계 및 제작 사양에 맞게 제작된 것으로 간주한다.
④ 조작자는 위험상황이 일어났을 때 그것을 인식할 수 있고, 충분한 시간이 있는 경우 필요한 조치사항을 취하는 것으로 간주한다.
⑤ 작업자는 위험상황시 필요한 조치를 취하는 것으로 한다.

해설　① [×] 이상 발생시 안전장치는 동작하는 것으로 간주한다.

　　○ HAZOP 전제조건(원칙)
　　1. 동일 기능의 2가지 이상 기기 고장 및 사고는 발생치 않는다.
　　2. 안전장치는 필요시 정상작동을 하는 것으로 한다.
　　3. 장치와 설비는 설계 및 제작사양에 적합하게 제작된 것으로 한다.
　　4. 작업자는 위험상황시 필요한 조치를 취하는 것으로 한다.
　　5. 위험의 확률이 낮으나 고가설비를 요구할 시는 안전교육 및 직무교육으로 대체한다.
　　6. 사소한 사항이라도 간과하지 않는다.

04 원자력 산업과 같이 상당한 안전이 확보되어 있는 장소에서 추가적인 고도의 안전 달성을 목적으로 하고 있으며, 관리, 설계, 생산, 보전 등 광범위한 안전을 도모하기 위하여 개발된 분석기법은?

① DT　② FTA　③ THERP　④ MORT　⑤ ETA

해설　④ [○] MORT(경영소홀과 위험수분석)에 대한 설명이다.

① DT(의사결정수, Decision tree)는 행동과 행동에 따른 각 결과들을 나무의 가지처럼 표현하여 최종적으로 의사를 결정하는 방법이다.
② FTA(결함수분석, Fault Tree Analysis)는 사상과 원인의 관계를 논리기호를 사용하여 나뭇가지 모양의 그림으로 나타낸 FT를 만들고 이를 사용하여 시스템의 고장확률을 구하는 기법이다.
③ THERP((Technique of Human Error Rate Prediction, 인간과오율 예측 기법)는 인간의 과오를 정량적으로 평가하기 위하여 개발된 기법이다.

정답　03. ①　04. ④

④ MORT(Management Oversight and Risk Tree, 경영소홀과 위험수분석)는 관리, 설계, 생산 등의 광범위한 안전을 도모하기 위한 연역적, 정량적인 분석법이다.

⑤ ETA(Event Tree Analysis, 사건수 분석법)는 특정장치의 이상이나 운전자의 실수로부터 발생되는 잠재적인 사고결과를 평가하는 귀납적, 정량적인 분석법이다.

05 THERP(Technique for Human Error Rate Prediction)의 특징에 대한 설명으로 옳은 것을 모두 고른 것은?

> ㉠ 인간-기계 계(system)에서 여러 가지의 인간의 에러와 이에 의해 발생할 수 있는 위험성의 예측과 개선을 위한 기법
> ㉡ 인간의 과오를 정성적으로 평가하기 위하여 개발된 기법
> ㉢ 가지처럼 갈라지는 형태의 논리구조와 나무 형태의 그래프를 이용

① ㉠   ② ㉠, ㉡   ③ ㉠, ㉢   ④ ㉡, ㉢   ⑤ ㉠, ㉡, ㉢

해설   ③ [○] THERP : 인간의 과오를 정량적으로 평가하기 위하여 개발된 기법

06 인간의 과오를 정량적으로 평가하기 위한 기법으로서 인간의 과오율 추정법 등 5개의 스텝으로 되어 있는 기법은?

① FTA   ② FMEA   ③ THERP   ④ MORT   ⑤ FMECA

해설   ③ [○] 제시문에 해당하는 것은 'THERP'이다.
  ○ THERP(Technique for Human Error Rate Prediction, 인간과오율 예측 기법)
    1. 인간과오율 예측 기법(THERP)은 인간 신뢰도 분석에서의 HER(Human Error Rate)에 대한 예측 기법이다.
    2. 인간 신뢰도 분석 사건 나무를 사용하며, 분석하고자 하는 작업을 기본적 행위로 분할하여 각 행위의 성공 또는 실패 확률을 결합하여 성공 확률을 추정하는 정량적 분석 방법이다.

정답   05. ③   06. ③

07 다음 그림은 THERP를 수행하는 예이다. 작업개시점 N_1에서부터 작업종점 N_4까지 도달할 확률은? (단, $P(B_i)$, i=1, 2, 3, 4는 해당 확률을 나타내며, 각 직무과오의 발생은 상호독립이라고 가정한다.)

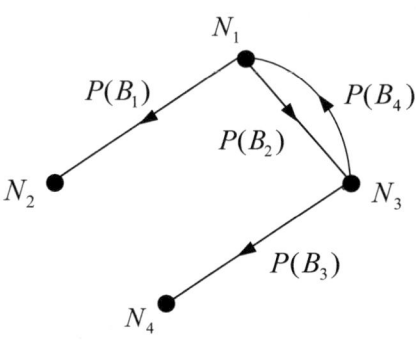

① $1 - P(B_1)$ ② $1 - P(B_2) \times P(B_4)$ ③ $P(B_2) \cdot P(B_3)$

④ $\dfrac{P(B_2) \cdot P(B_3)}{1 - P(B_4)}$ ⑤ $\dfrac{P(B_2) \cdot P(B_3)}{1 - P(B_2) \cdot P(B_4)}$

해설 ⑤ [○] $N_1 \to N_4$ 도달확률은 환류 $P(B_4)$가 없는 경우는 $P(B_2) \times P(B_3)$이고, 환류 $P(B_4)$가 있는 경우는 조건부 확률로서 $\dfrac{P(B_2) \times P(B_3)}{1 - P(B_2) \times P(B_4)}$가 된다.

08 다음 중 사고원인 가운데 인간의 과오에 기인된 원인 분석, 확률을 계산함으로써 제품의 결함을 감소시키고, 인간공학적 대책을 수립하는데 사용되는 분석기법은?

① CA ② FMEA ③ THERP ④ MORT ⑤ FTA

해설 ③ [○] 제시문은 THERP(인간과오율 예측 기법)에 대한 내용이다. 시스템에 있어서 인간의 과오를 정량적으로 평가하기 위해 개발된 기법(Swain 등에 의해 개발된 인간실수 예측기법)이다.

① CA(치명도 해석) : FMEA를 실시한 결과 고장 등급이 높은 고장모드가 시스템이나 기기의 고장에 어느 정도로 기여하는가를 정량적으로 계산하고, 고장모드가 시스템이나 기기에 미치는 영향을 정량적으로 평가하는 방법이다.

정답 07. ⑤ 08. ③

② FMEA(실패유형 및 영향분석) : 시스템 안전분석에 이용되는 전형적인 정성적 귀납적 분석방법으로 시스템에 영향을 미치는 전체 요소의 고장을 유형별로 분석하여 그 영향을 검토하는 것이다.

④ MORT(management oversight and risk tree) : '경영소홀 및 위험수목'으로 번역되며, FTA와 동일의 논리적 방법을 사용하여 관리, 설계, 생산, 보전 등에 대한 넓은 범위에 걸쳐 안전성을 확보하려는 시스템 안전 프로그램으로서, 정량적인 분석법이다.

⑤ FTA(Fault Tree Analysis) : 결함수법, 결함관련 수법, 고장의 나무 해석법이다.

09 다음 중 인간의 과오(Human error)를 정량적으로 평가하고 분석하는데 사용하는 기법으로 가장 적절한 것은?

① THERP   ② FMEA   ③ CA   ④ FMECA   ⑤ HERB

해설　① [○] 제시문은 인간과오율 예측기법(THERP)에 대한 내용이다. 인간의 과오(human error)를 정량적으로 평가하기 위한 기법으로서 인간의 과오율 추정법 등 5개 스텝으로 된 기법이다.

10 다음 중 인간 신뢰도(Human Reliability)의 평가 방법으로 가장 적합하지 않는 것은?

① HCR   ② THERP   ③ SLIM   ④ FMECA   ⑤ OAT

해설　④ [×] FMECA(Failure Mode and Effects, Criticality Analysis, 실패유형 및 영향분석)는 제품이나 제조공정에서 발생 가능한 고장유형을 찾아내어 그 영향을 분석하고 치명도를 평가하여 각각의 원인을 제거하거나 감소시키는 일련의 개선대책을 제시하기 위한 기법이다.

① HCR(Human Cognitive Reliability)은 사람에 근거한 인지 신뢰도 모형으로 초기 인간 신뢰도 평가방법이다. HCR는 '인간 인지 신뢰도'를 의미한다.

② THERP(인간과오율 예측기법)은 작업자의 직무를 단위동작으로 세분화하고, 각 단위동작의 오류 확률을 평가한 후, 이를 합하여 대상 직무에 대한 오류확률을 구하는 방법이다.

정답　09. ①　10. ④

③ SLIM(Success Likelihood Index Method)은 인적오류에 영향을 미치는 수행 특성인자의 영향력을 고려하여 오류 확률을 평가하는 방법이다.

⑤ OAT(Operator Action Tree)는 특정한 공정상의 사상을 당면하였을 때 운전팀이 수행할 것이라고 예상되는 다양한 의사결정과 행동의 연속을 표현한, 나무처럼 생긴 다이어그램이다.

11 인간오류확률 추정 기법 중 초기사건을 이원적(binary) 의사결정(성공 또는 실패) 가지들로 모형화하고, 이 이후의 사건들의 확률은 모두 선행사건에 대한 조건부 확률을 부여하여 이원적 의사결정 가지들로 분지해 가는 방법은?

① 결함 나무 분석(Fault Tree Analysis)
② 조작자 행동 나무(Operator Action Tree)
③ 인간오류 시뮬레이터(Human Error Simulator)
④ 인간과오율 예측기법(Technique for Human Error Rate Prediction)
⑤ 인간실수 자료은행(Human Error Rate Bank)

해설 ④ [○] 제시문은 인간과오율 예측기법(THERP)에 대한 내용이다.

안전관리 관련 분석기법

01 다음 중 인간관계관리 기법에 있어 구성원 상호간의 선호도를 기초로 집단 내부의 동태적 상호관계를 분석하는 방법으로 가장 적절한 것은?

① 소시오메트리(sociometry)   ② 그리드 훈련(grid training)
③ 집단역학(group dynamic)   ④ 감수성 훈련(sensitivity training)
⑤ 산업동태학(industrial dynamics)

해설 ① [○] 제시문에 해당하는 적절한 것은 '소시오메트리(sociometry)'이다.
② 그리드 훈련은 그리드에 의해서 관리행동이나 조직행동을 분석하고 9.9형이 되도록 훈련해 나가는 기법이다.
③ 집단역학은 집단 구성원 간에 존재하는 상호작용과 영향력을 말한다.
④ 감수성 훈련은 감정의 상처에서 벗어나 현재 감정을 조절하는 심성훈련이다.

정답 11. ④ | 01. ①

02 다음 중 직무의 내용이 시간에 따라 전개되지 않고 명확한 시작과 끝을 가지고 미리 잘 정의되어 있는 경우 인간신뢰도의 기본단위를 나타내는 것은?

① bt   ② HEP   ③ $\lambda(t)$ ④ $\alpha(t)$ ⑤ THERP

해설 ② [○] 제시문에 해당하는 적절한 것은 HEP이다. HEP는 human error probablility로서 전체 실수 대비 인간실수 확률이다. 신뢰도는 '1-HEP'이다.

03 인간 신뢰도 분석기법 중 조작자 행동 나무(Operator Action Tree) 접근 방법이 환경적 사건에 대한 인간의 반응을 위해 인정하는 활동 3가지는?

① 감지, 추정, 진단   ② 반응, 진단, 추정   ③ 감지, 반응, 진단
④ 감지, 반응, 추정   ⑤ 추정, 진단, 인지

해설 ③ [○] 인간 신뢰도 분석기법 중 조작자행동나무(OAT) 접근방법이 환경적 사건에 대한 인간의 반응을 위해 인정하는 활동 3가지로는 감지, 반응, 진단이다.

○ 운전원 행동분석(OAT) : 이 기법은 특정 개시사상(initiating event)에 대응하는 운전원의 행동을 체계적으로 구성하는 논리적인 기법으로, 이상 사태가 발생하였을 때 운전원이 반응하는 데 있어 특히 중요한 직무들을 확인하는 데 유용하다.

04 각 계층의 관리감독자들이 숙련된 안전관찰을 행할 수 있도록 훈련을 실시함으로써 사고를 미연에 방지하여 안전을 확보하는 안전관찰훈련 기법은?

① THP 기법   ② TBM 기법   ③ STOP 기법   ④ TD-BU 기법
⑤ HAZOP 기법

해설 ③ [○] 제시문은 STOP 기법에 대한 내용이다.

○ STOP기법 (Safety Training Observation Program)
  1. 미국의 듀퐁사에서 개발한 기법이며, 감독자를 대상으로 한 안전관찰 훈련 과정이다.
  2. 각 계층의 관리감독자들이 숙련된 안전관찰을 행할 수 있도록 훈련을 실시함으로써 사고의 발생을 미연에 방지하도록 한다.

정답   02. ②   03. ③   04. ③

05 소시오메트리(sociometry)에 관한 설명으로 옳은 것은?

① 구성원 상호간의 선호도를 기초로 집단 내부의 동태적 상호관계를 분석하는 기법이다.
② 구성원들이 서로에게 매력적으로 끌리어 목표를 효율적으로 달성하는 정도를 도식화한 것이다.
③ 리더십을 인간 중심과 과업 중심으로 나누어 이를 계량화하고, 리더의 행동경향을 표현, 분류하는 기법이다.
④ 리더의 유형을 분류하는 데 있어 리더들이 자기가 싫어하는 동료에 대한 평가를 점수로 환산하여 비교, 분석하는 기법이다.
⑤ 집단구성원 간의 호감과 반감을 조사하여 그 빈도와 강도에 따라 개인간 인간관계를 이해하는 척도를 말한다.

해설 ① [○] 구성원 상호간의 선호도를 기초로 집단 내부의 동태적 상호관계를 분석하는 기법이다.
⑤ 소시오메트리(sociometry)는 집단 내의 선택, 의사소통 및 상호작용 패턴에 관한 자료를 수집하고 분석하는 방법 혹은 집단구성원 간의 호감과 반감을 조사하여 그 빈도와 강도에 따라 집단구조를 이해하는 척도를 말한다.

06 어느 부서의 직원 6명의 선호 관계를 분석한 결과 다음과 같은 소시오그램이 작성되었다. 이 부서의 집단응집성지수는 얼마인가? (단, 그림에서 실선은 선호관계, 점선은 거부관계를 나타낸다.)

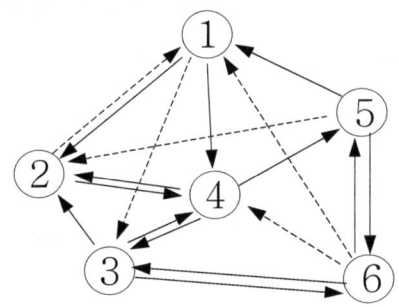

① 0.13   ② 0.27   ③ 0.33   ④ 0.47   ⑤ 0.58

정답 05. ①   06. ②

해설 ② [○] 응집성지수 = $\dfrac{\text{실제상호관계의 수}}{\text{가능선호관계의 총수}}$

$$= \dfrac{4}{n(n-1)/2} = \dfrac{4}{6(6-1)/2} = \dfrac{4}{15} = 0.27$$

여기서, 실제상호관계의 수=쌍방향화살표의 수

07 동일 부서 직원 6명의 선호 관계를 분석한 결과 다음과 같은 소시오그램이 작성되었다. 이 소시오그램에서 실선은 선호관계, 점선은 거부관계를 나타낼 때, 4번 직원의 선호신분지수는 얼마인가?

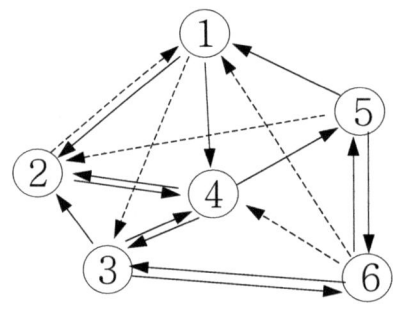

① 0.2   ② 0.33   ③ 0.4   ④ 0.5   ⑤ 0.6

해설 ③ [○] 4번 직원의 선호신분지수=(선호3-거부1)/(6명-1명)=2/5=0.4

08 재해의 분석에 있어 사고유형, 기인물, 불안전한 상태, 불안전한 행동을 하나의 축으로 하고, 그것을 구성하고 있는 몇 개의 분류 항목을 크기가 큰 순서대로 나열하여 비교하기 쉽게 도시한 통계 양식의 도표는?

① 직선도   ② 특성요인도   ③ 파레토도   ④ 체크리스트   ⑤ 관리도

해설 ③ [○] 제시문은 파레토도(Pareto diagram)에 대한 내용이다.
② 특성요인도 : 특성과 요인 관계를 세분하여 연쇄관계로 나타냄. 생선뼈그림
⑤ 관리도 : 재해발생건수 추이 파악시 사용되는 꺾은선그래프 형태의 곡선이다.

09 다음 설명에 해당하는 재해의 통계적 원인분석 방법은?

> 2개 이상의 문제 관계를 분석하는데 사용하는 것으로 데이터를 집계하고, 표로 표시하여 요인별 결과내역을 교차한 그림을 작성, 분석하는 방법

① 파레토도   ② 특성요인도   ③ 관리도   ④ 클로즈 분석   ⑤ 연관도법

해설 ④ [○] 제시문은 클로즈 분석에 대한 내용이다.

① 파레토도 : 사고의 유형, 기인물 등의 분류항목을 크기 순서대로 나열시켜 도표화하여 문제나 목표의 이해에 편리하도록 한 그림

② 특성요인도 : 특성과 요인과의 관계를 도표로 하여 어골(漁骨)상으로 도형화

③ 관리도 : 재해발생건수 등의 시간경과에 따른 추이를 파악하도록 한 그래프

④ 클로즈 분석 : 2개 이상의 문제를 분석하는데 사용되는 그림

[참고] 이 부문에서 국가시험에서 통일되지 않은 용어로 출제된 바 있다. 클로즈(close)는 밀접, 크로스(cross)는 교차라는 의미인데, 제시된 그림은 통계학의 집합이론에서 벤다이어그램과 아주 유사한 그림과 논리이므로 둘 중 크로스가 더 적절한 의미인 것 같다.)

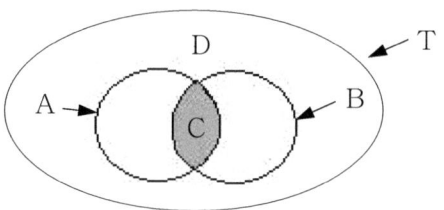

⑤ 연관도법 : 문제가 되는 사상(결과)에 대하여 요인(원인)이 복잡하게 엉켜 있을 경우에 그 인과관계나 요인상호관계를 명확하게 함으로써 원인의 탐색과 구조의 명확화를 가능케 하고 문제해결의 실마리를 발견할 수 있는 방법이다.

정답 09. ④

1.4 안전관리 조직

안전관리 조직 유형

01 다음 그림과 같은 안전관리 조직의 특징으로 틀린 것은?

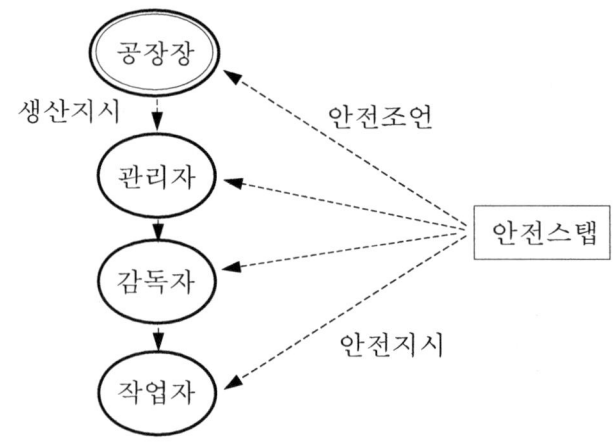

① 1,000명 이상의 대규모 사업장에 적합하다.
② 생산부분은 안전에 대한 책임과 권한이 없다.
③ 사업장의 특수성에 적합한 기술연구를 전문적으로 할 수 있다.
④ 권한다툼이나 조정 때문에 통제수속이 복잡해지며, 시간과 노력이 소모된다.
⑤ 생산라인과의 협력 부족 문제가 발생할 수 있다.

해설 ① [×] 100명 이상 1,000명 미만인 스탭(staff)형 안전조직을 보인 것이다.
      라인-스탭형 조직이 1,000명 이상의 대규모 사업장에 적합하다.
      ○ 안전조직의 인원
         1. 라인형 : 100명 미만 2. 스탭형 : 100이상 1,000명 미만
         3. 라인-스탭형 : 1,000명 이상

02 안전보건관리조직의 유형 중 스탭형(Staff) 조직의 특징이 아닌 것은?

① 생산부문은 안전에 대한 책임과 권한이 없다.
② 권한 다툼이나 조정 때문에 통제수속이 복잡해지며 시간과 노력이 소모된다.

정답 01. ①   02. ④

③ 생산부분에 협력하여 안전명령을 전달, 실시하므로 안전지시가 용이하지 않으며 안전과 생산을 별개로 취급하기 쉽다.
④ 명령 계통과 조언 권고적 참여가 혼동되기 쉽다.
⑤ 사업장 특성별 대책수립이 용이하다.

해설 ④ [×] 명령 계통과 조언 권고적 참여가 혼동되기 쉬운 것은 직계참모형(라인스탭형) 조직의 단점이다.

03 Line-Staff형 안전보건관리조직에 관한 특징이 아닌 것은?

① 조직원 전원을 자율적으로 안전활동에 참여시킬 수 있다.
② 스탭의 월권행위의 경우가 있으며, 라인스탭에 의존 또는 활용치 않는 경우가 있다.
③ 생산부문은 안전에 대한 책임과 권한이 없다.
④ 명령계통과 조언 권고적 참여가 혼동되기 쉽다.
⑤ 생산스탭에 대한 안전스탭의 감시로 인한 마찰발생의 우려가 있다.

해설 ③ [×] "생산부문은 안전에 대한 책임과 권한이 없다"는 것은 Staff형 안전보건관리조직에 해당한다.

04 안전조직 중에서 라인-스탭(Line-Staff) 조직의 특징으로 옳지 않은 것은?

① 라인형과 스탭형의 장점을 취한 절충식 조직형태이다.
② 중규모 사업장(100명 이상~500명 미만)에 적합하다.
③ 라인의 관리자, 감독자에게도 안전에 관한 책임과 권한이 부여된다.
④ 안전 활동과 생산업무가 분리될 가능성이 낮기 때문에 균형을 유지할 수 있다.
⑤ 스탭의 기능이 강하면 권한남용으로 인한 라인간섭이 생길 수 있다.

해설 ② [×] 중규모 사업장(100명 이상~500명 미만)에 적합한 것은 스탭형 조직이다.
○ 라인-스탭(Line-Staff) 조직의 특징
1. 특징
   가. 1,000명 이상인 대규모 사업장에 적합한 조직이다.
   나. 라인형과 스탭형의 장점을 채택하여 적용한 형태이다.

정답 03. ③   04. ②

2. 장점
    가. 안전지식 및 기술축적이 용이하다.
    나. 독자적인 안전개선책을 강구할 수 있다.
    다. 안전지시의 전달이 신속, 정확하다.
3. 단점
    가. 명령계통에서 지도·조언 및 권고적 참여가 있으므로 혼동이 된다.
    나. 생산계통에 대한 안전스탭의 감시로 인한 마찰발생 우려가 있다.

05 다음은 각기 다른 조직 형태의 특성을 설명한 것이다. 각 특징에 해당하는 조직형태를 연결한 것으로 맞는 것은?

> a. 중규모 형태의 기업에서 사장 상황에 따라 인적 자원을 효과적으로 활용하기 위한 형태이다.
> b. 목적 지향적이고 목적 달성을 위해 기존의 조직에 비해 효율적이며 유연하게 운영될 수 있다.

① a : 위원회 조직, b : 프로젝트 조직
② a : 사업부제 조직, b : 위원회 조직
③ a : 매트릭스형 조직, b : 사업부제 조직
④ a : 매트릭스형 조직, b : 프로젝트 조직
⑤ a : 위원회 조직, b : 사업부제 조직

해설 ④ [○] a는 매트릭스형 조직(행렬 조직), b는 프로젝트 조직 형태에 해당하는 특징이다.

○ 조직의 핵심 특징
1. 매트릭스형 조직 : 인적 자원 효율적 운영, 중규모 형태 기입
2. 프로젝트 조직 : 목표지향적, 목적달성이 목적

○ 매트릭스형 조직(행렬 조직)의 의미
매트릭스 조직은 팀이 여러 리더에게 보고하는 회사의 구조를 말한다. 매트릭스 구조는 팀 간의 자유로운 커뮤니케이션이 지속되도록 하며, 회사가 더욱 혁신적인 제품과 서비스를 만들 수 있도록 설계되어 있다.

정답 05. ④

1.5 무재해운동 방법

무재해운동 방법

01 다음 중 사업장 무재해운동 추진에 있어 무재해 시간과 무재해 일수의 산정기준에 관한 설명으로 틀린 것은?

① 무재해 시간은 실근무자와 실근로시간을 곱하여 산정한다.
② 실근로시간의 관리가 어려운 경우에 건설업 이외 업종은 1일 8시간을 근로한 것으로 본다.
③ 실근로시간 관리가 어려운 경우에 건설업은 1일 9시간을 근로한 것으로 본다.
④ 건설업 이외의 300인 미만 사업장은 실근무자와 실근로 시간을 곱하여 산정한 무재해 시간 또는 무재해 일수를 택일하여 목표로 사용할 수 있다.
⑤ '무재해'라 함은 무재해운동 시행사업장에서 근로자가 업무에 기인하여 사망 또는 4일 이상의 요양을 요하는 부상 또는 질병에 이환되지 않는 것을 말한다.

해설 ③ [×] 실근로시간의 관리가 어려운 경우에 건설업은 1일 10시간을 근로한 것으로 본다. 건설업 외 업종은 1일 8시간(사업장 무재해운동 추진 및 운영에 관한 규칙 제5조 관련).

02 안전관리에 있어 5C 운동(안전행동 실천운동)이 아닌 것은?

① 정리정돈   ② 통제관리   ③ 청소청결   ④ 전심전력   ⑤ 복장단정

해설 ② [×] 안전관리에 있어 5C 운동 : 정리정돈(Clearance), 청소청결(Cleaning), 전심전력(Concentration), 복장단정(Correctness), 점검확인(Checking)

위험예지훈련 방법

01 위험예지훈련의 문제해결 4라운드에 속하지 않는 것은?

① 현상파악   ② 본질추구   ③ 원인결정   ④ 대책수립   ⑤ 목표설정

정답 01. ③   02. ② | 01. ③

해설 ③ [×] 위험예지훈련의 문제해결 4라운드
1. 제1단계 : 현상파악 - 어떤 위험이 잠재하고 있는가? (사실을 파악한다)
2. 제2단계 : 본질추구 - 이것이 위험의 포인트이다. (원인을 찾는다)
3. 제3단계 : 대책수립 - 당신이라면 어떻게 할 것인가? (대책을 세운다)
4. 제4단계 : 목표설정 - 우리들은 이렇게 하자! (행동계획을 결정한다)

02 위험예지훈련 4R(라운드) 기법의 진행방법에서 3R에 해당하는 것은?

① 목표설정 ② 대책수립 ③ 본질추구 ④ 현상파악 ⑤ 효과파악

해설 ② [○] 위험예지훈련 4R(라운드) 기법의 진행방법에서 3R는 '대책수립'이다.
○ 위험예지훈련 4R(라운드)
1R : 현상파악, 2R : 본질추구, 3R : 대책수립, 4R : 목표설정

03 위험예지훈련 4라운드(Round) 중 목표설정 단계의 내용으로 가장 적절한 것은?

① 위험 요인을 찾아내고, 가장 위험한 것을 합의하여 결정한다.
② 가장 우수한 대책에 대하여 합의하고, 행동계획을 결정한다.
③ 브레인스토밍을 실시하여 어떤 위험이 존재하는가를 파악한다.
④ 가장 위험한 요인에 대하여 브레인스토밍 등을 통하여 대책을 세운다.
⑤ 안전위험 요소의 발굴 목표에 대해 개인목표 설정으로 동기부여를 한다.

해설 ② [○] 목표설정 : 가장 우수한 대책에 대해 합의하고, 행동계획을 결정한다.
목표설정에 행동계획을 세우는 것이 포함된다는 것이 특징이다.
○ 위험예지훈련 4라운드(Round)
1라운드 : 현상파악 (사실을 파악하고, 브레인스토밍을 실시한다.)
2라운드 : 본질추구 (잠재위험요인을 찾아내고, 가장 위험한 것을 합의하여 결정한다.)
3라운드 : 대책수립 (대책을 세운다. 보다 더 위험도가 높은 것에 대한 대책을 세운다.)
4라운드 : 목표설정 (행동계획을 정한다. 수립한 대책 가운데서 질이 높은 항목에 합의한다.)

정답 02. ②   03. ②

04 다음 설명에 해당하는 위험예지훈련법은?

○ 현장에서 그때 그 장소의 상황에 즉응하여 실시한다.
○ 10명 이하의 소수가 적합하며, 시간은 10분 정도가 바람직하다.
○ 사전에 주제를 정하고 자료 등을 준비한다.
○ 결론은 가급적 서두르지 않는다.

① 삼각 위험예지훈련　　② 시나리오 역할연기훈련
③ Tool Box Meeting　　④ 원포인트 위험예지훈련
⑤ 1인 위험예지훈련

해설　③ [○] 제시문에 해당하는 적절한 것은 'Tool Box Meeting'이다.

① 삼각(三脚) 위험예지훈련 : 말하거나 쓰는 것이 미숙한 근로자들을 대상으로 할 때 보다 빠르고 간편하게 할 수 있는 위험예지훈련 기법의 한 종류
② 시나리오 역할연기훈련 : 작업 전 5분간 시나리오를 작성하여 멤버가 시나리오에 의해 역할 연기를 함으로써 체험학습하는 기법
③ Tool Box Meeting : 현장에서 그 때 그 장소의 상황에서 즉응 실시하는 위험예지활동으로 즉시즉응법이라고도 함.
④ 원포인트 위험예지훈련 : 위험예지훈련 4라운드 중 2R, 3R, 4R를 모두 One Point로 요약하여 실시하는 T.B.M. 위험예지훈련. 흑판이나 용지를 사용치 않고 또한 삼각 위험예지훈련 같이 기호나 메모를 사용하지 않고 구두로 실시를 함.
⑤ 1인 위험예지훈련 : 한 사람 한 사람의 위험에 대한 감수성 향상을 도모하기 위한 삼각 및 원 포인트 위험예지훈련

05 말하거나 쓰는 것이 미숙한 작업자를 위하여 개발되었고, 보다 빠르고 간편하게 기호와 메모로 팀의 합의 형성을 기하려는 위험예지훈련은?

① 자문자답 위험예지훈련　　② TBM 위험예지훈련
③ 삼각 위험예지훈련　　　　④ 1인 위험예지훈련
⑤ STOP 위험예지훈련

정답 04. ③　05. ③

해설 ③ [○] 제시문에 해당하는 것은 '삼각 위험예지훈련'이다. 말하거나 쓰는 것이 미숙한 작업자를 위하여 개발되었고, 보다 빠르고 간편하게 기호와 메모로 팀의 합의 형성을 기하려는 위험예지훈련이다.

06 다음 중 TBM(Tool Box Meeting) 위험예지훈련의 진행방법으로 가장 적절하지 않은 것은?

① 인원은 10명 이하로 구성한다.
② 소요시간은 10분 정도가 바람직하다.
③ 리더는 주제의 주안점에 대하여 연구해 둔다.
④ 오전 작업시작전과 오후 작업종료시 하루 2회 실시한다.
⑤ TBM(Tool Box Meeting)의 발단은 미국의 건설현장에서 시작되었다.

해설 ④ [×] 아침 작업개시전, 중식후 작업개시전, 작업종료시 하루 3회 실시한다.
  ○ TBM 시간
  1. 아침 작업개시전 : 5~15분 (통상 이용하는 방법)
  2. 중식후 작업개시전 : 5~15분
  3. 작업종료시 : 3~5분 (짧은 시간 동안)

07 TBM 활동의 5단계 추진법의 진행순서로 옳은 것은?

① 도입 → 위험예지훈련 → 작업지시 → 점검정비 → 확인
② 도입 → 점검정비 → 작업지시 → 위험예지훈련 → 확인
③ 도입 → 확인 → 위험예지훈련 → 작업지시 → 점검정비
④ 도입 → 작업지시 → 위험예지훈련 → 점검정비 → 확인
⑤ 도입 → 위험예지훈련 → 점검정비 → 작업지시 → 확인

해설 ② [○] TBM은 Tool Box Meeting의 약어이며, 5단계로 진행된다.
  1단계 : 도입 (직장체조, 무재해기원, 상호인사, 안전연설, 목표제창)
  2단계 : 점검정비 (건강, 복장, 보호구, 사용기기 등)
  3단계 : 작업지시 (금일 혹은 명일에 있을 작업 사항 간단하게 전달)
  4단계 : 위험예측 (작업관련 위험에 관한 것을 예측)
  5단계 : 확인 (위험에 대한 팀원의 확인 touch and call)

정답 06. ④ 07. ②

08 다음 설명하는 무재해운동 추진기법은?

> 피부를 맞대고 같이 소리치는 것으로써 팀의 일체감, 연대감을 조성할 수 있고, 동시에 이미지를 불어 넣어 안전행동을 하도록 하는 것

① 역할연기(Role Playing)   ② TBM(Tool Box Meeting)
③ 터치 앤 콜(Touch and Call)   ④ 브레인스토밍(Brain Storming)
⑤ STOP 위험예지훈련

해설 ③ [○] 제시문은 '터치 앤 콜(Touch and Call)'에 대한 내용이다.

○ 터치 앤 콜 (Touch and Call)
  1. 필요성 : 작업현장에서 같이 호흡하는 동료끼리 서로의 피부를 맞대고 느낌을 교류하는 것이다. 즉, 피부를 맞대고 같이 소리치는 행동은 일종의 스킨십으로 팀의 일체감, 연대감을 조성할 수 있고 동시에 대뇌피질에 좋은 이미지를 넣어 안전행동을 하도록 하는 것이다.
  2. 방법 : 현장의 여건과 참여 작업자 수에 따라 여러 가지 형태가 있을 수 있지만 가장 일반적인 형으로는 다음과 같다.
      가. 고리형 (5~6명 이상의 작업원이 참여하는 경우 적용)
      나. 포개기형 (2~3명 정도의 소수작업인원으로도 적용 가능한 방법)
      다. 어깨동무형 (5~6명이상 대규모인 경우에도 적용 가능)
  3. 효과 : 작업장에서 하겠다는 의욕만 있으면 언제라도 실시할 수 있는 효과적인 안전훈련기법중의 하나이다. 동료간에 피부를 접촉시킨다는 것은 마음의 정이 오가게 하는 것이므로 안전훈련이라는 목적 이외에도 작업원 간의 인화와 동료애 등 작업의 효율성 측면에서도 큰 효과를 거둘 수 있다.

09 다음 중 위험예지훈련에 있어 Touch and call에 관한 설명으로 가장 적절한 것은?

① 현장에서 팀 전원이 각자의 왼손을 맞잡아 원을 만들어 팀 행동목표를 지적확인하는 것을 말한다.
② 현장에서 그때 그 장소의 상황에서 즉응하여 실시하는 위험예지활동으로 즉시 즉응법이라고도 한다.

정답 08. ③   09. ①

③ 작업자가 위험작업에 임하여 무재해를 지향하겠다는 뜻을 큰소리로 호칭하면서 안전의식수준을 제고하는 기법이다.
④ 한 사람 한 사람의 위험에 대한 감수성 향상을 도모하기 위한 삼각 및 원포인트 위험예지훈련을 통합한 활용기법이다.
⑤ 현장의 관리자 및 감독자에게 효율적인 안전관찰을 실시할 수 있도록 훈련하는 과정이다.

[해설] ① [○] 'Touch and call'은 스킨십을 통해 연대감 조성하고, 안전한 행동 유발하는 훈련방법이다.
② TBM 예지훈련 ③ 지적확인 ④ 1인 위험예지훈련 ⑤ STOP 기법

10 각자의 위험에 대한 감수성 향상을 도모하기 위하여 삼각 및 원포인트 위험예지훈련을 실시하는 것은?

① 1인 위험예지훈련   ② 자문자답 위험예지훈련
③ TBM 위험예지훈련 ④ 시나리오 역할연기훈련   ⑤ 터치 앤드 콜

[해설] ① [○] 제시문에 해당하는 것은 '1인 위험예지훈련'이다.
   1인 위험예지훈련 : 한 사람 한 사람의 위험에 대한 감수성 향상을 도모하기 위한 삼각 및 원 포인트 위험예지훈련
② 자문자답 위험예지훈련 : 한 사람 한 사람이 '자문자답카드'의 체크항목을 큰소리로 자문자답하면서 위험예지 훈련하는 것
③ TBM 위험예지훈련 : 현장에서 그때 그 장소의 상황에서 즉응 실시하는 위험예지활동으로 즉시즉응법이라고도 함
④ 시나리오 역할연기훈련 : 작업 전 5분간 시나리오를 작성하여 멤버가 시나리오에 의해 역할 연기를 함으로써 체험학습하는 기법
⑤ 터치 앤드 콜 : 현장에서 팀 전원이 각자의 왼손을 맞잡아 원을 만들어 팀 행동목표를 지적 확인

11 한 사람, 한 사람이 스스로 위험요인을 발견, 파악하여 단시간에 행동목표를 정하여 지적확인을 하며, 특히 비정상적인 작업의 안전을 확보하기 위한 위험예지 훈련은?

[정답] 10. ①   11. ④

① 삼각 위험예지훈련 ② 1인 위험예지훈련
③ 원 포인트 위험예지훈련 ④ 자문자답카드 위험예지훈련
⑤ ECR 제안 활동

해설 ④ [○] 제시문은 '자문자답카드 위험예지훈련'에 대한 내용이다.
① 삼각 위험예지훈련 : 말하거나 쓰는 것이 미숙한 작업자를 위하여 개발되었고, 보다 빠르고 간편하게 기호와 메모로 팀의 합의 형성을 기하려는 TBM 예지훈련
② 1인 위험예지훈련 : 각각의 위험에 대한 감수성 향상 도모를 위해 삼각 및 원포인트 위험예지훈련을 통합한 활용기법
③ 원 포인트 위험예지훈련 : 위험예지훈련 4라운드 중 2, 3, 4라운드를 원포인트로 요약하여 실시하는 TBM 위험예지훈련
⑤ ECR은 Error Cause Removal의 약어로서, 미국의 마틴 매리타사에서 시작된 ZD운동의 실천방안 중의 하나로서 'ECR제안'이 있는데, ECR은 '무결점'의 완벽을 향한 끊임없는 노력을 의미한다.

무재해운동 기법

01 다음 중 브레인스토밍(Brain Storming)의 4원칙을 올바르게 나열한 것은?

① 자유분방, 비판금지, 대량발언, 수정발언
② 비판자유, 소량발언, 자유분방, 수정발언
③ 대량발언, 비판자유, 자유분방, 수정발언
④ 소량발언, 자유분방, 비판금지, 수정발언
⑤ 자유분방, 비판금지, 질중시적, 편승환영

해설 ① [○] 브레인스토밍(Brain Storming)의 4원칙
1. 비판금지 : 다른 사람의 아이디어를 비판이나 판단하지 않는다.
2. 자유분방한 분위기 : 자유분방한 분위기를 조성한다.
3. 질보다 양 중시 : 아이디어의 좋고 나쁨을 판단하지 않는다.
4. 수정발언 : 다른 사람의 이야기를 개조하여 자유 연상으로 더 좋은 아이디어를 만든다. 참고로, 수정발언 대신 '편승환영'이라고도 한다.

정답 01. ①

02 다음 중 위험예지훈련에서 활용하는 기법으로 가장 적합한 것은?

① 심포지엄(symposium)　　② 예비사고분석(PHA)
③ OJT(On the Job Training)　　④ 브레인스토밍(brainstorming)
⑤ 버즈세션(Buzz Session)

해설　④ [○] 브레인스토밍(brainstorming)은 잠재위험 도출에 활용되는 회의방법이 된다. 브레인스토밍(B/S : brainstorming)은 4원칙인 ① 비판금지, ② 자유분방, ③ 대량발언, ④ 수정발언을 준수하면서 회의를 한다.

03 작업자 자신이 자기의 부주의 이외에 제반 오류의 원인을 생각함으로써 개선을 하도록 하는 과오원인 제거 기법은?

① TBM　　② STOP　　③ ECR　　④ B/S　　⑤ ECRS

해설　③ [○] 제시문은 ECR(오류원인제거)에 대한 내용이다. ECR은 Error Cause Removal을 뜻한다. ECRS(제거, 결합, 재배치, 단순화)가 아님에 주의한다. 미국의 마틴 매리타사에서 시작된 ZD운동의 실천방안 중의 하나로서 ECR제안이 있는데, ECR은 '무결점'의 완벽을 향한 끊임없는 노력을 의미한다. 결함을 없애기 위한 ECR제안이 ZD의 요체라고 할 수 있다.

⑤ ECRS는 제거(Eliminate), 결합(Combine), 재배치(Rearrange), 단순화(Simplify)의 두문자로서 개선활동에 이용되는 방법이다

04 무재해운동 추진기법으로 볼 수 없는 것은?

① 위험예지훈련　　② 지적확인　　③ 터치 앤 콜　　④ 직무위급도분석
⑤ 브레인스토밍

해설　④ [×] 직무위급도분석은 인간실수확률 추정 기법에 해당한다. 직무위급도분석은 TCRAM(Task Criticality Rating Analysis Method)으로 표기된다.
○ 무재해운동 추진기법 : 위험예지훈련, 브레인스토밍, 지적확인, 터치앤콜

정답　02. ④　03. ③　04. ④

제 2 장

산업안전심리

2.1 산업심리 이론 / 42

2.2 심리검사 및 직업적성 / 53

2.3 휴먼에러 유형 및 원인 / 60

2.4 직무 스트레스 / 85

2.5 리더십과 인간행동 / 89

2.6 집단관리와 리더십 / 96

2.1 산업심리 이론

> 동기부여 이론

01 다음 중 맥그리거(McGregor)의 Y이론과 가장 거리가 먼 것은?

① 성선설   ② 상호신뢰   ③ 선진국형   ④ 권위주의적 리더십
⑤ 분권화와 권한의 위임

해설 ④ [×] 권위주의적 리더십은 X이론에 해당한다.

○ 맥그리거(McGregor)의 X·Y이론

	X이론	Y이론
특징	* 인간불신, 성악설 * 인간은 본래 게으르고 태만하여 수동적이며 남의 지배받기를 즐긴다. * 저차원적 욕구(물질욕구) * 명령·통제에 의한 관리 * 저개발국형	* 상호신뢰성, 성선설 * 인간은 본래 근면 적극적이며 자주적이다. * 고차원적 욕구(정신적 욕구) * 목표통합과 자기통제에 의한 관리 * 선진국형
관리 처방	* 경제적 보상체제의 강화 * 권위주의적 리더십의 확립 * 면밀한 감독과 엄격한 통제 * 상부 책임제도의 강화 * 조직구조의 고층성 체제	* 민주적 리더십의 확립 * 분권화와 권한의 위임 * 목표에 의한 관리 * 직무확장 * 비공식적 조직의 활용 * 자체평가제도의 활성화 * 조직구조의 평면화

02 다음 중 맥그리거(Douglas McGregor)의 X이론과 Y이론에 관한 관리 처방으로 가장 적절한 것은?

① 목표에 의한 관리는 Y이론의 관리 처방에 해당된다.
② 직무의 확장은 X이론의 관리 처방에 해당된다.

정답 01. ④   02. ①

③ 상부책임제도의 강화는 Y이론의 관리 처방에 해당된다.
④ 분권화 및 권한의 위임은 X이론의 관리 처방에 해당된다.
⑤ 조직구조의 평면화는 X이론의 관리 처방에 해당된다.

해설 ① [○] 성선설에 입각하는 목표에 의한 관리는 Y이론의 관리 처방에 해당된다.

03 맥그리거(McGregor)의 Y이론과 관계가 없는 것은?

① 직무확장 ② 책임과 창조력 ③ 인간관계 관리방식
④ 상호신뢰감 ⑤ 권위주의적 리더십

해설 ⑤ [×] 권의주의적 리더십은 X이론에 해당된다.

04 맥그리거(McGregor)의 X·Y이론 중 X 이론에 해당하는 것은?

① 성선설 ② 고차원적 욕구 ③ 상호신뢰감
④ 선진국형 ⑤ 명령 통제에 의한 관리

해설 ⑤ [○] 명령 통제에 의한 관리는 X이론에 해당한다.

05 맥그리거(McGregor)의 X·Y이론 중 X이론에 해당하는 것은?

① 성선설 ② 상호신뢰감 ③ 정신적 욕구
④ 저개발국형 ⑤ 자기통제와 자기지시

해설 ④ [○] 저개발국형은 X이론, 나머지는 Y이론에 해당한다.

06 인간이 충족시키고자 추구하는 욕구에 있어 가장 강력한 욕구는?

① 생리적 욕구 ② 안전의 욕구 ③ 자아실현의 욕구
④ 애정 및 귀속의 욕구 ⑤ 존중의 욕구

해설 ① [○] 생리적 욕구가 가장 기초적이고, 강력한 욕구이다. 매슬로우(Maslow)는 욕구를 생리적 욕구, 안전의 욕구, 애정·소속 욕구, 존경의 욕구, 자아실현의 욕구로 나누어 단계별로 욕구가 작용한다고 설명하였다.

정답 03. ⑤ 04. ⑤ 05. ④ 06. ①

○ 매슬로우(Maslow)의 욕구 단계 이론
1. 생리적 욕구(Physiological)
   허기를 면하고 생명을 유지하려는 욕구로서 가장 기본인 의복, 음식, 가택을 향한 욕구에서 성욕까지를 포함한다.
2. 안전의 욕구(Safety)
   생리 욕구가 충족되고서 나타나는 욕구로서 위험, 위협, 박탈(剝奪)에서 자신을 보호하고 불안을 회피하려는 욕구이다.
3. 애정·소속 욕구(Love, Belonging) : 사회적 욕구라고도 함
   가족, 친구, 친척 등과 친교를 맺고 원하는 집단에 귀속되고 싶어하는 욕구이다. 구성원인 남보다 더 나아 보이려고 하는 욕구이기도 하다.
4. 존중의 욕구(Esteem)
   사람들과 친하게 지내고 싶은 인간의 기초가 되는 욕구이다. 자아존중, 자신감, 성취, 존중, 존경 등에 관한 욕구가 여기에 속한다.
5. 자아실현 욕구(Self-actualization)
   자기를 계속 발전하게 하고자 자신의 잠재력을 최대한 발휘하려는 욕구이다. 다른 욕구와 달리 욕구가 충족될수록 더욱 증대되는 경향을 보여 '성장 욕구'라고 하기도 한다. 알고 이해하려는 인지 욕구나 심미 욕구 등이 여기에 포함된다.

07 허츠버그(Herzberg)의 일을 통한 동기부여 원칙으로 틀린 것은?

① 새롭고 어려운 업무의 부여
② 교육을 통한 간접적 정보제공
③ 자기과업을 위한 작업자의 책임감 증대
④ 작업자에게 불필요한 통제 배제
⑤ 직무에 전문가로 성장할 수 있도록 전문화된 업무를 부여

해설 ② [×] '교육을 통한 간접적 정보제공'은 해당 사항이 아니다.
○ 허츠버그의 일을 통한 동기부여 원칙
1. 불필요한 통제를 배제하고, 자유와 권한을 부여하는 것
2. 개인적 책임과 책무를 증가시키는 것
3. 새롭고 어려운 업무수행을 할 수 있도록 과업을 부여하는 것
4. 완전하고 자연스러운 작업단위를 제공하는 것
5. 직무에 전문가로 성장할 수 있도록 전문화된 업무를 부여하는 것
6. 유도된 행동반응에 기초하여 종업원에게 제공하는 가치 있는 것

정답 07. ②

08 다음 중 허츠버그(Herzberg)가 직무확충의 원리로서 제시한 내용과 거리가 가장 먼 것은?

① 책임을 지고 일하는 동안에는 통제를 추가한다.
② 자신의 일에 대해서 책임을 더 지도록 한다.
③ 직무에서 자유를 제공하기 위하여 부가적 권위를 부여한다.
④ 전문가가 될 수 있도록 전문화된 과제들을 부과한다.
⑤ 더욱 새롭고 어려운 임무를 수행하도록 격려한다.

해설 ① [×] 책임을 지고 일하는 동안에는 통제를 제거한다.

○ 직무확대 방법 (직무확충)
1. 규제를 제거하여 일에 대한 개인적 책임감이나 책무를 증가시킨다.
2. 완전하고 자연스러운 작업단위를 제공한다(한 단위의 한 요소만을 만들게 하지 말고 단위전체를 생산하도록 한다).
3. 직무에 부가되는 자유와 권한을 주어야 한다.
4. 직접 상품생산에 대한 보고를 정기적으로 하게 한다.
5. 더욱 새롭고 어려운 임무를 수행하도록 격려한다.
6. 특정한 직무에 대해 전문가가 될 수 있도록 전문화된 임무를 배당한다.

09 허츠버그(Herzberg)의 위생-동기 이론에서 동기요인에 해당하는 것은?

① 감독 ② 안전 ③ 책임감 ④ 작업조건 ⑤ 임금, 신분, 지위

해설 ③ [○] 허츠버그의 위생-동기 이론에서 '책임감'은 동기요인에 해당한다.

○ 허츠버그(Herzberg)의 위생-동기 이론의 특징
1. 허츠버그는 매슬로우의 욕구이론에 근거를 두고 동기를 유발하는 요인을 탐색하고자 하였다. 그러나 허츠버그는 개인 내부에 있는 욕구에너지에 관심을 두기보다는 사람들에게 일에 대하여 긍정적 혹은 부정적 태도를 유발시키는 요인을 탐색하기 위하여 작업환경에 초점을 두었다.
2. 허츠버그는 직무만족에 기여하는 요인과 직무불만족에 기여하는 요인이 별개로 존재한다는 결론을 내렸다. 만족요인이 충족될 경우 만족하겠지만 충족되지 않는다고 해서 불만족이 생기는 것은 아니며, 불만족 요인이 있을 경우 불만을 갖게 되겠지만 이것이 제거된다고 해서 만족하지는 않는다는, 즉 직무 만족과 불만족은 연속선상의 개념이 아니라고 보았다.

정답 08. ①   09. ③

○ 허츠버그(Herzberg)의 위생-동기 이론에서 동기요인
  1. 직무상의 성취 2. 인정 3. 성장 또는 발전 4. 책임의 증대 5. 도전
  6. 직무내용 자체(보람된 직무) 등
○ 허츠버그(Herzberg)의 위생-동기 이론에서 위생요인
  1. 조직의 정책과 방침 2. 작업조건 3. 대인관계 4. 임금, 신분, 지위
  5. 감독 등

10 데이비스(K. Davis)의 동기부여 이론에 관한 등식에서 그 관계가 틀린 것은?

① 지식×기능=능력
② 상황×능력=동기유발
③ 능력×동기유발=인간의 성과
④ 인간의 성과×물질의 성과=경영의 성과
⑤ 경영성과에 동기부여의 연관성을 식으로 표현하였다.

해설 ② [×] 상황×태도=동기유발
○ 데이비스(K. Davis)의 동기부여 이론에 관한 등식
  경영의 성과=인간의 성과×물질적 성과

11 다음 중 Tiffin의 동기유발 요인에 있어서 공식적 자극에 해당되지 않는 것은?

① 특권박탈 ② 승진 ③ 작업계획의 선택 ④ 칭찬 ⑤ 견책

해설 ④ [×] 칭찬은 비공식적 자극의 적극적 동기유발 요인이다.
○ Tiffin의 동기유발 요인
  1. 공식적 자극
    가. 적극적 : 상여금, 돈, 특권, 승진, 작업계획의 선택 등
    나. 소극적 : 견책, 해고, 임시고용, 특권박탈 등
  2. 비공식적 자극
    가. 적극적 : 격려 및 칭찬, 친절한 태도, 직장동료에 의한 존경 등
    나. 소극적 : 악평, 비난, 배척, 동료 간의 비협조 등

정답 10. ② 11. ④

12 인간의 동기에 대한 이론 중 자극, 반응, 보상의 세 가지 핵심변인을 가지고 있으며, 표출된 행동에 따라 보상을 주는 방식에 기초한 동기이론은?

① 형평이론 ② 기대이론 ③ 강화이론 ④ 목표설정이론
⑤ ERG이론

해설 ③ [○] 제시문은 스키너의 강화이론에 대한 내용이다.
○ 스키너의 강화이론 : 자극, 반응, 보상과 같은 세 가지 핵심변인을 가지고 있다.
   1. 자극 : 행동 반응을 유도해 내는 어떤 변인 혹은 조건
   2. 반응 : 생산성, 결근, 사고와 같은 직무수행에 대한 측정치
   3. 보상

13 동기이론과 관련 학자의 연결이 잘못된 것은?

① ERG이론 : 알더퍼 ② 욕구위계이론 : 매슬로우
③ 위생-동기이론 : 맥그리거 ④ 성취동기이론 : 맥클레랜드
⑤ 동기부여 이론 : 데이비스

해설 ③ [×] 위생-동기이론 : 허츠버그, X, Y이론 : 맥그리거

14 동기유발(motivation) 방법이 아닌 것은?

① 결과의 지식을 알려 준다. ② 안전의 참 가치를 인식시킨다.
③ 상벌제도를 효과적으로 활용한다. ④ 동기유발의 수준을 최대로 높인다.
⑤ 목표를 설정한다.

해설 ④ [×] 동기유발의 최적수준을 유지한다.
○ 안전에 대한 동기유발 방법
   1. 안전의 근본이념을 인식시킨다.   2. 상과 벌을 준다.
   3. 동기 유발의 최적수준을 유지한다.   4. 목표를 설정한다.
   5. 결과를 알려 준다.

정답 12. ③   13. ③   14. ④

15 호손 실험(Hawthorne experiment)의 결과 작업자의 작업능률에 영향을 미치는 주요원인으로 밝혀진 것은?

① 인간관계　② 작업조건　③ 작업환경　④ 생산기술　⑤ 목표부여

해설　① [○] 호손실험은 비공식집단의 발견과 물적 요소보다 심적 요소가 작업능률 개선 효과가 있다는 결과를 냈다. 따라서 인간관계론과 관련이 있으며 감정의 논리, '조직없는 인간'을 추구했다.

16 다음 중 호손(Hawthorne) 연구에 대한 설명으로 옳은 것은?

① 시간-동작연구를 통해서 작업도구와 기계를 설계했다.
② 물리적 작업환경 요인 이외의 심리적 요인이 생산성에 영향을 미친다는 것을 알아냈다.
③ 소비자들에게 효과적으로 영향을 미치는 광고 전략을 개발했다.
④ 채용과정에서 발생하는 차별요인을 밝히고 이를 시정하는 법적 조치의 기초를 마련했다.
⑤ 호손 효과(Hawthorne effect)란 타인에 의해 관찰되고 있거나, 누군가의 관심을 받고 있을 때라도 사람의 행동이 달라지지는 않는 현상을 의미한다.

해설　② [○] 물리적 작업환경 이외의 심리적 요인이 생산성에 영향을 미친다는 것을 알아낸 것이 호손공장에서의 연구 결과이다.
　　　⑤ 호손 효과(Hawthorne effect)란 타인에 의해 관찰되고 있거나, 누군가의 관심을 받고 있을 때에는 사람의 행동이 달라지는 현상을 의미한다.
　　　○ 호손(Hawthorne) 연구 : 물리적 환경 이외에 심리적 요인이 생산성 향상에 영향을 준다는 점을 밝힌 연구 결과이다. 생산성향상에는 사원들의 태도, 비공식 집단의 중요성 등 인간관계가 영향을 미친다는 것을 밝혔다.

산업심리 관련 이론

01 의사소통의 심리구조를 4영역으로 나누어 설명한 조하리의 창(Johari's Windows)에서 "나는 모르지만 다른 사람은 알고 있는 영역"을 가리키는 것은?

정답　15. ①　16. ②　｜　01. ①

① Blind area　② Hidden area　③ Open area　④ Unknown area
⑤ Secret area

해설　① [○] Blind area는 (자신이 모르는 부분, 다른 사람이 아는 부분) 보이지 않는 창

○ 조하리의 창 (Johari's Windows)

	자신이 아는 부분	자신이 모르는 부분
다른 사람이 아는 부분	개방영역 (열린 창) open area	맹인영역 (보이지 않는 창) blind area
다른 사람이 모르는 부분	비밀영역 (숨겨진 창) hidden area	미지영역 (미지의 창) unknown area

1. blind area(맹인영역) : (자신이 모르는 부분, 다른 사람이 아는 부분) 보이지 않는 창
2. hidden area(비밀영역) : (자신이 아는 부분, 다른 사람이 모르는 부분) 숨겨진 창
3. open area(개방영역) : (자신이 아는 부분, 다른 사람이 아는 부분) 열린 창
4. unknown area(미지영역) : (자신이 모르는 부분, 다른 사람이 모르는 부분) 미지의 창

02 직무수행평가 시 평가자가 특정 피평가자에 대해 구체적으로 잘 모름에도 불구하고 모든 부분에 대해 좋게 평가하는 오류는?

① 후광오류　② 엄격화오류　③ 중앙집중오류　④ 관대화오류　⑤ 혼오류

해설　① [○] 제시문은 후광오류(또는 후후효과)에 대한 내용이다.
⑤ 혼오류는 뿔(horn)오류 또는 뿔효과라고도 하며, 후광오류와는 반대로 피평가자에 대해 부정적인 인상을 갖게 되면 다른 특성도 부정적으로 평가해 버리는 오류이다.

○ 후광(Halo)오류
1. 후광오류는 어떤 대상의 한 가지 혹은 일부에 대한 평가가 그의 또 다른 일부 또는 나머지 전부의 평가에 대해 영향을 미치는 효과이다.

정답　02. ①

2. 주로 긍정적인 일부 측면이 나머지 전반에 걸쳐 긍정적인 평가를 불러오는 경우 쓰인다.
3. 후광오류에 의한 오류 방지 방법
    가. 피평가자에 대한 선입견, 편견을 버려야 한다. 결과와 사실을 객관적으로 인식해야 한다.
    나. 분석평가를 실시한다.
    다. 대상이 되는 피평가자에 대해 평가요소별로 평가를 한다.
    라. 사실에 입각해서 평가를 하는 등의 마음가짐을 갖는 것이 중요하다.
    마. 평가항목을 줄이거나 여러 평가자가 동시에 평가하는 다면평가의 활용이 필요하다.

03 조작과 반응과의 관계, 사용자의 의도와 실제 반응과의 관계, 조종장치와 작동결과에 관한 관계 등 사람들의 기대와 일치하는 관계가 뜻하는 것은?

① 중복성 ② 조직화 ③ 양립성 ④ 표준화 ⑤ 검출성

해설 ③ [○] 제시문은 '양립성'에 대한 내용이다.
    ○ 양립성 : 자극과 반응의 관계가 인간의 기대와 모순되지 않는 성질

04 어떤 과업을 성취할 수 있는 자신의 능력에 대한 스스로의 믿음을 나타내는 것은?

① 자아존중감(Self-esteem)   ② 자기효능감(Self-efficacy)
③ 통제의 착각(Illusion of control)   ④ 자기중심적 편견(Egocentric bias)
⑤ 이기적 편향(self-serving bias)

해설 ② [○] 제시문은 자기효능감(Self-efficacy)에 대한 내용이다. 자기효능감은 자신의 존재가 아니라 자신의 능력에 대한 판단, 어떤 일을 이룰 수 있는 자신의 능력에 대한 신념을 말한다.
    ① 자아존중감(Self-esteem) : 성공경험을 통해 획득이 가능한 믿음으로, 자신의 존재 자체를 수용하는 경험을 통해 획득 가능하다.
    ④ 자기중심적 편견 : 자기의 관점에 지나치게 의존하고 현실보다는 자신을 더 높이 평가하는 경향을 말한다. 이는 사회적 지위가 높을수록 강하다.

정답 03. ③   04. ②

05 지름길을 사용하여 대상물을 판단할 때 발생하는 지각의 오류가 아닌 것은?

① 후광효과　② 최근효과　③ 결론효과　④ 초두효과
⑤ 선택적 지각 효과

해설　③ [×] 결론효과는 대상물에 대한 판단을 내린 후 그 판단에 맞는 정보만을 기억하고 다른 정보는 기억하지 못하는 현상으로, 지름길을 사용하여 대상물을 판단할 때 발생하는 지각의 오류가 아니다.

　① 후광효과는 대상물의 첫인상이나 일부 특성에 의해 전체에 대한 인상이 영향을 받는 현상이다.

　② 최근효과는 최근에 접한 정보가 기억에 더 잘 남아 있어서 판단에 영향을 미치는 현상이다.

　④ 초두효과는 처음에 접한 정보가 기억에 더 잘 남아 있어서 판단에 영향을 미치는 현상이다.

　⑤ 선택적 지각(selective perception) 효과는 환경으로부터의 모든 자극을 감지하려고 하지 않고 자신의 준거 체계에 유리하고 일관성 있는 자극만을 수용하려는 경향을 말한다. 이는 평가자가 자신의 이해관계, 배경, 경험, 태도를 근거로 자기에게 유리한 정보만을 의존하여 다른 사람을 평가하려는 것이다.

06 직무수행에 대한 예측변인 개발 시 작업표본(work sample)에 관한 사항 중 틀린 것은?

① 집단검사로 감독과 통제가 요구된다.
② 훈련생보다 경력자 선발에 적합하다.
③ 실시하는데 시간과 비용이 많이 든다.
④ 주로 기계를 다루는 직무에 효과적이다.
⑤ 주로 생산직에서 도구사용, 작업의 정확성, 전반적 기계능력이 평가된다.

해설　① [×] 집단검사가 아닌 개인검사이며 감독과 통제가 요구된다.

　○ 작업표본(work sample)은 실제 현장에서 하는 업무와 매우 유사한 과제를 지원자에게 던져 주어 그 수행정도로 평가하는 방법이다. 주로 생산직에서 많이 사용되며, 도구사용, 작업의 정확성, 전반적 기계능력이 평가된다.

정답　05. ③　06. ①

실제 직무와 매우 유사하기 때문에 타당도가 매우 높다. 또한 과제가 실제 업무와 유사하다는 것을 지원자들도 잘 알고 있기 때문에, 안면타당도가 높고 지원자들도 선호한다. 하지만 시간과 비용이 많이 들고 미래의 역량을 평가하는 것이 아니기 때문에 한계가 있다. 그래서 생산직 중에서 경력자를 선발하는데 사용된다.

○ 예측변인은 산업 및 조직심리학에서 예측변인(predictor)은 준거를 예측하는 변수를 말한다.

2.2 심리검사 및 직업적성

성격검사 및 심리검사

01 Y·G 성격검사에서 "안전, 적응, 적극형"에 해당하는 형의 종류는?

① A형 ② B형 ③ C형 ④ D형 ⑤ E형

해설 ④ [○] D형이 "안전, 적응, 적극형"에 해당한다.

○ Y·G 성격검사 : 12가지 성격특성을 5가지 성격유형으로 분류
1. A형(평균형) : 조화적, 적응적
2. B형(우편형) : 정서불안형, 활동적, 외향적
3. C형(좌편형) : 안전소극형 (온순, 소극적, 안정, 내향적)
4. D형(우하형) : 안전적응 적극형 (정서안정, 활동적, 사회적응, 대인관계 양호)
5. E형(좌하형) : 불안정, 부적응 수동형 (D형과 반대)

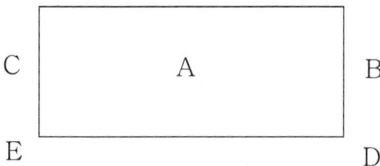

02 다음 중 Y·G 성격검사에서 "안전소극형"에 해당하는 형의 종류는?

① A형 ② B형 ③ C형 ④ D형 ⑤ E형

해설 ③ [○] Y·G 성격검사에서 "안전소극형"은 C형이다.

03 심리검사의 구비 요건이 아닌 것은?

① 표준화 ② 신뢰성 ③ 규격화 ④ 타당성 ⑤ 객관성

해설 ③ [×] 규격화는 심리검사의 구비 요건이 아니다. 산업표준화에서는 표준화(standardization)와 규격화(standardization)가 동일 의미이지만, 산업심리에서 쓰이는 의미는 다소 다른 의미를 지님에 유의해야 한다.

정답 01. ④ 02. ③ 03. ③

○ 심리검사의 구비조건
1. 표준화 : 검사절차의 일관성 및 통일성의 표준화
2. 객관성 : 채점자의 편견, 주관성 배제
3. 규준 : 검사결과를 해석하기 위한 비교의 틀
4. 신뢰성 : 검사응답의 일관성(반복성)
5. 타당성 : 측정하고자 하는 것을 실제로 측정

04 심리학에서 사용하는 용어로 측정하고자 하는 것을 실제로 적절히, 정확히 측정하는지의 여부를 판별하는 것은?

① 표준화   ② 신뢰성   ③ 객관성   ④ 타당성   ⑤ 일치성

해설 ④ [○] 제시문은 타당성에 대한 내용이다.
○ 타당성
1. 심리검사의 특성 중 측정하고자 하는 것을 실제로 잘 측정하는지 여부를 판별하는 것을 말한다.
2. 타당성의 척도 종류 : 내용 타당도, 전이 타당도, 조직내 타당도, 조직간 타당도
3. 합리적 타당성을 얻는 방법 : 구인 타당도, 내용 타당도
   가. 구인 타당도(construct validity)란 구성 타당도라고도 하며, 특정 검사가 조작적으로 정의한 구인(構因)을 실제로 측정하고 있는 정도를 말한다.
   나. 내용 타당도(content validity)란 평가하려는 내용을 분석 정의함으로써 평가도구의 내용이 주어진 준거(準據)에 어느 정도 일치하는지를 나타낸다.

직무적성 검사

01 다음 중 직무적성검사의 특징과 가장 거리가 먼 것은?

① 타당성(Validity)   ② 객관성(Objectivity)
③ 표준화(Standardization)   ④ 재현성(Reproducibility)
⑤ 신뢰성(Reliability)

정답 04. ④ | 01. ④

해설 ④ [×] 재현성(Reproducibility)은 직무적성검사의 특징과 가장 거리가 멀다.
○ 심리검사(직무적성검사)의 종류
1. 심리검사의 종류
① 지능검사 ② 적성검사 ③ 학력검사 ④ 흥미검사 ⑤ 성격검사
2. 심리검사의 구비조건(기준)
① 표준화 : 검사관리를 위한 절차가 동일하고 검사조건이 같아야 한다.
② 객관성 : 검사결과의 채점에 있어 공정한 평가가 이루어져야 한다.
③ 규준 : 검사결과의 해석에 있어 상대적 위치를 결정하기 위한 척도
④ 신뢰성 : 검사결과의 일관성을 의미하는 것으로 동일한 문항을 재측정할 경우 오차 값이 적어야 한다.
⑤ 타당성 : 검사에 있어 가장 중요한 요소로서, 측정하고자 하는 것을 실제로 측정하고 있는가를 나타내는 것

02 직무에 적합한 근로자를 위한 심리검사는 합리적 타당성을 갖추어야 한다. 이러한 합리적 타당성을 얻는 방법으로만 나열된 것은?

① 구인 타당도, 공인 타당도
② 구인 타당도, 내용 타당도
③ 예언적 타당도, 공인 타당도
④ 예언적 타당도, 안면 타당도
⑤ 공인 타당도, 안면 타당도

해설 ② [○] 합리적 타당성은 '구인 타당도, 내용 타당도'로 측정한다.
○ 합리적 타당성
1. 내용 타당도 : 검사문항에 대한 전문가의 판단
2. 구인 타당도 : 기존의 검사와 새로 만든 검사와의 상관을 측정
○ 경험 타당성 - 공인 타당도, 예언 타당도

03 심리학적 적성검사에서 지능검사 대상에 해당되는 항목은?

① 성격, 태도, 정신상태
② 언어, 기억, 추리, 귀납
③ 수족협조능, 운동속도능, 형태지각능
④ 직무에 관련된 기본지식과 숙련도, 사고력
⑤ 성격, MBTI, 직업흥미, 학습전략

정답 02. ②   03. ②

해설 ② [○] 지능검사 : 언어, 기억, 추리, 귀납
① 인성검사 : 성격, 태도, 정신상태 등에 대한 검사
③ 지각동작검사 : 수족협조, 운동속도, 형태지각 등에 대한 검사
④ 기능검사 : 직무에 관련된 기본지식과 숙련도, 사고력에 등에 대한 검사
⑤ 기타검사 : 성격검사, MBTI 검사, 직업흥미검사, 학습전략검사 등 다양

04 심리학적 적성검사와 가장 거리가 먼 것은?

① 감각기능검사   ② 지능검사   ③ 지각동작검사   ④ 인성검사   ⑤ 기능검사

해설 ① [×] 감각기능검사는 생리학적검사에 속하며, 감각기능검사와는 다른 기능검사가 심리학적 적성검사에 해당한다.
○ 심리학적 검사 (적성검사)
1. 지능검사 : 언어, 기억, 추리, 귀납 등에 의한 검사
2. 지각동작검사 : 수족협조, 운동속도, 형태지각 등에 대한 검사
3. 인성검사 : 성격, 태도, 정신상태 등에 대한 검사
4. 기능검사 : 직무에 관련된 기본지식과 숙련도, 사고력 등에 대한 검사

05 직업적성검사 중 심리적 기능검사에 해당하지 않는 것은?

① 지능검사   ② 지각동작검사   ③ 인성검사   ④ 기능검사
⑤ 감각기능검사

해설 ⑤ [×] 감각기능검사는 생리학적검사에 속한다.

06 직업적성검사 중 시각적 판단 검사에 해당하지 않는 것은?

① 조립검사   ② 명칭판단검사   ③ 형태비교검사   ④ 공구판단검사
⑤ 언어판단검사

해설 ① [×] 조립검사는 정확도 및 기민성검사(정밀성검사)이다.
○ 시각적 판단검사 : 언어판단검사, 형태비교검사, 평면도판단검사, 입체도판단검사, 공구판단검사, 명칭판단검사
○ 정확도 및 기민성검사 (정밀성검사) : 교환검사, 회전검사, 조립검사, 분해검사

정답   04. ①   05. ⑤   06. ①

07 적성검사의 종류 중 시각적 판단검사의 세부검사 내용에 해당하지 않는 것은?

① 회전검사   ② 형태비교검사   ③ 공구판단검사   ④ 명칭판단검사
⑤ 분해검사

해설   ① [×] 회전검사는 '정확도 및 기민성 검사'에 해당한다.

08 심리검사 종류에 관한 설명으로 맞는 것은?

① 성격 검사 : 인지능력이 직무수행을 얼마나 예측하는지 측정한다.
② 신체능력 검사 : 근력, 순발력, 전반적인 신체 조정 능력, 체력 등을 측정한다.
③ 기계적성 검사 : 기계를 다루는데 있어 예민성, 색채, 시각, 청각적 예민성을 측정한다.
④ 지능 검사 : 제시된 진술문에 대하여 어느 정도 동의 하는지에 관해 응답하고, 이를 척도점수로 측정한다.
⑤ 상황판단 검사 : 피검사자들의 정직성이나 진실성을 나타내는 지필 검사이다.

해설   ② [○] 신체능력 검사는 근력, 순발력, 전반적인 신체 조정 능력, 체력 등을 측정한다.
① 성격 검사는 제시된 진술문에 대하여 어느 정도 동의하는지에 관해 응답하고 이를 척도점수로 측정한다.
③ 기계적성 검사는 기계적 원리들을 얼마나 이해하고 있는지와 제조 및 생산 직무에 적합한지를 측정한다.
④ 지능 검사는 인지능력이 직무수행을 얼마나 예측하는지 측정한다.
⑤ 정직성 검사 : 피검사자들의 정직성이나 진실성을 나타내는 지필검사
   상황판단 검사 : 피검사자들에게 문제의 상황을 제시하고 이에 대한 여러 가지 가능한 해결책의 실현가능성이나 적용가능성을 평정하도록 하는 검사

09 인사선발을 위한 심리검사에서 갖추어야 할 요건으로만 나열된 것은?

① 신뢰도, 대표성   ② 대표성, 타당도   ③ 신뢰도, 타당도
④ 대표성, 규모성   ⑤ 대표성, 객관도

정답   07. ①   08. ②   09. ③

해설 ③ [○] 제시문은 '신뢰도, 타당도'가 적절한 것으로서 해당이 된다.
○ 평가의 기본기준 4가지 : 1. 타당도 2. 신뢰도 3. 객관도 4. 실용도

10 "예측변인이 준거와 얼마나 관련되어 있느냐"를 나타낸 타당도를 무엇이라 하는가?

① 내용 타당도 ② 준거관련 타당도 ③ 수렴 타당도
④ 구성개념 타당도 ⑤ 동시 타당도

해설 ② [○] 제시문에 해당하는 것은 '준거관련 타당도'이다.
○ 준거타당도 : 검사가 준거를 예측하거나 준거와 통계적으로 관련되어 있는 정도를 말한다. 즉 예측변인이 준거와 얼마나 관련되어 있느냐를 나타낸다.
○ 타당도를 검증하는 방법에는 ① 내용적 타당도(content validity), ② 예언적 타당도(predictive validity), ③ 공인적 타당도(concurrent validity), ④ 구성개념 타당도(construct validity)의 4가지 타당도가 있다.

11 직무적성검사의 특징과 가장 거리가 먼 것은?

① 재현성 ② 객관성 ③ 타당성 ④ 표준화 ⑤ 신뢰성

해설 ① [×] 직무적성검사의 특징으로는 타당성, 객관성, 표준화, 신뢰성, 규준 등이 관계되는 성질이다.
○ 직무적성검사는 크게 분류하면 언어력, 추리력, 수리력, 공간지각, 상식 부문으로 구분되며, 각 기업마다 자신의 인재 채용 조건에 따라 문제 유형, 평가 방식이 다르게 운영될 수 있다.

12 적성요인에 있어 직업적성을 검사하는 항목이 아닌 것은?

① 지능 ② 촉각 적응력 ③ 형태식별능력 ④ 운동속도 ⑤ 정밀도 검사

해설 ② [×] 직업적성을 검사하는 항목
1. 지능 2. 손작업능력 3. 형태식별능력 4. 운동속도
5. 시각과 수동작의 적응력 6. 계산에 의한 검사 7. 정밀도 검사
8. 창조성 검사

정답 10. ② 11. ① 12. ②

13 작업자 적성의 요인이 아닌 것은?

① 성격(인간성) ② 지능 ③ 인간의 연령 ④ 흥미 ⑤ 직업적성

해설 ③ [×] 적성의 요인 : 1. 직업적성 2. 지능 3. 흥미 4. 인간성

직무 설계 및 평가

01 작업설계(job design) 시 철학적으로 고려해야 할 사항 중 작업만족도 (job satisfaction)를 얻기 위한 수단으로 볼 수 없는 것은?

① 작업감소(job reduce) ② 작업순환(job rotation)
③ 작업확대(job enlargement) ④ 작업윤택화(job enrichment)
⑤ 작업만족도(job satisfaction)

해설 ① [×] 작업설계시 철학적 고려 사항

　　　1. 작업확대 2. 작업윤택화(작업충실화) 3. 작업만족도 4. 작업순환

02 직무수행평가를 위해 개발된 척도 중 척도상의 점수에 그 점수를 설명하는 구체적 직무행동 내용이 제시된 것은?

① 행동기준평정척도(BARS) ② 행동관찰척도(BOS)
③ 행동기술척도(BDS) ④ 행동내용척도(BCS)
⑤ 도식평가척도(GRS)

해설 ① [○] 제시문은 행동기준평정척도(BARS)가 적절한 내용에 해당된다.

　　○ 행동기준평정척도 (BARS) : 직무상에 나타나는 핵심적인 행동을 평가 기준으로 제시하여 일반인이 쉽게 판단하여 점수를 매길 수 있도록 하는 인사 평가의 방법 또는 도구이다.

　　⑤ 도식평가척도(GRS) : Graphic Rating Scales

정답 13. ③ | 01. ① 02. ①

2.3 휴먼에러 유형 및 원인

> 인간의 안전특성

01 주의의 수준이 'Phase 0'인 상태에서의 의식상태는?

① 무의식 상태　② 의식의 이완 상태　③ 명료한 상태
④ 과긴장 상태　⑤ 의식의 둔화 상태

해설　① [○] 주의의 수준과 의식상태

단계	의식의 상태	신뢰도	의식의 작용
Phase 0	무의식, 실신	0	없음
Phase I	의식의 둔화	0.9 이하	부주의
Phase II	이완 상태	0.99~0.99999	마음이 안쪽으로 향함(passive)
Phase III	명료한 상태	0.99999 이상	전향적(active)
Phase IV	과긴장 상태	0.9 이하	한 점에 집중, 판단정지

02 인간의 착각현상 중 실제로 움직이지 않지만 어느 기준의 이동에 의하여 움직이는 것처럼 느껴지는 착각현상의 명칭으로 적합한 것은?

① 자동운동　② 잔상현상　③ 유도운동　④ 착시현상　⑤ 가현운동

해설　③ [○] 제시문은 유도운동에 대한 내용이다.
　　　○ 인간의 착각현상 (운동의 시지각)
　　　　1. 자동운동 : 암실 내에 정지된 작은 광점이나 밤하늘의 별들을 응시하면 움직이는 것처럼 보이는 현상
　　　　2. 유도운동 : 실제로는 정지된 물체가 어느 기준 물체의 이동에 유도되어 움직이는 것처럼 느껴지는 현상
　　　　3. 가현운동 : 정지하고 있는 대상물이 빠르게 나타나거나 사라지는 것으로 인해 대상물이 운동하는 것으로 인식되는 현상

정답　01. ①　02. ③

03 에빙하우스(Ebbinghaus)의 연구결과에 따른 망각률이 50%를 초과하게 되는 최초의 경과시간은 얼마인가?

① 30분   ② 1시간   ③ 1일   ④ 2일   ⑤ 3일

해설 ② [○] 망각률 : 10분 망각시작, 1시간 경과 50%, 48시간 경과 70%이다.

04 다음 중 그림은 지각집단화의 원리 중 한 예이다. 이러한 원리를 무엇이라 하는가?

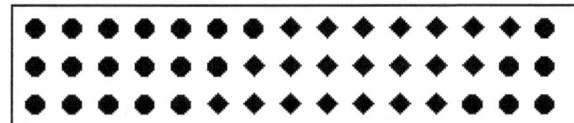

① 단순성의 원리   ② 폐쇄성의 원리   ③ 유사성의 원리
④ 연속성의 원리   ⑤ 근접성의 원리

해설 ③ [○] 제시 예는 '유사성의 원리'에 해당하는 사례이다.

○ 지각의 집단화 : 부분보다는 전체를 먼저 지각한다. 집단화(grouping)에는 다섯 가지 원리가 있다.
1. 근접성(proximity)은 가까이 있는 자극을 집단화하여 지각하는 것이다.
2. 유사성(similarity)은 모양이 유사한 것들끼리 집단화하여 지각하는 것이다.
3. 연속성(continuity)은 불연속적인 것보다는 부드럽게 연속된 패턴으로 지각하는 것이다.
4. 완결성(closure)은 빈 곳이 있으면 그 곳을 채워서 완전한 전체적인 대상으로 지각하는 것이다.
5. 연결성(connectedness)은 동일한 것이 연결되어 있으면 하나의 단위로 지각하는 것이다.

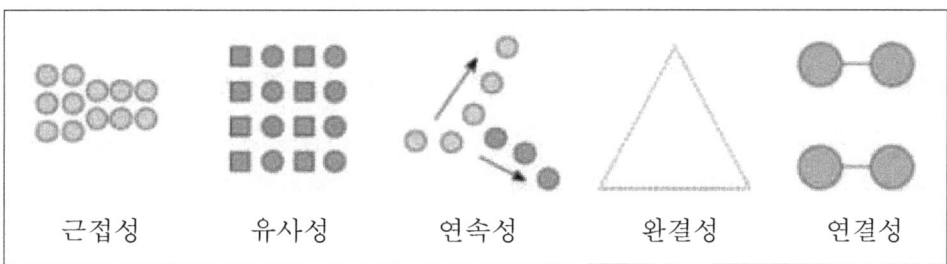

05 작업의 어려움, 기계설비의 결함 및 환경에 대한 주의력의 집중혼란, 심신의 근심 등으로 인하여 재해를 많이 일으키는 사람을 지칭하는 것은?

① 미숙성 누발자   ② 상황성 누발자   ③ 습관성 누발자
④ 소질성 누발자   ⑤ 고의성 누발자

해설 ② [○] 제시문은 '상황성 누발자'에 대한 내용이다.
○ 재해 빈발자
  1. 미숙성 누발자 : 기능의 부족이나 환경에 익숙하지 못했기 때문에 재해가 자주 발생되는 사람
  2. 상황성 누발자 : 작업의 어려움, 기계설비의 결함, 환경상 주의력의 집중혼란, 심신의 근심 등 때문에 재해를 누발하는 자
  3. 습관성 누발자 : 재해 경험으로 겁쟁이가 되거나 신경과민이 되어 재해를 누발하는 자와 일종의 슬럼프상태에 빠져서 재해를 누발하는 자
  4. 소질성 누발자 : 재해의 소질적 요인을 가지고 있는 재해자로서 사고요인은 지능, 성격, 감각(시각)기능 등
○ 재해빈발자에 대한 안전대책
  1. 기술적 대책 : 어렵고 복잡한 작업투입 억제
  2. 교육적 대책 : 태도교육에 중점을 두어 교육·훈련 실시
  3. 관리적 대책 : 적성검사를 통한 적정작업 배치
  4. 심리적 대책 : 개별면담 실시

06 사고의 경향에 있어 상황성 누발자와 소질성 누발자로 구분할 때 다음 중 상황성 누발자에 속하는 경우에 해당하는 것은?

① 주의력이 산만한 경우   ② 심신에 근심이 있는 경우
③ 도덕성이 결여된 경우   ④ 감각운동이 부적절한 경우
⑤ 지능 수준이 낮은 경우

해설 ② [○] '심신에 근심'이 있는 경우는 상황성 누발자에 해당한다.
○ 상황성 누발자
  1. 작업의 어려움 2. 기계설비 결함 3. 환경상 주의력 혼란 4. 심신 근심
○ 소질성 누발자
  1. 지능 2. 성격 3. 감각기능 등 (재해의 소질적 요인을 가지고 있는 자)

정답 05. ②   06. ②

인간의 안전심리

01 다음 중 산업안전심리의 5대 요소에 속하지 않는 것은?

① 시간   ② 감정   ③ 습관   ④ 동기   ⑤ 기질

해설 ① 산업안전심리의 5대 요소 : 동기, 기질, 감정, 습성, 습관

02 불안전한 행동을 유발하는 요인 중 인간의 생리적 요인이 아닌 것은?

① 근력   ② 반응시간   ③ 감지능력   ④ 주의력   ⑤ 의식수준

해설 ④ [×] '주의력'은 정신적 요소이다.

03 불안전한 행동을 예방하기 위하여 수정해야 할 조건 중 시간의 소요가 짧은 것부터 장시간 소요되는 순서대로 올바르게 연결된 것은?

① 집단행동 - 개인행위 - 지식 - 태도
② 지식 - 태도 - 개인행위 - 집단행위
③ 태도 - 지식 - 집단행동 - 개인행위
④ 개인행위 - 태도 - 지식 - 집단행동
⑤ 태도 - 개인행위 - 지식 - 집단행동

해설 ② [○] "지식 - 태도 - 개인행위 - 집단행위" 순으로 점점 더 장시간 소요됨

○ 인간행동 변화 곤란의 정도, 소요시간 순 : 지식의 변용 → 태도의 변용 → 개인행동의 변용 → 집단 또는 조직에 대한 성과의 변용

04 다음 중 인식과 자극의 정보처리 과정의 구분 단계에 속하지 않는 것은?

① 인지단계   ② 반응단계   ③ 행동단계   ④ 인식단계   ⑤ 판단단계

해설 ② [×] 반응단계는 해당 사항이 아니다. 판단단계=인식단계

○ 대뇌 정보처리 단계
제1단계 : 인지단계, 제2단계 : 판단(인식)단계, 제3단계 : 조작(행동)단계

정답   01. ①   02. ④   03. ②   04. ②

05 어떠한 신호가 전달하려는 내용과 연관성이 있어야 하는 것으로 정의되며, 예로써 위험신호는 빨간색, 주의신호는 노란색, 안전신호는 파란색으로 표시하는 것은 다음 중 어떠한 양립성(compatibility)에 해당하는가?

① 공간 양립성   ② 개념 양립성   ③ 동작 양립성   ④ 형식 양립성
⑤ 양식 양립성

해설 ② [○] 제시문에 해당하는 적절한 것은 '개념 양립성'이다.
○ 개념 양립성 : 온수 손잡이는 빨간색, 냉수 손잡이는 파란색의 경우에 해당
○ 양립성 종류
  1. 공간적 양립성 : 표시장치나 조정장치에서 물리적 형태 및 공간적 배치의 양립
  2. 운동 양립성 : 표시장치의 움직이는 방향과 조정장치의 방향이 사용자의 기대와 일치
  3. 개념적 양립성 : 이미 사람들이 학습을 통해 알고 있는 개념적 연상의 양립성
  4. 양식 양립성 : 직무에 알맞은 자극과 응답의 양식의 존재에 대한 양립성

06 인간의 행동은 내적요인과 외적요인이 있다. 지각선택에 영향을 미치는 외적요인이 아닌 것은?

① 대비(Contrast)   ② 재현(Repetition)   ③ 강조(Intensity)
④ 개성(Personality)   ⑤ 색채(Color)

해설 ④ 개성(Personality)은 내적요인에 해당한다.
○ 인간의 동작특성
  1. 내적 조건 : 경력, 적성, 개성, 개인차, 생리적 조건
  2. 외적 조건 : 높이, 크기, 깊이, 색채, 기온, 조명, 소음

07 자극-반응 조합의 관계에서 인간의 기대와 모순되지 않는 성질을 무엇이라 하는가?

① 양립성   ② 적응성   ③ 변별성   ④ 신뢰성   ⑤ 재현성

정답 05. ②   06. ④   07. ①

해설 ① [○] 제시문은 '양립성'에 대한 내용이다. 양립성은 자극들 간의 반응들간의 자극-반응 조합의 관계가 인간의 기대와 모순되지 않는 것이다.

08 단순반응시간(simple reaction time)이란 하나의 특정한 자극만이 발생할 수 있을 때 반응에 걸리는 시간으로서 흔히 실험에서와 같이 자극을 예상하고 있을 때이다. 자극을 예상하지 못할 경우 일반적으로 반응시간은 얼마 정도 증가되는가?

① 0.1초 ② 0.5초 ③ 1.5초 ④ 2.0초 ⑤ 2.5초

해설 ① [○] 제시문에 해당하는 적절한 것은 '0.1초'이다.
○ 단순반응시간
1. 하나의 특정한 자극만이 발생할 수 있을 때 반응에 걸리는 시간
2. 실험에서와 같이 자극을 예상하고 있을 경우 0.15~0.2초 증가
3. 자극을 예상하지 못할 경우 0.1초 증가

09 감각 현상이 하나의 전체적이고 의미있는 내용으로 체계화되는 과정을 의미하는 것은?

① 유추(analogy) ② 게슈탈트(gestalt) ③ 인지(cognition)
④ 근접성(proximity) ⑤ 연속성(continuity)

해설 ② [○] 제시문은 게슈탈트(gestalt)에 대한 내용이다.
○ 게슈탈트(gestalt) : 독일어로 모양이나 형상을 뜻하며, 심리학에서는 자신의 욕구나 감정을 하나의 의미있는 전체로 조직화하여 지각하는 방식을 의미함.
○ 게슈탈트 법칙 : 지각의 경향성 법칙으로, 인간 경험의 구성 요소는 원자적으로 분해할 수 없으며, 모든 감각 영역은 서로 결합되어 하나의 구조, 하나의 형태를 이룬다는 형태에 관한 법칙으로, 다음의 관련 법칙들이 있다.
1. 폐쇄성의 법칙(Law of Closure) : 폐합의 법칙
2. 유사성의 법칙(Law of Similarity)
3. 근접성의 법칙(Law of Proximity) : 유사의 법칙
4. 연속성의 법칙(Law of Continuity)
5. 간결성의 법칙(Law of Pragnanz) : 좋은 형태의 법칙

정답 08. ① 09. ②

6. 공동행선의 법칙(Law of Common Fate)
7. 대칭의 법칙(Law of Symmetry)
8. 공동운명의 법칙(Law of Common Fate)

10 모랄서베이(Morale Survey)의 주요 방법으로 적절하지 않은 것은?

① 관찰법   ② 면접법   ③ 강의법   ④ 질문지법   ⑤ 사례연구법

해설   ③ [×] 모랄서베이의 주요 방법 : 통계에 의한 방법, 사례연구법, 관찰법, 실험연구법, 태도조사법(질문지법, 면접법, 집단토의법, 투사법)
○ 모랄 서베이(morale survey) : 종업원의 근로 의욕·태도 등에 대해 측정하는 것이며, 일명 사기조사(士氣調査) 또는 태도(態度)조사라고도 한다. 종업원이 자기의 직무·직장·상사·승진·대우 등에 대해 어떻게 생각하고 있는지를 측정·조사하는 것이다.

11 라스무센의 정보처리모형은 원인 차원의 휴먼에러 분류에 적용되고 있다. 이 모형에서 정의하고 있는 인간의 행동 단계 중 다음의 특징을 갖는 것은?

○ 생소하거나 특수한 상황에서 발생하는 행동이다.
○ 부적절한 추론이나 의사결정에 의해 오류가 발생한다.

① 규칙기반행동   ② 인지기반행동   ③ 지식기반행동
④ 숙련기반행동   ⑤ 경험기반행동

해설   ③ [○] 제시문은 '지식기반행동'에 대한 내용이다.
○ 라스무센(J. Rasmussen)의 휴먼에러와 관련된 인간행동 분류 사다리 모형

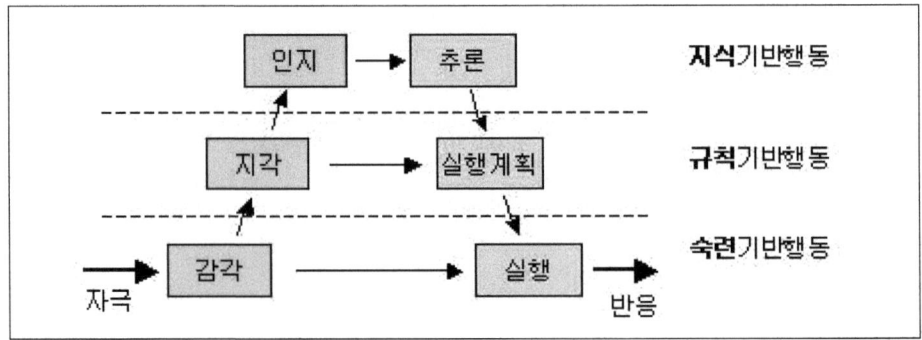

12 Rasmussen은 행동을 세 가지로 분류하였는데, 그 분류에 해당하는 것만으로 구성된 것은?

① 숙련 기반 행동, 지식 기반 행동, 경험 기반 행동
② 지식 기반 행동, 규칙 기반 행동, 숙련 기반 행동
③ 숙련 기반 행동, 규칙 기반 행동, 경험 기반 행동
④ 숙련 기반 행동, 기억 기반 행동, 경험 기반 행동
⑤ 숙련 기반 행동, 규칙 기반 행동, 기억 기반 행동

해설 ② [○] 제시문에 해당하는 것은 '지식 기반 행동, 규칙 기반 행동, 숙련 기반 행동'이다.
○ Rasmussen의 3가지 행동 분류
1. 지식 기반 행동 : 감각 → 지각 → 인지 → 추론 → 실행계획 → 실행
2. 규칙 기반 행동 : 감각 → 지각 → 실행계획 → 실행
3. 숙련 기반 행동 : 감각 → 실행

13 다음 중 인간의 착상심리를 설명한 내용과 가장 거리가 먼 것은?

① 얼굴을 보면 지능 정도를 알 수 있다.
② 아래턱이 마른 사람은 의지가 약하다.
③ 인간의 능력은 태어날 때부터 동일하다.
④ 민첩한 사람은 느린 사람보다 착오가 적다.
⑤ 눈동자를 움직이는 사람은 정직하지 못하다.

해설 ④ [×] 민첩한 사람은 느린 사람보다 착오가 많다.
○ 착상심리 : 착상심리는 과학적인 근거는 없으나 관례적으로 많은 사람이 믿고 있는 것을 말한다. 착상심리로서 관례적으로 내려오는 몇 가지 예가 있다.
1. 인간은 태어날 때부터 동일하다.
2. 여자는 남자보다 약하다.
3. 무당은 미래를 예측한다.
4. 얼굴을 보면 그 사람의 지능을 알 수 있다.
5. 아래턱이 있는 사람은 의지가 약하다.
6. 민첩한 사람은 느린 사람보다 착오가 많다.
7. 눈동자를 움직이는 사람은 정직하지 못하다.

정답 12. ② 13. ④

14 다음 중 부주의의 발생 현상으로 혼미한 정신상태에서 심신의 피로나 단조로운 반복작업시 일어나는 현상은?

① 의식의 과잉　　② 의식의 집중　　③ 의식의 우회
④ 의식 수준의 저하　　⑤ 의식의 혼란

해설　④ [○] '의식 수준의 저하'는 혼미한 정신상태에서 심신이 피로할 경우나 단조로운 작업 등의 경우에 일어난다.

① 의식의 과잉 : 지나친 의욕에 의해서 생기는 부주의 현상. 돌발 사태 및 긴급 이상 사태시 순간적으로 긴장되고 의식이 한 쪽으로 쏠리는 경우가 해당

③ 의식의 우회 : 의식의 흐름이 옆으로 빗나가 발생하는 경우로 작업 도중의 걱정, 고뇌, 욕구 불만 등에 의해 다른 것에 주의하는 것

⑤ 의식의 혼란 : 인간공학적 디자인과 설계의 불량으로 인해 판단의 혼란 초래

○ [참고] 의식의 단절 : 지속적 흐름에 공백이 발생해 질병이 있는 경우 발생

15 다음 중 감각적으로 물리현상을 왜곡하는 지각현상에 해당하는 것은?

① 주의산만　　② 착각　　③ 피로　　④ 무관심　　⑤ 실수

해설　② [○] 착각은 물리현상을 왜곡하는 지각현상이다.

16 작업을 하고 있을 때 긴급 이상상태 또는 돌발 사태가 되면 순간적으로 긴장하게 되어 판단능력의 둔화 또는 정지상태가 되는 것은?

① 의식의 우회　　② 의식의 과잉　　③ 의식의 단절　　④ 의식의 수준저하
⑤ 의식의 혼란

해설　② [○] '의식의 과잉'에 대한 설명이다. 의욕이 너무 지나쳐 생기는 부주의 현상 (일점 집중현상)

① 의식의 우회 : 의식의 흐름이 면으로 빗나가 발생하는 것. 걱정, 고민, 욕구불만 등으로 발생.

③ 의식의 단절 : 의식의 흐름이 끊기고 공백상태가 나타나는 것. 질병 등

④ 의식의 수준저하 : 혼미한 정신상태나 심신이 피로한 경우에 발생. 단순반복 작업시 발생

정답　14. ④　15. ②　16. ②

⑤ 의식의 혼란 : 외부의 자극이 너무 강하거나 약할 때 위험요인에 대응이 불가한 경우

17 정신상태 불량으로 일어나는 안전사고 요인 중 개성적 결함 요소에 해당하지 않는 것은?

① 과도한 자존심　② 도전적인 성격　③ 다혈질 및 인내심 부족
④ 극도의 피로　⑤ 과도한 집착력

해설　④ [×] 극도의 피로는 정신력에 영향을 주는 생리적 현상에 해당한다.

○ 안전사고 요인 (정신적 요소)
1. 안전의식의 부족　2. 주의력의 부족　3. 방심 및 공상
4. 개성적 결함 요소
① 과도한 자존심 및 자만심　② 다혈질 및 인내력 부족　③ 약한 마음
④ 도전적 성격　⑤ 감정의 장기 지속성　⑥ 경솔성　⑦ 과도한 집착성
⑧ 배타성　⑨ 게으름
5. 판단력의 부족 또는 그릇된 판단
6. 정신력에 영향을 주는 생리적 현상
① 극도의 피로　② 시력 및 청각 기능의 이상　③ 근육 운동의 부적합
④ 육체적 능력의 초과　⑤ 생리 및 신경 계통의 이상

18 다음 중 인간의 착각현상 중에서 실제로 움직이지 않는 것이 어느 기준의 이동에 의하여 움직이는 것처럼 느껴지는 것을 무엇이라 하는가?

① 자동운동　② 유도운동　③ 잔상현상　④ 착시현상　⑤ 가현운동

해설　② [○] 제시문은 '유도운동'에 대한 내용이다.

○ 착각현상(운동의 시지각) 종류
1. 자동운동 : 암실 내에서 수 미터 거리에 정지된 광점을 놓고 그것을 한동안 응시하고 있으면 그 광점이 움직이는 것처럼 보이는 현상이다. 예로 야간에 비행하는 비행기의 경우, 실제로 고정된 불빛을 움직이는 불빛으로 착각하여 자기의 앞에서 비행하는 다른 비행기로 인식하고 그 불빛을 따라가다 충돌하는 경우이다. 따라서 야간에 표시되는 불빛은 섬광으로 하도록 한다.

정답　17. ④　18. ②

2. 유도운동 : 정지해 있는 것을 움직이는 것으로 느낀다던가, 반대로 운동하고 있는 것을 정지해 있는 것으로 느끼는 현상이다. 예를 들어 열차나 자동차가 줄지어 정차해 있을 때 다른 편 차가 움직이는 것인데도 불구하고 자신이 타고 있는 차가 반대 방향으로 움직이는 것처럼 느끼는 경우가 있다.
3. 가현운동 : 두 개의 정지 대상을 0.06초의 시간 간격으로 다른 장소에 제시하면 마치 한 개의 대상이 움직이는 것처럼 보이는 운동현상으로 예로 영화, 네온사인 등이 있다.

19 다음 중 합리화의 유형에 있어 자기의 실패나 결함을 다른 대상에게 책임을 전가시키는 유형으로, 자신의 잘못에 대해 조상 탓을 하거나 축구 선수가 공을 잘못 찬 후 신발 탓을 하는 등에 해당하는 것은?

① 신포도형   ② 투사형   ③ 망상형   ④ 달콤한 레몬형
⑤ 동일화형

해설 ② [○] '투사'는 자기 마음속의 억압된 것을 다른 사람의 것으로 생각하게 되는 것을 말한다. 대부분 증오, 비난 같은 정서나 감정이 표현되는 경우가 많다. 자기의 실패나 결함을 다른 대상에게 책임을 전가시키는 유형도 해당이 된다.

20 다음 중 재해를 한번 경험한 사람은 신경과민 등 심리적인 압박을 받게 되어 대처능력이 떨어져 재해가 빈번하게 발생된다는 설(設)은?

① 기회설   ② 암시설   ③ 경향설   ④ 미숙설   ⑤ 성향설

해설 ② [○] 제시된 내용은 재해빈발설 중 '암시설'에 대한 내용이다.
   ○ 재해빈발설
   1. 기회설 : 작업에 어려움이 많기 때문에 재해가 유발하게 된다는 설
   2. 암시설 : 한 번 재해를 당한 사람은 겁쟁이가 되거나 신경과민 등으로 재해를 유발하게 된다는 설
   3. 경향설 : 근로자 가운데 재해가 빈발하는 소질적 결함자가 있다는 설

정답 19. ②   20. ②

휴먼에러 유형

01 다음 중 인간 착오의 메커니즘으로 볼 수 없는 것은?

① 위치의 착오 ② 패턴의 착오 ③ 느낌의 착오 ④ 형(形)의 착오
⑤ 순서의 착오

해설 ③ [×] 인간 착오의 메커니즘
  1. 위치의 착오 2. 순서의 착오 3. 패턴의 착오 4. 형태의 착오
  5. 기억의 착오

02 다음 중 인간 에러(human error)에 관한 설명으로 틀린 것은?

① omission error : 필요한 작업 또는 절차를 수행하지 않는데 기인한 에러
② commission error : 필요한 작업 또는 절차의 수행지연으로 인한 에러
③ extraneous error : 불필요한 작업 또는 절차를 수행함으로써 기인한 에러
④ sequential error : 필요한 작업 또는 절차의 순서 착오로 인한 에러
⑤ quantitative error : 너무 적거나 많은 작업 수행으로 인한 에러

해설 ② [×] commission error : 필요한 작업과 절차의 불확실한 수행을 한 에러

03 심리적 측면에서 분류한 휴먼에러의 분류에 속하는 것은?

① 입력오류 ② 정보처리오류 ③ 의사결정오류 ④ 생략오류 ⑤ 출력에러

해설 ④ [○] 제시문에 해당하는 적절한 것은 '생략오류'이다.
  ○ 심리적 측면의 휴먼에러(Swain의 독립행동에 의한 분류) ← 명칭에 주의요
    1. 생략에러, 누락(부작위)에러   2. 실행에러 (작위에러)
    3. 과잉(불필요한) 행동에러   4. 순서에러   5. 시간에러
  ○ 행동과정에 의한 휴먼에러의 분류
    1. 입력에러 2. 정보처리에러 3. 의사결정에러 4. 출력에러
    5. 피드백에러
  ○ 정보처리 과정에 의한 분류
    1. 인지확인오류 2. 판단 및 기억오류 3. 동작 및 조작오류

정답 01. ③   02. ②   03. ④

04 휴먼에러를 행위적 관점에서 분류할 때 해당하지 않는 것은?

① 입력오류(input error)　② 순서오류(sequential error)
③ 시간지연오류(time error)　④ 생략오류(omission error)
⑤ 과잉행동오류(부가오류)(extraneous error)

해설　① [×] 입력오류는 행동과정에 의한 휴먼에러의 분류에 속한다.

○ 휴먼에러의 행위적 관점 분류
1. 생략오류(누락오류)　2. 작위오류(실행오류)　3. 과잉행동오류(부가오류)
4. 순서오류　5. 시간오류

05 다음 설명에서 해당하는 용어를 올바르게 나타낸 것은?

> ㉠ 요구된 기능을 실현하고자 하여도 필요한 물건, 정보, 에너지 등의 공급이 없기 때문에 작업자가 움직이려고 해도 움직일 수 없으므로 발생하는 과오
> ㉡ 작업자 자신으로부터 발생한 과오

① (㉠) : Secondary Error　(㉡) : Command Error
② (㉠) : Command Error　(㉡) : Primary Error
③ (㉠) : Primary Error　(㉡) : Secondary Error
④ (㉠) : Command Error　(㉡) : Secondary Error
⑤ (㉠) : Primary Error　(㉡) : Command Error

해설　② 제시문은 '(㉠) : Command Error(지시 에러), (㉡) : Primary Error'에 대한 내용이다.

○ 원인의 레벨적 분류
1. Primary error(1차 에러) : 작업자 자신으로부터 발생한 에러(안전교육으로 예방)
2. Secondary error(2차 에러) : 작업형태, 작업조건 중에서 다른 문제가 발생하여 필요한 직무나 절차를 수해할 수 없는 에러
3. Command error(지시 에러) : 작업자가 움직이려 해도 필요한 물건, 정보, 에너지 등이 공급되지 않아서 작업자가 움직일 수 없는 상황에서 발생한 에러

정답　04. ①　05. ②

06 헤링(Hering)의 착시현상에 해당하는 것은?

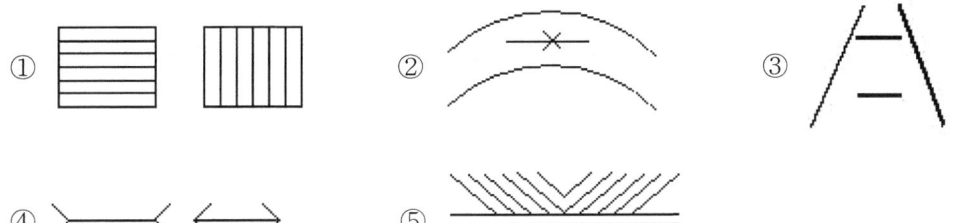

해설 ⑤ [○] 헤링(Hering) 착시현상에 해당한다.
① Helmholz(헬름홀츠) 착시현상 ② köhler(쾌흐러) 착시현상
③ Ponzo(폰조) 착시현상 ④ Müller-Lyer(뮐러-라이어) 착시현상

07 그림과 같이 수직 평행인 세로의 선들이 평행하지 않는 것으로 보이는 착시현상에 해당하는 것은?

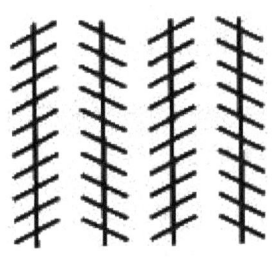

① 죌러(Zöller)의 착시   ② 쾰러(Köhler)의 착시
③ 헤링(Hering)의 착시   ④ 포겐도르프(Poggendorf)의 착시
⑤ 에빙하우스(Ebbinghaus)의 착시

해설 ① [○] 죌러(Zöller)의 착시는 독일인 죌러(Zöller)가 발견한 착시현상이다. 나란히 수직의 긴 직선이 짧은 수평 빗금의 영향으로 나란해 보이지 않게 보이는 현상을 말한다.

08 Swain에 의해 분류된 휴먼에러 중 독립행동에 관한 분류에 해당하지 않는 것은?

정답 06. ⑤   07. ①   08. ④

① omission error   ② commission error   ③ extraneous error
④ command error   ⑤ sequence error

해설 ④ [×] command error는 '지시에러'로서 원인에 대한 분류이다.
○ 휴먼에러 원인의 레벨적 분류
1. Primary error(1차 에러) : 작업자 자신으로부터 발생한 에러(안전교육으로 예방)
2. Secondary error(2차 에러) : 작업형태, 작업조건 중에서 다른 문제가 발생하여 필요한 직무나 절차를 수행할 수 없는 에러
3. Command error (지시 에러) : 작업자가 움직이려 해도 필요한 물건, 정보, 에너지 등이 공급되지 않아서 작업자가 움직일 수 없는 상황에서 발생한 에러. command의 뜻이 '명령, 지시'란 뜻이 있으므로 누군가의 지시를 받아서 에러가 난 것으로 볼 수도 있음

09 불필요한 작업을 수행함으로써 발생하는 오류로 옳은 것은?

① Command error   ② Extraneous error   ③ Secondary error
④ Commission error   ⑤ Primary error

해설 ② [○] Extraneous error는 '과잉행동 에러'이며, 불필요한 작업내지 절차를 수행함으로써 기인한 에러이다.
① Command error는 '지시 에러'이며, 요구하는 것을 실행하고자 하여도 필요한 정보, 에너지 등이 공급되지 않아 작업자가 움직이려 해도 움직이지 못하는 에러
③ Secondary error는 '2차 과오'이며, 작업형태나 작업조건 중에서 다른 문제가 생겨 그 때문에 필요한 사항을 실행할 수 없는 오류나 어떤 결함으로부터 파생하여 발생하는 오류
④ Commission error는 '실행(작위) 에러'이며, 작업내지 절차를 수행하였으나 잘못된 실수(선택착오, 순서착오, 시간착오)에서 기인한 에러
⑤ Primary error는 '1차 에러'이며, '기초 에러'에 해당한다. 작업자의 실수로 인한 에러

정답   09. ②

휴먼에러 원인

01 재해발생의 직접원인 중 불안전한 상태가 아닌 것은?

① 불안전한 인양　② 부적절한 보호구　③ 결함있는 기계설비
④ 불안전한 방호장치　⑤ 물체의 배치 및 작업장소 결함

해설　① [×] '불안전한 인양'은 인적요인이며, 불안전한 행동이다.

○ 재해발생의 원인

유형		세부 내용	
직접적	불안전한 행동 (인적 요인)	1. 위험 장소 접근 3. 복장·보호구의 잘못 사용 5. 운전 중인 기계장치 손질 7. 위험물 취급 부주의 9. 불안전한 자세 및 동작	2. 안정장치의 기능 제거 4. 기계·기구 잘못 사용 6. 불안전한 속도 조작 8. 불안전한 상태 방치
	불안전한 상태 (물적 요인)	1. 물체 자체의 결함 3. 복장·보호구의 결함 5. 작업환경의 결함 7. 경계표시·설비의 결함	2. 안전방호장치 결함 4. 물체의 배치 및 작업장소 결함 6. 생산공정의 결함
간접적	기술적 원인	1. 건물·기계장치 설계 불량 3. 생산공정 부적절한 설계	2. 구조·재료의 부적합 4. 점검·정비보전 불량
	교육적 원인	1. 안전의식의 부족 3. 경험·훈련의 미숙 5. 유해위험작업 교육 불충분	2. 안전수칙의 오해 4. 작업방법 교육 불충분
	작업관리상 원인	1. 안전관리조직체계 미흡 3. 불충분한 작업준비 5. 부적절한 작업지시	2. 안전수칙 미제정 4. 부적절한 인원배치

02 다음 중 착오의 원인에 있어 인지과정의 착오에 속하는 것은?

① 합리화　② 능력부족　③ 정보부족
④ 환경조건불비　⑤ 생리적·심리적 능력의 부족

정답　01. ①　02. ⑤

해설 ⑤ [○] '생리적·심리적 능력의 부족'은 인지과정의 착오에 속한다.
○ 착오요인의 3유형

종류	내용
인지과정 착오	① 생리적, 심리적 능력의 한계 : 정보수용능력의 한계 ② 정보량 저장의 한계 : 능력 초과 정보량 ③ 감각차단 현상 : 감각 차단 ④ 심리적 요인 : 정서불안정, 불안, 공포 등
판단과정 착오	① 능력부족, ② 합리화, ③ 정보부족, ④ 환경조건불비
조작과정 착오	작업자의 기술능력 미숙이나 경험 부족에서 발생

03 인간의 동작특성 중 판단과정의 착오요인이 아닌 것은?

① 합리화   ② 정서불안정   ③ 작업조건불량   ④ 정보부족   ⑤ 능력부족

해설 ② [×] '정서불안정'은 심리적 요인인 인지과정 착오요인에 해당한다.
○ 착오요인의 3유형
1. 판단과정 착오 : ① 능력부족, ② 합리화, ③ 정보부족, ④ 환경조건불비
2. 인지과정 착오 : ① 생리·심리적 능력의 한계, ② 정보량 저장의 한계
   ③ 감각 차단 현상, ④ 심리적 요인(정서 불안정 등)
3. 조작과정 착오 : ① 기술능력 미숙, ② 경험 부족

04 판단과정 착오의 요인이 아닌 것은?

① 자기합리화   ② 능력부족   ③ 작업경험부족   ④ 정보부족   ⑤ 작업조건불량

해설 ③ [×] '작업경험부족'은 조작과정(실행과정)의 착오 요인이다.
○ 판단과정 착오 요인
  1. 능력부족 2. 자기합리화 3. 정보부족 4. 작업조건불량 5. 과신

05 판단과정에서의 착오원인이 아닌 것은?

① 능력부족   ② 정보부족   ③ 감각차단   ④ 자기합리화   ⑤ 과신(자신과잉)

해설 ③ [×] '감각차단'은 인지과정에서의 착오원인이다.

정답 03. ②   04. ③   05. ③

06 착각현상 중에서 암실 내에서 수 미터 거리에 정지된 광점을 놓고 그것을 한동안 응시하고 있으면, 그 광점이 움직이는 것처럼 보이는 현상은?

① 잔상   ② 원근착시   ③ 가현운동   ④ 기하학적 착시   ⑤ 자동운동

해설 ⑤ [○] '자동운동'은 암실 내에서 수 미터 거리에 정지된 광점을 놓고 그것을 한동안 응시하고 있으면 그 광점이 움직이는 것처럼 보이는 현상이다.
예로서 야간에 비행하는 비행기의 경우, 실제로 고정된 불빛을 움직이는 불빛으로 착각하는 경우이다.

07 정신상태 불량으로 일어나는 안전사고요인 중 개성적 결함요소에 해당하는 것은?

① 극도의 피로   ② 과도한 자존심   ③ 근육운동의 부적합
④ 육체적 능력의 초과   ⑤ 방심 및 공상

해설 ② [○] '과도한 자존심'은 개성적 결함요소에 해당한다.

○ 개성적 결함 요소
   1. 과도한 자존심과 자만심   2. 인내력 부족
   3. 사치와 허영심   4. 고집 및 과도한 집착력
   5. 도전적 성격 및 다혈질   6. 감정의 장기 지속성 등

○ 안전사고 요인 (정신적 요소)
   1. 안전의식의 부족   2. 주의력의 부족   3. 방심 및 공상
   4. 개성적 결함 요소   5. 판단력의 부족 또는 그릇된 판단
   6. 정신력에 영향을 주는 생리적 현상

08 억측판단이 발생하는 배경으로 볼 수 없는 것은?

① 정보가 불확실할 때   ② 타인의 의견에 동조할 때
③ 희망적인 관측이 있을 때   ④ 과거에 성공한 경험이 있을 때
⑤ 일을 빨리 끝내고 싶은 강한 욕구가 있거나 귀찮고 초조할 때

해설 ② [×] '억측판단'의 정의는 위험을 감수하고 행동에 나서는 것이다. 억측판단은 타인의 의견에 동조하지 않을 때 하는 행동이다.

정답   06. ⑤   07. ②   08. ②

○ 억측판단이 발생하는 배경
1. 정보가 불확실할 때   2. 희망적인 관측이 있을 때
3. 과거에 성공한 경험이 있을 때
4. 일을 빨리 끝내고 싶은 강한 욕구가 있거나 귀찮고 초조할 때

09 경보기가 울려도 기차가 오기까지 아직 시간이 있다고 판단하여 건널목을 건너다가 사고를 당했다. 다음 중 이 재해자의 행동성향으로 옳은 것은?
① 착오·착각   ② 무의식행동   ③ 억측판단   ④ 지름길반응
⑤ 주변적 동작

해설 ③ [○] 제시문에 해당하는 적절한 것은 '억측판단'이다. 억측판단은 타인의 의견에 동조하지 않을 때 하는 행동이다.
○ 불안전 행동의 심리적 요인
1. 착오 2. 망각 3. 주변적 동작 4. 무의식 행동 5. 소질적 결함
6. 걱정거리 7. 생략, 억측판단 8. 지름길 반응

10 부주의의 현상 중 의식의 우회에 대한 원인으로 가장 적절한 것은?
① 특수한 질병   ② 단조로운 작업   ③ 작업도중의 걱정, 고뇌, 욕구불만
④ 피로한 경우   ⑤ 자극이 너무 약하거나 너무 강할 때

해설 ③ [○] 작업도중의 걱정, 고뇌, 욕구불만이 '의식의 우회'에 대한 원인이다.
② 단조로운 작업은 '의식의 저하'에 대한 원인이다.
④ 피로한 경우는 단조로운 반복작업을 하는 경우와 같이 '의식의 저하'이다.
⑤ 자극이 너무 약하거나 너무 강할 때는 '의식의 혼란'에 대한 원인이다.
○ 부주의의 현상 중 '의식의 우회'에 대한 원인
1. 작업도중의 걱정, 고뇌, 욕구불만
2. 의식의 흐름이 샛길로 빗나가는 경우   3. 내적 조건

11 부주의의 발생 원인에 포함되지 않는 것은?
① 의식의 단절   ② 의식의 우회   ③ 의식수준의 저하   ④ 의식의 지배
⑤ 의식의 과잉

정답   09. ③   10. ③   11. ④

해설 ④ [×] '의식의 지배'는 부주의의 발생 원인에 해당사항이 아니다.
　　　○ 부주의의 발생 원인
　　　　1. 의식의 단절　2. 의식의 우회　3. 의식수준의 저하　4. 의식의 과잉
　　　　5. 의식의 혼란

12 휴먼 에러(Human Error)의 요인을 심리적 요인과 물리적 요인으로 구분할 때, 심리적 요인에 해당하는 것은?

① 일이 너무 복잡한 경우　　② 일의 생산성이 너무 강조될 경우
③ 동일 형상의 것이 나란히 있을 경우
④ 서두르거나 절박한 상황에 놓여 있을 경우
⑤ 양립성에 위배되는 일을 수행하는 경우

해설 ④ [○] '서두르거나 절박한 상황에 놓여 있을 경우'는 심리적 요인에 해당한다.
　　　○ 휴먼 에러(Human Error)의 요인 중 심리적 요인
　　　　1. 지식부족　2. 의욕의 결여　3. 서두름　4. 절박한 상황에 처한 경우
　　　○ 휴먼 에러(Human Error)의 요인 중 물리적 요인
　　　　1. 조정장치 작동　2. 물체 물건 취급　3. 이동, 변경, 개조 행위

13 사고요인이 되는 정신적 요소 중 개성적 결함 요인에 해당하지 않는 것은?

① 방심 및 공상　　② 도전적인 마음　　③ 과도한 집착력
④ 감정의 장기 지속성　　⑤ 다혈질 및 인내심 부족

해설 ① [×] '방심 및 공상'은 정신적 요소에 해당된다.
　　　○ 개성적 결함
　　　　1. 과도한 자존심 및 자만심　2. 다혈질 및 인내력 부족
　　　　3. 약한 마음　4. 도전적 성격　5. 감정의 장기 지속성
　　　　6. 경솔성　7. 과도한 집착성　8. 배타성　9. 게으름
　　　○ 정신적 요소 : 방심과 공상, 판단력의 부족, 주의력의 부족, 안전지식의 부족

정답　12. ④　　13. ①

14 휴먼에러(Human Error) 원인의 레벨(Level)을 분류할 때 작업조건이나 작업형태 중에서 다른 문제가 생겨서 그것 때문에 필요한 사항을 실행할 수 없는 에러를 무엇이라고 하는가?

① Command Error   ② Primary Error   ③ Secondary Error
④ Third Error   ⑤ Sequence error

해설 ③ [○] 제시문은 'Secondary Error'에 대한 내용이다.
○ 휴먼에러(HE)의 레벨적 분류
1. 1차 에러 (Primary error) : 기초에러에 해당. 작업자의 실수로 인한 에러
2. 2차 에러 (Secondary error) : 작업의 조건, 작업환경의 부적합으로 생기는 에러
3. 지시에러 (Command error) : 물질 에너지의 공급이 없어 발생한 에러

15 상황성 누발자의 재해유발원인이 아닌 것은?

① 심신의 근심   ② 작업의 어려움   ③ 도덕성의 결여
④ 기계설비의 결함 ⑤ 작업환경 문제

해설 ③ [×] 도덕성의 결여는 소질성 누발자에 해당한다.
○ 재해 누발자의 유형
1. 미숙성 누발자 : 기능 미숙자, 환경에 익숙하지 못한 자
2. 상황성 누발자 : 작업에 어려움이 많은 자, 기계 설비의 결함이 있을 때, 심신에 근심이 있는 자, 환경상 주의력 집중이 혼란되기 쉬울 때
3. 습관성 누발자 : 재해 경험에 의해 겁쟁이가 되거나 신경과민이 된 자, 슬럼프에 빠져 있는 자
4. 소질성 누발자 : 개인 소질 가운데 재해 원인 요소를 가지고 있는 자, 개인의 특수 성격 소유자

○ 소질성 누발자의 공통된 성격
1. 주의력 산만 및 주의력 지속 불능
2. 저지능 3. 도덕성의 결여 4. 흥분성 5. 비협조성 6. 소심한 성격
7. 감각운동 부적합 등

정답 14. ③   15. ③

16 사고 경향성 이론에 관한 설명으로 틀린 것은?

① 개인의 성격보다는 특정 환경에 의해 훨씬 더 사고가 일어나기 쉽다.
② 어떠한 사람이 다른 사람보다 사고를 더 잘 일으킨다는 이론이다.
③ 사고를 많이 내는 여러 명의 특성을 측정하여 사고를 예방하는 것이다.
④ 검증하기 위한 효과적인 방법은 다른 두 시기 동안에 같은 사람의 사고기록을 비교하는 것이다.
⑤ 사고 성격의 유형을 상황적 누발자, 습관성 누발자, 소질성 누발자, 미숙성 누발자로 분류한다.

해설 ① [×] 개인의 성격이 특정 환경보다는 훨씬 더 사고가 일어나기 쉽다.

○ 사고경향성 이론
1. 어떠한 사람이 다른 사람보다 사고를 더 잘 일으킨다는 것
2. 사고를 많이 내는 여러 명의 특성을 측정하여 사고를 예방하는 것
3. 검증하기 위한 효과적인 방법은 다른 두 시기동안에 같은 사람의 사고기록을 비교하는 것
4. 개인의 특성에 따른 사고 성격의 유형을 설명하는 것
5. 재해 빈발자의 유형을 미숙성 누발자, 상황적 누발자, 습관성 누발자, 소질성 누발자로 분류

휴먼에러 방지대책

01 부주의에 대한 사고방지대책 중 정신적 대책과 가장 거리가 먼 것은?

① 안전의식의 제고   ② 스트레스 해소 대책   ③ 주의력 집중훈련
④ 표준작업의 습관화   ⑤ 작업의욕 고취

해설 ④ [×] 표준작업의 습관화는 '기능 및 작업측면의 대책'이다.

○ 부주의에 대한 사고방지대책
1. 정신적 측면의 대책
① 주의력의 집중훈련 ② 안전의식의 제고 ③ 스트레스의 해소 대책
④ 작업의욕 고취
2. 기능 및 작업측면의 대책

정답 16. ① | 01. ④

① 표준 작업의 습관화 ② 안전작업 방법의 습득
③ 작업조건의 개선과 적응력 향상 ④ 적성배치
3. 설비 및 환경적 측면의 대책
① 표준 작업 제도의 도입 ② 설비 및 작업환경의 안전화
③ 긴급시 안전작업 대책 수립

02 다음 중 항공기나 우주선 비행 등에서 허위감각으로부터 생긴 방향감각의 혼란과 착각 등의 오판을 해결하는 방법으로 가장 적절하지 않은 것은?

① 주위의 다른 물체에 주의를 한다.
② 정상비행 훈련을 반복하여 오판을 줄인다.
③ 여러 가지의 착각의 성질과 발생상황을 이해한다.
④ 정확한 방향 감각 암시신호에 의존하는 것을 익힌다.
⑤ 진동하는 센서에 의한 공간 위치를 진동으로 알려 주는 장치를 부착한다.

해설 ② [×] 공간방향 감각상실은 비행환경에서 조종사가 받는 왜곡된 방향 감각이다. 허위감각에 의한 방향감각혼란은 감각기관에서 감지한 위치와 대상물체의 운동에 관한 암시신호 사이의 불일치로 일어나는데 훈련을 반복한다고 해결될 사안은 아니다.

03 다음 중 부주의에 의한 사고 방지에 있어서 정신적 측면에 대책 사항과 가장 거리가 먼 것은?

① 적응력 향상   ② 스트레스 해소   ③ 작업의욕 고취
④ 주의력 집중 훈련   ⑤ 안전의식 고취

해설 ① [×] 적응력 향상은 작업측면의 대책에 해당한다.
○ 부주의에 대한 정신적 측면의 대책
1. 주의력의 집중 훈련   2. 스트레스의 해소   3. 안전의식 고취
4. 작업의욕의 고취

정답 02. ②   03. ①

04 부주의에 의한 사고방지대책에 있어 기능 및 작업 측면의 대책에 해당하는 것은?

① 적성배치　　　② 안전의식의 제고　　　③ 주의력 집중 훈련
④ 긴급시의 안전대책　　⑤ 작업환경과 설비의 안전화

해설　① [○] 적성배치가 기능 및 작업 측면의 대책에 해당한다.

○ 기능 및 작업자 측면에 대한 대책
1. 적성 배치　2. 표준작업 동작의 습관화

○ 정신적 측면에 대한 대책
1. 주의력의 집중 훈련　2. 안전의식의 고취

○ 설비 및 환경적 측면에 대한 대책
1. 설비 및 작업환경의 안전화　2. 긴급시의 안전대책

05 다음 중 부주의의 발생 원인별 대책방법이 올바르게 짝지어진 것은?

① 소질적 문제 - 안전교육　　② 경험, 미경험 - 적성배치
③ 의식의 우회 - 작업환경 개선　　④ 작업순서의 부적합 - 인간공학적 접근
⑤ 작업환경 조건 불량 - 인간공학적 접근

해설　④ [○] 작업순서의 부적합 - 인간공학적 접근

○ 부주의 원인 및 대책
1. 소질적 문제 : 적성배치
2. 경험, 무경험 : 안전 교육 및 훈련
3. 의식의 우회 : 카운슬링 (상담)
4. 작업순서의 부적합 : 작업순서의 정비, 인간공학적 접근
5. 작업환경 조건 불량 : 환경정비

06 다음 중 부주의 발생에 대한 대책으로 상담이 필요한 것은?

① 의식의 우회　　② 경험의 부족　　③ 작업순서의 부적당
④ 작업환경조건 불량　　⑤ 소질적 조건 부적합

해설　① [○] 의식의 우회는 상담(counseling)이 필요한 부주의이다.

정답　04. ①　　05. ④　　06. ①

○ 부주의 발생원인 및 대책
  1. 외적 원인 및 대책
    ① 작업 환경조건 불량 : 환경정비
    ② 작업순서의 부적당 : 작업순서정비
  2. 내적 조건 및 대책
    ① 소질적 조건 : 적성배치   ② 의식의 우회 : 상담 (counseling)
    ③ 경험 미경험 : 교육

2.4 직무 스트레스

> 직무스트레스 일반

01 스트레스에 반응하는 신체의 변화로 맞는 것은?

① 혈소판이나 혈액응고 인자가 증가한다.
② 더 많은 산소를 얻기 위해 호흡이 느려진다.
③ 중요한 장기인 뇌·심장·근육으로 가는 혈류가 감소한다.
④ 상황 판단과 빠른 행동 대응을 위해 감각기관은 매우 둔감해진다.
⑤ 혈압과 맥박이 감소한다.

해설 ① [○] 스트레스에 반응하는 신체의 변화
　　　　1. 혈소판이나 혈액응고 인자가 증가한다.
　　　　2. 더 많은 산소를 얻기 위해 호흡이 빨라진다.
　　　　3. 중요한 장기인 뇌, 심장, 근육으로 가는 혈류가 증가한다.
　　　　4. 상황 판단과 빠른 행동 대응을 위해 감각기관이 예민해진다.
　　　　5. 근육이 긴장된다.　　6. 혈압과 맥박이 증가한다.

02 스트레스의 요인 중 외부적 자극 요인에 해당하지 않는 것은?

① 대인관계 갈등　② 자존심의 손상　③ 가족의 죽음, 질병
④ 경제적 어려움　⑤ 자신의 건강 문제

해설 ② [×] '자존심의 손상'은 내부적 자극 요인에 해당한다.
　　　○ 스트레스의 주요 원인
　　　　1. 외부로부터의 자극 요인
　　　　　가. 경제적인 어려움
　　　　　나. 직장에서의 대인관계상의 갈등과 대립
　　　　　다. 가정에서의 가족관계의 갈등, 가족의 죽음이나 질병
　　　　　라. 자신의 건강 문제, 상대적인 박탈감 등
　　　　2. 마음속에서 일어나는 내적 자극 요인
　　　　　가. 자존심의 손상과 공격방어 심리

정답　01. ①　　02. ②

나. 출세욕의 좌절감과 자만심의 상충
다. 지나친 과거에의 집착과 허탈 업무상의 죄책감
라. 지나친 경쟁심과 재물에 대한 욕심
마. 남에게 의지하고자 하는 심리
바. 가족간의 대화단절 의견의 불일치

03 산업 스트레스의 반응에 따른 심리적 결과에 해당되지 않는 것은?

① 가정문제   ② 돌발적 사고   ③ 수면방해   ④ 성(性)적 역기능
⑤ 의욕감퇴

해설 ② [×] 돌발적 사고는 행동적 결과에 해당한다.
○ 산업 스트레스 반응결과
1. 행동적 결과 : 흡연, 알코올과 약물 남용, 행동 격앙에 따른 돌발적 사고, 식욕 감퇴
2. 심리적 결과 : 가정문제, 불면증에 의한 수면부족, 성적욕구감퇴, 의욕감퇴
3. 생리적 결과 : 심혈관계 질환, 위장관계 질환, 기타질환

04 산업스트레스에 대한 반응을 심리적 결과와 행동적 결과로 구분할 때 행동적 결과로 볼 수 없는 것은?

① 수면 방해   ② 약물 남용   ③ 식욕 부진   ④ 돌발 행동   ⑤ 흡연

해설 ① [×] 수면 방해는 심리적 결과에 해당한다.
○ 산업스트레스에 대한 반응
1. 행동적 결과 : 흡연, 알코올과 약물남용, 돌발적 사고, 식욕부진
2. 심리적 결과 : 가정문제, 수면방해, 성적 역기능, 의욕감퇴

05 스트레스(stress)에 영향을 주는 요인 중 환경이나 외적 요인에 해당하는 것은?

① 자존심의 손상   ② 현실에의 부적응   ③ 도전의 좌절과 자만심의 상충
④ 지나친 경쟁심   ⑤ 직장에서의 대인관계 갈등과 대립

정답   03. ②   04. ①   05. ⑤

|해설| ⑤ [○] 직장에서의 대인관계 갈등과 대립은 외적 요인에 해당한다.

○ 스트레스(stress)에 영향을 주는 요인
1. 내적 요인 : 자존심 손상, 공격방어 심리, 업무상 죄책감, 도전의 좌절과 자만심의 상충, 지나친 경쟁심, 재물에 대한 욕심 등
2. 외적 요인 : 경제적 어려움, 가족관계의 갈등, 가족의 죽음이나 질병, 직장에서 대인관계 갈등과 대립, 자신의 건강 문제 등

06 다음 중 카운슬링(counseling)의 순서로 가장 올바른 것은?

① 장면 구성 → 내담자와의 대화 → 감정 표출 → 감정의 명확화 → 의견 재분석
② 장면 구성 → 내담자와의 대화 → 의견 재분석 → 감정 표출 → 감정의 명확화
③ 내담자와의 대화 → 장면 구성 → 감정 표출 → 감정의 명확화 → 의견 재분석
④ 내담자와의 대화 → 장면 구성 → 의견 재분석 → 감정 표출 → 감정의 명확화
⑤ 장면 구성 → 내담자와의 대화 → 감정 표출 → 의견 재분석 → 감정의 명확화

|해설| ② [○] 카운슬링이란 상담으로 번역되며, 심리적인 문제나 고민이 있는 사람에게 실시하는 상담 활동이다. 상담원이 전문적인 입장에서 조언·지도를 하거나 공감적인 이해를 보여 심리적 상호 교류를 함으로써 상담자의 문제를 해결하거나 심리적 성장을 돕는다.

NIOSH 직무스트레스 모형

01 NIOSH의 직무스트레스 모형에서 각 요인의 세부항목 연결이 틀린 것은?

① 작업요인 - 작업속도
② 조직요인 - 교대근무
③ 환경요인 - 조명, 소음
④ 완충작용요인 - 대응능력
⑤ 개인적 요인 - 경력개발 단계

|해설| ② [×] '작업요인 - 교대근무'로 되어야 옳은 연결이다.

○ NIOSH의 직무스트레스 모형
1. 직무스트레스 : 어떤 작업조건(직무스트레스 요인)과 개인간의 상호작용으로부터 나온 심리적 파괴, 행동적 반응이 일어나는 현상

정답   06. ② | 01. ②

2. 직무스트레스 요인
    가. 작업요인 : 작업부하, 작업속도, 교대근무 등
    나. 조직요인 : 역할갈등, 관리 유형, 고용 불확실성, 의사결정 참여 등
    다. 환경요인 : 소음, 온도, 조명, 환기 불량 등
3. 중재요인
    가. 개인적 요인 : 성격경향(대처능력), 경력개발 단계, 건강 등
    나. 조직 외 요인 : 재정 상태, 가족 상황, 교육 수준 등
    다. 완충작용 요인 : 사회적 지위, 대처능력 등
4. 반응
    가. 심리적 반응 : 정서불안, 우울, 직무불만족
    나. 생리적 반응 : 혈압, 두통, 심박수 증가
    다. 행동적 반응 : 수면장애, 약물남용, 흡연, 음주
5. 질병
    가. 근골격계 질환   나. 고혈압   다. 관상동맥질환   라. 알콜중독
    마. 정신질환 등
6. 직무스트레스 발생 과정
    가. 직무스트레스 요인+중재요인=반응 → 질병으로 이어진다.

02 미국 국립산업안전보건연구원(NIOSH)이 제시한 직무스트레스 모형에서 직무스트레스 요인을 작업요인, 조직요인, 환경요인으로 구분할 때 다음 중 조직요인에 해당하는 것은?

① 작업 속도   ② 관리 유형   ③ 교대 근무   ④ 조명 및 소음
⑤ 작업 부하

해설 ② [○] '관리 유형'은 조직요인에 해당하는 것이다.

정답 02. ②

2.5 리더십과 인간행동

> 리더십 및 시회행동

01 리더십의 행동이론 중 관리그리드(managerial grid) 이론에서 리더의 행동유형과 경향을 올바르게 연결한 것은?

① (1, 1)형 - 무관심형　② (1, 9)형 - 과업형　③ (9, 1)형 - 인기형
④ (5, 5)형 - 이상형　⑤ (9, 9) 타협형

해설　① [○] 바르게 연결된 것은 '(1, 1)형 - 무관심형'이다.

○ 관리그리드(managerial grid) 이론에서 리더의 행동유형
　　1. (1, 1) 무관심형　　　　　2. (1, 9) 인기형(컨트리클럽형)
　　3. (9, 1) 과업형(생산중시형)　4. (5, 5) 타협형(중간형)
　　5. (9, 9) 이상형(팀형)

○ 관리그리드(managerial grid) 이론 : 가로축은 생산(과업)에 대한 관심, 세로축은 인간에 대한 관심으로 하여 유형을 파악한다.

02 다음은 리더가 가지고 있는 어떤 권력의 예시에 해당하는가?

> 종업원의 바람직하지 않은 행동들에 대해 해고, 임금삭감, 견책 등을 사용하여 처벌한다.

① 보상권력　② 강압권력　③ 합법권력　④ 전문권력　⑤ 준거권력

해설　② [○] 제시문은 조직이 지도자에게 부여하는 권력 중 강압권력의 내용이다.

○ 조직이 지도자에게 부여하는 권력
　　1. 보상권력
　　2. 강압권력 : 적절한 처벌로 효과적 통제 유도(승진탈락, 임금삭감, 해고 등)
　　3. 합법 권력

○ 지도자 자신이 자신에게 부여하는 권력
　　1. 준거권력　　2. 전문권력

정답　01. ①　02. ②

03 사회행동의 기본형태와 내용이 잘못 연결된 것은?

① 대립 : 공격, 경쟁　　② 조직 : 경쟁, 통합　　③ 협력 : 조력, 분업
④ 도피 : 정신병, 자살　⑤ 융합 : 강제, 타협, 통합

해설　② [×] 사회행동의 기본형태
　　　　1. 협력 : 조력, 분업　　　　2. 대립 : 공격, 경쟁
　　　　3. 도피 : 고립, 정신병, 자살　4. 융합 : 강제, 타협, 통합

04 사회행동의 기본 형태에 해당하지 않는 것은?

① 협력　② 대립　③ 모방　④ 도피　⑤ 융합

해설　③ [○] 사회행동의 기본형태 : 1. 협력　2. 대립　3. 도피　4. 융합

05 다음 중 수퍼(D. E. Super)의 역할이론에 해당하지 않는 것은?

① 역할 연기(Role playing)　　② 역할 기대(Role expectation)
③ 역할 적응(Role adaptation)　④ 역할 갈등(Role conflict)
⑤ 역할 조성(Role Shaping)

해설　③ [×] 수퍼(D. E. Super)의 역할이론
　　　　1. 역할 연기(Role playing) : 자아탐색인 동시에 자아실현의 수단이다.
　　　　2. 역할 기대(Role expectation) : 자기의 역할을 기대하고 감수하는 사람은
　　　　　 그 직업에 충실한 것이다.
　　　　3. 역할 조성(Role Shaping) : 개인에게 여러 개의 역할 기대가 있을 경우에
　　　　　 그 중의 어떤 역할기대는 불응, 거부하는 수도 있으며, 혹은 다른 역할을
　　　　　 해내기 위해 다른 일을 구할 때도 있다.
　　　　4. 역할 갈등(Role conflict) : 작업 중에는 상반된 역할이 기대되는 경우가
　　　　　 있으며 그럴 때 갈등이 생기게 된다.

06 의사소통 과정의 4가지 구성요소에 해당하지 않는 것은?

① 채널　② 효과　③ 메시지　④ 발신자　⑤ 수신자

해설　② [×] 의사소통 과정의 4가지 구성요소 : 채널, 메시지, 발신자, 수신자

정답　03. ②　04. ③　05. ③　06. ②

인간관계 및 적응기제

01 다음 중 억압당한 욕구가 사회적·문화적으로 가치 있는 목적으로 향하여 노력함으로써 욕구를 충족하는 적응기제(Adjustment Mechanism)를 무엇이라 하는가?

① 보상   ② 투사   ③ 승화   ④ 합리화   ⑤ 동일화

해설   ③ [○] 제시문에 해당하는 적절한 것은 '승화'이다.

① 보상 : 보상은 자신의 결함과 무능에 의하여 생긴 열등감이나 긴장을 해소시키기 위하여 장점 같은 것으로 그 결함을 보충하려는 행동이다.

② 투사 : 투사란 자신의 불만이나 불안을 해소시키기 위해서 남에게 뒤집어 씌우는 식의 적응기제이다.

③ 승화 : 승화는 억압당한 욕구를 다른 가치 있는 목적을 실현하도록 노력함으로써 욕구를 충족하는 기제(mechanism)이다.

④ 합리화 : 합리화는 자기의 실패나 약점을 그럴 듯한 이유를 들어 남의 비난을 받지 않도록 하거나 자위하는 방어기제이다.

⑤ 동일화 : 다른 사람의 행동양식이나 태도를 투입하거나 다른 사람 가운데서 자기와 비슷한 것을 발견하게 되는 기제이다.

02 인간관계의 매커니즘 중 다른 사람의 행동양식이나 태도를 투입시키거나 다른 사람 가운데서 자기와 비슷한 것을 발견하는 것은?

① 동일화   ② 일체화   ③ 투사   ④ 공감   ⑤ 모방

해설   ① [○] 동일화는 다른 사람의 행동양식이나 태도를 투입시키거나 다른 사람 가운데서 자기와 비슷한 것을 발견하는 것이다.

③ 투사는 자기 속의 억압된 것을 다른 사람의 것으로 생각하는 것이다.

⑤ 모방은 다른 사람의 행동이나 판단을 표본으로 하여 그것과 같거나 비슷한 행위로 재현하거나 실행하려는 것이다.

정답   01. ③   02. ①

03 적응기제(適應機制)의 형태 중 방어적 기제에 해당하지 않는 것은?

① 고립 ② 보상 ③ 승화 ④ 합리화 ⑤ 동일화

해설 ① [×] 고립은 도피적 행동기제이다.
○ 적응기제의 형태 중 방어적 기제
1. 보상 2. 합리화 3. 승화 4. 동일화 5. 투사 6. 치환 7. 반동형성
○ 적응기제의 형태 중 도피적 기제
1. 고립 2. 퇴행 3. 억압 4. 백일몽 5. 고착 6. 거부 7. 부정

04 적응기제(適應機制, Adjustment Mechanism)의 종류 중 도피적 기제(행동)에 속하지 않는 것은?

① 고립 ② 퇴행 ③ 억압 ④ 합리화 ⑤ 백일몽

해설 ④ [×] 합리화는 방어적 기제에 속한다.
○ 도피적 기제 : 고립, 퇴행, 억압, 백일몽, 고착, 거부, 부정

05 집단에서의 인간관계 메커니즘(Mechanism)과 가장 거리가 먼 것은?

① 분열, 강박   ② 모방, 암시   ③ 동일화, 일체화
④ 커뮤니케이션, 공감   ⑤ 보상, 합리화

해설 ① [×] 분열, 강박은 인간관계 메커니즘과는 거리가 멀다.
○ 인간관계 메커니즘
1. 보상 : 자신의 무능에 따른 열등감과 긴장을 해소하기 위해 장점같은 것으로 결함을 보충
2. 합리화 : 자신의 실패에 대해 그럴듯한 이유를 들어 남에게 비난받지 않도록 함
3. 승화 : 억압당한 욕구를 다른 가치있는 목적을 위해 노력하여 충족
4. 동일화 : 다른 사람의 행동양식이나 태도를 투입
5. 투사 : 자신의 억압된 것을 다른 사람의 것으로 생각
6. 모방 : 남의 행동이나 판단을 표본으로 따라 함
7. 암시 : 무비판적으로 논리적, 사실적 근거 없이 받아들이는 것

정답 03. ①   04. ④   05. ①

06 합리화는 자기의 실패나 약점을 그럴 듯한 이유를 들어 남의 비난을 받지 않도록 하거나 자위하는 방어기제는?

① 공감　② 모방　③ 합리화　④ 일체화　⑤ 암시

해설　③ [○] 설명은 '합리화'에 대한 내용이다.

07 다른 사람의 행동이나 판단을 표본으로 하여 그것과 같거나 비슷한 행위로 재현하거나 실행하려는 것을 무엇이라 하는가?

① 모방(Imitation)　② 투사(Projection)　③ 암시(Suggestion)
④ 동일시(Identification)　⑤ 커뮤니케이션(Communication)

해설　④ [○] 제시 내용은 '모방(Imitation)'에 대한 내용이다.

08 적응기제(adjustment mechanism) 중 도피기제에 해당하는 것은?

① 투사　② 보상　③ 승화　④ 고립　⑤ 동일화

해설　④ [○] 도피기제 : 고립, 퇴행, 억압, 백일몽, 고착, 거부, 부정
　　○ 적응기제 : 욕구불만, 갈등을 합리적으로 해결할 수 없을 때 욕구충족을 위해 비합리적인 방법을 취하는 것
　　　1. 방어기제 : 보상, 합리화, 승화, 동일화, 투사, 치환, 반동형성
　　　2. 도피기제 : 고립, 퇴행, 억압, 백일몽, 고착, 거부, 부정
　　　3. 공격기제 : 직접적 공격기제, 간접적 공격기제

09 인간의 적응기제(Adjustment mechanism) 중 방어적 기제에 해당하는 것은?

① 보상　② 고립　③ 퇴행　④ 억압　⑤ 백일몽

해설　① [○] 방어적 기제 : 보상, 합리화, 승화, 동일화, 투사

정답　06. ③　07. ①　08. ④　09. ①

10 다음 중 적응기제(adjustment mechanism)에 있어 방어기제에 해당하지 않는 것은?

① 투사　② 보상　③ 승화　④ 백일몽　⑤ 치환

해설　④ [×] 백일몽은 도피기제에 해당한다.

11 인간의 욕구에 대한 적응기제(Adjustment Mechanism)를 공격적 기제, 방어적 기제, 도피적 기제로 구분할 때 다음 중 도피적 기제에 해당하는 것은?

① 보상　② 퇴행　③ 승화　④ 합리화　⑤ 치환

해설　② [○] 퇴행은 도피적 기제에 해당한다.

12 다음 중 고립, 정신병, 자살 등이 속하는 사회행동의 기본 형태는?

① 협력　② 융합　③ 대립　④ 도피　⑤ 적응

해설　④ [○] 고립, 정신병, 자살 등이 속하는 사회행동의 기본 형태는 도피이다.
　　○ 사회행동의 기본 형태
　　　1. 협력 : 협력, 조력, 분업　　2. 대립 : 경쟁, 공격
　　　3. 도피 : 고립, 정신병, 자살　　4. 융합 : 강제, 타협, 통합

13 다음 설명에 해당하는 적응기제는?

자신의 결함과 무능에 의하여 생긴 열등감이나 긴장을 해소하기 위하여 장점과 같은 것으로 그 결함을 보충하려는 행동

① 보상　② 합리화　③ 승화　④ 치환　⑤ 투사

해설　① [○] 제시문은 '보상'에 대한 내용이다.
　　② 합리화는 자신의 실패나 약점을 그럴듯한 이유를 들어 정당화하려는 자기기만의 방어기제
　　③ 승화는 억압당한 욕구가 사회적, 문화적으로 가치있는 목적으로 향하도록 노력함으로써 욕구를 충족하는 기제

정답　10. ④　11. ②　12. ④　13. ①

④ 치환은 어떤 감정이나 태도를 취해 보려고 하는 대상을 다른 대상으로 바꾸어 향하게 하는 적응기제

⑤ 투사는 자신의 불만이나 불안을 해소시키기 위해서 남에게 뒤집어 씌우는 적응기제

14 다음은 무엇에 관한 설명인가?

> 다른 사람으로부터의 판단이나 행동을 무비판적으로 받아들이는 것

① 모방(Imitation) ② 암시(Suggestion) ③ 투사(Projection)
④ 동일화(Identification) ⑤ 커뮤니케이션(Communication)

해설 ② [○] 제시문은 '암시(Suggestion)'에 대한 내용이다.

① 모방 : 남의 행동이나 판단을 표본으로 하여 그것과 같거나 또는 그것에 가까운 행동 또는 판단을 취하려는 행동

③ 투사 : 자신의 잘못을 남의 탓으로 돌리는 행동

④ 동일화 : 다른 사람의 행동 양식이나 태도를 투입시키거나 다른 사람 가운데서 자기와 비슷한 점을 발견하는 것

⑤ 커뮤니케이션 : 여러 가지 행동 양식이 기호를 매개로 하여 한 사람으로부터 다른 사람에게 전달되는 과정으로 언어, 손짓, 몸짓, 표정 등

정답 14. ②

2.6 집단관리와 리더십

집단역학 및 집단행동

01 다음 중 집단에서의 인간관계 메커니즘과 가장 거리가 먼 것은?

① 동일화, 일체화 ② 커뮤니케이션, 공감 ③ 모방, 암시
④ 분열, 강박 ⑤ 투사

해설 ④ [×] 집단에서의 인간관계 매커니즘의 종류에는 모방, 암시, 커뮤니케이션, 동일화, 투사, 공감 등이 있다.

02 다음 중 비공식 집단에 관한 설명으로 가장 거리가 먼 것은?

① 비공식 집단은 조직구성원의 태도, 행동 및 생산성에 지대한 영향력을 끼친다.
② 가장 응집력이 강하고 우세한 비공식 집단은 수직적 동료집단이다.
③ 혼합적 혹은 우선적 동료집단은 각기 상이한 부서에 근무하는 직위가 다른 성원들로 구성된다.
④ 비공식 집단은 관리영역 밖에 존재하고 조직도상에 나타나지 않는다.
⑤ 규모가 과히 크지 않아 개인적 접촉기회가 많다.

해설 ② [×] 가장 응집력이 강하고 우세한 비공식 집단은 '수평적 동료집단'이다.
  ○ 비공식 집단 특징
   1. 경영 통제권이나 관리 영역 밖에서 존재한다.
   2. 규모가 과히 크지 않아 개인적 접촉기회가 많다.
   3. 동료애 욕구가 있다.   4. 응집력이 크다.

03 집단역학에서 소시오메트리(sociometry)에 관한 설명 중 틀린 것은?

① 소시오메트리 분석을 위해 소시오메트릭스와 소시오그램이 작성된다.
② 소시오메트릭스에서는 상호작용에 대한 정량적 분석이 가능하다.
③ 소시오메트리는 집단 구성원들 간의 공식적 관계가 아닌 비공식적인 관계를 파악하기 위한 방법이다.

정답 01. ④   02. ②   03. ④

④ 소시오그램은 집단 구성원들 간의 선호, 거부 혹은 무관심의 관계를 기호로 표현하지만, 이를 통해 다양한 집단 내의 비공식적 관계에 대한 역학 관계는 파악할 수 없다.

⑤ 소시오메트리(sociometry)란 어원상 Latin어에서 유래한 말로 사회성 또는 동료관계를 측정한다는 것을 의미한다.

해설 ④ [×] 소시오그램은 집단 구성원들 간의 선호, 거부 혹은 무관심의 관계를 기호로 표현하고, 이를 통해 다양한 집단 내의 비공식적 관계에 대한 역학 관계를 파악할 수 있다.

04 집단이 가지는 효과로 두 개 이상의 서로 다른 개체가 힘을 합쳐 둘이 지닌 힘 이상의 효과를 내는 현상은?

① 시너지 효과 ② 동조 효과 ③ 응집성 효과 ④ 자생적 효과
⑤ 합성 효과

해설 ① [○] 제시문은 '시너지 효과'에 대한 내용이다.
○ Synergy 효과(상승효과) : 집단효과이고, 두 개 이상의 서로 다른 개체가 힘을 합쳐 둘보다 더 큰 힘을 내는 효과이다.

05 다음 중 집단행동에 있어 비통제의 집단행동에 속하지 않는 것은?

① 모브 ② 군중 ③ 패닉 ④ 심리적 전염 ⑤ 유행

해설 ⑤ [×] 유행은 통제적 집단행동에 속한다.
○ 비통제적 집단행동
1. 군중(crowd) : 공통된 규범이나 조직성이 없이 우연히 조직된 인간의 일시적 집합
2. 모브(mob) : 폭도. 이상 상황에서 공격적 행동 특징을 보이는 집단 행동
3. 패닉(panic) : 이상적인 상황에서 방어적인 행동 특징을 보이는 집단행동
4. 심리적 전염 : 타인의 행동을 무의식적으로 모방하거나 감정적 동화 행동
○ 통제적 집단행동
1. 제도적 행동(institutional behavior) : 합리적으로 구성원의 행동을 통제하고 표준화

정답 04. ① 05. ⑤

2. 관습(custom) : 풍습, 관례, 관행, 금기
3. 유행(fashion) : 공통적인 행동양식 및 태도

06 비통제의 집단행동에 해당하는 것은?
① 관습   ② 유행   ③ 모브   ④ 제도적 행동   ⑤ 금기

해설 ③ [○] 모브(mob)는 폭도의 의미인데, 비통제의 집단행동에 해당한다.

07 이상적인 상황 하에서 방어적인 행동 특징을 보이는 집단행동은?
① 군중   ② 패닉   ③ 모브   ④ 심리적 전염   ⑤ 모방

해설 ② [○] 패닉(panic)은 위험 회피하려고 사람들이 막 도주하는 것이며, 이상적인 상황하에서 방어적인 행동 특징을 보이는 집단행동이다.

08 다음 중 인간의 집단행동 가운데 통제적 집단행동으로 볼 수 있는 것은?
① 모브   ② 패닉   ③ 모방   ④ 관습   ⑤ 심리적 전염

해설 ④ [○] 관습은 통제적 집단행동으로 볼 수 있는 것이다.

집단관리 리더십

01 다음 중 성실하며 성공적인 지도자(leader)의 공통적인 소유 속성과 가장 거리가 먼 것은?
① 강력한 조직능력   ② 실패에 대한 자신감   ③ 뛰어난 업무수행능력
④ 강한 출세욕구   ⑤ 자신 및 상사에 대한 긍정적인 태도

해설 ② [×] '실패에 대한 두려움'이 소유 속성이다.
　　　　○ 성공한 지도자들의 공통적 소유 속성
　　　　　1. 실패에 대한 두려움   2. 뛰어난 업무수행능력   3. 강한 출세욕구
　　　　　4. 강력한 조직능력   5. 긍정적 태도   6. 원만한 사교성 등

정답 06. ③   07. ②   08. ④ | 01. ②

제3장

산업안전교육

3.1 산업안전교육 일반 / 100

3.2 산업안전교육 방법 / 105

3.3 교육심리학 학습이론 / 125

3.1 산업안전교육 일반

산업안전교육 원리

01 다음 중 학습목적을 세분하여 구체적으로 결정한 것을 무엇이라 하는가?

① 주제   ② 학습목표   ③ 학습정도   ④ 학습성과   ⑤ 커리큘럼

해설 ④ [○] 제시문에 해당하는 것은 '학습성과'이다. 학습성과는 학습목적을 세분하여 구체적으로 결정한 것이다. '목적=달성하고자 하는 결과'로 볼 수 있는 것이다.

① 주제 : 목적달성을 위한 중심 내용
② 학습목표 : 학습을 통하여 달성하려는 지표
③ 학습정도 : 주제를 학습시킬 때 내용범위와 내용의 정도

02 다음 중 안전교육 지도안의 4단계에 해당되지 않는 것은?

① 도입   ② 적용   ③ 제시   ④ 보상   ⑤ 확인

해설 ④ [×] 안전교육 지도안의 4단계
1단계 : 도입(준비) - 학습할 준비를 시킨다(동기유발).
2단계 : 제시(설명) - 작업을 설명한다.
3단계 : 적용(응용) - 작업을 시켜 본다.
4단계 : 확인(총괄, 평가) - 가르친 뒤 살펴본다.

03 교육의 3요소로만 나열된 것은?

① 강사, 교육생, 사회인사   ② 강사, 교육생, 교육자료
③ 교육자료, 지식인, 정보   ④ 교육생, 교육자료, 교육장소
⑤ 강사, 교육생, 정보

해설 ② [○] 교육의 3요소로는 강사, 교육생, 교육자료이다.

○ 교육의 3요소
1. 교육의 주체 : 강사, 교도자

정답   01. ④   02. ④   03. ②

2. 교육의 객체 : 수강자, 학생

3. 교육의 매개체 : 교육내용, 교재

04 안드라고지 모델에 기초한 학습자로서의 성인의 특징과 가장 거리가 먼 것은?

① 성인들은 타인 주도적 학습을 선호한다.
② 성인들은 과제 중심적으로 학습하고자 한다.
③ 성인들은 다양한 경험을 가지고 학습에 참여한다.
④ 성인들은 왜 배워야 하는지에 대해 알고자 하는 욕구를 가지고 있다.
⑤ 안드라고지 모델은 페다고지 모델과 달리 학습대상 유형이 다른 모델이다.

해설   ① [×] 안드라고지(andragogy) 모델에서 성인들은 자기 주도적 학습을 선호한다.

⑤ 페다고지(pedagogy) 모델은 교사 중심의 타인 주도적인 아동 학습을 말한다.

05 학습경험 조직의 원리와 관계가 있는 것은?

① 기회의 원리   ② 만족의 원리   ③ 가능성의 원리   ④ 통합성의 원리
⑤ 다경험의 원리

해설   ④ [○] 통합성의 원리는 타일러의 학습경험 조직의 원리 중 하나이다.

○ Tyler의 합리적 교육과정 개발 모형
1. 학습경험 선정의 원리
① 기회의 원리 : 스스로 해 볼 기회
② 만족의 원리 : 배우면서 만족감을 느껴야
③ 가능성의 원리 : 학생의 수준에 맞아야
④ 일목표 다경험의 원리 : 하나의 목표를 다양한 방법으로
⑤ 일경험 다성과의 원리 : 하나를 배워 열을 알게
⑥ 협동의 원리 : 함께 활동할 기회 제공
2. 학습경험 조직의 원리
① 수직적 관계 (종적 연결) : 계속성(반복), 계열성(깊이와 범위 확장)
② 수평적 관계 (횡적 연결) : 통합성(관련 있는 내용은 묶어서)

정답   04. ①   05. ④

06 교육지도의 5단계가 다음과 같을 때 맞게 나열한 것은?

> ㉠ 가설의 설정 ㉡ 결론 ㉢ 원리의 제시 ㉣ 관련된 개념의 분석
> ㉤ 자료의 평가

① ㉢ → ㉣ → ㉠ → ㉤ → ㉡   ② ㉠ → ㉢ → ㉣ → ㉤ → ㉡
③ ㉢ → ㉠ → ㉤ → ㉣ → ㉡   ④ ㉠ → ㉢ → ㉤ → ㉣ → ㉡
⑤ ㉠ → ㉣ → ㉢ → ㉤ → ㉡

해설 ① [○] 교육지도의 5단계
　　　　1. 원리의 제시 2. 관련된 개념의 분석 3. 가설의 설정 4. 자료의 평가
　　　　5. 결론

산업안전교육 운영

01 다음 중 학습의 전개단계에서 주제를 논리적으로 체계화함에 있어 적용하는 방법으로 적절하지 않은 것은?

① 미리 알려져 있는 것에서 미지의 것으로
② 적게 사용하는 것에서 많이 사용하는 것으로
③ 전체적인 것에서 부분적인 것으로
④ 간단한 것에서 복잡한 것으로   ⑤ 쉬운 것에서 어려운 것으로

해설 ② [×] '많이 사용하는 것에서 적게 사용하는 것으로'가 해당 방법이다.

02 안전보건교육 계획에 포함해야 할 사항이 아닌 것은?

① 교육 지도안   ② 교육장소 및 교육방법   ③ 교육의 종류 및 대상
④ 교육 시간   ⑤ 교육의 과목 및 교육내용

해설 ① [×] 안전보건교육 계획에 포함해야 할 사항
　　　　1. 교육 목표 2. 교육 테마·내용 3. 교육 대상자 4. 교육 강사(지도자)
　　　　5. 교육 시기 6. 교육 시간 7. 교육 장소 8. 교육 방법

정답 06. ① | 01. ② 02. ①

03 다음 중 안전교육계획 수립시 포함하여야 할 사항과 가장 거리가 먼 것은?

① 교재의 준비   ② 교육 기간 및 시간   ③ 교육의 종류 및 교육대상
④ 소요예산계획   ⑤ 교육 담당자 및 강사

해설 ① [×] 안전교육계획 수립 시 포함되어야 할 사항들
1. 교육의 목표 2. 교육의 종류 및 대상 3. 교육의 과목 및 내용
4. 교육 장소 및 방법 5. 교육 기간 및 시간 6. 교육 담당자 및 강사
6. 소요예산계획

04 안전교육의 방법 중 전개단계에서 가장 효과적인 수업방법은?

① 토의법   ② 시범   ③ 강의법   ④ 자율학습법   ⑤ 시험

해설 ① [○] 토의법은 전개단계에서 가장 효과적인 수업방법이다.
○ 단계별 안전교육의 방법
1. 도입단계 : 강의법, 시험 2. 전개단계 : 토의법, 반복법, 실연법
3. 정리단계 : 반복법, 토의법, 실연법, 자율학습법

05 안전교육 방법 중 강의식 교육을 1시간 하려고 할 경우 가장 많이 소비되는 단계는?

① 도입   ② 제시   ③ 적용   ④ 확인   ⑤ 평가

해설 ② [○] 제시가 40분으로서 가장 길다. ⑤ [×] 평가는 단계가 아니다.
○ 안전교육 4단계
1. 토의식 : 도입 (5분), 제시 (10분), 적용 (40분), 확인 (5분)
2. 강의식 : 도입 (5분), 제시 (40분), 적용 (10분), 확인 (5분)

06 다음 중 교육프로그램의 타당도를 평가하는 항목이 아닌 것은?

① 전이 타당도   ② 효과 타당도   ③ 훈련 타당도   ④ 조직내 타당도
⑤ 조직간 타당도

정답 03. ①   04. ①   05. ②   06. ②

해설 ② [×] 교육프로그램의 타당도 평가 지표에는 4가지가 이용된다.
1. 전이 타당도 : 피교육자가 교육 프로그램을 이수하고 직무로 돌아온 후 직무성공을 거둘 수 있는지 여부
2. 훈련 타당도 : 피교육자와 당초 계획된 교육 프로그램이 상호간 적절한가를 검증하는 타당도
3. 조직내 타당도 : 교육프로그램이 동일한 조직내 상이한 집단과 부서의 피교육자들에도 동일하게 효과적인지를 검증하는 타당도
4. 조직간 타당도 : 교육프로그램이 다른 조직의 피교육자들에게도 동일하게 효과적인가를 검증하는 타당도

07 학습평가 도구의 기준 중 "측정의 결과에 대해 누가 보아도 일치되는 의견이 나올 수 있는 성질"은 어떤 특성에 관한 설명인가?

① 타당성   ② 신뢰성   ③ 객관성   ④ 실용성   ⑤ 정밀성

해설 ③ [○] 제시문은 '객관성'에 대한 내용이다.
○ 학습평가 기본기준 4가지
1. 타당성 : 측정을 적절한 도구와 절차를 통해 진행
2. 신뢰성 : 일관성 있게 측정
3. 객관도 : 동일한 평가에서 동일한 검사결과를 획득
4. 실용도 : 측정방법의 현실적 적용가능 여부

정답 07. ③

3.2 산업안전교육 방법

> 교육방법론 관련 이론

01 다음 중 교육지도의 원칙과 가장 거리가 먼 것은?

① 한 번에 한 가지씩 교육을 실시한다.
② 쉬운 것부터 어려운 것으로 실시한다.
③ 과거부터 현재, 미래의 순서로 실시한다.
④ 적게 사용하는 것에서 많이 사용하는 순서로 실시한다.
⑤ 전체에서 부분 학습의 순으로 실시한다.

해설 ④ [×] 많이 사용하는 것부터 적게 사용하는 순으로 실시한다.

○ 교육지도의 원칙
   1. 피교육자 중심교육 (상대방 입장에서 교육)   2. 동기부여
   3. 쉬운 부분에서 어려운 부분으로 진행   4. 한 번에 하나씩 교육
   5. 시청각 활용(인상의 강화)   6. 5관의 활용   7. 반복   8. 기능적 이해

○ 학습의 전개과정
   1. 쉬운 것부터 어려운 것의 순   2. 과거에서 현재, 미래의 순
   3. 많이 사용하는 것에서 적게 사용하는 순
   4. 간단한 것에서 복잡한 것의 순   5. 전체에서 부분 학습의 순

02 다음 중 안전교육방법에 있어 도입단계에서 가장 적합한 방법은?

① 강의법   ② 실연법   ③ 반복법   ④ 자율학습법   ⑤ 토의법

해설 ① [○] 강의법은 도입단계 교육에서 가장 적합한 방법이다.

○ 수업단계별 최적의 수업방법
   1. 도입단계 : 강의법, 시범법
   2. 전개, 정리단계 : 반복법, 토의법, 실연법
   3. 정리단계 : 자율학습법
   4. (도입, 전개, 정리)단계 : 프로그램학습법, 학생상호학습법, 모의학습법

정답   01. ④   02. ①

03 학습이론 중 S-R 이론에서 조건반사설에 의한 학습이론의 원리에 해당되지 않는 것은?

① 시간의 원리   ② 기억의 원리   ③ 일관성의 원리
④ 계속성의 원리   ⑤ 강도의 원리

해설   ② [×] 파블로프의 조건반사설
    1. 계속성의 원리 2. 일관성의 원리 3. 강도의 원리 4. 시간의 원리

04 안전보건교육을 향상시키기 위한 학습지도의 원리에 해당되지 않는 것은?

① 통합의 원리   ② 자기활동의 원리   ③ 개별화의 원리
④ 직관의 원리   ⑤ 동기유발의 원리

해설   ⑤ [×] 동기유발의 원리는 학습지도의 원리에 해당되지 않는다. 동기유발은 목표의 달성을 위해 움직이거나 노력하는 계기, 즉 행동유발이다.

○ 학습지도의 원리
    1. 자기활동의 원리(자발성의 원리) : 학습자 자신이 스스로 자발적으로 학습에 참여하는데 중점을 둔 원리이다.
    2. 개별화의 원리 : 학습자가 지니고 있는 각자의 요구와 능력 등에 알맞은 학습활동의 기회를 마련해 주어야 한다는 원리이다.
    3. 사회화의 원리 : 학습내용을 현실사회의 사상과 문제를 기반으로 하여 학교에서 경험한 것과 사회에서 경험한 걸을 교류시키고 공동학습을 통해서 협력적이고 우호적인 학습을 진행하는 원리
    4. 통합의 원리 : 학습을 총합적인 전체로서 지도하자는 원리로, 동시학습 원리와 같다.
    5. 직관의 원리 : 구체적인 사물을 직접 제시하거나 경험시킴으로써 큰 효과를 볼 수 있다는 원리이다.

05 다음 중 구체적 사물을 제시하거나 경험시킴으로써 효과를 보게 되는 학습지도의 원리는?

① 개별화의 원리   ② 사회화의 원리   ③ 직관의 원리
④ 통합의 원리   ⑤ 자기활동의 원리(자발성의 원리)

정답   03. ②   04. ⑤   05. ③

해설 ③ [○] 제시문은 제시문은 '직관의 원리'에 대한 내용이다.

06 다음 중 기술 교육(교시법)의 4단계를 올바르게 나열한 것은?

① preparation → presentation → performance → follow up
② presentation → preparation → performance → follow up
③ performance → follow up → presentation → preparation
④ performance → preparation → follow up → presentation
⑤ preparation → performance → presentation → follow up

해설 ① [○] 기술교육 교시법의 4단계
1. 도입(Preparation) : 준비단계
2. 실연(Presentation) : 일을 모의로 해 보이는 단계
3. 실습(Performance) : 일을 시켜 보는 단계
4. 확인(Follow up) : 보습 지도의 단계

07 학습정도(level of learning)의 4단계에 해당하지 않는 것은?

① 회상(to recall)   ② 적용(to apply)   ③ 인지(to recognize)
④ 이해(to understand)   ⑤ 지각(to perceive)

해설 ① [×] 학습정도의 4단계 요소 : 1. 인지 2. 지각 3. 이해 4. 적용

08 교육에 있어서 학습평가의 기본 기준에 해당되지 않는 것은?

① 타당도   ② 신뢰도   ③ 주관도   ④ 실용도   ⑤ 객관도

해설 ③ [×] 교육에 있어서 학습평가의 기본 기준은 타당도, 신뢰도, 실용도, 객관도이다.

09 Kirkpatrick의 교육훈련 평가 4단계를 바르게 나열한 것은?

① 학습단계 → 반응단계 → 행동단계 → 결과단계
② 학습단계 → 행동단계 → 반응단계 → 결과단계

정답   06. ①   07. ①   08. ③   09. ③

③ 반응단계 → 학습단계 → 행동단계 → 결과단계
④ 반응단계 → 학습단계 → 결과단계 → 행동단계
⑤ 학습단계 → 반응단계 → 결과단계 → 행동단계

해설   ③ Kirkpatrick은 교육 프로그램의 성과를 반응(Reaction), 학습(Learning), 행동(Behavior), 결과(Result)의 4단계로 평가할 것을 제시하였다. 반응과 학습에 대한 평가는 개인평가이고, 행동과 결과에 대한 평가는 조직평가를 의미한다.

○ Kirkpatrick 4단계 평가모형
  1단계 반응평가(만족도 평가) : 교육훈련과정에 대한 참가자의 느낌, 태도, 의견 등과 관련된 수집 자료와 함께 이루어지는 평가이다.
  2단계 학습평가(이해도 평가) : 학습자가 학습목표를 어느 정도 달성했는지를 평가하기 위한 것으로 학습을 통해서 참가자의 지식, 기술, 태도 등에 변화가 일어났는지를 평가하는 활동이다.
  3단계 행동평가(학습전이도 평가) : 현업적용도 평가 혹은 학습전이측정 평가라고도 불린다.
  4단계 결과평가(ROI 평가) : 교육과정에 투입된 비용이 경영성과에 긍정적인 가치를 부여했는지를 평가하는 것이다. ROI는 Return On Invest

10 안전교육 중 프로그램 학습법의 장점으로 볼 수 없는 것은?

① 학습자의 학습 과정을 쉽게 알 수 있다.
② 지능, 학습속도 등 개인차를 충분히 고려할 수 있다.
③ 매 반응마다 피드백이 주어지기 때문에 학습자가 흥미를 가질 수 있다.
④ 여러 가지 수업 매체를 동시에 다양하게 활용할 수 있다.
⑤ 수업의 모든 단계에 적용이 가능하다.

해설   ④ [×] 프로그램 학습법은 여러 가지 수업 매체를 동시에 다양하게 활용할 수 없다. 교육 내용이 프로그램으로 고정되어 진행된다.

○ 프로그램 학습의 장단점
  1. 장점
    ① 기본개념 학습이나 논리적인 학습에 유리
    ② 개인차 고려 학습 가능
    ③ 수업의 모든 단계에 적용 가능

④ 학습이 가능한 시간대의 폭이 넓음
⑤ 피드백 가능
⑥ 학습과정을 쉽게 알 수 있음

2. 단점
① 개발된 프로그램 자료는 변경이 어려움
② 개발비가 많이 들고 제작과정이 어려움
③ 교육 내용이 프로그램으로 고정됨
④ 학습에 많은 시간이 걸림
⑤ 집단 사고의 기회가 없음

11 다음 중 일반적으로 5감의 활용에 있어 교육의 효과 정도가 가장 적절하게 연결된 것은?

① 후각 - 50% 정도　　② 시각 - 15% 정도　　③ 촉각 - 60% 정도
④ 청각 - 20% 정도　　⑤ 미각 - 15% 정도

해설　④ [○] 5감의 효과치
1. 시각효과 60%　　2. 청각효과 20%　　3. 촉각효과 15%
4. 미각효과 3%　　5. 후각효과 2%

12 다음 중 교육평가의 5요건에 속하지 않는 것은?

① 확실성　② 신뢰성　③ 경제성　④ 주관성　⑤ 간이성

해설　④ [×] 교육평가의 5요건 : 확실성, 신뢰성, 경제성, 객관성, 간이성

13 안전태도교육 기본과정을 순서대로 나열한 것은?

① 청취 → 모범 → 이해 → 평가 → 장려·처벌
② 청취 → 평가 → 이해 → 모범 → 장려·처벌
③ 청취 → 이해 → 모범 → 평가 → 장려·처벌
④ 청취 → 평가 → 모범 → 이해 → 장려·처벌
⑤ 청취 → 이해 → 평가 → 모범 → 장려·처벌

정답　11. ④　　12. ④　　13. ③

해설 ③ [○] 안전태도교육은 생활지도, 작업동작지도 등을 통한 안전의 습관화 교육이다.

○ 안전태도교육 기본과정 순서
① 청취한다　　② 이해・납득시킨다　　③ 모범(시범)을 보인다
④ 권장(평가)한다　⑤ 칭찬(장려)한다　　⑥ 벌(처벌)을 준다.

14 새로운 기술과 학습에서는 연습이 매우 중요하다. 연습 방법과 관련된 내용으로 틀린 것은?

① 새로운 기술을 학습하는 경우에는 일반적으로 배분연습보다 집중연습이 더 효과적이다.
② 교육훈련과정에서는 학습자료를 한꺼번에 묶어서 일괄적으로 연습하는 방법을 집중연습이라고 한다.
③ 충분한 연습으로 완전학습한 후에도 일정량 연습을 계속하는 것을 초과학습이라고 한다.
④ 기술을 배울 때는 적극적 연습과 피드백이 있어야 부적절하고 비효과적 반응을 제거할 수 있다.
⑤ 분산연습법은 집중연습법 보다 학습 결과의 장기기억을 하기에 좋은 방법이다.

해설 ① [×] 새로운 기술을 학습하는 경우에는 일반적으로 집중연습보다 배분연습이 더 효과적이다.

○ 연습 방법

1. 집중연습법 : 연습과정에 휴식시간 없이 연속적으로 연습하는 방법
　가. 학습과제가 유의성이 있으며 통찰학습이 가능한 경우
　나. 학습하기 전에 준비운동 등이 필요한 경우
　다. 학습하는 자료가 의미있고 생산적인 경우
　라. 과거 학습효과로 인해 적극적인 전이가 용이한 경우
　마. 잘 알려진 지식과 기능을 숙달하기 위한 필요성이 있을 경우

2. 분산연습법 : 연습과정의 중간에 휴식을 하고 나누어서 연습하는 방법으로 학습 결과의 장기기억에 좋음
　가. 학습의 초기 단계일 경우
　나. 학습 내용이 복잡하거나 어려울 경우

정답　14. ①

다. 학습 과제가 유의성이 없을 경우
라. 학습자의 준비 부족과 많은 노력이 필요한 경우
마. 학습 과제나 작업량이 많을 경우

15 안전교육훈련의 기술교육 4단계에 해당하지 않는 것은?

① 준비단계　　　　② 보습지도의 단계　　③ 일을 시켜 보는 단계
④ 일을 완성하는 단계　⑤ 일을 해 보이는 단계

해설　④ [×] 안전교육 훈련의 기술교육 4단계
　　　1단계 : 준비단계 (도입)
　　　2단계 : 일을 모의로 해 보이는 단계 (실연)
　　　3단계 : 일을 시켜 보는 단계 (실습)
　　　4단계 : 보습지도의 단계 (확인)

교육방법론 관련 학파

01 다음 중 '준비, 교시, 연합, 총괄, 응용'을 시키는 사고과정의 기술교육 진행방법에 해당하는 것은?

① 듀이의 사고과정　　② 태도교육 단계이론　③ 하버드학파의 교수법
④ 기능교육 단계이론　⑤ MTP(Management Training Program)

해설　③ [○] 제시문에 해당하는 것은 '하버드학파의 교수법'이다.
　　　○ 하버드학파의 교수법
　　　제1단계 : 준비시킨다.　제2단계 : 교시한다.　제3단계 : 연합시킨다.
　　　제4단계 : 총괄시킨다.　제5단계 : 응용시킨다.

02 하버드 학파의 학습지도법에 해당하지 않는 것은?

① 지시(Order)　　　　② 준비(Preparation)　③ 교시(Presentation)
④ 총괄(Generalization)　⑤ 연합(Association)

해설　① [×] 하버드학파의 5단계 교수법 : 준비 → 교시 → 연합 → 총괄 → 응용

정답　15. ④　|　01. ③　02. ①

교육방법론 종류별 특징

01 알고 있는 지식을 심화시키거나 어떠한 자료에 대해 보다 명료한 생각을 갖도록 하는 경우 실시하는 교육방법으로 가장 적절한 것은?

① 구안법　② 강의법　③ 토의법　④ 실연법　⑤ 프로그램법

해설　③ [○] 제시문은 '토의법'에 대한 내용이다.

① 구안법(Project method) : 학습자 자신의 흥미에 따라 실제 생활 속에서 과제를 찾아, 자기 스스로 계획을 세워 수행하고 평가하는 학습 활동으로, 학생의 문제해결의 안(案)을 스스로 구상하는 방법이다.

② 강의법 : 도입이나 초기단계에 효과적이다.

③ 토의법 : 수업의 중간이나 마지막 단계에 적용함이 좋다. 팀워크가 필요한 경우에 더욱 좋다.

④ 실연법 : 수업의 중간이나 마지막 단계에 적용 가능하다. 언어학습, 문제해결학습, 원리학습에 효과적이다.

⑤ 프로그램법 : 지식이나 기술 등을 가르치기 위하여 마련한 프로그램에 따라 진행되는 교육이다. 수업의 모든 단계가 가능하다.

02 주로 관리감독자를 교육대상자로 하며 직무에 관한 지식, 작업을 가르치는 능력, 작업방법을 개선하는 기능 등을 교육 내용으로 하는 기업 내 정형교육은?

① TWI(Training Within Industry)
② MTP(Management Training Program)
③ ATT(American Telephone Telegram)
④ ATP(Administration Training Program)
⑤ CCS(Civil Communication Section)

해설　① [○] 제시문은 'TWI(Training Within Industry)'에 해당된다. TWI는 교육대상을 관리감독자에 두고 정형시키는 훈련방법이다. 직무에 관한 지식, 작업을 가르치는 능력, 작업방법을 개선하는 기능 등을 교육 내용으로 한다.

정답　01. ③　02. ①

② MTP : 관리자 훈련방법이며, 부장, 과장, 계장 등 중간 관리층을 대상으로 하는 관리자 훈련방법이다.

③ ATT : 미국 전신 전화 회사가 만든 훈련방법으로서 직급 상하를 떠나 부하 직원이 상사에 지도원이 될 수 있다.

④ ATP(Administration Training Program) : 경영자에 대한 정형적인 교육으로서 CCS의 경영강좌를 말한다.

⑤ CCS(Civil Communication Section) : 정책의 수립, 조직, 통제 및 운영으로 되어 있어, 강의법에 토의법이 가미된 훈련방법이다.

03 다음 중 ATT(American Telephone & Telegram) 교육훈련기법의 내용으로 적절하지 않는 것은?

① 인사관계 ② 고객관계 ③ 회의의 주관 ④ 종업원의 향상
⑤ 계획적인 감독

해설 ③ [×] '회의의 주관'은 ATT 교육훈련기법과 관련이 적다. 토의식 진행법이 특징이다.

○ ATT 교육내용 특징
1. 계획적인 감독   2. 인원배치 및 작업의 계획   3. 작업의 감독
4. 공구와 자료의 보고 및 기록   5. 개인작업의 개선   6. 인사관계
7. 종업원의 기술향상   8. 훈련   9. 안전 등

04 관리감독자를 대상으로 교육하는 TWI의 교육내용이 아닌 것은?

① 문제해결훈련 ② 작업지도훈련 ③ 인간관계훈련 ④ 작업방법훈련
⑤ 인간관계관리훈련

해설 ① [×] 문제해결훈련은 TWI의 교육내용이 아니다.

○ 관리감독자 대상 교육 TWI의 교육 내용
1. 작업방법훈련(Job Method Training : JMT)
2. 작업지도훈련(Job Instruction Training : JIT)
3. 인간관계관리훈련(Job Relations Training : JRT)
4. 작업안전훈련(Job Safety Training : JST)

정답 03. ③   04. ①

05 안전교육방법 중 구안법(Project Method)의 4단계의 순서로 옳은 것은?

① 계획수립 → 목적결정 → 활동 → 평가
② 평가 → 계획수립 → 목적결정 → 활동
③ 목적결정 → 계획수립 → 활동 → 평가
④ 활동 → 계획수립 → 목적결정 → 평가
⑤ 목적결정 → 평가 → 계획수립 → 활동

> 해설 ③ [○] 구안법(構案法, project method)이란, 교사가 주도하는 기존의 암기식 교과지도법에서 탈피하여, 생활 그 자체를 교육으로 간주하는 교육원리를 구체화하고, 학습자의 자발적인 참여를 강조하는 학습지도법을 의미한다.
> 구안법은 '목적결정 → 계획수립 → 활동 → 평가' 순으로 진행된다.

06 MTP(Management Training Program) 안전교육 방법의 총 교육시간으로 가장 적합한 것은?

① 10시간　② 40시간　③ 80시간　④ 100시간　⑤ 120시간

> 해설 ② [○] MTP는 10~15명을 한 반으로 2시간씩 20회에 걸쳐 총 40시간 훈련하고, 관리기능, 조직기능, 조직의 원칙, 조직의 운영, 훈련의 관리 등 교육내용으로 한다.

07 생활하고 있는 현실적인 장면에서 당면하는 여러 문제들에 대한 해결방안을 찾아내는 것으로 지식, 기능, 태도, 기술 등을 종합적으로 획득하도록 하는 학습방법으로 옳은 것은?

① 롤 플레잉(Role Playing)　② 문제법(Problem Method)
③ 버즈 세션(Buzz Session)　④ 케이스 메소드(Case Method)
⑤ 심포지엄(symposium)

> 해설 ② [○] 제시문은 '문제법(Problem Method)'에 대한 내용이다.
>
> ○ 문제법(Problem Method) : 생활하고 있는 현실적인 장면에서 당면하는 여러 문제들에 대한 해결방안을 찾아내는 것으로 지식, 기능, 태도, 기술 등을 종합적으로 획득하도록 하는 학습방법

정답　05. ③　06. ②　07. ②

1. 문제의 인식　　　2. 해결 방법의 연구계획　　　3. 자료의 수집
4. 해결 방법의 실시　　5. 정리와 결과의 검토 단계

08 교육방법 중 하나인 사례연구법의 장점으로 볼 수 없는 것은?

① 의사소통 기술이 향상된다.
② 무의식적인 내용의 표현 기회를 준다.
③ 문제를 다양한 관점에서 바라보게 된다.
④ 강의법에 비해 현실적인 문제에 대한 학습이 가능하다.
⑤ 학습에 흥미가 있고, 학습동기를 유발할 수 있다.

해설　② [×] 무의식적인 내용보다는 현실적인 문제를 다룬다.

○ 사례연구법(case study) : 먼저 사례를 제시, 문제적 사실들과 그의 상호관계에 대해서 검토하고 대책을 토의하는 학습법으로, 고도의 판단력을 교육할 수 있으며, 장점으로는 다음과 같다.
1. 의사소통 기술이 향상된다.
2. 관찰력과 분석력이 높아져, 문제를 다양한 관점에서 바라보게 된다.
3. 강의법에 비해 현실적인 문제에 대한 학습이 가능하다.
4. 학습에 흥미가 있고, 학습동기를 유발할 수 있다.

09 다음 중 ATT 교육훈련기법의 내용이 아닌 것은?

① 인사관계, 고객관계　　② 개인 작업의 개선　　③ 상급자에 의한 도제식 교육
④ 종업원의 기술향상　　⑤ 계획적인 감독

해설　③ [×] 훈련을 먼저 받은 자는 직급에 관계없이 훈련을 받지 않은 자에 대해 지도원이 될 수 있다.

○ ATT(American Telephone&Telegram Co) 교육훈련
1. 교육대상자 : 대상계층이 한정되어 있지 않다. 훈련을 먼저 받은 자는 직급에 관계없이 훈련을 받지 않은 자에 대해 지도원이 될 수 있다.
2. 교육내용
① 계획적인 감독　② 인원배치 및 작업의 계획　③ 작업의 감독
④ 공구와 자료의 보고 및 기록　⑤ 개인작업의 개선
⑥ 인사관계, 고객관계　⑦ 종업원의 기술향상　⑧ 훈련　⑨ 안전 등

정답　08. ②　　09. ③

3. 교육시간
   ① 1차과정 - 1일 8시간씩 2주간 ② 2차과정 - 문제가 발생할 때마다
4. 진행방법 - 토의식 : 지도자가 의견을 제시하여 결론을 이끌어 내는 방식

10 다음 중 안전교육을 위한 시청각교육법에 대한 설명으로 가장 적절한 것은?

① 지능, 적성, 학습속도 등 개인차를 충분히 고려할 수 있다.
② 학습자들에게 공통의 경험을 형성시켜 줄 수 있다.
③ 학습의 다양성과 능률화에 기여할 수 없다.
④ 학습자료를 시간과 장소에 제한없이 제시할 수 있다.
⑤ 교수의 효율성을 높여 줄 수 없다.

해설 ② [○] 학습자들에게 공통의 경험을 형성시켜 줄 수 있다.
① 지능, 적성, 학습속도 등 개인차를 충분히 고려할 수 없다.
③ 학습의 다양성과 능률화에 기여할 수 있다.
④ 학습자료를 시간과 장소에 제한을 두고 제시할 수 있다.
⑤ 교수의 효율성을 높여 줄 수 있다.

11 다음 설명에 해당하는 안전교육방법은?

> ATP라고도 하며, 당초 일부 회사의 톱 매니즈먼트(top management)에 대해서만 행해 졌으나, 그 후 널리 보급되었으며, 정책의 수립, 조직, 통제 및 운영 등의 교육내용을 다룬다.

① TWI(Training Within Industry)
② CCS(Civil Communication Section)
③ MTP(Management Training Program)
④ ATT(American Telephone & Telegram Co.)
⑤ FEAF(fast east air forces)

해설 ② [○] 제시된 내용은 CCS(Civil Communication Section)에 대한 내용이다.
CCS(Civil Communication Section)는 경영자에 대한 정형적인 교육으로 ATP(Administration Training program)라고도 한다.

정답 10. ② 11. ②

① TWI(Training Within Industry) : 주로 관리감독자를 교육대상으로 하며 직무에 관한 지식, 작업을 가르치는 능력(작업지도), 작업방법을 개선하는 기능 등을 교육하는 기업내 정형교육(부하통솔법, 안전관리법)

③ MTP(Management Training Program) : 중간계층 관리자를 대상으로 실시하는 교육

④ ATT(American Telephone & Telegram Co.) : 정책수립, 조직통제 및 운영에 관한 사항을 교육

⑤ FEAF(fast east air forces) : 2차 대전 후 미극동공군 기지 내 일본인 감독자 교육 방법으로, TWI보다 약간 높은 관리자가 대상이며, 관리문제에 치중한 교육.

12 다음 중에서 이론을 현장에서 직접 적용하여 보고 익히는 일을 의미하는 학습방법은?

① 문제법(Problem Method) ② 롤 플레잉(Role Playing)
③ 버즈 세션(Buzz Session) ④ 케이스 메소드(Case Method)
⑤ 현장실습(Field training)

해설 ⑤ [○] 현장실습은 이론을 현장에서 직접 적용하여 보고 익히는 일을 의미한다.

① 문제법 또는 문제해결법이란 학생이 생활하고 있는 현실적인 장면에서 당면하는 여러 문제들을 해결해 나가는 과정에서 지식, 기능, 태도, 기술 등을 종합적으로 획득하도록 하는 학습방법이다.

③ 버즈 세션(Buzz Session)은 분임 토의(Group Discussion) 기법이며, 참가자를 최대 50명까지 할 수 있으며, 먼저 여섯 사람씩 짝지어 분단을 만들고, 6분간 자유롭게 의견을 나눈 뒤에 그 결과를 가지고 전체가 토의하는 방식으로서, '6-6토의'라고도 한다.

13 다음 설명에 해당하는 교육방법은?

FEAF(Far East Air Forces)라고도 하며, 10~15명을 한 반으로 2시간씩 20회에 걸쳐 훈련하고, 관리의 기능, 조직의 원칙, 조직의 운영, 시간관리, 훈련의 관리 등을 교육 내용으로 한다.

정답 12. ⑤   13. ①

① MTP(Management Training Program)
② CCS(Civil Communication Section)
③ TWI(Training Within Industry)
④ ATT(American Telephone & Telegram Co.)
⑤ ATP(Administration Training program)

해설 ① [○] FEA 또는 FEAF(fast east air forces)는 2차대전 후 미국의 미극동공군 기지내 일본인 감독자 교육으로, TWI보다 약간 높은 관리자가 대상이며, 관리문제에 치중한 교육이다. 이는 관리자 대상 교육 MTP(Management Training Program)와 유사한 교육이다. MTP는 부장, 과장, 계장 등 중간 관리층을 대상으로 하는 관리자 훈련방법이다.

② CCS : 정책의 수립, 조직, 통제 및 운영으로 되어 있어, 강의법에 토의법이 가미된 것이다. CCS는 원래 세계 제2차 대전 직후의 미국총사령부(일본점령군사령부) 내의 '민간 통신국'의 약어이다.

③ TWI : 교육대상을 관리감독자에 두고 정형시키는 훈련방법이다. 직무에 관한 지식, 작업을 가르치는 능력, 작업방법을 개선하는 기능 등을 교육 내용으로 한다.

④ ATT : 미국전신전화 회사가 만든 것으로 직급 상하를 떠나 부하직원이 상사에 지도원이 될 수 있다.

⑤ ATP(Administration Training program) : 경영자에 대한 정형적인 교육이며, CCS(Civil Communication Section)의 경영강좌를 말한다.

14 프로그램 학습법(Programmed self-instruction method)의 장점이 아닌 것은?

① 학습자의 사회성을 높이는데 유리하다.
② 한 강사가 많은 수의 학습자를 지도할 수 있다.
③ 지능, 학습적성, 학습속도 등 개인차를 충분히 고려할 수 있다.
④ 매 반응마다 피드백이 주어지기 때문에 학습자가 흥미를 갖는다.
⑤ 수업의 모든 단계에 적용이 가능하다.

해설 ① [×] 학습자의 사회성을 높이는데 기여하지 못한다.

정답 14. ①

○ 프로그램 학습법의 장점
   1. 기본 개념학습이나 논리적인 학습에 유리하다.
   2. 지능, 학업속도 등 개인차를 고려할 수 있다.
   3. 수업의 모든 단계에 적용이 가능하다.
   4. 수강자들이 학습 가능한 시간대의 폭이 넓다.
   5. 매 학습마다 피드백을 할 수 있다.
   6. 학습자의 학습과정을 쉽게 알 수 있다.
○ 프로그램 학습법의 단점
   1. 한 번 개발된 프로그램 자료는 변경이 어렵다.
   2. 개발비가 많이 들고 제작 과정이 어렵다.
   3. 교육 내용이 고정되어 있다.
   4. 학습에 많은 시간이 걸린다.
   5. 집단 사고의 기회가 없다.

15 관리감독자를 대상으로 교육하는 TWI의 교육내용이 아닌 것은?

① 작업안전훈련   ② 작업지도훈련   ③ 작업관리훈련
④ 작업방법훈련   ⑤ 인간관계관리훈련

해설 ③ [×] 관리감독자 대상 교육 TWI
   1. 작업방법훈련(Job Method Training : JMT)
   2. 작업지도훈련(Job Instruction Training : JIT)
   3. 인간관계관리훈련(Job Relations Training : JRT)
   4. 작업안전훈련(Job Safety Training : JST)

토의식 교육법

01 학습지도의 형태 중 토의법의 유형에 해당되지 않는 것은?

① 포럼   ② 구안법   ③ 버즈 세션   ④ 페널 디스커션   ⑤ 사례 연구법

해설 ② [×] 구안법은 토의법의 유형에 해당되지 않는다. 구안법은 프로젝트법이며, 일의 능력과 수행능력을 기르는 교육방법이다.

정답 15. ③ | 01. ②

○ 토의식 교육법의 종류
1. 포럼 : 새로운 자료나 교재를 제시한 뒤 문제점을 피교육자로 하여금 발표하고 토의하는 방법
2. 심포지엄 : 몇 사람의 전문가 견해를 발표한 뒤 참가자로 하여금 의견이나 질문을 하게 하여 토의하는 방법
3. 패널 디스커션 : 사회자의 사회에 따라 패널멤버 전원이 참가하여 토의하는 방법
4. 사례 연구법 : 사례를 제시한 뒤 상호 관계에 대해 검토하여 대책을 토의하는 방법
5. 롤 플레잉 : 참가자에게 실제적 연기를 시켜 봄으로써 인식시키는 방법
6. 버즈 세션 : 6명씩 소집단으로 구분하여 6분씩 자유 토의를 행하여 의견을 종합하는 방법

02 교육방법 중 토의법이 효과적으로 활용되는 경우가 아닌 것은?
① 피교육생들의 태도를 변화시키고자 할 때
② 인원이 토의를 할 수 있는 적정 수준일 때
③ 피교육생들 간에 학습능력의 차이가 클 때
④ 피교육생들이 토의 주제를 어느 정도 인지하고 있을 때
⑤ 각 개인이 해결할 수 없는 문제를 공동의 집단사고로 해결하려 할 때

해설   ③ [×] 피교육생들 간에 학습능력 차이가 클 때 시청각 교육이 효과적이다.

03 몇 사람의 전문가에 의하여 과제에 관한 견해를 발표한 뒤에 참가자로 하여금 의견이나 질문을 하게 하여 토의하는 방법을 무엇이라 하는가?
① 심포지엄(symposium)   ② 버즈 세션(buzz session)
③ 케이스 메소드(case method)   ④ 패널 디스커션(panel discussion)
⑤ 포럼(forum)

해설   ① [○] 심포지움(symposium)에 대한 설명이다. 심포지엄(symposium)은 강단식 토의법이라 하여 학회 등에서 많이 쓰이며 사회자와 강사와 청중으로 구성된다. 테마에 관해 여러 가지 각도에서 강사(2~3명)가 의견이나 문제제기를 하고 이것을 받아서 참가자 전체가 토론을 하는 형태이다.

정답   02. ③   03. ①

② 버즈 세션(buzz session)은 참가자가 다수인 경우에 전원을 토의에 참가시키기 위한 방법으로 소집단을 구성하여 회의를 진행시키는데, 일명 6-6회의라고도 한다.

③ 케이스 메소드(case method)는 먼저 사례를 제시하고 문제적 사실들과 그의 상호관계에 대하여 검토하고 대책을 내놓게 한다. 사례연구법이라고 한다.

④ 패널 디스커션(panel discussion은) 패널멤버(교육과제에 정통한 전문가 4~5명)가 피교육자 앞에서 자유롭게 토의하고 뒤에 피교육자 전원이 참가하여 사회자의 사회에 따라 토의하는 방법이다.

⑤ 포럼(forum)은 '포럼 디스커션'의 준말이다, 로마 시대 도시에 있던 광장을 의미하는 말로서 이곳에서의 연설 토론 방식에서 '포럼디스커션'이 생겨났다. 새로운 자료나 교재를 제시하고, 문제점을 피교육자로 하여금 발표하고 토의하는 방법이다.

04 다음 중 심포지엄(symposium)에 관한 설명으로 가장 적절한 것은?

① 먼저 사례를 발표하고 문제적 사실들과 그의 상호관계에 대하여 검토하고 대책을 토의하는 방법
② 몇 사람의 전문가에 의하여 과제에 관한 견해를 발표한 뒤에 참가자로 하여금 의견이나 질문을 하게 하여 토의하는 방법
③ 새로운 교재를 제시하고 거기에서의 문제점을 피교육자로 하여금 제기하게 하거나, 의견을 여러 가지 방법으로 발표하게 하고 다시 깊이 파고들어서 토의하는 방법
④ 패널 멤버가 피교육자 앞에서 자유로이 토의하고, 뒤에 피교육자 전원이 참가하여 사회자의 사회에 따라 토의하는 방법
⑤ 패널 디스커션의 변형으로 패널 멤버 외에 참석자의 대표를 선출하여 질의응답의 형태로 실시되는 것

해설   ② [○] 몇 사람의 전문가에 의하여 과제에 관한 견해를 발표한 뒤에 참가자로 하여금 의견이나 질문을 하게 하여 토의하는 방법 : 심포지엄
⑤ 패널 디스커션의 변형으로 패널 멤버 외에 참석자의 대표를 선출하여 질의응답의 형태로 실시되는 것 : 대화

정답   04. ②

05 다음 중 몇 사람의 전문가에 의하여 과제에 관한 견해를 발표한 뒤에 참가자로 하여금 의견이나 질문을 하게 하여 토의하는 방법은?

① 포럼(forum) ② 심포지엄(symposium)
③ 케이스 스터디(case study) ④ 버즈세션(Buzz session)
⑤ 패널 디스커션(panel discussion)

해설   ② [○] 제시문에 해당하는 적절한 것은 '심포지엄(symposium)'이다.

06 토의식 교육방법 중 새로운 교재를 제시하고 거기에서의 문제점을 피교육자로 하여금 제기하게 하거나, 의견을 여러 가지 방법으로 발표하게 하고, 다시 깊이 파고 들어가 토의하는 방법은?

① 포럼(Forum) ② 심포지엄(Symposium)
③ 버즈세션(Buzz session) ④ 패널 디스커션(Panel discussion)
⑤ 사례 연구법(Case study)

해설   ① [○] 제시문에 해당하는 것은 '포럼(Forum)'이다.
　　② 심포지엄(Symposium) : 사람의 전문가에 의하여 과제에 관한 견해를 발표한 뒤 참가자로 하여금 의견이나 질문을 하게 하여 토의하는 방법
　　③ 버즈세션(Buzz session) : 6-6회의 사회자와 기록계를 선출한 후 6명씩의 소집단으로 구분하고, 소집단별로 6분씩 자유토의를 행하여 의견을 종합하는 방법
　　④ 패널 디스커션(Panel discussion) : 패널 멤버가 피교육자 앞에서 토의를 하고, 뒤에 피교육자 전원이 참가하여 사회자의 사회에 따라 토의하는 방법
　　⑤ 사례 연구법(Case study) : 사례를 제시, 상호 관계에 대해 검토 하여 대책을 토의하는 방법

07 새로운 먼저 사례를 제시하고 문제적 사실들과 그의 상호관계에 대하여 검토하고 대책을 내놓게 방법은?

① 포럼(Forum) ② 심포지엄(Symposium)
③ 버즈세션(Buzz Session) ④ 사례 연구법(Case Study)

정답   05. ②   06. ①   07. ④

⑤ 패널 디스커션(Panel Discussion)

해설 ④ [○] 사례 연구법(Case Study)은 케이스 메소드(case method)라고도 하며, 먼저 사례를 제시하고 문제적 사실들과 그의 상호관계에 대하여 검토하고 대책을 내놓게 한다.

08) 다음 설명의 학습지도 형태는 어떤 토의법 유형인가?

> 6-6 회의라고도 하며, 6명씩 소집단으로 구분하고, 집단별로 각각의 사회자를 선발하여 6분간씩 자유토의를 행하여 의견을 종합하는 방법

① 포럼(Forum)   ② 버즈세션(Buzz session)
③ 케이스 메소드(case method)   ④ 패널 디스커션(Panel Discussion)
⑤ 심포지엄(Symposium)

해설 ② [○] 설명은 버즈세션(Buzz session)에 대한 내용이다. 참가자가 다수인 경우에 전원을 토의에 참가시키기 위한 방법으로 소집단을 구성하여 회의를 진행 시키는데, 일명 6-6회의라고도 한다

09) 참가자 앞에서 소수의 전문가들이 과제에 관한 견해를 발표하고 토론한 뒤 참가자 전원이 참가하여 사회자의 사회에 따라 토의하는 방법은?

① 포럼   ② 심포지엄   ③ 패널 디스커션   ④ 버즈 세션   ⑤ 사례연구법

해설 ③ [○] 제시문은 '패널 디스커션'에 대한 내용이다. 전문가들이 발표하고 나서 참가자(패널)가 참여하는 토론방법이며, 패널이 참여하므로 패널디스커션이다.

10) 다음 중 알고 있는 지식을 심화시키거나 어떠한 자료에 대해 보다 명료한 생각을 갖도록 하기 위하여 실시하는 교육방법으로 가장 적합한 것은?

① Lecture method   ② Discussion method
③ Performance method   ④ Project method   ⑤ Program method

해설 ② [○] 제시문은 'Discussion method(토의법)'가 적절한 내용에 해당된다.

정답 08. ②   09. ③   10. ②

11 다음 중 역할연기(role playing)에 의한 교육의 장점으로 틀린 것은?

① 관찰능력을 높이고 감수성이 향상된다.
② 자기의 태도에 반성과 창조성이 생긴다.
③ 정도가 높은 의사결정의 훈련으로서 적합하다.
④ 의견 발표에 자신이 생기고 고착력이 풍부해진다.
⑤ 문제에 적극적으로 참여하게 된다.

해설 ③ [×] 역할연기(role playing) 교육은 정도가 높은 의사결정의 훈련에는 부적합하다.

○ 역할연기(role playing) 교육의 장단점
  1. 역할연기의 장점
     가. 의견발표에 자신이 생기고 고착력이 풍부해진다.
     나. 자기 반성과 창조성이 개발된다.
     다. 관찰능력을 높이고 감수성이 향상된다.
     라. 문제에 적극적으로 참여하며, 타인의 장점과 단점이 잘 나타난다.
  2. 역할연기의 단점
     가. 높은 의사결정의 훈련으로 적합치 않다.
     나. 목적이 명확하지 않고, 다른 방법과 병행하지 않으면 의미가 없다.
     다. 훈련 장소의 확보가 어렵다.

정답 11. ③

3.3 교육심리학 학습이론

> 교육심리 논자별 학습이론

01 기술교육의 진행방법 중 듀이(John Dewey)의 5단계 사고 과정에 속하지 않는 것은?

① 응용시킨다(Application) ② 시사를 받는다(Suggestion)
③ 가설을 설정한다(Hypothesis) ④ 머리로 생각한다(Intellectualization)
⑤ 추론한다(Reasoning)

해설 ① [×] 응용시킨다(Application) → 하버드학파 교육방법에 해당한다.
○ 듀이의 사고과정 5단계
 1단계 : 시사를 받는다(Suggestion)
 2단계 : 머리로 생각한다(Intellectualization) ← 지식화 한다
 3단계 : 가설을 설정한다(Hypothesis)
 4단계 : 추론한다(Reasoning)
 5단계 : 행동에 의하여 가설을 검토한다(Review)

02 다음 중 존 듀이(Jone Dewey)의 5단계 사고과정을 올바른 순서대로 나열한 것은?

┌─────────────────────────────────────┐
│ ㉠ 행동에 의하여 가설을 검토한다. ㉡ 가설(hypothesis)을 설정한다. │
│ ㉢ 지식화(intellectualization)한다. ㉣ 시사(suggestion)를 받는다. │
│ ㉤ 추론(reasoning)한다. │
└─────────────────────────────────────┘

① ㉣ → ㉠ → ㉡ → ㉢ → ㉤   ② ㉤ → ㉡ → ㉣ → ㉠ → ㉢
③ ㉣ → ㉢ → ㉡ → ㉤ → ㉠   ④ ㉤ → ㉢ → ㉡ → ㉣ → ㉠
⑤ ㉡ → ㉣ → ㉤ → ㉢ → ㉠

해설 ③ [○] 존 듀이(Jone Dewey)의 5단계 사고과정으로 옳은 내용이다.

정답 01. ① 02. ③

03 학습을 자극(Stimulus)에 의한 반응(Response)으로 보는 이론은?

① 장설(Field Theory)
② 통찰설(Insight Theory)
③ 기호형태설(Sign-gestalt Theory)
④ 시행착오설(Trial and Error Theory)
⑤ 사회학습이론(Social Learning Theory)

해설 ④ [○] 시행착오설(Trial and Error Theory, 손다아크) : 학습이란 맹목적인 시행을 되풀이하는 가운데 자극과 반응의 결합의 과정으로 본다.

① 장설(Field Theory, 레윈) : 인간은 어떤 특정 목표를 추구하려는 내적 긴장에 의해 행동한다.

② 통찰설(Insight Theory, 쾨흐러) : 문제 상황에서 문제 요소들을 재구성하여 갑작스럽게 문제해결이 이루어지는 현상이다. 인지주의 학습이론(여러 가지 방법으로 생각하게 된다는 이론)

③ 기호형태설(Sign-gestalt Theory, 톨만) : 학습자의 머리 속에 인지적 지도 같은 인지구조를 바탕으로 학습하려는 것이다.

⑤ 사회학습이론(Social Learning Theory, Bandura) : 개인의 행동이 타인의 행동 또는 상황의 모방으로 이루어진다는 이론이다.

○ 학습이론
  1. S-R이론(행동주의) : 조건반사(반응)설(Pavlov), 시행착오설(Thorndike), 조작적 조건형성이론(Skinner)
  2. 인지이론 : 통찰설(Köhler), 장이론(Lewin), 기호-형태설(Tolman)

04 S-R이론 중에서 긍정적 강화, 부정적 강화, 처벌 등이 이론의 원리에 속하며, 사람들이 바람직한 결과를 이끌어 내기 위해 단지 어떤 자극에 대해 수동적으로 반응하는 것이 아니라 환경상의 어떤 능동적인 행위를 한다는 이론으로 옳은 것은?

① 파블로프(Pavlov)의 조건반사설
② 손다이크(Thorndike)의 시행착오설
③ 스키너(Skinner)의 조작적 조건화설
④ 거스리(Guthrie)의 접근적 조건화설
⑤ 헐(Hull)의 강화이론(신행동주의)

정답 03. ④ 04. ③

|해설| ③ [○] 스키너(Skinner)의 조작적 조건화설에 대한 내용이다.

① 파블로프의 조건반사설은 동물에게 계속 자극을 주면 반응함으로써 새로운 행동이 발달되는데 인간의 행동 역시 자극에 대한 반응을 통해 학습된다는 이론이다.

② 손다이크의 시행착오설은 맹목적 시행을 반복하는 가운데 자극과 반응이 결합하여 행동한다는 주장이다.

④ 거스리의 접근적 조건화설은 행동주의 심리학적 관점으로 동작을 유발한 자극이 다시 그 동작을 유발한다는 주장이다.

⑤ 헐(Hull)의 강화이론은 신행동주의(Neo-behaviorism)이론이라고도 하며, 기계론적인 자극-반응 모형에서 벗어나 R. S. Woodworth에 의해 제기된 S-O-R(자극-유기체-반응)의 역동론을 도입하였다. C. L. Hull은 반응의 변화는 그 결과에 의해 결정된다고 생각하여 강화조건의 분석을 하였고, 학습의 강도를 습관강도라 명명하면서 그 지표로 반응의 크기, 반응의 잠시, 소거저항, 정반응이 일어나는 확률을 들었다.
학습이론이기 보다는 인간행동 전반에 관한 이론으로서 습관을 중심 개념으로 하여 습관형성의 원리에 그의 입장을 잘 드러내고 있다.

05 학습이론 중 S-R이론으로 볼 수 없는 것은?

① 톨만(Tolman)의 기호형태설 ② 파블로프(Pavlov)의 조건반사설
③ 스키너(Skinner)의 조작적 조건화설 ④ 손다이크(Thorndike)의 시행착오설
⑤ 거스리(Guhtrie)의 접근적 조건화설

|해설| ① 톨만(Tolman)의 기호형태설은 인지이론에 해당한다. 레빈의 장(場)이론에 영향을 받아 성립시킨 학습에 관한 학설로서 학습은 단순히 자극-반응 경향의 강화확립이 아니라고 보았다.

⑤ 거스리(Guhtrie)의 접근적 조건화설 : 주어진 자극과 다음 자극 사이의 연합이 잘 이루어지려면 자극과 반응 간에 서로 접근할 수 있는 성질이 있어야 한다고 주장하였고, 그 특징은 다음과 같다.
1. 동작을 유발한 자극은 다시 그 동작을 유발한다.
2. 어떤 상황에서 어떤 행동을 하여 상황을 바꾼 경우, 또 그와 같은 상황에 놓이면 같은 일을 다시 반복한다.

정답 05. ①

3. 조건형성에 있어 접근율이 무조건 자극과 조건자극이 연결되어 자극으로 제시된 횟수 못지 않게 중요하다는 점을 강조하였다.

○ S-R이론
1. 학습을 자극에 의한 반응으로 보는 이론이다.
2. 종류에는 파블로프의 조건반사설, 손다이크의 시행착오설, 스키너의 조작적 조건화설, 거스리의 접근적 조건화설 등이 있다.

06 Thorndike는 시행착오설에서 학습의 원칙으로 준비성의 원칙, 연습의 원칙, 효과의 원칙을 들었다. 이의 하위원칙으로 제시된 원칙이 아닌 것은?

① 유추에 의한 반응   ② 연합이완   ③ 다양반응   ④ 자세 또는 태세
⑤ 요소의 전체 반응

해설 ⑤ [×] Thorndike는 하위 원칙으로 '요소의 우월'을 들었다.
○ Thorndike가 제시한 5가지 하위 법칙
1. 유추에 의한 반응 : 자극이나 상황에 대한 반응은 동화 또는 유화에 따라 반응한다는 원칙
2. 연합이완 : 어떤 반응과 자극장면 간의 일련의 변화가 완전히 보존되어 지속되면 그 반응은 곧 새로운 자극에 대해서도 일어난다는 원칙
3. 다양반응 : 여러 가지 반응을 시도해 보면 그 중에 적절한 반응이 우연히 일어나게 되고 성공함으로써 학습이 가능해진다는 원칙
4. 자세 또는 태세 : 학습은 유기체의 태도 또는 자세의 총화에 의해서 이루어진다고 하는 원칙
5. 요소의 우월 : 학습자는 학습과제 중에서 우월한 요소에 선택적으로 반응한다는 원칙

07 파블로프(Pavlov)의 조건반사설에 의한 학습이론의 원리가 아닌 것은?

① 일관성의 원리   ② 계속성의 원리   ③ 준비성의 원리
④ 강도의 원리   ⑤ 시간의 원리

해설 ③ [×] 준비성의 원리는 손다이크의 시행착오설에 의한 학습법칙 중 하나다.
○ 파블로프의 조건반사설에 의한 학습원리
1. 계속성의 원리 2. 일관성의 원리 3. 강도의 원리 4. 시간의 원리

정답 06. ⑤   07. ③

08 학습이론 중 S-R이론에서 조건반사설에 의한 학습이론의 원리에 해당되지 않는 것은?

① 시간의 원리　② 일관성의 원리　③ 기억의 원리　④ 계속성의 원리
⑤ 강도의 원리

해설　③ [×] 파블로프(Pavlov)의 조건반사설에 의한 학습이론의 원리 : 계속성 원리, 일관성 원리, 강도의 원리, 시간의 원리

09 시행착오설에 의한 학습법칙에 해당하는 것은?

① 시간의 법칙　② 계속성의 법칙　③ 일관성의 법칙　④ 준비성의 법칙
⑤ 강도의 법칙

해설　④ [○] 준비성의 법칙은 시행착오설에 의한 학습법칙 중의 하나이다.
　　○ 손다이크 시행착오설에 의한 학습법칙
　　　1. 준비성의 법칙　2. 연습 또는 반복의 법칙　3. 효과의 법칙
　　○ 파블로프의 조건반사설에 의한 학습원리
　　　1. 계속성의 원리　2. 일관성의 원리　3. 강도의 원리　4. 시간의 원리

10 교육의 형태에 있어 존 듀이(Dewey)가 주장하는 대표적인 형식적 교육에 해당하는 것은?

① 가정안전교육　② 사회안전교육　③ 학교안전교육　④ 부모안전교육
⑤ 자연교육

해설　③ [○] 학교안전교육은 형식적 교육에 해당한다.
　　○ 교육의 형태
　　　1. 형식적 교육 : 학교교육
　　　2. 비형식적 교육 : 가정교육, 사회교육, 자연교육

11 Skinner의 학습이론은 강화이론이라고 한다. 강화에 대한 설명으로 틀린 것은?

① 처벌은 더 강한 처벌에 의해서만 그 효과가 지속되는 부작용이 있다.

정답　08. ③　09. ④　10. ③　11. ②

② 부분강화에 의하면 학습은 서서히 진행되지만, 빠른 속도로 학습효과가 사라진다.
③ 부적강화란 반응 후 처벌이나 비난 등의 해로운 자극이 주어져서 반응발생률이 감소하는 것이다.
④ 정적강화란 반응 후 음식이나 칭찬 등의 이로운 자극을 주었을 때 반응발생률이 높아지는 것이다.
⑤ 부분강화는 강화를 주는데 일관성이 없고, 바람직한 행동이 형성된 후 효과적이다.

해설 ② [×] 연속강화에 의하면 학습은 서서히 진행되지만, 빠른 속도로 학습효과가 사라진다.
○ 강화계획(reinforcement schedule) : 연속강화와 부분강화(간헐강화)
  1. 연속강화 : 행동이 있을 때마다 강화를 주는 것으로, 처음 학습할 때 효과적이다, 반응률은 높지만 강화가 중지되면 급속한 소거가 나타난다.
  2. 부분강화 : 행동이 있을 때마다 강화를 주지 않고 줄 때도 있고 안줄 때도 있는 것으로, 일단 바람직한 행동이 형성된 후에 효과적이다. 부분강화(간헐강화)는 연속강화에 비해 행동을 지속시키는데 효과적이다.

교육심리 일반적 학습원리

01) 다음 중 태도교육을 통한 안전태도 형성요령과 가장 거리가 먼 것은?
① 이해한다. ② 칭찬한다. ③ 모범을 보인다. ④ 금전적 보상을 한다.
⑤ 벌을 준다.

해설 ④ [×] 태도교육을 통한 안전태도 형성요령
  1. 청취한다. 2. 이해, 납득시킨다. 3. 모범을 보인다. 4. 권장한다.
  5. 칭찬한다. 6. 벌을 준다.

02) 교육심리학의 기본이론 중 학습지도의 원리가 아닌 것은?
① 직관의 원리 ② 개별화의 원리 ③ 계속성의 원리 ④ 사회화의 원리
⑤ 통합의 원리

정답 01. ④   02. ③

해설 ③ [×] 계속성의 원리는 학습지도의 원리에 해당하지 않는다.

○ 학습지도의 원리
1. 자기활동의 원리 : 학습자 스스로 학습에 참여해야 한다는 원리
2. 개별화의 원리 : 학습자에게 요구되는 능력에 맞게 교육해야 한다는 원리
3. 사회화의 원리 : 공동학습을 통해 협력과 사회화에 기여한다는 원리
4. 통합의 원리 : 학습을 종합적으로 지도하는 것으로 학습자의 능력을 조화롭게 발달시키는 원리
5. 직관의 원리 : 구체적인 사물을 제시하거나 경험 등을 통해 학습효과를 거둘 수 있는 원리

03 안전교육의 학습경험선정 원리에 해당되지 않는 것은?
① 계속성의 원리
② 가능성의 원리
③ 동기유발의 원리
④ 다목적 달성의 원리
⑤ 기회의 원리

해설 ① [×] 안전교육에서 학습경험선정의 원리
1. 동기유발의 원리 2. 기회의 원리 3. 가능성의 원리 4. 전이의 원리
5. 다목적 달성의 원리

04 교육과정 중 학습경험조직의 원리에 해당하는 항목으로만 구성된 것은?
① 기회의 원리, 계열성의 원리, 통합성의 원리
② 계속성의 원리, 계열성의 원리, 통합성의 원리
③ 계속성의 원리, 가능성의 원리, 통합성의 원리
④ 가능성의 원리, 계열성의 원리, 통합성의 원리
⑤ 계속성의 원리, 만족의 원리, 통합성의 원리

해설 ② [○] 타일러(Tyler)의 학습경험 조직의 원리에 해당한다.

○ 타일러(Tyler)의 학습경험 조직의 원리
1. 계속성의 원리 : 학습 경험의 여러 동일 요소들을 계속해서 반복하는 것
2. 계열성의 원리 : 교육내용이 확장되며 부분에서 전체를 학습하는 것
3. 통합성의 원리 : 관련 내용을 연결하여 제시하여 학습하는 것
4. 균형성의 원리 5. 다양성의 원리 6. 보편성의 원리

정답 03. ① 04. ②

○ 타일러(Tyler)의 학습경험 선정의 원리
1. 기회의 원리   2. 만족의 원리   3. 가능성의 원리
4. 일목표 다경험의 원리   5. 다목적 달성의 원리   6. 협동의 원리

05 모랄서베이(Morale Survey)의 주요 방법 중 태도조사법에 해당하지 않은 것은?

① 질문지법   ② 면접법   ③ 통계법   ④ 집단토의법   ⑤ 문답법

해설 ③ [×] 모랄 서베이의 주요 방법
1. 통계에 의한 방법 2. 사례연구법 3. 관찰법 4. 실험연구법
5. 태도조사법(의견조사) : 질문지법, 면접법, 집단토의법, 투사법, 문답법 등에 의해 의견을 조사하는 방법

06 교육심리학에 있어 일반적으로 기억 과정의 순서를 나열한 것으로 맞는 것은?

① 파지 → 재생 → 재인 → 기명   ② 파지 → 재생 → 기명 → 재인
③ 기명 → 파지 → 재생 → 재인   ④ 기명 → 파지 → 재인 → 재생
⑤ 기명 → 재인 → 파지 → 재생

해설 ③ [○] 기억 과정의 순서를 올바르게 나열한 것이다.
○ 기억의 과정 단계 : 기명 → 파지 → 재생 → 재인
1. 기명(記銘)은 경험내용을 그대로 외어 버리는 것, 즉 흔적(痕迹)으로 새기는 것
2. 파지(把持)는 기명된 것을 일정기간 동안 잊지 않고 계속 외우고 있는 상태, 다시 말하면 기억흔적으로 간직하는 것
3. 재생(再生)은 파지된 것을 다시 의식화(意識化)하는 것
4. 재인(再認)은 기명된 내용과 재생된 내용의 일치(一致)를 의식하는 것

07 교육심리학의 연구방법 중 인간의 내면에서 일어나고 있는 심리적 사고에 대하여 사물을 이용하여 인간의 성격을 알아보는 방법은?

① 투사법   ② 면접법   ③ 실험법   ④ 질문지법   ⑤ 관찰법

정답   05. ③   06. ③   07. ①

해설 ① [○] 제시문은 '투사법'에 대한 내용이다. 투사법은 투영 검사법(Projective test) 또는 투사적 기법이라고도 한다. 질문지법의 결점을 보완하는 검사로서 약한 자극이나 구성요소를 주어, 특별한 경계심을 일으키지 않고, 자유롭게 반응시켜서 개인의 욕구나 동기나 정서 등을 파악하려고 하는 성격진단의 한 방법이다.

08 프로그램 학습법의 단점에 해당하는 것은?
① 보충학습이 어렵다.   ② 수강생의 시간적 활용이 어렵다.
③ 수강생의 사회성이 결여되기 쉽다.
④ 수강생의 개인적인 차이를 조절 할 수 없다
⑤ 수강자의 개인차가 최대한 조절되어야 할 경우에 적용한다.

해설 ③ [○] 프로그램 학습법은 수강생의 사회성이 결여되기 쉽다.
○ 프로그램 학습법의 장점
  1. 수업의 전 단계에서 적용 가능하다.
  2. 수강자의 개인차가 최대한 조절되어야 할 경우에 적용한다.
  3. 기본개념학이나 논리적인 학습이 필요할 때 효과적이다.
○ 프로그램 학습법의 단점
  1. 한 번 개발된 프로그램 자료를 수정하기 어렵다.
  2. 수강생들의 사회성이 결여되기 쉽다.
  3. 개발비가 높다.
○ 프로그램 학습법의 주의해야 할 점
  1. 프로그램 학습은 자신의 조건에 맞추어 스스로 하는 학습임을 주지시킨다.
  2. 학습과정의 철저한 점검이 필요하다.
  3. 수강자의 사회성이 결여되기 쉬운 점에 대한 대책을 강구한다.
  4. 새로운 프로그램의 개발에 노력한다.

09 다음 중 학습 전이의 조건과 가장 거리가 먼 것은?
① 학습자의 태도 요인   ② 학습자의 지능 요인
③ 학습 자료의 유사성의 요인 ④ 선행학습과 후행학습의 공간적 요인
⑤ 학습정도 요인

정답 08. ③   09. ④

해설 ④ [×] 학습 전이는 한 학습의 결과가 다른 학습에 영향을 주는 현상이다.
○ 학습전이의 조건
1. 학습자 태도 요인 2. 학습자 지능 요인 3. 학습 자료 유사성 요인
4. 학습정도 요인 5. 시간적 간격 요인

10 다음 중 학습전이의 조건으로 가장 거리가 먼 것은?
① 학습 정도 ② 시간적 간격 ③ 학습 분위기 ④ 학습자의 지능
⑤ 학습자의 태도

해설 ③ [×] 학습 전이의 조건 : 학습 정도, 유사성, 시간적 간격, 학습자의 태도, 학습자의 지능

11 학습의 전이란 학습한 결과가 다른 학습이나 반응에 영향을 주는 것을 의미한다. 이 전이의 이론에 해당되지 않는 것은?
① 일반화설 ② 동일요소설 ③ 형태이조설 ④ 태도요인설
⑤ 동일원리설

해설 ④ [×] 전이이론 3가지는 동일요소설, 일반화설, 형태이조(移調)설이다. 여기서 일반화설은 동일원리설이라고도 한다.

12 성인학습의 원리에 해당되지 않는 것은?
① 간접경험의 원리 ② 자발학습의 원리 ③ 상호학습의 원리
④ 참여교육의 원리 ⑤ 생활적응의 원리

해설 ① [×] 성인학습은 안드라고지형 학습에 해당한다. 어린이 대상 교육은 페다고지형 학습이 해당한다.
○ 성인학습의 원리
1. 자발적 학습의 원리 : 강제적인 학습이 아닌 방법으로 학습한다.
2. 자기주도적 학습의 원리 : 자기가 설계한 목적 및 방법으로 학습한다.
3. 상호학습의 원리 : 교학상장(教學相長)으로 배우고 가르치면서 서로가 성장하는 학습이다.

정답 10. ③ 11. ④ 12. ①

4. 생활적응의 원리 : 이론보다 실생활에 적용되는 학습이여야 한다.
5. 참여학습의 원리 : 학습자가 학습활동에 적극적으로 참여할 때 학습의 효과는 커진다.

13 학습경험 조직의 원리와 가장 거리가 먼 것은?

① 가능성의 원리   ② 계속성의 원리   ③ 계열성의 원리
④ 통합성의 원리   ⑤ 다양성의 원리

해설 ① [×] 가능성의 원리는 학습경험 선정의 원리에 속한다.
  ○ 학습경험 조직의 원리 : 계속성, 계열성, 통합성, 균형성, 다양성, 보편성
  ○ 학습경험의 선정원리(내용 선정원리) : Tyler가 제시
    1. 기회의 원리 2. 만족의 원리 3. 가능성의 원리
    4. 일목표 다경험의 원리 5. 일경험 다성과의 원리 6. 협동의 원리

14 학습된 행동이 지속되는 것을 의미하는 용어는?

① 회상(recall)   ② 파지(retention)   ③ 재인(recognition)
④ 기명(memorizing)   ⑤ 재생(reproduction, recall)

해설 ② 제시문은 '파지(retention)'에 대한 내용이다.
  ○ 인간의 기억과정
    1단계 기명(Memorizing, 記銘)) : 자극으로 주어진 자료를 지각하거나 정보를 받아들이는 과정, 각인되는 과정
    2단계 파지(Retention, 把持) : 기명된 내용을 일정기간 기억 흔적으로 간직, 각인된 인상이 보존되는 과정
    3단계 재생(Reproduction, Recall) : 보존된 인상이 의식 수준에 이르는 것, 파지된 내용을 아무 절차 없이 생각해 내는 과정
    4단계 재인(Recognition) : 과거 경험했던 것과 유사 상황에 이르렀을 때 인상이 떠오르는 것으로, 파지된 내용을 아무 절차 없이 상황의 도움에 의해 생각해 내는 것으로, 기명된 내용과 재생한 내용의 일치성을 인식하는 과정

정답 13. ①   14. ②

15 다음에서 설명하고 있는 교육훈련 프로그램 평가방법은?

> 이 평가방법은 "교육훈련 프로그램을 통하여 직무 수행상의 어떠한 행동 변화를 가져왔는가?"를 주제로 직장으로 복귀한 교육 참가자가 교육훈련을 통해 습득한 지식, 기능, 태도 등을 실제 업무 수행에 활용하는 정도를 측정해 직무행위의 변화 정도를 평가하는 것을 말한다.

① 반응평가 ② 학습평가 ③ 직무행위평가 ④ 내용평가
⑤ 결과평가

해설 ③ [○] 해당 제시문은 '직무행위평가'에 대한 설명이다.

정답 15. ③

제4장

신뢰성공학

4.1 신뢰성 기초개념 / 138

4.2 고장률 및 고장확률밀도함수 / 142

4.3 신뢰성 시험 및 추정 / 150

4.4 보전성 및 가동성 / 164

4.5 시스템 신뢰도 / 178

4.6 FMEA 및 FTA / 197

4.7 신뢰성 설계 및 관리 / 229

4.1 신뢰성 기초개념

신뢰성의 기본개념

01 "제품이 주어진 사용 조건하에서 의도하는 기간동안 정해진 기능을 성공적으로 수행할 확률"로 정의되는 개념은 무엇인가?

① 신뢰도　② 품질관리　③ 보전도　④ 고장　⑤ 신뢰성

해설 ① [○] 신뢰성(reliability)이란 일반적으로 "시스템이나 장치가 정해진 사용조건 하에서 의도하는 기간동안 만족하게 동작하는 시간적 안정성"을 뜻하며, 신뢰도는 "제품이 주어진 사용 조건하에서 의도하는 기간 동안 정해진 기능을 성공적으로 수행할 확률"을 말한다.
③ 보전도는 "수리가능한 시스템, 기기, 부품 등이 규정의 조건에서 보전이 실시될 때 규정된 시간내에 보전을 완료할 확률"로 정의되며, $M(t)$로 나타낸다.

신뢰성 척도의 계산

01 100개의 샘플에 대한 6시간에 걸친 수명시험결과 다음 표와 같은 자료를 얻었다. 이때 시험시간 $t=2$인 경우의 신뢰도함수의 값, 즉 $R(t=2)$의 추정값을 계산하면 얼마인가? (단, Δt를 1로 놓고 계산하시오.)

시간	고장개수	시간	고장개수
0~1	5	3~4	27
1~2	25	4~5	9
2~3	32	5~6	2

① 0.95　② 0.70　③ 0.62　④ 0.30　⑤ 0.35

해설 ② [○] $R(t) = \dfrac{n(t)}{N} = \dfrac{100-(5+25)}{100} = 0.7$

여기서, N : 시료개수, $n(t)$: 생존개수

정답 01. ①　│　01. ②

02 샘플 54개에 대한 수명시험결과 다음 표와 같은 데이터를 얻었다. $t=5$ 시간에서의 누적고장확률은 약 얼마인가?

시간간격	0~1	1~2	2~3	3~4	4~5	5~6	6~7	7~8
고장개수	2	5	10	16	9	7	4	1

① 0.833 ② 0.778 ③ 0.222 ④ 0.167 ⑤ 0.842

해설   ② [○] $F(t=5) = \dfrac{t=5까지의\ 누적고장개수}{총\ 샘플수} = \dfrac{2+5+10+16+9}{54} = 0.778$

03 전구 100개에 대한 수명시험을 한 결과 표와 같은 데이터를 얻었다. $t=120$시간에서의 누적고장확률 $F(t)$는 얼마인가?

시간(t)	생존개수(n)	시간(t)	생존개수(n)
0	100	120	35
30	95	150	10
60	85	180	0
90	65		

① 0.25 ② 0.45 ③ 0.55 ④ 0.65 ⑤ 0.85

해설   ④ [○] $F(t=120) = 1 - R(t=120) = 1 - \dfrac{n(t)}{N} = 1 - \dfrac{35}{100} = 0.65$

04 표와 같은 수명테스트 자료에서 구간 20~30에서의 고장률은 얼마인가?

수명	고장대수	수명	고장대수
0~10	300	40~50	60
10~20	200	50~60	40
20~30	140	60 이상	70
30~40	90	계	900

① 0.33×10^{-1} ② 0.35×10^{-1} ③ 0.37×10^{-1} ④ 0.39×10^{-1}
⑤ 0.42×10^{-1}

정답   02. ②   03. ④   04. ②

해설 ② [○] $\lambda(t=30) = \dfrac{n(t) - n(t+\Delta t)}{n(t) \cdot \Delta t}$

$$= \dfrac{(900-500)-(900-640)}{(900-500)\times 10} = \dfrac{400-260}{400\times 10} = \dfrac{140}{4{,}000} = 0.035$$

신뢰도 함수

01 Y부품의 고장률이 0.5×10^{-5}/hr이다. 하루 24시간 작동하고 1년 360일 작동한다고 할 때 이 부품이 일 년 이상 작동할 확률을 구하면?

① 0.998   ② 0.958   ③ 0.358   ④ 0.632   ⑤ 0.724

해설 ② [○] Y부품의 고장시간의 분포(수명분포)가 지수분포를 따를 때

$$R(t) = e^{-\lambda t} = \exp\left[-(0.5 \times 10^{-5}) \times (24 \times 360)\right] = \exp(-0.0432) = 0.9577$$

02 지수분포의 수명을 갖는 어떤 부품 10개를 수명시험하여 100시간이 되었을 때 시험을 중단하였더니 고장난 부품의 수는 4개였고, 평균수명은 200시간으로 추정되었다. 이 부품을 100시간 사용한다면 누적고장확률은 약 얼마인가?

① 0.005   ② 0.393   ③ 0.500   ④ 0.607   ⑤ 0.703

해설 ② [○] $F(t) = 1 - R(t) = 1 - e^{-\lambda t} = 1 - \exp[-\lambda t] = 1 - \exp\left(-\dfrac{t}{MTBF}\right)$

$$= 1 - \exp\left(-\dfrac{100}{200}\right) = 0.393$$

03 형광등의 고장확률밀도함수는 평균고장률이 5×10^{-4}/시간인 지수분포를 따르고 있다. 이 형광등 100개를 2,000시간 사용하였을 경우 기대누적고장개수는 약 몇 개인가?

① 36개   ② 50개   ③ 64개   ④ 100개   ⑤ 120개

정답   01. ②   02. ②   03. ③

해설 ③ [○] 누적고장확률 $F(t) = 1 - e^{-\lambda t} = 1 - e^{-5 \times 10^{-4} \times 2,000} = 1 - e^{-1} = 0.6321$

기대누적고장개수=총개수×누적고장확률=100×0.6321=63.21 → 64개

04 자동차 엔진의 수명은 지수분포를 따르는 경우 신뢰도를 95%를 유지시키면서 8000시간을 사용하기 위한 적합한 고장률은 약 얼마인가?

① 3.4×10^{-6}/시간 ② 6.4×10^{-6}/시간 ③ 7.2×10^{-6}/시간
④ 8.5×10^{-6}/시간 ⑤ 9.5×10^{-6}/시간

해설 ② [○] $R(t) = 0.95 = e^{-\lambda t} = e^{-\lambda \times 8,000}$ → $\ln 0.95 = -\lambda \times 8,000$ →
$-0.0513 = -\lambda \times 8,000$ → $\lambda = 6.4 \times 10^{-6}$ (/시간)

05 프레스에 설치된 안전장치의 수명은 지수분포를 따르며 평균수명은 100시간이다. 새로 구입한 안전장치가 50시간 동안 고장없이 작동할 확률(A)과 이미 100시간을 사용한 안전장치가 앞으로 100시간 이상 견딜 확률(B)은 약 얼마인가?

① A : 0.368, B : 0.368 ② A : 0.607, B : 0.368
③ A : 0.368, B : 0.607 ④ A : 0.607, B : 0.607
⑤ A : 0.707, B : 0.807

해설 ② [○] 지수분포의 무기억성 특성을 이용하여 계산이 가능하다.

1. $R(t) = e^{-\lambda t} = e^{-t/MTBF} = e^{-50/100} = e^{-0.5} = 1/e^{0.5} = 0.607$

2. $R(t) = e^{-\lambda t} = e^{-t/MTBF} = e^{-100/100} = e^{-1} = 1/e = 0.368$ ← 무기억성 특성

○ 지수분포의 무기억성 특성 : 이전까지 시행된 결과에 무관하게 다음 시행 확률에 영향을 주지 않는 것을 무기억성(memoryless)이라고 한다. 지수분포의 중요한 특성은 무기억성이다. 사건의 확률은 과거 시행에 종속되지 않는다. 따라서 발생률이 일정하게 유지된다는 점이다. 지수 분포의 활용도가 평장히 높은 이유는 지수분포의 무기억성 성질 때문이다.

정답 04. ②   05. ②

4.2 고장률 및 고장확률밀도함수

> 고장률 형태 : CFR과 지수분포

01 어떤 설비의 시간당 고장률이 일정하다고 할 때 이 설비의 고장간격은 다음 중 어떠한 확률분포를 따르는가?

① t분포 ② 와이블분포 ③ 지수분포 ④ 아이링(Eyring)분포 ⑤ 정규분포

해설 ③ [○] 제시문에 해당하는 적절한 것은 '지수분포'이다.

○ 설비고장 곡선 (욕조 곡선)
  1. 초기고장 : 고장률 감소형 – 와이블분포(형상모수 m<1일 때)
  2. 우발고장 : 고장률 일정형 – 지수분포, 와이블분포(형상모수 m=1일 때)
  3. 마모고장 : 고장률 증가형 – 정규분포, 와이블분포(형상모수 m>1일 때)

02 다음 중 지수분포 $f(t) = \lambda e^{-\lambda t}$ 의 분산으로 옳은 것은?

① $\dfrac{1}{\lambda^2}$ ② $\dfrac{1}{\lambda}$ ③ $\dfrac{1}{2\lambda}$ ④ $\dfrac{2}{\lambda}$ ⑤ $\dfrac{2}{\lambda^2}$

해설 ① [○] 지수분포 확률변수 T의 기대치는 $E(T) = \dfrac{1}{\lambda}$, 분산은 $V(T) = \dfrac{1}{\lambda^2}$ 이다.

[참조] 지수분포의 고장확률밀도함수는 $f(t) = \lambda e^{-\lambda t}$ (단, $t \geq 0$)으로 주어진다.

03 M회사의 제품은 고장확률밀도함수가 $f(t) = 0.0005 e^{-0.0005t}$ 인 지수분포에 따르고 있다. 이 제품이 1,000시간 이내에 고장날 확률은?

① 0.607 ② 0.393 ③ 0.223 ④ 0.177 ⑤ 0.124

해설 ② [○] $\lambda(t) = f(t) / R(t)$ 의 관계식으로부터 $f(t) = \lambda(t) \times R(t)$ 가 되므로 주어진 식으로부터 $R(t) = e^{-0.0005t}$ 이고, $F(t) = 1 - R(t)$ 의 관계식으로부터

$\therefore F(t = 1,000) = 1 - R(t = 1,000) = 1 - e^{-0.0005 \times 1,000} = 1 - 0.067 = 0.393$

정답 01. ③ 02. ① 03. ②

고장률 형태 : IFR과 정규분포

01 어떤 기기의 수명이 평균 500시간, 표준편차 50시간인 정규분포를 따른다. 이 제품을 400시간 사용하였을 때의 신뢰도는 약 얼마인가?
(단, $u_{0.9938} = 2.5$, $u_{0.9772} = 2.0$, $u_{0.9332} = 1.5$, $u_{0.8413} = 1.0$ 이다.)

① 0.6413 ② 0.7332 ③ 0.8338 ④ 0.9125 ⑤ 0.9772

해설 ⑤ [○] 수명시간 $T \sim N(500, 50^2)$인 정규분포를 따를 때 신뢰도 계산이다.

$$R(t) = P(T \geq t) = P\left(\frac{T-\mu}{\sigma} \geq \frac{400-\mu}{\sigma}\right) = P\left(U \geq \frac{400-500}{50}\right)$$

$$= P(U \geq -2.0) = 0.9772 \ (\text{여기서}, \ U : \text{표준정규확률변수})$$

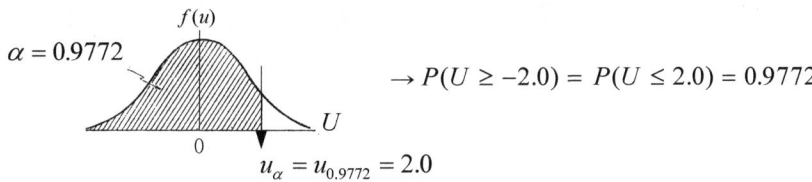

$\rightarrow P(U \geq -2.0) = P(U \leq 2.0) = 0.9772$

02 수명분포가 평균치 200, 표준편차 50인 정규분포를 따르는 제품이 있다. 이미 250시간을 사용한 이 제품이 앞으로 50시간 더 작동할 신뢰도는 약 얼마인가? (단, $Z_{0.8413}=1$, $Z_{0.95}=1.645$, $Z_{0.975}=1.96$, $Z_{0.9772}=2$이다.)

① 2.28% ② 13.37% ③ 14.37% ④ 15.87% ⑤ 16.12%

해설 ③ [○] 정규분포의 표준화 정규확률변수를 이용하여 신뢰도를 구해야 한다.

$$R(300/250) = \frac{P_r(T \geq 300)}{P_r(T \geq 250)} = \frac{P_r\left(U \geq \frac{300-\mu}{\sigma}\right)}{P_r\left(U \geq \frac{250-\mu}{\sigma}\right)} = \frac{P_r\left(U \geq \frac{300-200}{50}\right)}{P_r\left(U \geq \frac{250-200}{50}\right)}$$

$$= \frac{P_r(U \geq 2)}{P_r(U \geq 1)} = \frac{1-0.9772}{1-0.8413} = \frac{0.0228}{0.1587} = 0.1437(14.37\%)$$

정답 01. ⑤   02. ③

03 실린더 블록에 사용하는 가스켓의 수명은 평균 10,000시간이며, 표준편차는 200시간으로 정규분포를 따른다. 사용시간이 9,600시간일 경우에 신뢰도는 약 얼마인가? (단, 표준정규분포표에서 $u_{0.8423}$=1, $u_{0.9772}$=2이다.)

① 84.13% ② 88.73% ③ 92.72% ④ 95.38% ⑤ 97.72%

해설 ⑤ [○] 사용시간 9,600시간 이후에 살아있을 확률

$$P_r(t \geq 9,600) = P_r\left(\frac{t-\mu}{\sigma} \geq \frac{9,600-10,000}{200}\right) = P_r(U \geq -2) = 0.9772\ (97.72\%)$$

고장률 형태 : 와이블분포

01 와이블분포가 지수분포와 동일한 특성을 갖기 위한 형상모수 β의 값은 얼마인가?

① 0.5 ② 1.0 ③ 1.5 ④ 2.0 ⑤ 2.5

해설 ② [○] 와이블분포에서 형상모수 m=1일 때 고장확률밀도함수 $f(t)$는 지수분포를 따른다. (참고로, 형상모수는 통상 m으로 표기한다.)

02 어떤 부품의 수명이 와이블분포를 따를 때, 사용시간 1,500시간에서의 고장률은 약 얼마인가? (단, 형상모수는 4, 척도모수는 1,000, 위치모수는 1,000이다.)

① 0.00045/시간 ② 0.00050/시간 ③ 0.00053/시간
④ 0.00062/시간 ⑤ 0.00085/시간

해설 ② [○] $\lambda(t=1,500) = \frac{m}{\eta} \cdot \left(\frac{t-\gamma}{\eta}\right)^{m-1} = \frac{4}{1,000} \cdot \left(\frac{1,500-1,000}{1,000}\right)^{4-1}$

$= 5.0 \times 10^{-4}$ (/시간)

여기서, 형상모수 : m, 척도모수 : η, 위치모수 : γ

03 형상모수 3, 척도모수 1,000시간, 위치모수 1,000시간인 와이블분포에 따르는 기계를 1,500시간 사용하였을 때의 신뢰도는 약 얼마인가?

① 0.368　② 0.479　③ 0.539　④ 0.692　⑤ 0.882

해설　⑤ [○] $R(t) = e^{-\left(\frac{t-\gamma}{\eta}\right)^m} = e^{-\left(\frac{1,500-1,000}{1,000}\right)^3} = e^{-0.5^3} = 0.882$

여기서, 형상모수 : m, 척도모수 : η, 위치모수 : γ

04 고장률 설명 중 옳지 않은 것은? (단, $f(t)$는 고장확률밀도함수, $\lambda(t)$는 고장률함수)

① 우발고장기간에는 항상 CFR의 형상을 한다.
② $f(t)$가 정규분포이면, $\lambda(t)$는 항상 IFR의 형상을 한다.
③ $f(t)$가 지수분포이면, $\lambda(t)$는 항상 CFR의 형상을 한다.
④ $f(t)$가 와이블분포이면, $\lambda(t)$는 항상 DFR의 형상을 한다.
⑤ 마모고장기간에는 항상 IFR의 형상을 한다.

해설　④ [○] 와이블분포의 $\lambda(t)$는 형상모수 m의 값에 따라 DFR($m<1$인 경우), CFR($m=1$인 경우), IFR($m>1$인 경우)의 분포이다.

05 와이블분포를 가정하여 신뢰성을 추정하는 경우 특성수명이란?

① 약 37%가 고장나는 시간이다.　② 약 50%가 고장나는 시간이다.
③ 약 63%가 고장나는 시간이다.　④ 약 84%가 고장나는 시간이다.
⑤ 100%가 고장나는 시간이다.

해설　③ [○] 와이블분포에서 $m=1$, $\gamma=0$이면 $R(t) = e^{-\frac{t}{\eta}}$, $F(t) = 1 - e^{-\frac{t}{\eta}}$이고, 사용시간 $t=\eta$이면 $R(t=\eta) = e^{-1} = 0.37$, $F(t=\eta) = 1 - e^{-1} = 0.63$ 즉, 사용시간 $t=\eta$만큼 사용되면 37%가 잔존하고, 63%는 이미 한 번 이상 고장을 경험한 것이 된다. 여기서 37%가 잔존하는 시간을 '특성수명'이라 한다.

정답　03. ⑤　04. ④　05. ③

평균수명 $E(t)$: 의의

01 MTTF를 구하는 식 중에서 맞는 것은? (단, $R(t)$: 신뢰도함수, $f(t)$: 고장확률밀도함수)

① $MTTF = -\int_0^\infty R(t)dt$ ② $MTTF = -\int_0^\infty \frac{f(t)}{R(t)}dt$

③ $MTTF = -\int_0^\infty t\frac{dR(t)}{dt}$ ④ $MTTF = \int_0^\infty R(t)dt$ ⑤ $MTTF = \int_0^\infty \frac{R(t)}{f(t)}dt$

해설 ④ [○] 평균수명 $E(t) = MTTF = \int_0^t t \cdot f(t)dt = \int_0^\infty R(t)dt$

고장확률밀도함수 $f(t)$가 지수분포인 경우 $E(t) = \frac{1}{\lambda}$이 된다.

02 다음 중 수리계의 최초고장까지의 동작시간 평균치를 나타내는 것은?

① MTTR   ② MTBF   ③ MTTFF   ④ MTBO   ⑤ MTTF

해설 ③ [○] 최초고장까지의 평균시간 MTTFF(Mean Time To First Failure)는 수리하면서 사용하는 시스템의 최초고장까지의 동작시간의 평균치를 말한다.

① MTTR(Mean Time To Repair, 평균수리복구시간)

② MTBF(Mean Time Between Failures, 평균고장간격시간, 평균수명)는 수리해 가면서 사용하는 시스템에서 수리완료에서 다음 고장까지의 무고장 동작시간을 말한다.

④ MTBO(Mean Time Between Overhaul, 평균오버홀간격시간)

⑤ MTTF(Mean Time To Failures, 고장시까지의 평균시간, 평균수명)는 수리하지 못하는 시스템에서 고장시까지의 평균동작시간을 말한다.

정답 01. ④   02. ③

평균수명 : 지수분포인 경우

01 Y기계를 50시간 동안 연속사용한 경우 5회의 고장이 발생하였고, 각각의 수리기간은 0.5, 0.5, 1.0, 1.5, 1.5이었다. MTBF는 몇 시간인가?

① 9   ② 15   ③ 25   ④ 35   ⑤ 45

해설 ① [○] $MTBF = \dfrac{1}{\lambda} = \dfrac{1}{r/\sum t_i} = \dfrac{\sum t_i}{r} = \dfrac{가동시간합}{고장횟수} = \dfrac{조업시간-고장시간합}{고장횟수}$

$$= \dfrac{50-5}{5} = 9$$

02 지수분포를 따르는 어떤 부품에 대해 10개를 샘플링하여 모두 고장이 날 때까지 정상수명시험한 결과 평균수명은 100시간으로 추정되었다. 이 제품에 대한 100시간에서의 고장확률밀도함수는 약 얼마인가?

① 0.0037/시간   ② 0.0113/시간   ③ 0.3678/시간   ④ 0.6321/시간
⑤ 0.7421/시간

해설 ① [○] 평균수명이 지수분포를 따를 때 $\hat{\theta} = \dfrac{1}{\lambda} = 100$ 으로부터 $\lambda = \dfrac{1}{100}$ 이고

$R(t=100) = e^{-\lambda t} = e^{-(1/100)\times 100} = 0.36788$ 이므로

$$f(t) = \lambda(t)R(t) = \dfrac{1}{100} \times 0.36788 = 0.0037$$

평균수명 : 와이블분포인 경우

01 Y제품의 수명시험 결과 얻은 데이터를 와이블확률지를 사용하여 모수를 측정하였더니 형상모수 $m=1.0$, 척도모수 $\eta=3,500$시간, 위치모수 $\gamma=0$이 되었다. 이 제품의 평균수명 $E(t)$는 얼마인가? (단, $\Gamma(1) = 1.0$이다.)

① 2,205시간   ② 3,150시간   ③ 3,465시간   ④ 3,500시간   ⑤ 3,745시간

정답   01. ①   02. ① | 01. ④

해설 ④ [○] 감마함수에서 형상모수 $m=1$이므로 지수분포가 된다.

$$E(t) = \eta \times \Gamma\left(1+\frac{1}{m}\right) = \eta \times \Gamma(2) = \eta = 3{,}500 \text{ (시간)}$$

[참고] 감마함수에서 $\Gamma(1+n) = n\,\Gamma(n)$으로서 $\Gamma(2) = 1 \times \Gamma(1) = \Gamma(1) = 1.0$이다.

02 샘플 5개를 수명시험하여 간편법에 의해 와이블모수를 추정하였더니 형상모수(m)가 2, 척도모수(t_0)가 68.588시간, 위치모수(γ)가 0이었다. 이 샘플의 평균수명은 얼마인가? (단, $\Gamma(1.2) = 0.9182$, $\Gamma(1.3) = 0.8873$, $\Gamma(1.5) = 0.8362$이다.)

① 6.93시간　② 9.90시간　③ 15.35시간　④ 24.02시간　⑤ 34.12시간

해설 ① [○] $E(t) = \eta \cdot \Gamma\left(1+\frac{1}{m}\right) = t_0^{1/m} \times \Gamma\left(1+\frac{1}{m}\right)$

$$= 68.558^{1/2} \times \Gamma(1.5) = 8.2818 \times 0.8362 = 6.93 \text{ (시간)}$$

여기서, $t_0 = \eta^m \rightarrow \eta = t_0^{1/m}$

평균고장률 : 지수분포인 경우

01 수명이 지수분포를 따르는 수리 가능한 시스템 10대를 시험하는데 고장시 수리는 즉시 이루어지고 시험은 600시간으로 할 경우 고장률은 약 얼마인가? 단, 시험기간 동안 5회의 고장이 발생하였다.

① 0.00043/시간　② 0.00053/시간　③ 0.00063/시간
④ 0.00073/시간　⑤ 0.00083/시간

해설 ⑤ [○] $\lambda = \dfrac{1}{MTBF} = \dfrac{1}{T/r} = \dfrac{r}{T} = \dfrac{r}{\sum t_i} = \dfrac{5}{10 \times 600} = 0.00083\,(/\text{시간})$

정답　02. ①　|　01. ⑤

02 20개 부품에 대하여 5,000시간의 수명시험을 한 결과 280, 680, 1,030, 1,260, 1,340, 1,500, 2,480, 3,860 및 4,700시간에 각각 고장이 발생하였다. 이 부품의 평균고장률은 약 얼마인가? (단, 시험 도중 고장난 것을 교체하지 않았으며, 이 부품의 고장시간은 지수분포를 따른다.)

① 0.90×10^{-4}/시간 ② 1.25×10^{-4}/시간 ③ 1.31×10^{-4}/시간
④ 1.43×10^{-4}/시간 ⑤ 1.53×10^{-4}/시간

해설 ② [○] $\lambda = \dfrac{r}{T} = \dfrac{r}{\sum t_i + (n-r)t_c} = \dfrac{9}{(280 + 80 + \cdots + 4,700) + (20-9) \times 5,000}$

$= 1.25 \times 10^{-4}$ (/시간)

여기서, t_c : 정시중단시험시간

03 기계의 평균고장률을 구하기 위하여 한 대의 기계를 작동시키면서 고장이 나면 즉시 새로운 부품으로 교체 수리하고, 계속 2,000시간 동안 시험한 결과 그 동안 4회의 고장이 발생하였다. 이 기계의 평균고장률의 점추정치는 얼마인가?

① 0.0002/시간 ② 0.0005/시간 ③ 0.001/시간 ④ 0.002/시간
⑤ 0.003/시간

해설 ④ [○] $\hat{\lambda} = \dfrac{1}{MTBF} = \dfrac{1}{T/r} = \dfrac{r}{T} = \dfrac{4}{2,000} = 0.002$ (/시간)

정답 02. ②   03. ④

4.3 신뢰성 시험 및 추정

신뢰성시험 : 의의, 종류

01 사용조건을 정상사용조건보다 강화하여 적용함으로써 고장발생시간을 단축하고, 검사비용의 절감효과를 얻고자 하는 수명시험은?

① 중도중단시험   ② 가속수명시험   ③ 감속수명시험
④ 정시중단시험   ⑤ 강제열화시험

해설 ② [○] 제시문은 '가속수명시험'에 대한 내용이다.

○ 가속수명시험
1. 사용조건을 정상사용조건보다 강화하여 사용함으로써 고장발생시간 단축
2. 검사비용의 절감효과를 얻고자 하는 수명시험
3. 가속수명시험 : 아레니우스모델, 아일링모델, 10°C법칙, α승법칙 등

02 제조결함이 있는 제품이 시장에 출하되는 것을 예방하기 위해 가장 적합한 시험은?

① 개발/성장 시험   ② ESS(Environmental Stress Screening)
③ 열충격시험   ④ 가속수명시험   ⑤ 한계시험

해설 ② [○] ESS는 환경시험으로서, "아이템에 대한 환경 영향을 조사하는 시험"으로서, 환경시험에는 변화를 시키는 환경조건에 따라서 ㉠ 온도시험(고온, 저온), ㉡ 진동·충격시험 등 기계특성시험, ㉢ 염수분무시험, 耐水시험 및 분위기시험 등 내부식시험, ㉣ 내방사시험 등이 있다.

03 시험시간을 단축시킬 목적으로 실제의 사용조건보다 강화된 사용조건에서 실시하는 신뢰성시험은?

① 정상수명시험   ② 현지시험   ③ 환경시험   ④ 가속수명시험
⑤ 강제열화시험

정답   01. ②   02. ②   03. ④

해설 ④ [○] 가속인자인 기계적 부하나 온도, 습도, 전압 등 사용조건을 강화하여 고장시간을 단축시키는 수명시험을 가속수명시험이라고 한다.

04 개발이나 생산단계에서 부품, 서브어셈블리, 어셈블리장치에 대해서 그 약점부분이나 기량상의 결함을 명확하게 하여 개선을 촉구시키기 위해 행하며, 초기단계를 촉진하는 조건에서 실시하는 시험은?

① 스크리닝시험　　② 신뢰성 개발·성장시험　　③ 신뢰성수입시험
④ 신뢰성인정시험　　⑤ 방치시험

해설 ① [○] 스크리닝시험은 로트 중 결함 있는 것을 걸러내어(screening) 양품만 선별하는 시험이다.

05 신뢰성보증 시험에서 계량형 특성을 갖는 정시중단시험이나 정수중단시험에서 사용되는 수명분포는 무엇인가?

① 이항분포　② 초기하분포　③ 지수분포　④ 베르누이분포　⑤ 포아송분포

해설 ③ [○] 중도중단시험은 정수중단시험과 정시중단시험이 있다. 이 경우 제품의 신뢰성추정은 고장확률밀도함수로가 지수분포를 따른다는 것을 가정하여 설계된 것이다.

신뢰성시험 : 데이터 취급방법

01 수명시험방식 중 정시종결방식의 설명으로 가장 올바른 것은?

① 미리 시험중단시간을 정해 놓고 그 시간이 되면 고장수에 관계없이 시험을 중단하는 방식
② 미리 고장개수를 정해 놓고 그 수의 고장이 발생하면 시험을 중단하는 방식
③ 정해진 시간마다 고장수를 기록하는 시험방식
④ 미리 정해진 시간이 되면 고장난 아이템에 관계없이 전체를 교체하는 시험방식
⑤ 미리 지정된 시간을 정해 놓고 그 시간이 되면 구간 고장수를 조사하는 방식

정답　04. ①　05. ③　｜　01. ①

[해설] ① [○] 정시중단시험은 샘플 n 개를 채취하여 미리 정해진 시험중단시간인 t_C 시간까지 시험하고, t_C 시간이 되면 중단하는 정시중단시험이다.
② 정수중단시험의 설명이다.

가속수명시험

01 온도에 의한 가속수명에서 고장의 가속을 모형화하는 데 가장 널리 사용되는 수명-스트레스 관계식은?

① 거듭제곱 모형　② 아레니우스 모형　③ 마이그레이션 모형
④ 피로 모형　⑤ 아일링 모형

[해설] ② [○] 아레니우스(Arrhenius) 모형은 온도가 중요한 영향을 미치는 가속모델로서, 가속인자로서 온도만을 사용한다.

02 어떤 전자부품을 150°C에서 가속열화시험을 하였더니 150°C 환경에서 평균수명이 100시간으로 추정되었다. 이 부품의 활성화에너지가 0.25eV이고, 가속계수가 2.0일 때, 정상사용조건의 온도는 약 몇 °C인가? (단, 볼쯔만 상수는 8.617×10^{-5} eV/K이며, 이 실험에 대한 분석모델은 아레니우스 모델을 적용하였다.)

① 47　② 73　③ 85　④ 100　⑤ 111

[해설] ⑤ [○] 조건에서 $TF = \dfrac{\ln AF}{\Delta H} = \dfrac{\ln 2.0}{0.25} = 2.77259$, $T_2 = 150 + 273.16 = 423.16$

(켈빈도)이다. 온도계수 $TF = \dfrac{1}{k}\left(\dfrac{1}{T_1} - \dfrac{1}{T_2}\right)$ 관계로부터 T_1 에 대해 정리하면

$$T_1 = \dfrac{1}{k \cdot TF + \dfrac{1}{T_2}} = \dfrac{1}{8.617 \times 10^{-5} \times 2.77259 + \dfrac{1}{423.16}} = 384 \text{ 켈빈도}$$

T_1(켈빈도)= T_1(섭씨도)+273.16=384의 관계로부터, T_1(섭씨도)=111°C

[정답] 01. ②　02. ⑤

[참조] 아레니우스 모델은 온도가 중요한 영향을 미치는 가속모델로서, 가속계수(AF)는 다음과 같이 정의된다.

$$AF = \frac{T_{50}\ (at\ T_1)}{T_{50}\ (at\ T_2)} = \frac{A \cdot e^{\Delta H / kT_1}}{A \cdot e^{\Delta H / kT_2}} = e^{\frac{\Delta H}{k}\left(\frac{1}{T_1} - \frac{1}{T_2}\right)} = e^{\Delta H \cdot TF}$$

03 α승 법칙에 따르는 콘덴서에 대하여 정상전압 220V를 가속전압 260에서 가속수명시험을 하였다. 이 콘덴서는 $\alpha=5$인 α승 법칙에 따른다. 가속계수는 얼마인가?

① 1.182   ② 2.31   ③ 8   ④ 20   ⑤ 40

해설 ② [○] 가속계수 $AF = V^\alpha = \left(\frac{V_s}{V_n}\right)^\alpha = \left(\frac{260}{220}\right)^5 = 2.31$

여기서, V_s의 첨자 s는 stressed, V_n의 첨자 n은 normal의 두문자임

04 전자장치의 정상사용전압 V에서의 평균수명 T와 가속전압 V_A에서의 평균수명 T_A는 $\frac{T}{T_A} = \left(\frac{V_A}{V}\right)^3$의 관계를 갖는다. V_A가 200볼트일 때 얻은 고장시간데이터에 의해 추정된 T_A가 1,000시간이라면 정상사용전압 100볼트에서의 평균수명 T는 얼마인가?

① 4시간   ② 8시간   ③ 2,000시간   ④ 4,000시간   ⑤ 8,000시간

해설 ⑤ [○] $\frac{T}{T_A} = \left(\frac{V_A}{V}\right)^3$의 관계로부터 $\frac{T}{1,000} = \left(\frac{200}{100}\right)^3$ ∴ $T=8,000$시간

05 정상전압 220V의 콘덴서 10개를 가속전압 260V에서 3개가 고장날 때까지 가속수명시험을 하였더니 63, 112, 280시간에 각각 1개씩 고장났다. 가속계수값이 2.31인 경우 정상전압에서의 평균수명을 구하면?

① 805   ② 1,610   ③ 1707.23   ④ 1,859.55   ⑤ 3,679

정답   03. ②   04. ⑤   05. ④

해설 ④ [○] 정상전압에서의 평균수명 $\theta_n = A \times \theta_S = 2.31 \times 805 = 1,859.55$시간

여기서, 정수중단시험에서 가속수명 θ_S는

$$\theta_S = \frac{T}{r} = \frac{\sum t_i + (n-r)t_r}{r} = \frac{455 + (10-3) \times 280}{3} = 805$$

06 가속수명시험 모델 중 아이링(Eyring)모델이 아레니우스(Arrhenius)모델과 다른 점은?

① 가속인자로 온도만 사용
② 가속인자로 전압만 사용
③ 가속인자로 온도와 습도 2개를 사용
④ 두 모델에는 차이가 없다.
⑤ 가속인자로 온도 외에 다른 인자도 사용

해설 ⑤ [○] 아레니우스(Arrhenius)모델의 가속인자는 온도 1개 인자이고, 아이링(Eyring)모델의 경우 온도 외에 다른 스트레스(예, 전압)도 가속인자로 포함시킨 가속모델이다.

07 가속계수의 정의로 가장 올바른 것은?

① $\frac{\text{사용조건의 수명}}{\text{가속조건의 수명}}$
② 사용조건의 수명 - 가속조건의 수명
③ $\frac{\text{가속조건의 수명}}{\text{사용조건의 수명}}$
④ 가속조건의 수명 - 사용조건의 수명
⑤ (사용조건의 수명 - 가속조건의 수명)/가속조건의 수명

해설 ① [○] $\theta_n = A \times \theta_S \rightarrow$ 가속계수 $A = \frac{\theta_n}{\theta_S}$

08 가속수명시험에 대한 설명으로 틀린 것은?

① 가속수명시험은 평균수명의 값에 영향을 미치지 않는다.
② 가속수명시험은 수명의 변동계수에 영향을 미치지 않는다.
③ 가속수명시험은 와이블 형상모수의 값에 영향을 미치지 않는다.

정답 06. ⑤   07. ①   08. ①

④ 가속수명시험은 와이블 척도모수의 값에 영향을 미친다.
⑤ 가속수명시험이 정규분포를 따르는 경우 표준편차에는 영향을 미치지 않는다.

해설 ① [×] 가속수명시험은 평균수명의 값에 영향을 미친다. 즉, $\theta_n = A \times \theta_S$

② 가속수명시험은 수명의 표준편차 $\hat{\sigma} = s$에 영향을 미치지 않으며, 따라서 수명의 변동계수 $CV = \dfrac{s}{\bar{x}}$에 영향을 미치지 않는다.

③ 및 ④ 가속수명시간 분포가 형상모수가 m_s, 척도모수가 η_s인 와이블분포에 따르는 경우 누적고장확률 $F_s(t)$는 $F_s(t) = 1 - e^{-(t/\eta_s)^{m_s}}$이므로 정상상태에서의 $F_n(t)$는 $F_n(t) = F_s\left(\dfrac{t}{A}\right) = 1 - e^{-[\frac{t/A}{\eta_s}]^{m_s}} = 1 - e^{-[\frac{t}{A \times \eta_s}]^{m_s}} = 1 - e^{-[\frac{t}{\eta_n}]^{m_n}}$

따라서 $\eta_n = A \times \eta_s$, $m_s = m_n = m$

⑤ 가속수명시험이 정규분포를 따르는 경우 평균수명은 단축시키지만 표준편차에는 영향을 미치지 않는다. 즉 $\sigma_n = \sigma_s = \sigma$이다.

09 수명이 지수분포를 따르는 동일한 제품에 대하여 두 온도 수준에서 각각 20개씩 가속수명시험을 실시하여 다음과 같은 데이터를 얻었다. 이때 가속계수는 약 얼마인가?

[정상사용온도(25℃)에서의 시험]
 * 중단시간(h) : 5,000   * 고장시간(h) : 450, 1,550, 3,100, 3,980, 4,310
[가속열화온도(100℃)에서의 시험]
 * 중단시간(h) : 1,000   * 고장시간(h) : 52, 212, 351, 424, 618, 725, 791

① 4.6   ② 5.3   ③ 7.6   ④ 8.8   ⑤ 9.2

해설 ③ [○] $\theta_n = A \times \theta_s \rightarrow A = \dfrac{\hat{\theta}_n}{\hat{\theta}_s} = \dfrac{17,678}{2,311} = 7.6$

여기서, $\hat{\theta}_n = \dfrac{T}{r} = \dfrac{\sum t_i + (n-r)t_c}{r} = \dfrac{(450 + 1,550 + \cdots + 4,310) + (20 - 5) \times 5,000}{5}$
$= 17,678$ (시간)

정답 09. ③

$$\hat{\theta}_s = \frac{T}{r} = \frac{\sum t_i + (n-r)t_c}{r} = \frac{(52 + 212 + \cdots + 791) + (20-7) \times 1{,}000}{7}$$
$$= 2{,}311\,(\text{시간})$$

10 Y전자부품의 수명은 전압에 대하여 5승 법칙에 따른다. 전압을 정상치보다 30% 증가시켜 가속수명시험을 하여 얻은 데이터로부터 추정한 평균수명은 정상수명시험에서 데이터로부터 추정한 평균수명에 비해 약 얼마나 단축되는가?

① $\dfrac{1}{1.3}$ ② $\dfrac{1}{2.5}$ ③ $\dfrac{1}{3.7}$ ④ $\dfrac{1}{5.0}$ ⑤ $\dfrac{1}{6.2}$

해설 ③ [○] $\theta_n = A \times \theta_S = V^5 \times \theta_S = (1+0.3)^5 \times \theta_S = 3.7\theta_S$ 로부터 $\theta_S = \dfrac{\theta_n}{3.7}$

11 A전자부품의 수명은 전압에 대하여 α 승법칙에 따른다. 전압을 정상치보다 10% 증가시킨 경우의 가속계수는? (단, α =5%이다.)

① 1.2 ② 1.6 ③ 2.0 ④ 2.5 ⑤ 2.8

해설 ② [○] 가속계수 $AF = V^{\alpha} = V^5 = \left(\dfrac{V_S}{V_n}\right)^5 = \left(\dfrac{110}{100}\right)^5 = 1.61$

12 부품을 가속온도 100°C에서 수명시험을 하고 얻은 고장시간 데이터에 의거 추정한 평균수명이 1,500시간이다. 이 부품의 정상사용온도는 60°C이고, 이 두 온도간의 가속계수가 32일 때 정상사용조건에서의 평균수명은 몇 시간인가?

① 3,000 ② 4,800 ③ 48,000 ④ 60,000 ⑤ 68,000

해설 ③ [○] $\theta_n = A \times \theta_S = 32 \times 1{,}500 = 48{,}000\,(\text{시간})$ (참고로 가속계수 A 는 AF 로 표기되기도 함)

정답 10. ③ 11. ② 12. ③

13 커패시터의 평균수명은 온도에 의하여 가속되며 10°C법칙에 따른다고 할 때 65°C에서의 평균수명이 1,000시간으로 추정되었다면 상온 25°C에서의 평균수명은 약 얼마인가?

① 2,000시간   ② 4,000시간   ③ 8,000시간   ④ 16,000시간
⑤ 32,000시간

해설 ④ [○] 가속모델 10°C법칙에 따라 10°C 단위의 온도차 계수 $\alpha = \dfrac{65-25}{10} = 4$

이므로 가속계수 $AF = 2^\alpha = 2^4$ 이다.

∴ $\theta_n = A \times \theta_S = 2^4 \times 1,000 = 16,000$ 시간

신뢰성추정 : 개요

01 일반적인 신뢰성시험의 평균수명시험을 추정하는 방법으로 시간이나 개수를 정해 놓고 그 때까지만 수명시험을 행하는 시험은?

① 전수시험   ② 강제열화시험   ③ 가속수명시험
④ 중도중단시험   ⑤ 동작시험

해설 ④ [○] 중도중단시험은 정수중단시험방식과 정시중단시험방식이 있다.

신뢰성추정 : 전수고장시

01 샘플 100개 모두 고장날 때까지 시험을 하였다. 그리고 전체 누적시험시간은 4,500시간이었다. 이 샘플의 MTTF는?

① 45   ② 450   ③ 255   ④ 2,250   ⑤ 3,210

해설 ① [○] $MTTF = \dfrac{T}{r} = \dfrac{4,500}{100} = 45$ 시간

정답 13. ④ | 01. ④ | 01. ①

02 지수분포를 따르는 5개의 부품을 수명시험하여 다음의 (데이터)를 얻었다. 이 부품이 100시간 이상 고장이 없을 신뢰도의 추정치는 약 얼마인가?

[데이터] 27, 43, 106, 124, 182

① 0 ② 0.3544 ③ 0.6000 ④ 0.78968 ⑤ 0.98968

해설 ② [○] 고장 데이터가 지수분포를 따르고, 전수고장시험에서 교체 안 할 때

$$\hat{\theta} = \frac{1}{\lambda} = \frac{T}{r} = \frac{\sum t_i}{r} = \frac{482}{5} = 96.4 \text{ 시간에서 } \lambda = \frac{1}{96.4}$$

$$\therefore R(t=100) = e^{-\lambda t} = \exp\left[-\left(\frac{1}{96.4}\right) \times 100\right] = 0.3544$$

03 수명분포가 고장률 λ인 지수분포를 따를 때 MTBF의 값은 얼마인가?

① $\frac{1}{\lambda}$ ② λ ③ $\frac{2}{\lambda}$ ④ $\frac{1}{2\lambda}$ ⑤ $\frac{1}{\lambda^2}$

해설 ① [○] $MTBF = \frac{T}{r} = \frac{1}{r/T} = \frac{1}{\lambda}$

신뢰성추정(지수분포) : 정시중단

01 n개의 샘플이 모두 고장날 때까지 기다리지 않고, 미리 계획된 시점 t_0에 시험을 중단하는 시험은?

① 정수중단시험 ② 임의중단시험 ③ 정시중단시험 ④ 가속수명시험
⑤ 강제열화시험

해설 ③ [○] 샘플 n개를 채취하여 미리 정해진 시험중단시간인 t_C 시간까지 시험하고, t_C 시간이 되면 중단하는 시험을 정시중단시험이라 하고, 도중에 교체 안 하는 경우와 교체하는 경우로 나누어 추정한다. 첨자 c는 closing을 의미.

02 150개의 아이템을 800시간 동안 시험하여 10개가 고장났다. 고장시간은 아래와 같다. 평균수명 MTBF를 점추정하면? (단, 아이템은 수명분포가 지수분포를 따른다고 한다.)

> 50, 60, 80, 150, 180, 190, 250, 320, 400, 480

① 12,516시간　② 12,416시간　③ 12,178시간　④ 11,416시간
⑤ 11,223시간

해설　④ [○] 수명시간 t 가 지수분포를 따르는 때 정시중단시험에서(고장나도 교체를 안 하는 경우)

$$\widehat{MTBF} = \hat{\theta} = \frac{T}{r} = \frac{\sum t_i + (n-r)t_c}{r} = \frac{2{,}160 + (150-10) \times 800}{10} = 11{,}416 시간$$

03 지수분포를 따르는 100개의 제품을 정해진 조건하에서 100시간 수명시험한 결과 이 중 10개가 다음과 같이 고장이 발생하였다. 이 제품의 MTBF와 $t = 50$시간에서의 신뢰도는?

> [고장시간 데이터]　2, 3, 5, 10, 40, 50, 80, 85, 90, 95

① 946시간, $R(t=50) = e^{-\frac{50}{946}}$　② 46시간, $R(t=50) = e^{-50 \times 45}$

③ 946시간, $R(t=50) = e^{-946 \times 50}$　④ 46시간, $R(t=50) = e^{-\frac{50}{46}}$

⑤ 54시간, $R(t=50) = e^{-50/100}$

해설　① [○] 지수분포를 따를 때 정시중단시험에서 교체하지 않는 경우

$$\hat{\theta} = \widehat{MTBF} = \frac{\sum t_i + (n-r)t_c}{r} = \frac{460 + (100-10) \times 100}{10} = 946$$

$$R(t=50) = e^{-\lambda t} = \exp[-\lambda t] = \exp\left[-\frac{t}{MTBF}\right] = \exp\left[-\frac{50}{946}\right]$$

정답　02. ④　03. ①

04 샘플 9개를 25시간 시험한 결과 4, 11, 17, 20시간에 각각 1개씩 고장이 났다. 고장확률밀도함수가 지수분포를 따른다면 평균고장률은 약 얼마인가? (단, 시험 중 고장난 것은 새 것으로 교체하지 않았다.)

① 0.018/시간   ② 0.021/시간   ③ 0.023/시간   ④ 0.026/시간
⑤ 0.032/시간

해설 ③ [○] 정시중단시험의 경우로서, 평균고장률 λ 의 추정은

$$\hat{\lambda} = \frac{r}{T} = \frac{r}{\sum t_i + (n-r)t_c} = \frac{4}{(4+11+17+20)+(9-4)\times 25} = 0.023 \, (/\text{시간})$$

05 20개의 공정 제어회로로 만들어진 화학공장에서 500시간 작동시키는 동안에 10회의 고장이 발생하여서, 고장 즉시 새 회로로 교체하였을 때 공정 제어회로의 평균수명은?

① 500시간   ② 1,000시간   ③ 0.004/시간   ④ 0.002/시간
⑤ 0.001/시간

해설 ② [○] 정시중단방식 중 고장난 부품을 교체하는 경우이다.

$$\hat{\theta} = \frac{T}{r} = \frac{n\,t_c}{r} = \frac{20 \times 500}{10} = 1{,}000 \text{ hr}$$

신뢰성추정(지수분포) : 정수중단

01 샘플 n개를 샘플링하여 r개가 고장날 때까지 시험하고 r개가 고장나면 시험을 중단하는 정수중단시험에서 평균수명의 점추정값을 바르게 표현한 것은? (단, 시험샘플 중 고장난 것은 교체하지 않으며, t_r은 r번째 고장발생 시간이다.)

① $\dfrac{rt_r}{n}$ ② $\dfrac{\sum_{i=1}^{r} t_i + (n-r)t_r}{r}$ ③ $\dfrac{nt_r}{r}$ ④ $\dfrac{(n-1)t_r}{r}$ ⑤ $\dfrac{\sum_{i=1}^{r} t_i + (n-r)t_r}{n}$

정답 04. ③   05. ② | 01. ②

[해설] ② [○] 정수중단시험의 경우 샘플 n개를 채취하여 r개가 고장날 때까지 시험하고, r개가 고장나면 시험을 중단하는 정수중단시험의 경우는

1. 도중에 교체 안 하는 경우 (수리하지 못하는 제품)

$$\hat{\theta} = \frac{\sum t_i + (n-r)t_r}{r} \quad (단, \; T = \sum t_i + (n-r)t_r \;)$$

2. 도중에 교체하는 경우 (수리하면서 사용하는 제품)

$$\hat{\theta} = \frac{n \cdot t_r}{r} \quad [단, \; T = n \cdot t_r, \; t_r : r번째(또는 마지막) 고장발생시간]$$

02 100개의 샘플에 대하여 4개가 고장이 날 때까지 교체 없이 수명시험을 하였더니 결과가 20, 30, 50, 100시간이었다. 90% 신뢰구간을 추정하면? (단, 90% 신뢰구간 추정계수값의 상한이 2.93, 하한이 0.52이다.)

① (1,274, 7,178) ② (674, 4,226) ③ 874, 6,226)
④ (1,312, 7,442) ⑤ (1,320 7,178)

[해설] ① [○] 본 문제는 MTBF 구간추정계수표를 활용하여 평균수명의 구간추정을 하는 경우이다. 정수중단시험에서 교체 없는 때

1. 평균수명 점추정치 :

$$\hat{\theta} = \frac{T}{r} = \frac{\sum t_i + (n-r)t_r}{r} = \frac{200 + (100-4) \times 100}{4} = 2,450$$

2. $\hat{\theta}_U = \hat{\theta} \times 2.93 = 7,178.5$ 시간, $\hat{\theta}_L = \hat{\theta} \times 0.52 = 1,274$ 시간

03 고장이 랜덤하게 발생하는 20개의 부품 중 5개가 고장날 때까지 수명시험을 실시한 결과 (216, 384, 492, 783, 1,010시간)에서 한 개씩 고장이 발생하였다. 이 부품의 평균고장률은?

① 2.77×10^{-4}/시간 ② 3.30×10^{-4}/시간 ③ 4.51×10^{-4}/시간
④ 4.77×10^{-4}/시간 ⑤ 5.24×10^{-4}/시간

[해설] ① [○] 정수중단시험의 경우로서, $n = 20$, $r = 5$, $t_r = 1,010$ 시간이며,

[정답] 02. ①   03. ①

$$\lambda = \frac{1}{\hat{\theta}} = \frac{1}{3{,}607} = 2.77 \times 10^{-4} \, (/\text{시간})$$

여기서, $\hat{\theta} = \dfrac{T}{r} = \dfrac{\sum t_i + (n-r)t_r}{r} = \dfrac{2{,}885 + 15 \times 1{,}010}{5} = 3{,}607$

04 6대의 압력측정기가 설치된 용광로가 있다. 압력측정기가 고장나면, 즉시 새 것으로 교체한다. 이 압력측정기의 고장이 8회 발생할 때까지의 시간을 관측하였더니 840시간이었다. 이 압력측정기의 평균고장률을 추정하면 얼마인가?

① 1.56×10^{-3}/시간   ② 1.56×10^{-3}/시간   ③ 1.58×10^{-3}/시간
④ 1.59×10^{-3}/시간   ⑤ 1.64×10^{-3}/시간

해설 ④ [○] 정수중단, 교체하는 경우, 수명시간 t 가 지수분포를 따를 때

$$\lambda = \frac{1}{\hat{\theta}} = \frac{1}{nt_r/r} = \frac{r}{nt_r} = \frac{8}{6 \times 840} = 1.59 \times 10^{-3} \, (/\text{시간})$$

신뢰성추정(지수분포) : 무고장인 경우

01 10개의 샘플을 각각 500시간까지 관측한 결과 고장이 나지 않은 제품의 고장시간이 지수분포를 따른다면 신뢰수준 90%에서 MTBF의 하한값을 구하면 약 얼마인가?

① 1,672   ② 2,174   ③ 4,500   ④ 4,750   ⑤ 5,215

해설 ② [○] 신뢰수준 90%일 때 $\theta_L = \dfrac{T}{2.3} = \dfrac{n \cdot t_C}{2.3} = \dfrac{10 \times 500}{2.3} = 2{,}173.9$

[참조] 고장개수 $r = 0$인 경우 신뢰성추정(지수분포의 경우) 공식

신뢰수준 90% 일 때 $\theta_L = \dfrac{T}{2.3}$, 신뢰수준 95% 일 때 $\theta_L = \dfrac{T}{2.99}$

신뢰성추정 : 정규확률지 이용

01 수명시험데이터의 분석방법 중에는 확률지분석법이 있다. 그런데 이런 수명시험데이터에 관측중단된 데이터가 있다면 확률지타점법은?

① 관측중단 여부에 관계없이 타점한다.
② 관측중단데이터는 버리고 고장시간데이터만 분석하여 타점한다.
③ 관측중단데이터는 누적분포함수 $F(t)$ 계산에만 쓰이고 타점은 고장시간만 한다.
④ 관측중단데이터만 타점하고 고장시간데이터는 타점하지 않는다.
⑤ 관측중단데이터는 누적분포함수 $F(t)$ 계산에 이용하고 타점도 해야 한다.

해설 ③ [○] 관측중단데이터는 수명시간데이터가 없으므로 확률지에 타점할 수 없으나, 다만 $F(t)$ 계산시에 시료수 n 에는 포함시킬 수 있다.

○ 관측중단데이터란 수명시험이 중단(정시중단, 정수중단)된 시점에서 남아 있는(잔존하는) 시료의 수명시간데이터를 말한다. 정규확률지의 횡축에는 t_i, 종축에는 다음 식에 의거 계산되는 누적고장확률 $F(t_i)$를 눈금으로 기입하고, 고장시간 t_i 로부터 $F(t_i)$를 정규확률지에 타점한다.

$$F(t_i) = \frac{i}{n+1} \times 100\% \quad (여기서, \ n \ 은 \ 샘플수, \ i \ 는 \ 고장순번이다.)$$

신뢰성추정(와이블분포) : 통계적

01 어떤 제품에 수명시험결과 얻은 데이터를 와이블확률지를 사용하여 모수를 측정하였더니 형상모수 $m=1.0$, 척도모수 $\eta=3,500$시간, 위치모수 $\gamma=0$이 되었다. 이 제품의 MTBF는 얼마인가? (단, $\Gamma(2)=1.0$)

① 2,205시간 ② 3,150시간 ③ 3,465시간 ④ 3,500시간
⑤ 4,225시간

해설 ④ [○] $MTBF = \mu = \eta \cdot \Gamma\left(1 + \frac{1}{m}\right) = 3,500 \times \Gamma\left(1 + \frac{1}{1.0}\right) = 3,500 \times 1.0 = 3,500$ (시간)

정답 01. ③ | 01. ④

4.4 보전성 및 가동성

> 보전성의 의의

01 수리하여 가면서 사용하는 시스템, 기기, 부품 등이 규정된 조건에서 보전이 될 때 규정된 시간 내에 보전이 완료되는 성질을 무엇이라 하는가?

① 보전성　② 보전도　③ 신뢰도　④ 가동률　⑤ 평균수리율

해설　① [○] 보전성(maintainability)이란 "주어진 조건에서 규정된 기간에 보전을 완료할 수 있는 성질"을 말하며, 보전성의 척도로서는 MTTR(평균수리복구시간, mean time to repair)이 쓰이고 있다.
　　　② 보전도란 "수리가능한 시스템, 기기 등이 규정된 조건에서 규정된 시간 내에 보전이 완료될 확률"을 말한다.

02 수리 가능한 부품이나 시스템을 사용가능한 상태로 유지시키고 고장이나 결함을 회복시키기 위한 제반조치 및 활동을 뜻하는 것은?

① 보전　② 예방　③ 가동　④ 개량　⑤ 복구

해설　① [○] 마모나 열화현상에 대하여 수리가능한 시스템을 사용가능한 상태로 유지시키고, 고장이나 결함을 회복시키기 위한 제반 조치 및 활동을 보전(保全, maintenance)이라 한다.

> 보전도 ($M(t)$)

01 현장시험 결과 다음과 같은 데이터를 얻었다. 5시간에 대한 보전도를 구하면 몇 %인가?

횟수	6	3	4	5	5
수리시간	3	6	4	2	5

정답　01. ①　02. ①　│　01. ④

① 60.22 　② 65.22 　③ 70.22 　④ 73.36 　⑤ 82.34

해설 ④ [○] 평균수리율 μ, 고장횟수 r, 총수리횟수 n, 수리시간 t 이라고 할 때

$$\mu = \frac{1}{MTTR} = \frac{1}{\sum t_i / n} = \frac{n}{\sum t_i} = \frac{\sum r_i}{\sum (t_i r_i)} = \frac{6+3+4+5+5}{3\times 6 + \cdots + 5\times 5} = \frac{23}{87}$$ 이므로

$$M(t=5) = 1 - e^{-\mu t} = 1 - \exp\left[-\frac{23}{87} \times 5\right] = 0.73336$$

02 어떤 장치의 시간 t 에 따른 보전도함수 $M(t)$가 평균보전시간이 63시간, 표준편차 15.7시간인 정규분포를 따를 때 80시간에서의 보전도는?

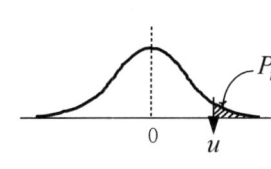

u	P_r
1.06	0.1446
1.07	0.1423
1.08	0.1401
1.09	0.1379

① 0.8544 　② 0.8577 　③ 0.8599 　④ 0.8621 　⑤ 0.8875

해설 ③ [○] 평균보전시간(보전시간들의 평균)이 $T \sim N(63, 15.7^2)$ 일 때

$$M(t) = P_r(T \leq t) = P_r\left(\frac{T-\mu}{\sigma} \leq \frac{t-\mu}{\sigma}\right) = P_r\left(U \leq \frac{80-63}{15.7}\right)$$

$$= P_r(U \leq 1.08) = 1 - P_r(U > 1.08) = 1 - 0.1401 = 0.8599$$

○ 보전도란 "수리가능한 시스템, 기기, 부품 등이 규정의 조건에 있어서 보전이 실시될 때 규정 시간내에 보전을 완료할 확률"로서, 보전도 $M(t) = P_r(T \leq t)$ 의 관계이다.

03 어떤 장치의 고장 후 수리시간 T 는 다음 파라미터의 값을 갖는 대수정규분포를 한다고 알려져 있다. $Y = \ln T$, $\mu_Y = 2.5$, $\sigma_Y = 0.86$, 이 장치의 40시간에서의 보전도 $M(40)$ 은?

정답 02. ③ 　03. ③

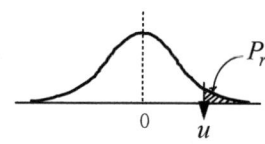

u	P_r
1.36	0.0869
1.37	0.0853
1.38	0.0838
1.39	0.0823

① 0.9131   ② 0.9147   ③ 0.9162   ④ 0.9177   ⑤ 0.9432

[해설] ③ [○] $Y = \ln T \sim N(2.5, 0.86^2)$ 이고, $\ln t = \ln 40 = 3.69$ 이므로

$$M(t) = P_r(Y \leq \ln t) = P_r\left(\frac{Y - \mu_Y}{\sigma_Y} \leq \frac{\ln t - \mu_Y}{\sigma_Y}\right)$$

$$= P_r\left(U \leq \frac{3.69 - 2.5}{0.86}\right) = P_r(U \leq 1.38) = 0.9162$$

04 보전도함수를 $G(t)$라고 할 때 맞게 제시된 식은?

① $MTTR = \int_0^\infty (1 - G(t))dt$ ② $MTTR = \int_0^\infty G(t)dt$

③ $MTTR = \int_0^\infty \frac{1}{1 - G(t)}dt$ ④ $MTTR = \int_0^\infty \frac{1}{G(t)}dt$

⑤ $MTTR = \int_0^\infty \frac{G(t)}{1 - G(t)}dt$

[해설] ① [○] 보전도함수 $G(t)$가 평균수리율 μ인 지수분포에 따르면 보전도함수 $G(t)$는 $G(t) = 1 - e^{-\mu t}$가 되며, 보전도함수 $G(t)$가 이와 같고, 수리시간이 평균수리율 μ인 지수분포에 따른다면 $MTTR = \int_0^\infty e^{-\mu t}dt = 1/\mu$이고, $G(t) = 1 - e^{-\mu t}$로부터 $e^{-\mu t} = 1 - G(t)$이므로, 이를 적분하면

$$\int_0^\infty e^{-\mu t}dt = \int_0^\infty (1 - G(t))dt \quad \therefore \quad MTTR = \frac{1}{\mu} = \int_0^\infty (1 - G(t))dt$$

정답 04. ①

05 현장시험결과 다음 표와 같은 데이터를 얻었다. 수리시간이 지수분포를 따른다고 할 때 평균수리율 μ를 구하면?

횟수	5	2	4	3	4
수리시간	3	6	4	2	5

① 0.26/시간 ② 0.32/시간 ③ 0.56/시간 ④ 0.70/시간 ⑤ 0.93/시간

해설 ① [○] 평균수리율 $\mu = \dfrac{1}{MTTR} = \dfrac{1}{\sum t_i / n} = \dfrac{n}{\sum t_i} = \dfrac{\sum r_i}{\sum (t_i r_i)}$

$= \dfrac{5+2+4+3+4}{5 \times 3 + \cdots + 4 \times 5} = \dfrac{18}{69} = 0.261$ (/시간)

06 어떤 시스템의 수리시간이 [표]와 같다. 이 값이 랜덤하게 분포한다면 20시간 후의 보전도는 약 몇 %인가? (단, 수리시간은 지수분포를 따른다.)

수리시간	빈도	수리시간	빈도
25	2	10	4
20	3	5	5
15	5		

① 19.9% ② 21.9% ③ 78.1% ④ 80.1% ⑤ 86.2%

해설 ③ [○] $M(t=20) = 1 - e^{-\mu t} = 1 - e^{-0.076 \times 20} = 0.7812$

여기서, $\mu = \dfrac{1}{MTTR} = \dfrac{1}{\sum t_i / n} = \dfrac{n}{\sum t_i} = \dfrac{\sum r_i}{\sum (t_i r_i)}$

$= \dfrac{1 + 3.5 + \cdots + 5}{2.5 \times 2 + 20 \times 3 + \cdots + 5 \times 5} = 0.0706$ (/시간)

07 보전도함수 $M(t)$가 수리율 μ인 지수분포를 따를 때 $M(t)$ 식으로 가장 올바른 것은?

① $M(t) = 1 - e^{-\mu t}$ ② $M(t) = 1 + e^{-\mu t}$ ③ $M(t) = e^{-\mu t}$ ④ $M(t) = e^{\mu t}$

정답 05. ① 06. ③ 07. ①

⑤ $M(t) = \dfrac{1}{1-e^{-\mu t}}$

해설   ① [○] 보전도란 "수리가능한 시스템, 기기, 부품 등이 규정의 조건에 있어서 보전이 실시될 때 규정 시간내에 보전을 완료할 확률"을 말하며, 보전성을 확률로 나타낸 것을 보전도 $M(t)$라 하고 $M(t) = P_r(T \le t)$ 의 관계이다.

평균수리복구시간 (MTTR)

01 수리시간이 평균수리율 μ인 지수분포를 따를 경우 평균수리시간을 바르게 표현한 것은? (단, λ는 평균고장률이다.)

① $1 - e^{-\mu t}$ ② $\dfrac{1}{\mu}$ ③ $\dfrac{\mu}{\lambda + \mu}$ ④ $\dfrac{\lambda}{\lambda + \mu}$ ⑤ $\dfrac{\lambda}{\mu + \lambda}$

해설   ② [○] 평균수리복구시간 $MTTR = \int_0^\infty [1 - M(t)]dt = \int_0^\infty e^{-\mu t}dt = \dfrac{1}{\mu}$

02 다음은 전자장치의 보전시간을 집계한 표이다. MTTR는 몇 시간인가?

보전시간(h)	보전완료건수
1	18
2	12
3	5
4	3
5	1
6	1

① 1   ② 2   ③ 3   ④ 4   ⑤ 5

해설   ② [○] 보전시간(수리시간)을 t_i, 보전완료건수(고장횟수)를 r_i, 총보전완료건수를 n이라 할 때

$$MTTR = \dfrac{\sum t_i}{n} = \dfrac{\sum (t_i r_i)}{\sum r_i} = \dfrac{1 \times 18 + 2 \times 12 + \cdots + 6 \times 1}{18 + 12 + \cdots + 1} = \dfrac{80}{40} = 2 \text{ (시간)}$$

정답   01. ②   02. ②

03 보전도 $M(t)$가 지수분포를 따른다면 $M(t)=1-e^{-\mu t}$로 된다. μ의 역수 $1/\mu$은 무엇을 의미하는가?

① MTTR ② MTBF ③ MTTF ④ MTTFF ⑤ MDT

[해설] ① [○] $MTTR = \dfrac{1}{\mu}$ (단, μ는 평균수리율)

평균정지시간 (MDT)

01 2개의 동일 블록을 병렬로 접속한 시스템에서 고장까지의 시간 및 수리완료시간이 지수분포에 따를 때 시스템의 MDT는? (단, λ는 고장률, μ는 수복률(수리율)을 나타내며 수리요원은 1명이다.)

① $\dfrac{1}{\mu}$ ② $\dfrac{1}{\lambda^2}$ ③ $\dfrac{1}{\lambda}$ ④ $\dfrac{1}{\mu^2}$ ⑤ $\dfrac{1}{1-\mu}$

[해설] ① [○] 사후보전(BM)만으로 평균정지시간(MDT)을 표현하면

$MDT = MTTR = \dfrac{1}{\mu}$ 가 된다.

[참조] MDT(Mean Down Time : 평균정지시간)는 장치의 보전(예방보전과 사후보전)을 위해 장치가 정지된 시간의 평균을 MDT라고 표시하며,

$MDT = \dfrac{\text{총 보전작업 시간}}{\text{총 보전작업 건수}}$ 이 된다.

02 예방보전과 사후보전을 모두 실시할 때의 보전성의 척도는 무엇인가?

① 수리율 ② 평균정지시간(MDT) ③ 평균수리시간(MTTR)
④ 보전도함수 ⑤ 평균오버홀기간(MTBO)

[해설] ② [○] MDT(mean down time) = $\dfrac{\text{총 보전작업 시간}}{\text{총 보전작업 건수}}$

정답 03. ① | 01. ① 02. ②

예방보전빈도(또는 건수)를 f_p, 평균예방보전시간을 M_{pt}, 사후보전빈도(또는 건수)를 f_b, 평균사후보전시간을 M_{bt}라고 하면

$$\text{MDT} = \frac{f_p \cdot M_{pt} + f_b \cdot M_{bt}}{f_p + f_b}$$ 와 같이 된다.

보전성의 기타 척도

01 다음 용어의 정의 중 옳은 것은?

① MTTR - 평균수리복구시간
② MDT - 규정된 고장률 이하의 시간
③ MTBF - 고장까지의 평균시간의 분산
④ MTTF - 수리가능한 제품의 평균고장간격
⑤ MTTFF - 최종고장시까지의 평균시간

[해설] ① [○] MTTR - 평균수리복구시간=(수리복구시간 합)/수리횟수
② MDT(Mean Down Time : PM과 BM을 모두 실시할 때의 평균정지시간
③ MTBF : 수리가능한 제품의 평균고장간격시간
④ MTTF : 수리불가능한 제품의 고장까지의 평균시간
⑤ MTTFF - 최초고장시까지의 평균시간(Mean Time To First Failure)

02 Y기계의 부하시간은 50시간이고, 부하시간 내에서 5회의 고장이 발생하여, 다음 [데이터]와 같이 수리시간이 발생되었다. 이를 이용하여 MTBF를 구하면 얼마인가? (단, 다른 사유의 중단시간은 없었다.)

[데이터] 0.5 0.5 1.0 1.5 1.5 (단위 : 시간)

① 9시간 ② 10시간 ③ 40시간 ④ 45시간 ⑤ 50시간

[해설] ① [○] $MTBF = \dfrac{\text{가동시간 합}}{\text{고장횟수}} = \dfrac{\text{부하시간 합}-\text{고장시간 합}}{\text{고장횟수}} = \dfrac{50-5}{5} = 9$ (시간)

정답 01. ①   02. ①

03 한 대의 기계를 120시간 동안 연속 사용한 경우 9회의 고장이 발생하였고, 이때의 총고장수리시간이 18시간이었다. 이 기계의 MTBF(Mean time between failure)는 약 몇 시간인가?

① 10.22　② 11.33　③ 14.27　④ 18.54　⑤ 19.45시간

해설　② [○] MTBF=총가동시간/고장정지횟수
=(부하시간−정지시간)/고장정지횟수=(120−18)/9=11.33(시간)

04 한 화학공장에 24개의 공정제어회로가 있다. 4,000시간의 공정 가동 중 이 회로에서 14건의 고장이 발생하였고, 고장이 발생하였을 때마다 회로는 즉시 교체되었다. 이 회로의 평균고장시간은 약 얼마인가?

① 6857시간　② 7571시간　③ 8240시간　④ 8745시간
⑤ 9800시간

해설　① [○] 평균고장간격시간(Mean Time Between Failure) MTBF는 수리가능한 시스템(예, 화학공장)의 신뢰성 지표이다. 수리가 불가능한 시스템(예, 형광등)은 고장시까지의 평균시간(Mean Time To Failure)인 MTTF를 사용하며, 의미가 비슷한 것 같지만 서로 다른 지표이다.

$$MTBF = \frac{\text{가동시간 합}}{\text{고장횟수}} = \frac{24 \times 4{,}000}{14} = 6{,}857 \text{(시간)}$$

05 한 대의 기계를 100시간 동안 연속 사용한 경우 6회의 고장이 발생하였고, 이때의 총고장수리시간이 15시간이었다. 이 기계의 MTBF(Mean Time Between Failure)는 약 얼마인가?

① 2.51　② 14.17　③ 15.25　④ 16.67　⑤ 17.42

해설　② [○] 평균고장간격시간(MTBF)은 수리가 가능한 시스템의 신뢰성 지표이다.

$$MTBF = \frac{\text{가동시간합}}{\text{고장횟수}} = \frac{\text{부하시간합−고장정지시간합}}{\text{고장횟수}} = \frac{100-15}{6} = 14.17 \text{시간}$$

여기서, 부하시간=조업시간(임금지급시간)=가동확보시간

정답　03. ②　04. ①　05. ②

○ 신뢰성지표와 활용 시간의 개념
1. 부하시간=카렌다시간-휴지시간
2. 가동시간=부하시간-(고장정지시간+ 준비·교체·조정시간)
3. MTBF=(부하시간합-고장정지시간합)/고장횟수
4. MTTR=고장정지시간합/수리횟수
5. 가동성(유용성)=MTBF/(MTBF+MTTR)
○ 참고로, '부하시간=조업시간=임금이 지급되는 시간'의 의미이다.

가동성(가용도)의 의의

01 수리계 시스템(Repairable System)의 수리 후 고장까지 평균고장간격 시간을 MTBF(Mean Time Between Failure), 평균수리시간을 MTTR(Mean Time To Repair)라 할 때, 가용도(Availability)의 표현으로 가장 올바른 것은?

① A(Availability)= $MTBF \times MTTR$
② A(Availability)= $\dfrac{MTBF}{MTTR}$
③ A(Availability)= $\dfrac{MTTR}{MTBF+MTTR}$
④ A(Availability)= $\dfrac{MTBF}{MTBF+MTTR}$
⑤ A(Availability)= $\dfrac{MTTR}{MTBF}$

해설 ④ [○] 가용도(가동성, 유용성) $A = \dfrac{MTBF}{MTBF+MTTR} = \dfrac{1/\lambda}{1/\lambda+1/\mu} = \dfrac{\mu}{\mu+\lambda}$

02 설비의 가용도(Availability)에 대한 설명 중 잘못된 것은?

① 신뢰도와 보전도를 결합한 평가척도이다.
② 수리율이 높아지면 가용도는 낮아진다.
③ 어느 특정순간에 기능을 유지하고 있을 확률이다.
④ 가용도=동작가능시간/(동작가능시간+ 동작불가능시간)이다.
⑤ 가용도는 기기나 장치의 신뢰성 지표로 사용된다.

정답 01. ④   02. ②

해설 ② [×] $A = \dfrac{MTBF}{MTBF + MTTR} = \dfrac{1/\lambda}{1/\lambda + 1/\mu} = \dfrac{\mu}{\mu + \lambda} = \dfrac{1}{1 + \lambda/\mu}$ 의 관계로부터,

수리율(μ)이 높아지면 가용도(A) 값이 커지므로 가용도는 높아진다.

03 A공장의 한 설비는 평균수리율이 0.5/시간이고, 평균고장률은 0.001/시간이다. 이 설비의 가동성은 얼마인가?(단, 평균수리율과 평균고장률은 지수분포를 따름)

① 0.698   ② 0.798   ③ 0.823   ④ 0.898   ⑤ 0.998

해설 ⑤ [○] $A = \dfrac{MTBF}{MTBF + MTTR} = \dfrac{1/\lambda}{1/\lambda + 1/\mu} = \dfrac{\mu}{\mu + \lambda} = \dfrac{0.5}{0.5 + 0.001} = 0.998$

여기서, 가동성(availability)는 유용성이라고도 하며, 기호는 A로 표기된다.

04 수리가 가능한 어떤 기계의 가용도(availability)는 0.9이고, 평균수리시간(MTTR)이 2시간일 때, 이 기계의 평균수명(MTBF)은?

① 15시간   ② 16시간   ③ 17시간   ④ 18시간   ⑤ 19시간

해설 ④ [○] 가용도 $A = \dfrac{MTBF}{MTBF + MTTR} \rightarrow 0.9 = \dfrac{MTBF}{MTBF + 2} \rightarrow MTBF = 18$

참고로 가용도는 가동성, 유용도 등의 명칭으로도 불린다.

05 기계를 10,000시간 작동시키는 동안 부품에서 3번의 고장이 발생하였다. 3번의 수리를 하는 동안 6시간의 시간이 소요되었다면 가용도는 약 얼마인가?

① 0.7845   ② 0.8334   ③ 0.8756   ④ 0.9432   ⑤ 0.9994

해설 ⑤ [○] 가용도 $A = \dfrac{MTBF}{MTBF + MTTR} = \dfrac{3,333.33}{3,333.33 + 2} = 0.9994$

여기서, $MTBF = \dfrac{가동시간\ 합}{고장횟수} = \dfrac{T}{r} = \dfrac{10,000}{3} = 3,333.33$ (시간)

$MTTR = \dfrac{고장시간\ 합}{수리횟수} = \dfrac{T}{n} = \dfrac{6}{3} = 2$ (시간)

정답   03. ⑤   04. ④   05. ⑤

06 제조공정에 있는 한 기계의 가동시간과 고장수리시간을 조사하였더니 표와 같다. 데이터로부터 이 기계의 가용도를 구하면 약 몇 %인가?

가동시간	고장수리시간	가동시간	고장수리시간
0~63	63~72	285~310	310~323
72~121	121~133	323~365	365~391
133~165	165~170	391~463	463~472
170~270	270~285		

① 12.7 ② 54.7 ③ 81.2 ④ 92.8 ⑤ 97.3

해설 ③ [○] 운용 Availability = $\dfrac{\text{작동시간}}{\text{운용시간}} = \dfrac{383}{472} = 0.8114$

여기서, 운용시간=작동시간+고장시간=383+89=472

단, 작동시간 MUT=63+49+32+100+25+42+72=383

고장시간=9+12+5+15+13+26+9=89

07 운용가용도(operational availability)의 수식으로 가장 올바른 것은? (단, 작동시간을 MUT, 고장시간을 MDT, 평균수리시간을 MTTR이라 한다.)

① $\dfrac{MTTR}{MUT - MDT}$ ② $\dfrac{MDT}{MUT + MDT}$ ③ $\dfrac{MUT}{MUT + MDT}$ ④ $\dfrac{MDT}{MUT}$

⑤ $\dfrac{MTTR}{MUT + MDT}$

해설 ③ [○] 운용 Availability(운용가동성) $A = \dfrac{MUT}{MUT + MDT}$

여기서, MUT는 Mean Up Time, MDT는 Mean Down Time

08 다음 중 보전계수는? (단, λ : 고장률, μ : 수복률)

① $\dfrac{\lambda}{\mu}$ ② $\dfrac{\lambda}{\lambda + \mu}$ ③ $\dfrac{\mu}{\lambda}$ ④ $\dfrac{\mu}{\lambda + \mu}$ ⑤ $\dfrac{\lambda}{\mu + 1}$

해설 ① [○] 신뢰도와 보전도가 다 같이 지수분포에 따를 때 시간의 이용도(A_t)는 보전계수 ρ를 써서 나타내면 다음 식과 같다.

정답 06. ③   07. ③   08. ①

$$A_t = \frac{MTBF}{MTBF + MTTR} = \frac{1/\lambda}{1/\lambda + 1/\mu} = \frac{\mu}{\mu + \lambda} = \frac{1}{1+\rho}$$

여기서, 보전계수 $\rho = \dfrac{\lambda}{\mu} = \dfrac{1/\mu}{1/\lambda} = \dfrac{MTTR}{MTBF}$ 이다.

시간이용도 및 장치이용도

01 Y시스템의 고장률이 시간당 0.005라고 한다. 가용도가 0.990이상이 되기 위해서는 평균수리시간은 얼마 이하로 하여야 하는가?

① 0.4957 ② 0.9954 ③ 2.0202 ④ 2.5252 ⑤ 2.7235

해설 ③ [○] $MTBF = \dfrac{1}{\lambda} = \dfrac{1}{0.005} = 200$ 이므로

$$A = \frac{MTBF}{MTTR + MTBF} = \frac{200}{MTTR + 200} \geq 0.99 \rightarrow \therefore MTTR \leq 2.0202$$

02 지수분포를 따르는 어떤 기기의 고장률은 0.02/시간이고, 이 기기가 고장나면 수리하는데 소요되는 평균시간이 30시간이라면, 이 기기의 유용성(Availability)은 몇 %인가?

① 37.5 ② 50 ③ 58 ④ 62.5 ⑤ 80

해설 ④ [○] $A = \dfrac{\mu}{\mu + \lambda} = \dfrac{1/MTTR}{1/MTTR + \lambda} = \dfrac{1/30}{1/30 + 0.02} = 0.625\ (62.5\%)$

03 고장률 $\lambda = 0.07$/시간, 수리율 $\mu = 0.5$/시간인 매시간의 유용도(Availability)는 몇 %인가?

① 12.3 ② 14.0 ③ 87.7 ④ 88.1 ⑤ 92.3

해설 ③ [○] $A = \dfrac{\mu}{\mu + \lambda} = \dfrac{0.5}{0.07 + 0.5} = 0.877\ (87.7\%)$

정답 01. ③   02. ④   03. ③

04 평균수리시간이 2시간인 시스템의 가용도가 0.95 이상이 되려면 이 시스템의 MTBF는 얼마 이상이어야 하는가? (단, 이 시스템의 수명분포는 지수분포를 따른다.)

① 35　② 36　③ 37　④ 38　⑤ 39

해설　④ [○] $A = \dfrac{MTBF}{MTBF + MTTR} \geq 0.95 \rightarrow \dfrac{MTBF}{MTBF + 2} \geq 0.95$

$\rightarrow MTBF \geq 0.95(MTBF + 2) \rightarrow (1 - 0.95)MTBF \geq 0.95 \times 2$

$\rightarrow MTBF \geq \dfrac{0.95 \times 2}{1 - 0.95} = 38$

05 어떤 시스템을 50시간 동안(수리시간 포함) 연속 사용한 경우 5회의 고장이 발생하였고, 각각의 수리시간이 0.5, 0.5, 1.0, 2.0, 2.0시간이었다면 이 시스템의 가용도(Availability)는 약 얼마인가?

① 64%　② 68%%　③ 72%　④ 80%　⑤ 88%

해설　⑤ [○] $A = \dfrac{MTBF}{MTBF + MTTR} = \dfrac{8.8}{8.8 + 1.2} = 0.88$

여기서, $MTBF = \dfrac{\sum t_i}{r} = \dfrac{가동시간\ 합}{고장횟수} = \dfrac{50 - 6}{5} = 8.8$

$MTTR = \dfrac{\sum t_i}{n} = \dfrac{수리시간\ 합}{수리횟수} = \dfrac{6}{5} = 1.2$

06 지수분포의 고장시간과 수리시간을 갖는 어떤 장비를 관찰하여 다음과 같은 데이터를 얻었다. 이 장비의 가용도는 약 얼마인가?

번호	사용시간	수리시간
1	16	3
2	15	1
3	35	4
4	24	9
5	42	17
6	34	6

정답　04. ④　05. ⑤　06. ⑤

① 0.171　② 0.241　③ 0.432　④ 0.645　⑤ 0.806

해설　⑤ [○] $A = \dfrac{MTBF}{MTBF + MTTR} = \dfrac{27.67}{27.67 + 6.67} = 0.806$

여기서, $MTBF = \dfrac{\sum t_i}{r} = \dfrac{16+15+\cdots+34}{6} = \dfrac{166}{6} = 27.67$

$MTTR = \dfrac{\sum t_i}{n} = \dfrac{3+1+\cdots+6}{6} = \dfrac{40}{6} = 6.67$

07 어떤 시스템의 평균수명(MTBF)은 15,000시간으로 추정되었고, 이 기계의 평균정지시간(MDT)은 5,000시간이다. 이 시스템의 가용도는 몇 %인가? (단, 평균정지시간(MDT)은 예방보전과 사후보전을 위하여 장치가 정지된 시간을 포함한다.)

① 33%　② 67%　③ 75%　④ 85%　⑤ 92%

해설　③ [○] 운용가동성 $A = \dfrac{MUT}{MUT + MDT} = \dfrac{MTBF}{MTBF + MDT} = \dfrac{15,000}{15,000 + 5,000}$
$= 0.75$

정답　07. ③

4.5 시스템 신뢰도

> 직렬결합모델 신뢰도

01 n개의 구성요소 수명이 모두 같은 직렬모형시스템의 고장률은 각 부품(구성요소)의 고장률에 비해서 얼마나 증가하는가?

① n배 증가 ② $\frac{1}{n}$로 증가 ③ $2n$배 증가 ④ $3n$배 증가

⑤ n승 증가

[해설] ① [○] 직렬결합모델에서 전체 신뢰도 R_S는 $R_S = e^{-(\lambda_1+\lambda_2+\cdots+\lambda_n)t} = e^{-\lambda_S \cdot t}$의 관계로부터 전체의 고장률 λ_S는 $\lambda_S = \sum_{i=1}^{n}\lambda_i = \lambda_1 + \lambda_2 + \cdots \lambda_n$ 식으로 구해진다.

02 부품 5개로 이루어진 시스템이 직렬로 연결되어 있을 때 이 시스템의 MTBF는 약 얼마인가? (단, 각 부품의 고장률은 0.02, 0.01, 0.02, 0.01, 0.01 이다.)

① 9.4시간 ② 10.3시간 ③ 12.3시간 ④ 13.6시간 ⑤ 14.3시간

[해설] ⑤ [○] n개의 부품으로 결합된 직렬결합 시스템에서 $\lambda_S = \sum \lambda_i = 0.07$/시간

이므로 $MTBF_S = \frac{1}{\lambda_S} = 14.29$ 시간

03 $\lambda_1 = 0.001$, $\lambda_2 = 0.001$인 두 부품으로 구성된 직렬시스템에 있어서 $t = 100$에서의 시스템의 신뢰도 R, 고장률 λ, MTTF를 구하면? (단, 고장은 지수분포를 따름)

정답 01. ①   02. ⑤   03. ①

① R =0.8187, λ = 0.002, MTTF=500

② R = 0.8187, λ = 0.001, MTTF=1,000

③ R =0.9048, λ =0.002, MTTF=500

④ R =0.9048, λ =0.000001, MTTF=1,000

⑤ R =0.9243, λ =0.000002, MTTF=1,200

해설 ① [○] 고장이 지수분포를 따를 때, 직렬시스템이므로

$$\lambda_S = \sum \lambda_i = 0.002, \quad R_S(t) = e^{-\lambda_S \cdot t} = e^{-0.002 \times 100} = 0.8187 \text{ 이고,}$$

$$MTTF = \frac{1}{\lambda_S} = \frac{1}{0.002} = 500$$

04 타이어의 평균고장률은 0.0001/km이다. 4개의 타이어를 부착한 승용차 타이어의 평균고장률은?

① 1.0×10^{-4}/km   ② 1.5×10^{-4}/km   ③ 2.5×10^{-4}/km   ④ 3.2×10^{-4}/km

⑤ 4.0×10^{-4}/km

해설 ⑤ [○] 4개의 타이어는 하나라도 펑크나면 자동차가 운행이 중단되므로 사실상 직렬연결과 같다. $\lambda_S = \sum \lambda_i = 4 \times 0.0001 = 4 \times 10^{-4}$ (/km)

05 그림과 같은 직렬모형 시스템의 신뢰도는 약 얼마인가? (단, 각 부품의 신뢰도는 0.9)

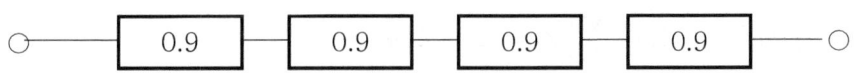

① 0.6561   ② 0.6783   ③ 0.6891   ④ 0.6981   ⑤ 0.7235

해설 ① [○] $R_S = \prod_{i=1}^{4} R_i = R_i^4 = (0.9)^4 = 0.6561$

정답   04. ⑤   05. ①

06 10개의 동일부품으로 구성되는 기기를 1,000시간 사용했을 때 이 기기의 신뢰도를 0.9로 하고 싶다. 10개의 부품 중 어느 하나라도 고장이 나면 이 기기의 기능은 상실된다. 구성부품의 평균고장률은? (단, 각 부품의 고장은 지수분포를 한다.)

① 1.0×10^{-4}/hr ② 1.0×10^{-5}/hr ③ 1.05×10^{-4}/hr ④ 1.05×10^{-5}/hr
⑤ 1.23×10^{-5}/hr

해설 ④ [○] $R_S(t=1,000) = e^{-\lambda_S t} = e^{-\lambda_S \times 1,000} = 0.9$ 에서 $-\lambda_S \times 1,000 = \ln 0.9$

→ $\lambda_S = \dfrac{-\ln 0.9}{1,000} = 1.05 \times 10^{-4}$/hr이고, 어느 하나도 고장나면 안 되는 직렬시

스템이므로 $\lambda_S = \sum_{i=1}^{n} \lambda_i$ 에서 $1.05 \times 10^{-4} = 10\lambda_i$ 이므로

$\lambda_i = \dfrac{\lambda_S}{10} = 1.05 \times 10^{-5}$ (/hr)

07 n 개의 부품이 직렬구조로 구성된 시스템이 있다. 각 부품의 수명분포가 지수분포를 따르며, 각 부품의 평균고장시간이 $MTTF_0$ 일 때 이 직렬구조 시스템의 평균고장시간은?

① $MTTF_0$ ② $\dfrac{MTTF_0}{2}$ ③ $n \times MTTF_0$ ④ $\dfrac{MTTF_0}{n}$ ⑤ $\dfrac{MTTF_0}{2n}$

해설 ④ [○] 직렬구조 모형은 $R_S = R_1 \cdot R_2 \cdots R_n = \prod_{i=1}^{n} R_i = e^{-(\lambda_1 + \lambda_2 + \cdots + \lambda_n)t} = e^{-\lambda_S t}$

가 되므로, $\lambda_S = \sum_{i=1}^{n} \lambda_i = \lambda_1 + \lambda_2 + \cdots + \lambda_n$

여기에서, λ_i 가 λ_0 로서 모두 동일한 경우 $\lambda_S = n\lambda_0$ 이다.

따라서 $MTTF_S = \dfrac{1}{\lambda_S} = \dfrac{1}{n\lambda_0} = \dfrac{MTTF_0}{n}$

08 직렬시스템의 신뢰도에 대한 설명으로 가장 거리가 먼 것은?

① 시스템신뢰도는 구성컴포넌트 신뢰도의 곱으로 표현된다.
② 시스템신뢰도는 구성컴포넌트의 신뢰도보다 클 수 없다.
③ 최소절단집합(MCS)의 개수는 구성컴포넌트의 개수보다 작다.
④ 최소경로집합(MPS)의 개수는 항상 한 개다.
⑤ 시스템의 고장률은 구성컴포넌트 고장률의 합으로 표현된다.

해설 ③ [×] 최소절단집합의 개수는 구성컴포넌트의 개수와 같다.

⑤ 직렬시스템은 $\lambda_S = \sum_{i=1}^{n} \lambda_i = \lambda_1 + \lambda_2 + \cdots + \lambda_n$의 관계가 된다.

09 자동차는 타이어가 4개인 하나의 시스템으로 볼 수 있다. 타이어 1개가 파열될 확률이 0.01이라면, 이 자동차의 신뢰도는 약 얼마인가?

① 0.88　② 0.91　③ 0.93　④ 0.96　⑤ 0.99

해설 ④ 타이어는 어느 하나 이상 터져도 정지되므로 4개의 타이어가 직렬설계된 것으로 볼 수 있다. 다음 중 어느 한 가지 방법을 선택하여 풀이 가능하다.

○ (방법 1) 신뢰성블록도를 이용한 신뢰도 계산 : 직렬시스템

$$R_S = R_1 \times R_2 \times R_3 \times R_4$$
$$= (1-F_1) \times (1-F_2) \times (1-F_3) \times (1-F_4) = (1-0.01)^4 = 0.96$$

○ (방법 2) FT도를 이용한 신뢰도 계산 : OR게이트

$$R_S = 1 - F_T = 1 - 0.0394 = 0.96$$

여기서, $F_T = 1 - (1-F_1)(1-F_2)(1-F_3)(1-F_4) = 1 - (1-0.01)^4$
$$= 1 - 0.99^4 = 0.0394$$

10 평균고장시간이 4×10^8시간인 요소 4개가 직렬체계를 이루었을 때 이 체계의 수명은 몇 시간인가?

① 1×10^8　② 4×10^8　③ 8×10^8　④ 12×10^8　⑤ 16×10^8

정답　08. ③　09. ④　10. ①

해설 ① [○] 요소 4개가 직렬체계를 이루었을 때 수명

$$MTBF_S = \frac{MTBF_0}{n} = \frac{4 \times 10^8}{4} = 1 \times 10^8$$

11 인간의 신뢰도가 70%, 기계의 신뢰도가 90%이면 인간과 기계가 직렬체계로 작업할 때의 신뢰도는 몇 %인가?

① 30% ② 54% ③ 63% ④ 85% ⑤ 97%

해설 ③ [○] $R_S = R_h \times R_m = 0.7 \times 0.9 = 0.63\,(63\%)$

병렬결합모델 신뢰도

01 다음과 같은 직·병렬 모형의 신뢰도를 구하면? (단, □안의 값이 신뢰도임)

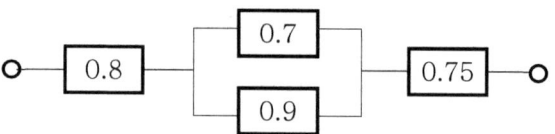

① 0.315 ② 0.413 ③ 0.453 ④ 0.478 ⑤ 0.582

해설 ⑤ [○] 시스템의 신뢰도 $R_S = \prod_{i=1}^{n} R_i = 0.8 \times 0.97 \times 0.75 = 0.582$

여기서, 병렬결합부분의 신뢰도 $R_p = 1 - (1-0.7)(1-0.9) = 0.97$

02 MTTF 10,000시간을 갖는 세 개의 부품이 병렬로 연결된 시스템의 MTTF는 얼마인가?

① 1,333.333시간 ② 14,333.333시간 ③ 15,333.333시간
④ 1,733.333시간 ⑤ 18,333.333시간

정답 11. ③ | 01. ⑤ 02. ⑤

해설 ⑤ [○] 개별부품의 수명 θ_0, 시스템의 평균수명 $\theta_S = MTTF_S = \dfrac{1}{\lambda_S}$ 이라면,

$$MTTF_S = \dfrac{1}{\lambda_S} = \sum_{i=1}^{n} \dfrac{\theta_0}{i} = \theta_0 \sum_{i=1}^{n} \dfrac{1}{i} = MTTF_0 \left(\dfrac{1}{1} + \dfrac{1}{2} + \dfrac{1}{3} \right)$$

$$= 10,000 \times \dfrac{11}{6} = 18,333.33 \,(\text{시간})$$

03 지수분포의 수명을 갖는 부품 4개를 그림과 같이 연결하였다. 시스템의 평균수명은 얼마인가? (단, 각 부품의 고장률은 λ 이다.)

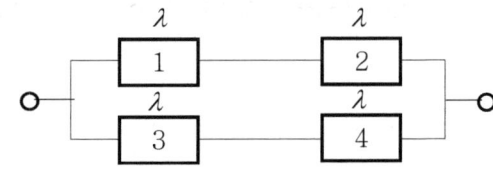

① $\dfrac{1}{2\lambda}$ ② $\dfrac{2}{3\lambda}$ ③ $\dfrac{3}{4\lambda}$ ④ $\dfrac{1}{\lambda}$ ⑤ $\dfrac{4}{3\lambda}$

해설 ③ [○] 수명분포가 지수분포를 따르고, 직렬결합부분의 고장률이 각각 다음의

$\lambda_S = \sum_{i=1}^{2} \lambda_i = \sum_{i=3}^{4} \lambda_i = 2\lambda$ 이므로, 2조의 λ_0 가 병렬결합된 형태가 된다.

$\therefore \hat{\theta}_S = \dfrac{1}{\lambda_S} = \dfrac{3}{2} \cdot \dfrac{1}{\lambda_0} = \dfrac{3}{2 \times 2\lambda} = \dfrac{3}{4\lambda}$ ← 알려진 공식 이용 계산

04 고장밀도함수가 지수분포를 따를 때 그림과 같이 결합된 시스템의 전체 평균고장률은 얼마인가?

(단, $\lambda_A = 0.2 \times 10^{-4}$/시간, $\lambda_B = 0.7 \times 10^{-4}$/시간, $\lambda_C = \lambda_D = 0.15 \times 10^{-4}$/시간)

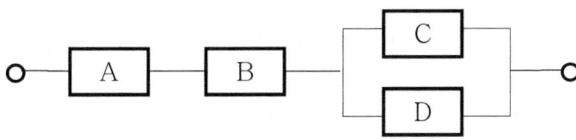

정답 03. ③ 04. ⑤

① 0.15×10^{-4}/시간　② 0.2×10^{-4}/시간　③ 0.5×10^{-4}/시간
④ 0.7×10^{-4}/시간　⑤ 1×10^{-4}/시간

해설　⑤ [○] C, D가 병렬결합된 부분에서 $\dfrac{1}{\lambda_p} = \dfrac{3}{2} \cdot \dfrac{1}{\lambda_0} = \dfrac{3}{2 \times (0.15 \times 10^{-4})} = 100,000$

→ $\lambda_p = 0.1 \times 10^{-4}$가 되고, 시스템을 직렬결합으로 되면

$\lambda_S = \lambda_A + \lambda_B + \lambda_p = (0.2 + 0.7 + 0.1) \times 10^{-4} = 1 \times 10^{-4}$ (/시간)

05 어떤 시스템이 6개의 서브시스템을 병렬로 결합되어 구성되었다. $t=100$시간에서 각 서브시스템의 신뢰도는 0.90이라 한다. $t=100$시간에서 시스템의 신뢰도는?

① $(1-0.9)^6$　② $1-(1-0.9)^6$　③ $1-(0.9)^6$　④ $(0.9)^6$
⑤ $1-[1-(0.9)^6]$

해설　② [○] 병렬결합시스템에서 $R_S(t) = 1 - \displaystyle\prod_{i=1}^{n}(1-R_i) = 1-(1-0.9)^6$

06 고장시간이 지수분포를 따르고, 평균수명이 100시간인 2개의 부품이 병렬결합모델로 구성되어 있을 때 150시간 후의 신뢰도는 약 얼마인가?

① 0.368　② 0.487　③ 0.513　④ 0.632　⑤ 0.724

해설　① [○] 고장시간이 지수분포를 따르고, 평균수명이 100시간인 2개 부품이 병렬결합되어 있을 때 $MTBF_S$는 $MTBF_S = \dfrac{1}{\lambda_S} = \dfrac{1}{\lambda_1} + \dfrac{1}{\lambda_2} - \dfrac{1}{\lambda_1 + \lambda_2}$ 이고,

이 식에서 $\lambda_1 = \lambda_2 = \lambda_0$라면 $MTBF_S = \dfrac{3}{2} \cdot \dfrac{1}{\lambda_0}$ 이 된다.

$MTBF_S = \dfrac{1}{\lambda_S} = \dfrac{3}{2\lambda_0} = \dfrac{3}{2(1/100)} = 150$에서 $\lambda_S = \dfrac{1}{150}$이므로

$R(t) = e^{-\lambda_S \cdot t} = e^{-(1/150) \times 150} = 0.368$

정답　05. ②　06. ①

07 2개의 부품 중 어느 하나만 작동하면 장치가 작동되는 경우 장치의 신뢰도를 0.96 이상이 되게 하려면 각 부품의 신뢰도는 최소 얼마 이상이 되어야 하는가? (단, 각 부품의 신뢰도는 동일하다.)

① 0.76 ② 0.80 ③ 0.85 ④ 0.90 ⑤ 0.93

해설 ② [○] 지수분포를 따르는 2개 부품의 병렬결합 때 $R_S = 1-(1-R_i)^2 \geq 0.96$ 에서 $R_i \geq 0.80$

08 그림에서 시스템의 신뢰도는 약 얼마인가? (단, A와 B의 신뢰도는 각각 0.9와 0.8이다.)

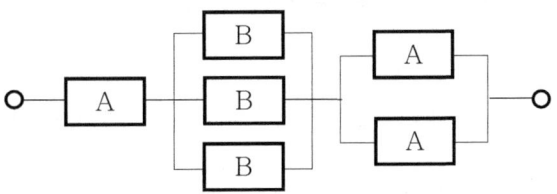

① 0.8624 ② 0.8839 ③ 0.9027 ④ 0.9245 ⑤ 0.9907

해설 ② [○] 부품 B의 병렬결합부분의 신뢰도 $R_{P_1} = 1-(1-0.8)^3 = 0.992$

부품 A의 병렬결합부분의 신뢰도 $R_{P_2} = 1-(1-0.9)^2 = 0.99$

시스템의 신뢰도 $R_S = R_A \times R_{P_1} \times R_{P_2} = 0.9 \times 0.992 \times 0.99 = 0.8839$

09 그림과 같은 신뢰성블록도의 MTTF는 얼마인가? (단, 이들 부품의 MTTF는 10^4 시간)

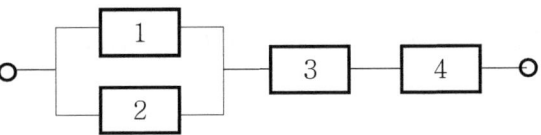

① 2×10^4 ② $\frac{1}{4} \times 10^4$ ③ $\frac{12}{5} \times 10^4$ ④ $\frac{3}{8} \times 10^4$ ⑤ 3×10^4

정답 07. ② 08. ② 09. ④

[해설] ④ [○] 각 부품의 MTTF는 동일하므로 고장률을 $\lambda_i = \lambda_0$ 라 두면 1개 부품의 $\text{MTTF}_i = \dfrac{1}{\lambda_0} = 10^4$ 에서 1개 부품의 평균고장률 $\lambda_i = 10^{-4}$ 이고, 2개 부품의 병렬결합부분의 $\dfrac{1}{\lambda_p} = \dfrac{3}{2\lambda_0} = \dfrac{3}{2 \times 10^{-4}}$ 에서 $\lambda_p = \dfrac{1}{15,000}$ 이다.

시스템의 평균고장률 $\lambda_S = \lambda_p + \lambda_3 + \lambda_4 = \dfrac{1}{15,000} + 10^{-4} \times 2 = \dfrac{1}{3,750}$

∴ 시스템의 $\text{MTTF}_S = \dfrac{1}{\lambda_S} = \dfrac{1}{1/3,750} = 3,750$ 시간

10 MTTF가 50,000시간인 3개 부품이 병렬로 연결된 시스템의 MTTF는 약 몇 시간인가?

① 43333.33 ② 58333.33 ③ 77666.47 ④ 74562.32 ⑤ 91666.67

[해설] ⑤ [○] $MTTF = \dfrac{1}{\lambda}$ 의 관계식으로부터, 부품의 고장률을 λ_0 라 할 때

$$MTTF_S = \dfrac{1}{\lambda_0} + \dfrac{1}{2\lambda_0} + \dfrac{1}{3\lambda_0} = \dfrac{1}{\lambda_0}\left(1 + \dfrac{1}{2} + \dfrac{1}{3}\right) = MTTF_0 \times \dfrac{11}{6}$$

$$= 50,000 \times \dfrac{11}{6} = 91,666.67 \text{ (시간)}$$

11 시스템의 MTBF를 2배로 증가시키기 위해서는 몇 개 이상의 동일 부품을 병렬로 연결하여야 하는가? (단, 부품의 수명은 지수분포를 따른다.)

① 2 ② 3 ③ 4 ④ 6 ⑤ 7

[해설] ③ [○] 병렬결합 모델의 시스템 신뢰도는 $MTBF_S = \sum_{i=1}^{n} \dfrac{\theta_0}{i}$ 의 관계로부터

$$MTBF_S = \sum_{i=1}^{4} \dfrac{\theta_0}{i} = \theta_0\left(\dfrac{1}{1} + \dfrac{1}{2} + \dfrac{1}{3} + \dfrac{1}{4}\right) = \theta_0 \times \dfrac{25}{12} = 2.08\theta_0 \;\rightarrow\; n = 4 \text{ 개 이상}$$

필요 ← 시행착오법으로 구해야 함

[정답] 10. ⑤   11. ③

12 평균고장률이 동일한 0.001/시간인 장치 2개가 둘 중 어느 하나만 작동하면 기능을 발휘하도록 만들어진 시스템이 있다. 평균수명은 몇 시간인가?

① 500　② 1,000　③ 1,500　④ 2,000　⑤ 2,500

해설 ③ [○] 2개 부품의 수명분포가 지수분포를 따르고, 2개 부품이 병렬결합인 경우 시스템의 θ_S는 $\theta_S = MTBF_S = \dfrac{3}{2} \cdot \dfrac{1}{\lambda_0} = \dfrac{3}{2} \times \dfrac{1}{0.001} = 1,500$ (시간)

13 날개가 2개인 비행기의 양 날개에 엔진이 각각 2개씩 있다. 이 비행기는 양 날개에서 각각 최소한 1개의 엔진은 작동을 해야 추락하지 않고 비행할 수 있다. 각 엔진의 신뢰도가 각각 0.9이며, 각 엔진은 독립적으로 작동한다고 할 때 이 비행기가 정상적으로 비행할 신뢰도는 약 얼마인가?

① 0.82　② 0.89　③ 0.91　④ 0.94　⑤ 0.98

해설 ⑤ [○] 엔진 2개는 병렬 설계, 좌우 날개 2개는 직렬 설계로 볼 수 있다.

$$R_S = R_{S_1} \times R_{S_2} = \left[1-(1-R_1)(1-R_2)\right]^2 = \left[1-(1-0.9)(1-0.9)\right]^2 = 0.9801$$

14 다음 시스템의 신뢰도는 얼마인가? (단, 각 요소의 신뢰도는 a, b가 각 0.8, c, d가 각 0.6이다.)

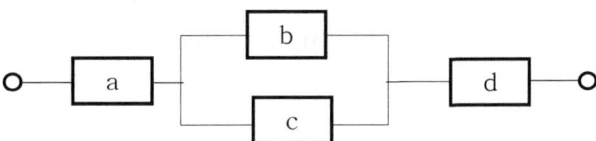

① 0.2245　② 0.3754　③ 0.4416　④ 0.5756　⑤ 0.6124

해설 ③ [○] $R_S = R_a \times \left[1-(1-R_b)(1-R_c)\right] \times R_d$
$= 0.8 \times \left[1-(1-0.8)(1-0.6)\right] \times 0.6 = 0.4416$

정답　12. ③　13. ⑤　14. ③

15 n가지 병렬시스템에 있어 요소의 수명(MTTF)이 지수분포를 따를 경우 이 시스템의 수명을 구하는 식으로 맞는 것은?

① $MTTF \times n$
② $MTTF \times \dfrac{1}{n}$
③ $MTTF\left(1 + \dfrac{1}{2} + \cdots + \dfrac{1}{n}\right)$
④ $MTTF\left(1 \times \dfrac{1}{2} \times \cdots \times \dfrac{1}{n}\right)$
⑤ $MTTF\left(\dfrac{1 + 2 + \cdots + n}{n(n-1)}\right)$

해설 ③ [○] 병렬인 경우 : $MTTF\left(1 + \dfrac{1}{2} + \cdots + \dfrac{1}{n}\right)$, 직렬인 경우 : $MTTF \times \dfrac{1}{n}$

16 그림과 같이 7개의 부품으로 구성된 시스템의 신뢰도는 약 얼마인가? (단, 네모안의 숫자는 각 부품의 신뢰도이다.)

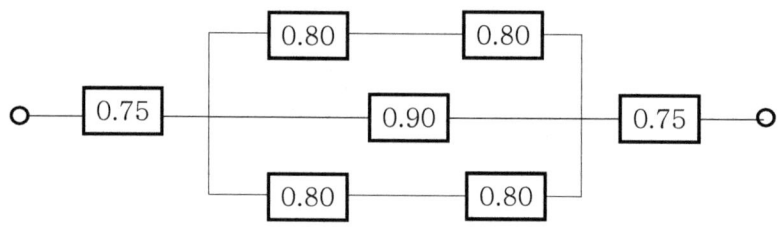

① 0.5552 ② 0.6427 ③ 0.7234 ④ 0.8740 ⑤ 0.9245

해설 ① [○] [○] 직병렬 혼합 시스템의 신뢰도를 구하는 문제이다.
$$R_S = 0.75 \times [1 - (1 - 0.80 \times 0.80)(1 - 0.90)(1 - 0.80 \times 0.80)] \times 0.75 = 0.5552$$

17 발생확률이 각각 0.05, 0.08인 두 결함사상이 AND 조합으로 연결된 시스템을 FTA로 분석하였을 때 이 시스템의 신뢰도는 약 얼마인가?

① 0.004 ② 0.126 ③ 0.874 ④ 0.925 ⑤ 0.996

해설 ⑤ [○] 시스템 신뢰도 $R_S = 1 - F_T = 1 - F_1 \times F_2 = 1 - 0.05 \times 0.08 = 0.996$

정답 15. ③ 16. ① 17. ⑤

18 그림과 같이 신뢰도가 95%인 펌프 A가 각각 신뢰도 90%인 밸브 B와 밸브 C의 병렬밸브계와 직렬계를 이룬 시스템의 실패확률은 약 얼마인가?

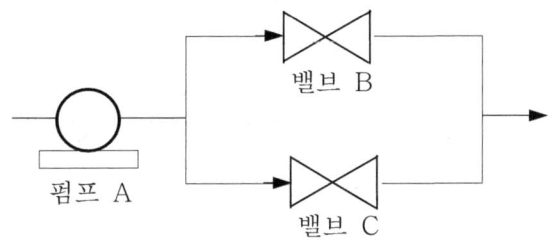

① 0.0091　② 0.0595　③ 0.6927　④ 0.9405　⑤ 0.9811

해설　② [○] 신뢰성블록도에 의거하여 신뢰도 계산을 한 후 실패확률을 구한다.
실패확률(불신뢰도) $F(t) = 1 - R(t) = 1 - 0.9405 = 0.0595$
여기서, $R(t) = R_A \times [1-(1-R_B)(1-R_C)] = 0.95 \times [1-(1-0.9)(1-0.9)]$
$= 0.9405$

19 다음 그림과 같이 7개의 기기로 구성된 시스템의 신뢰도는 약 얼마인가?

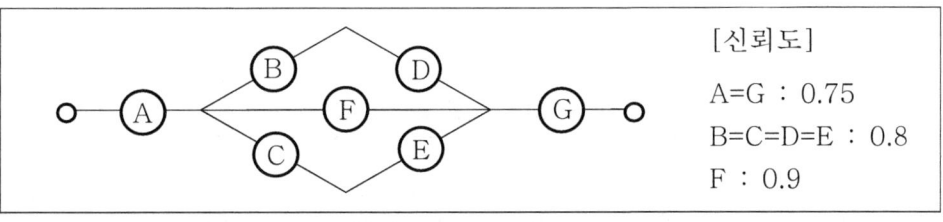

① 0.4835　② 0.5427　③ 0.5552　④ 0.6234　⑤ 0.8423

해설　③ [○] $R_S = R_A \times [1-(1-R_B R_D)(1-R_F)(1-R_C R_E)] \times R_G$
$= 0.75 \times [1-(1-0.8 \times 0.8)(1-0.9)(1-0.8 \times 0.8)] \times 0.75 = 0.5552$

20 압력탱크 용기에 연결된 두 개의 안전밸브의 신뢰도를 구하고자 한다. 2개의 밸브 중 하나만 작동되어도 안전하다고 하고, 안전밸브 하나의 신뢰도를 r이라 할 때 안전밸브 전체의 신뢰도는?

① r^2　② $2r-r^2$　③ $r(1-r)$　④ $(1-r)^2$　⑤ $r(2-r)^2$

정답　18. ②　19. ③　20. ②

해설 ② [○] 2개의 밸브 중 어느 하나만 작동되어도 안전하다는 것은 신뢰성블록도에서 병렬설계를 의미한다.
$$R_S = 1-(1-r)(1-r) = 1-(1-2r+r^2) = 2r-r^2$$

21 다음 중 사용자가 잘못 조작하더라도 사고나 재해가 발생하지 않도록 하는 기계·기구의 안전장치가 아닌 것은?

① 회전부 덮개가 완전히 닫히면 정상 작동, 덮개가 열리면 작동이 멈추는 장치
② 양손으로 동시에 조작해야 정상 작동하는 프레스 기계
③ 양쪽의 비행기 엔진 중 하나가 고장 나더라도 정상적으로 비행할 수 있는 병렬 시스템
④ 작동이 중지되어도 일정 시간 동안 고열부 차단 덮개가 열리지 않는 기계
⑤ 일반 제품과 다른 고전압용 기계 설비의 플러그 모양

해설 ③ [×] 양쪽의 비행기 엔진중 하나가 고장 나더라도 정상적으로 비행할 수 있는 병렬시스템은 시스템 신뢰성을 크게 증가시키며, 안전확보 방법인 페일 세이프 방법이다.

m route 시스템 신뢰도

01 규정시간을 사용하였을 때의 부품의 신뢰도가 0.45밖에 되지 않는다. 그런데 이 부품이 사용되는 곳의 신뢰도는 0.95가 되어야 한다. 따라서 병렬리던던시 설계에 의거 이 부품이 사용되는 곳의 신뢰도를 증대시키려고 한다. 신뢰성목표치의 달성을 위해서는 몇 개의 부품을 병렬로 연결하여야 하는가?

① 2   ② 3   ③ 4   ④ 5   ⑤ 6

해설 ④ [○] 부품중복의 m route 병렬리던던시 설계의 경우이며, $R_S = 1-(1-R)^m$
의 관계식으로부터 $0.95 = 1-(1-0.45)^m$ → $m \log 0.55 = 0.05$
$$\therefore m = \frac{\log 0.05}{\log 0.55} = 5$$

정답 21. ③ | 01. ④

02 다음과 같은 신뢰성 블록도를 갖는 시스템의 신뢰성이 0.999이상이 되려면 N은 최소 얼마 이상이 되어야 하는가? (단, 모든 부품의 신뢰성은 0.9이다.)

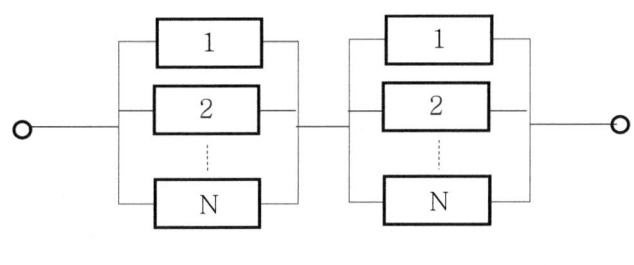

① 2　　② 3　　③ 4　　④ 5　　⑤ 6

해설　③ [○] $R_S = [1-(1-R_i)^N]^2 \geq 0.999$ → $1-(1-R_i)^N \geq \sqrt{0.999}$
　　→ $(1-R_i)^N \leq 1-\sqrt{0.999}$ → $N\log(1-R_i) \leq \log(1-\sqrt{0.999})$
　　→ $N\log(1-0.9) \leq \log(1-\sqrt{0.999})$ → $-N \leq -3.3$ → $N \geq 3.3$
　　→ $N = 4$개

n 중 k 시스템 신뢰도

01 m/n 계 리던던시에 대한 설명으로 가장 올바른 것은?

① $m=1$일 때에는 병렬리던던시가 된다.
② $m=2$일 때에는 병렬리던던시가 된다.　③ $n-m$개의 병렬리던던시를 말한다.
④ $m=n$일 때 병렬리던던시가 된다.　⑤ $m \neq n$이면 직렬리던던시가 된다.

해설　① [○] m/n 계 리던던시는 n 중 m(m out of n) 리던던시와 같은 표현 방법이다. 즉, n 중 k(k out of n) 시스템 신뢰도는 n개 중 k개만 작동하면($1 \leq k \leq n$) 시스템이 작동하는 경우로서, 각 구성품의 신뢰도를 R이라 하면 시스템 신뢰도는 $R_S = \sum_{i=k}^{n} \binom{n}{i} R^i (1-R)^{n-i}$ 이다. m/n 계 리던던시에서 $m=1$일 때에는 병렬리던던시가 된다.
④ $m=n$이면 직렬리던던시가 된다.
⑤ $m \neq n$이면 m/n 계 시스템 리던던시 일반형 모델이 된다.

정답　02. ③　│　01. ①

02 3 중 2 중복시스템에서 부품이 모두 고장률 λ인 지수분포를 따른다면, 시간 t에서 이 시스템의 신뢰도는?

① $e^{2\lambda t}(1+2e^{\lambda t})$ ② $e^{-2\lambda t}(3+2e^{-\lambda t})$ ③ $e^{-\lambda t}(3+2e^{-2\lambda t})$

④ $e^{-2\lambda t}(3-2e^{-\lambda t})$ ⑤ $e^{-2\lambda t}(2-3e^{-\lambda t})$

[해설] ④ [○] $R_S = \sum_{i=2}^{3} {}_3C_i R^i(1-R)^{3-i} = {}_3C_2 R^2(1-R)^1 + {}_3C_3 R^3(1-R)^0$

$= 3R^2(1-R) + R^3 = R^2(3-2R) = e^{-2\lambda t}(3-2e^{-\lambda t})$

[참조] ${}_3C_2 = \dfrac{3!}{2!(3-2)!} = \dfrac{3 \times 2 \times 1}{(2 \times 1) \times 1} = 3$, ${}_3C_3 = 1$

03 각 요소의 신뢰도가 0.9인 3 중 2(2 out of 3) 시스템의 신뢰도를 구하면?

① 0.783 ② 0.842 ③ 0.912 ④ 0.943 ⑤ 0.972

[해설] ⑤ [○] $R_S = \sum_{i=2}^{3} \binom{3}{i} R^i(1-R)^{3-i} = \binom{3}{2} 0.9^2(1-0.9)^{3-2} + \binom{3}{3} 0.9^3(1-0.9)^{3-3}$

$= 0.972$

여기서, $\binom{3}{2} = {}_3C_2 = \dfrac{3!}{2! \times (3-2)!} = \dfrac{3 \times 2 \times 1}{(2 \times 1) \times 1} = 3$, ${}_3C_3 = 1$

또는 $R_S = (3-2R)R^2 = (3-2 \times 0.9) \times 0.9^2 = 0.972$

04 n 중 k 시스템에서 각 부품의 신뢰도가 $R(t) = e^{-\lambda t}$일 때 시스템의 평균수명은?

① $\lambda\left(\dfrac{1}{k} + \dfrac{1}{k+1} + \cdots + \dfrac{1}{n}\right)$ ② $\dfrac{1}{\lambda}\left(\dfrac{1}{k} + \dfrac{1}{k+1} + \cdots + \dfrac{1}{n}\right)$ ③ $\dfrac{\lambda}{kn}$

[정답] 02. ④ 03. ⑤ 04. ②

④ $\dfrac{1}{\dfrac{1}{\lambda}\left(\dfrac{1}{k}+\dfrac{1}{k+1}+\cdots+\dfrac{1}{n}\right)}$ ⑤ $\dfrac{n}{\dfrac{1}{\lambda}\left(\dfrac{1}{k}+\dfrac{1}{k+1}+\cdots+\dfrac{1}{n}\right)}$

해설 ② [○] 만일 $R(t) = e^{-\lambda t} = e^{-t/\theta}$ 의 지수분포에 따른다면 시스템의 $MTBF_S$ 는 다음과 같이 된다.

$$MTBF_S(=\theta_S) = \sum_{i=k}^{n}\dfrac{\theta}{i} = \theta_0 \cdot \sum_{i=k}^{n}\dfrac{1}{i} = MTBF_0\left(\dfrac{1}{k}+\dfrac{1}{k+1}+\cdots+\dfrac{1}{n}\right)$$

05 각 부품의 신뢰도는 r 로 동일한 경우, 5 중 4 시스템의 신뢰도는?

① $3r^2 - 2r^3$ ② $4r^4 - 3r^5$ ③ $4r^5 - 5r^4$ ④ $5r^4 - 4r^5$
⑤ $5r^5 - 4r^4$

해설 ④ [○] $R_S = \sum_{i=4}^{5}{}_nC_i r^i(1-r)^{n-i} = {}_5C_4 r^4(1-r)^1 + {}_5C_5 r^5(1-r)^0$

$= 5r^4(1-r)^1 + r^5 = 5r^4 - 5r^5 + r^5 = 5r^4 - 4r^5$

06 아이템의 신뢰도가 모두 0.9인 3 out of 4 시스템의 신뢰도는 약 얼마인가?

① 0.996 ② 0.972 ③ 0.948 ④ 0.812 ⑤ 0.784

해설 ③ [○] $R_S = \sum_{i=3}^{4}\binom{4}{i}R^i(1-R)^{4-i}$ $\left(\text{또는} = \sum_{i=3}^{4}{}_4C_iR^i(1-R)^{4-i}\right)$

$= \binom{4}{3}0.9^3(1-0.9)^{4-3} + \binom{4}{4}0.9^4(1-0.9)^{4-4} = 0.9477$

정답 05. ④   06. ③

대기결합모델의 시스템 신뢰도

01 두 개의 부품 A와 B로 구성된 대기시스템이 있다. 두 부품의 고장률은 각각 $\lambda_A = 0.02$, $\lambda_B = 0.03$ 이다. 50시간까지 시스템이 작동할 확률은 약 얼마인가? (단, 스위치의 작동확률은 1.00으로 가정한다.)

① 0.264 ② 0.343 ③ 0.657 ④ 0.736 ⑤ 0.823

해설 ③ [○] 대기시스템의 신뢰도 계산 : λ_A, λ_B 가 서로 다를 경우

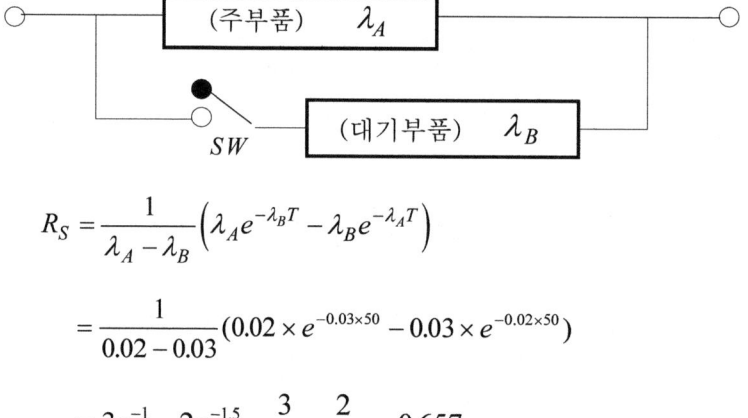

$$R_S = \frac{1}{\lambda_A - \lambda_B}\left(\lambda_A e^{-\lambda_B T} - \lambda_B e^{-\lambda_A T}\right)$$

$$= \frac{1}{0.02 - 0.03}(0.02 \times e^{-0.03 \times 50} - 0.03 \times e^{-0.02 \times 50})$$

$$= 3e^{-1} - 2e^{-1.5} = \frac{3}{e} - \frac{2}{e^{1.5}} = 0.657$$

02 동일한 고장률 λ 를 갖는 부품 2개를 그림과 같이 대기구조로 설계하였다. 각 부품의 고장분포는 지수분포이고 2번 부품이 대기부품이다. 시스템의 신뢰도함수는? (단, 스위치(switch) 신뢰도 $R_{SW} = 1$)

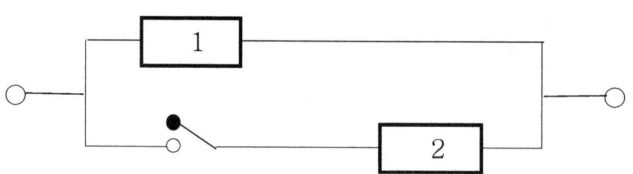

① $e^{-2\lambda t}$ ② $e^{-\lambda t} + e^{-2\lambda t}$ ③ $e^{-\lambda t} + \lambda t e^{-2\lambda t}$ ④ $e^{-\lambda t} + \lambda t e^{-\lambda t}$
⑤ $e^{-\lambda t} + \lambda t$

정답 01. ③   02. ④

해설 ④ [○] $\lambda_1 = \lambda_2 = \lambda$ 이고, 전환스위치 신뢰도 R_{SW}를 고려한 경우

$$R_S = (1 + R_{SW} \times \lambda t)e^{-\lambda t} = e^{-\lambda t} + \lambda t e^{-\lambda t} \quad (단, \ R_{SW} = 1)$$

03 지수분포를 따르는 수명을 갖고 평균고장률이 0.0001회/시간인 발전기를 1,000시간 사용하면 신뢰도가 0.905가 된다. 만일 발전소의 신뢰도를 높이기 위해 동일한 발전기 한 대를 대기리던던시 설계로 설치하였다면 발전소의 1,000시간에서의 신뢰도는 얼마인가? (단, 전환스위치 신뢰도는 100%이다.)

① 0.8100   ② 0.87745   ③ 0.9050   ④ 0.9910   ⑤ 0.9955

해설 ⑤ [○] 스위치가 있는 대기리던던시 시스템의 신뢰도

$$R_S(t = 1,000) = (1 + R_{SW} \times \lambda t)R(t) = (1 + 0.0001 \times 1,000) \times 0.905$$
$$= 0.9955$$

04 2개 부품을 대기중복으로 설계하는 경우 전환스위치의 신뢰도가 100%라면 전체시스템의 평균수명은 몇 배로 증가하는가? (단 구성부품의 고장률은 λ 임)

① 1.5배   ② 2배   ③ $(1+\lambda t)$배   ④ λt 배   ⑤ $(1-\lambda t)$배

해설 ② [○] 주부품 1개를 포함한 총부품수가 n개로 구성된 대기중복시스템에서 각 부품의 수명시간 t가 평균고장률 λ_0인 지수분포를 따른다고 할 때

$$MTBF_S = \frac{1}{\lambda_0} \times n = MTBF_0 \times n$$ 의 관계식으로부터 $n = 2$이면 $MTBF_S$는 2배로 증가한다.

정답 03. ⑤   04. ②

브리지구조의 시스템 신뢰도

01 5개의 부품을 그림과 같이 연결하였다. 다음 부품의 집합 중 컷(cut)이 아닌 것은?

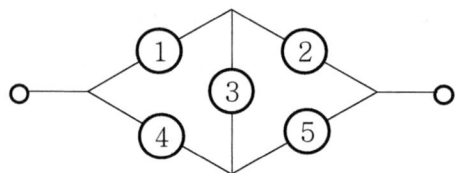

① {①, ②}　　② {①, ④}　　③ {②, ③, ⑤}　　④ {②, ⑤}
⑤ {①, ③, ④}

해설　① [○] {①, ②}를 끊어도 시스템은 작동된다. 따라서 {①, ②}는 pass이다.
　　　cut인 경우 : {①, ④}, {②, ⑤}, {①, ③, ④}, {②, ③, ⑤}
　　　pass인 경우 : {①, ②}, {④, ⑤}, {①, ③, ⑤}, {④, ③, ②}

02 다음의 브리지구조에서 극소패스(minimal Path)가 아닌 것은?

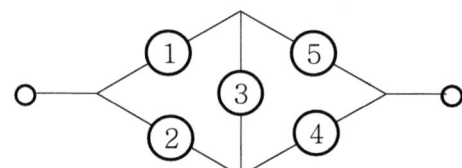

① {1, 5}　　② {4, 5}　　③ {1, 3, 4}　　④ {2, 3, 5}　　⑤ {2, 4}

해설　② [×] pass는 시스템의 연결, cut은 시스템의 단절을 의미한다. 극소패스(minimal pass) 집합은 {1, 5}, {2, 4}이고, ②는 최소절단(minimal cut)에 해당한다.

정답　01. ①　02. ②

4.6 FMEA 및 FTA

고장해석

01 고장해석에 관한 설명으로 가장 관계가 먼 것은?

① FMEA와 FTA가 있다.
② FTA는 하향식(top-down) 전개방식을 취한다.
③ FMEA의 실시과정에는 고장메커니즘에 대한 많은 정보와 지식이 필요하다.
④ FMEA는 시스템의 고장을 발생시키는 사상과 그 원인과의 관계를 관문이나 사상기호를 사용하여 나뭇가지 모양의 그림으로 설명한다.
⑤ FMEA의 특징으로 상향식 전개방식이고, 귀납적인 기법이다.

해설 ④ [×] 제시된 내용은 FTA에 대한 설명이다.

02 가속수명시험 설계시 고장메커니즘을 추론할 때 가장 효과적인 도구는?

① 산점도   ② 회귀분석   ③ 검·추정   ④ FMEA/FTA   ⑤ 연관도

해설 ④ [○] FMEA나 FTA는 고장메커니즘을 추론할 때 쓰는 고장해석기법이다.
⑤ 연관도법(Relations diagram) : 문제가 되는 사상(결과)에 대하여 요인(원인)이 복잡하게 엉켜 있을 경우에 그 인과관계나 요인상호관계를 명확하게 함으로써 문제해결의 실마리를 발견할 수 있는 방법이다.

FMEA : 의의 및 특징

01 설계의 불완전이나 잠재적인 결함을 찾아내기 위하여 구성요소의 고장모드와 그 상위 아이템에 대한 영향을 해석하는 기법은?

① FTA   ② FMEA   ③ 페일세이프 설계(fail-safe design)
④ 풀프루프(fool-proof)   ⑤ 세이프라이프 설계(safety-life design)

정답 01. ④   02. ④ | 01. ②

해설 ② [○] FMEA(Failure Mode & Effect Analysis)는 Bottom-up(상향식)에 의한 분석을 하는 것이 특징이다. FMEA는 "(기능, 품질)실패유형 및 영향분석"으로 불리고 있다.

02 FMEA 방법에 대한 설명 중 가장 관계가 먼 것은?

① 정성적 고장분석방법이다.
② 상향식(bottom up)분석방법을 취하고 있다.
③ 기입용지 기입법에 의한 차트해석법이다.
④ 기본사상에 중복이 있는 경우에는 불린(Boolean)대수에 의해 결함수를 간소화 하여야 한다.
⑤ 비교적 적은 비용으로 설계와 프로세스의 개선요인을 식별해 낼 수 있다.

해설 ④ [×] 제시된 내용은 FTA에 의한 고장해석을 하는 경우에 대한 설명이다.

03 FMEA의 특징에 대한 설명으로 틀린 것은?

① 서브시스템 분석 시 FTA보다 효과적이다.
② 양식이 비교적 간단하고 적은 노력으로 특별한 훈련 없이 해석이 가능하다.
③ 시스템 해석기법은 정성적·귀납적 분석법 등에 사용된다.
④ 각 요소간 영향 해석이 어려워 2가지 이상 동시 고장은 해석이 곤란하다.
⑤ 해석영역이 물체에 한정되기 때문에 인적원인 해석이 곤란하다.

해설 ① [×] 시스템 분석 시 FMEA가 효과적이다. 서브시스템 분석 시에는 FTA가 더 효과적이다.

○ FMEA(고장유형 및 영향분석)
  1. 각 요소가 물체로 한정되고 인적원인 분석이 곤란하며, 요소가 동시에 2가지 이상이 고장이 발생되면 분석이 어렵다.
  2. 해석영역이 물체에 한정되기 때문에 인적원인 해석이 곤란하다.
  3. 양식이 간단하여 특별한 훈련 없이 해석이 가능하다.
  4. 시스템 해석의 기법은 정성적, 귀납적 분석법 등에 사용된다.

04 다음 중 FMEA의 장점이라 할 수 있는 것은?

① 두 가지 이상의 요소가 동시에 고장나는 경우에 분석이 용이하다.
② 물적, 인적요소 모두가 분석대상이 된다.
③ 서식이 간단하고 비교적 적은 노력으로 분석이 가능하다.
④ 분석방법에 대한 논리적 배경이 강하다.
⑤ 시스템의 고장에 영향을 미치는 확률을 명화하게 산출할 수 있다.

해설 ③ [○] 서식이 간단하고 FTA에 비해서 비교적 적은 노력으로 분석이 가능하다.

FMEA : 실시절차

01 FMEA 용지에 반드시 들어가야 할 사항으로 가장 거리가 먼 것은?

① 고장모드   ② 부품의 기능   ③ 고장률   ④ 고장검지법
⑤ 고장원인/메커니즘

해설 ③ [×] 치명도해석법인 FMECA분석을 위해서는 기준고장률이 필요하다.
○ FMEA 양식은 MIL-STD-1629-101에 따라 실시된다. FMEA 양식(용지)는 ① 번호, ② 대상품목, ③ 기능, ④ 고장모드, ⑤ 추정원인, ⑥ 영향(서브시스템, 시스템), ⑦ 고장검지법, ⑧ 고장등급평가(C_S, 등급), ⑨ 대책 등으로 구성된다.

02 다음은 FMEA의 실시순서이다. 이들의 전후 순서가 가장 올바른 것은?

┌───┐
│ ㉠ 시스템의 분해수준을 결정한다.   ㉡ 블록별로 고장모드를 열거한다. │
│ ㉢ 효과적인 고장모드를 선정한다.   ㉣ 신뢰성 블록도를 작성한다. │
│ ㉤ 고장등급을 결정한다. │
└───┘

① ㉠-㉡-㉢-㉣-㉤   ② ㉠-㉣-㉡-㉢-㉤   ③ ㉣-㉤-㉡-㉠-㉢
④ ㉢-㉤-㉠-㉣-㉡   ⑤ ㉡-㉢-㉠-㉣-㉤

해설 ② [○] FMEA 실시절차는 제시된 항목 기준으로 ㉠-㉣-㉡-㉢-㉤ 순서와 같다.

정답   04. ③ | 01. ③   02. ②

03 FMEA의 RPN(Risk Priority Number) 평가에서 빈도(occurrence)는 어느 항목에 관한 평가인가?

① 고장모드   ② 고장영향   ③ 고장 원인/메커니즘   ④ 대책
⑤ 현재의 설계관리

해설 ③ [○] FMEA의 RPN(위험우선수) 평가에서 빈도는 추정원인에 대한 평가이다.
○ RPN(위험우선수) = 심각도×발생도×검출도
심각도(S : Severity, 영향도라고도 함)는 고장영향, 발생도(O : Occurrence, 발생빈도라고도 함)는 고장 원인·메카니즘, 검출도(D : Detection)는 현재의 설계관리(고장검출법)에 관하여 각각 평가하는 것이다.

04 FMEA의 장점이라 할 수 있는 것은?

① 분석방법에 대한 논리적 배경이 강하다.
② 물적, 인적요소 모두가 분석대상이 된다.
③ 서식이 간단하고 비교적 적은 노력으로 분석이 가능하다.
④ 두 가지 이상의 요소가 동시에 고장 나는 경우에도 분석이 용이하다.
⑤ 하향식(top-down) 분석이 특징이고, 원인 구조가 체계적으로 파악된다.

해설 ③ [○] 서식이 간단하고 비교적 적은 노력으로 분석이 가능하다.
① 분석방법에 대한 논리적 배경이 약하다.
② 영향인자 요소가 물체로 한정되어 있어서 인적 원인분석은 곤란하다.
④ 각 영향인자 간의 상호 영향에 대한 분석은 어려우므로 동시에 두 가지 이상의 요소 고장에서는 분석이 곤란하다.
⑤ 상향식 분석이며, 표에 의한 분석으로 시스템에 미치는 고장유형을 파악한다.

FMEA : 고장등급 결정

01 FMEA에서 고장 평점을 결정하는 5가지 평가요소에 해당하지 않는 것은?

① 생산능력의 범위   ② 고장발생의 빈도   ③ 고장방지의 가능성
④ 신규설계의 정도   ⑤ 영향을 미치는 시스템의 범위

정답   03. ③   04. ③ | 01. ①

해설 ① [×] FMEA의 고장평점 $C_S = (C_1 \times C_2 \times C_3 \times C_4 \times C_5)^{1/5}$ 일 때 평가요소

    1. C_1 : 기능적 고장영향의 중요도(고장영향의 크기)

    2. C_2 : 시스템에 영향을 미치는 범위

    3. C_3 : 고장발생의 빈도(시간 또는 횟수)

    4. C_4 : 고장방지기능성   5. C_5 : 신규설계의 정도

02 고장평점법에서 평점요소로 C_1 : 기능적 고장영향의 중요, C_2 : 영향을 미치는 시스템의 범위, C_3 : 고장발생빈도를 평가하여 C_1=8, C_2=4, C_3=6을 얻었다. 다음 중 고장평점 C_S는?

① 5.8   ② 6.0   ③ 6.2   ④ 6.4   ⑤ 6.8

해설 ① [○] 고장평점 $C_S = (C_1 \times C_2 \times C_3)^{1/3} = (8 \times 4 \times 6)^{1/3} = 5.769$

03 고장결과에 따라 분류되는 고장형태가 아닌 것은?

① 치명고장   ② 중고장   ③ 경고장   ④ 오용고장   ⑤ 미소고장

해설 ④ [×] 임무달성에 중점을 둔 고장등급

고장등급	고장구분	판단기준	대책내용
I	치명고장	임무수행불능, 인명손실	설계변경이 필요
II	중대고장	임무의 중대부분 달성불가	설계의 재검토가 필요
III	경미고장	임무의 일부 달성불가	설계변경은 불필요
IV	미소고장	영향이 전혀 없음	설계변경은 전혀 불필요

04 고장의 영향을 평가하는 방법 중의 하나인 치명도평점법에서 치명도평점 C_E를 구하는 식은? (단, F_1 : 고장영향의 크기, F_2 : 시스템에 주는 영향의 범위, F_3 : 고장발생빈도, F_4 : 고장방지 가능성, F_5 : 신규설계의 여부)

정답   02. ①   03. ④   04. ①

① $C_E = F_1 \cdot F_2 \cdot F_3 \cdot F_4 \cdot F_5$ ② $C_E = \sqrt{F_1 \cdot F_2 \cdot F_3 \cdot F_4 \cdot F_5}$

③ $C_E = (F_1 \cdot F_2 \cdot F_3 \cdot F_4 \cdot F_5)^{1/5}$ ④ $C_E = F_1 + F_2 + F_3 + F_4 + F_5$

⑤ $C_E = (F_1 \cdot F_2 \cdot F_3 \cdot F_4 \cdot F_5)^5$

해설 ① [○] 치명도 평점법은 '고장영향 크기'에 따라 평점을 구하고, 아래 식에 의해 치명도평점(C_E)를 계산한 후에 이 점수에 대응하여 고장등급을 결정하는 방법이다. 치명도 평점 $C_E = F_1 \times F_2 \times F_3 \times F_4 \times F_5$

05 고장등급의 결정방법 중 치명도평정법의 항목에 해당되지 않는 것은?

① 고장 발생시간 ② 고장 영향의 크기 ③ 신규설계 여부
④ 고장 방지의 가능성 ⑤ 고장 발생빈도

해설 ① [×] 치명도 평정법은 '고장영향의 크기'에 따라 평점을 구하고, 다음 식에 의해 치명도평점(C_E)를 계산한 후에 이 점수에 대응하여 고장등급을 결정하는 방법이다.

치명도 평점 $C_E = F_1 \times F_2 \times F_3 \times F_4 \times F_5$

여기서, F_1 : 고장영향의 크기

F_2 : 시스템에 미치는 영향의 정도·범위

F_3 : 발생빈도 (0.7~1.5점)

F_4 : 방지의 가능성, F_5 : 신규설계 여부

06 FMEA에서 고장의 발생확률 β가 다음 값의 범위일 경우 고장의 영향으로 옳은 것은?

$0.10 \leq \beta < 1.00$

① 손실의 영향이 없음 ② 실제 손실이 예상됨 ③ 손실이 가능함
④ 실제 손실이 발생됨 ⑤ 손실 발생의 가능성이 있음

정답 05. ① 06. ②

해설 고장의 영향 구분

영향	실제의 손실	예상되는 손실	가능한 손실	영향없음
발생확률(β)	$\beta=1.00$	$0.10 \leq \beta < 1.00$	$0 \leq \beta < 0.10$	$\beta=0$

FTA : 발전과 의의

01 시스템 고장을 발생시키는 사상과 그 원인과의 인과관계를 논리기호를 사용하여 나뭇가지 모양의 그림으로 나타낸 고장나무를 만들고, 이에 의거 시스템의 고장확률을 구함으로써 문제되는 부분을 찾아내어 시스템의 신뢰성을 개선하는 계량적 고장해석 기법은?

① FTA   ② PLD   ③ FMEA   ④ FMECA   ⑤ OAT

해설
① [○] FTA(Fault Tree Analysis, 고장나무분석, 고장목분석, 고장樹분석)
② PLD(Product Liability Defence, 제품책임방어)
③ FMEA(Failure Mode and Effect Analysis, 고장 유형 및 영향 분석)
④ FMECA(고장 유형, 영향 및 치명도 분석, Failure Mode, Effect & Criticality Analysis) ← 산시규 제50조에서는 FMECA를 이상위험도분석이라고 함
⑤ OAT(Operator Action Tree, 운전원행동나무) 또는 OAET(Operator Action Event Tree, 조작자행동사건나무) 분석은 제어실 운전원을 대상으로 사고를 유발할 수 있는 직무 연쇄를 도출하고 인지에러확률을 추정하는 기법이며, THERP(Technique for Human Error Rate Prediction, 인간실수율예측기법) 기법의 문제점을 극복하기 위하여 J. Wreathall 등에 의하여 개발되었다.

02 다음은 고장나무분석(FTA)에 대한 설명이다. 틀린 것은?

① 시스템 고장에 잠재원인을 추적할 수 있다.
② 분석방법은 귀납적인 해석방법을 취하고 있다.
③ 정성적 분석과 정량적 분석을 병행할 수 있다.
④ 시스템을 하위시스템이나 구성품 등으로 분해할 수 있는 경우에 적합하다.

정답 01. ①   02. ②

⑤ 분석에는 게이트, 이벤트, 부호 등의 그래픽 기호를 사용하여 결함 단계를 표현한다.

해설 ② [×] FTA는 연역적인 분석방법을 취고, 고장확률계산을 바탕으로 한 정량적 분석방법이다.

03 결함수분석법(FTA)의 특징으로 볼 수 없는 것은?

① 특정사상에 대한 해석　② 논리기호를 사용한 해석
③ Top Down 형식　　　　④ 정성적 해석의 불가능
⑤ 복잡하고 대형화된 시스템의 신뢰도 분석에 사용

해설 ④ [×] 정성적 해석도 일부 가능하다.
○ FTA 분석의 특징
1. 연역적(Top down) 방식 분석　2. 정량적(확률적)인 분석기법
3. 논리기호를 이용한 해석　　　4. 기능적인 결함을 분석하는데 용이
5. 잠재위험에 대한 효율적인 분석
6. 복잡하고 대형화된 시스템의 신뢰도 분석에 사용

04 결함수분석의 기대효과와 가장 관계가 먼 것은?

① 시스템의 결함 진단　　② 시간에 따른 원인 분석
③ 사고원인 규명의 간편화　④ 사고원인 분석의 정량화
⑤ 노력, 시간의 절감

해설 ② [×] 시간에 따른 원인 분석은 FTA가 아닌 신뢰도가 이용된다.
○ 결함수분석(FTA)의 기대효과
1. 사고원인 규명의 간편화　2. 사고원인 분석의 일반화
3. 사고원인 분석의 정량화　4. 노력, 시간의 절감
5. 시스템의 결함 진단　　　6. 안전점검 check list 작성

05 결함수분석(FTA)에 관한 설명으로 틀린 것은?

① 연역적 방법이다.　　　② 보텀-업(Bottom-Up)방식이다.

정답　03. ④　04. ②　05. ②

③ 정량적 분석이 가능하다.   ④ 기능적 결함의 원인을 분석하는데 용이하다.
⑤ 인적요인 분석이 가능하다.

해설 ② [×] 결함수분석(FTA)은 톱-다운(Top-Down)방식의 연역식 분석법이다.

06 다음 중 결함수분석법(FTA)의 특징으로 볼 수 없는 것은?

① Top Down 형식   ② 특정사상에 대한 해석
③ 정성적 해석의 불가능   ④ 논리기호를 사용한 해석
⑤ 소프트웨어나 인간의 과오까지도 포함한 고장해석 가능

해설 ③ [×] 결함수분석법(FTA)은 정성적 해석이 일부 가능하다.

07 다음 중 결함수분석의 기대효과와 가장 관계가 먼 것은?

① 사고원인 규명의 간편화   ② 시간에 따른 원인 분석
③ 사고원인 분석의 정량화   ④ 시스템의 결함 진단
⑤ 사고원인 분석의 일반화

해설 ② [×] 시간에 따른 원인분석 방법은 신뢰도 파악·활용이 해당사항이다.
  ○ 결함수분석의 기대효과
    1. 사고원인 규명의 간편화   2. 사고원인 분석의 일반화
    3. 사고원인 분석의 정량화   4. 노력 시간의 절감
    5. 시스템의 결함 진단   6. 안전점검 체크리스트 작성

08 다음 중 FTA(Fault Tree Analysis)에 관한 설명으로 가장 적절한 것은?

① 복잡하고, 대형화된 시스템의 신뢰성 분석에는 적절하지 않다.
② 시스템 각 구성요소의 기능이 정상인가, 고장인가로 점진적으로 구분짓는다.
③ "그것이 발생하기 위해서는 무엇이 필요한가?"라는 것은 연역적이다.
④ 사건들을 일련의 이분(binary) 의사 결정분기들로 모형화한다.
⑤ 기본사상을 중시하며, 상향식(bottom-up) 분석 방법을 사용한다.

해설 ③ [○] "그것이 발생하기 위해서는 무엇이 필요한가?"라는 것은 연역적이다.

○ 결함수분석법 (FTA)
   1. 연역적 방법이다.
   2. 하향식 방법(top-down)을 사용한다.
   3. 복잡하고 대형화된 시스템을 논리기호를 사용하여 해석한다.
   4. 짧은 시간에 특정 사상에 대한 해석이 가능하다.
   5. 재해의 정량적 예측이 가능한 분석법이다.
   6. 비전문가도 잠재위험을 효율적으로 분석할 수 있다.

FTA : FT도 작성

01 다음 중 FT의 작성방법에 관한 설명으로 틀린 것은?

① 정성·정량적으로 해석·평가하기 전에는 FT를 간소화해야 한다.
② 정상(Top)사상과 기본사상과의 관계는 논리게이트를 이용해 도해한다.
③ FT를 작성하려면, 먼저 분석대상 시스템을 완전히 이해하여야 한다.
④ FT 작성을 쉽게 하기 위해서는 정상(Top)사상을 최대한 광범위하게 정의한다.
⑤ FT를 작성하고 수식화하여 기본사상에서 중복이 있는 경우에는 불대수를 이용하여 간소화한다.

[해설] ④ [×] FT 작성을 쉽게 하기 위해서는 정상(Top)사상은 단순화되어야 하고, 가능한 한 다수의 하위레벨사상을 포함해야 된다.

02 시스템의 FT도가 그림과 같을 때 이 시스템의 블록도로 옳은 것은?

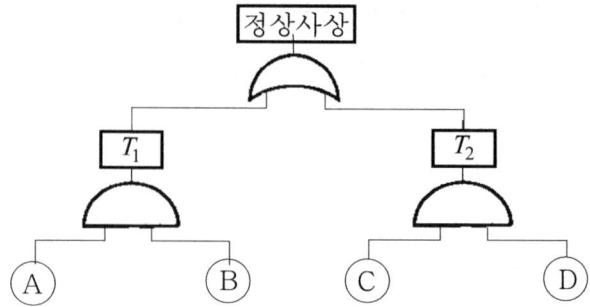

정답 01. ④   02. ②

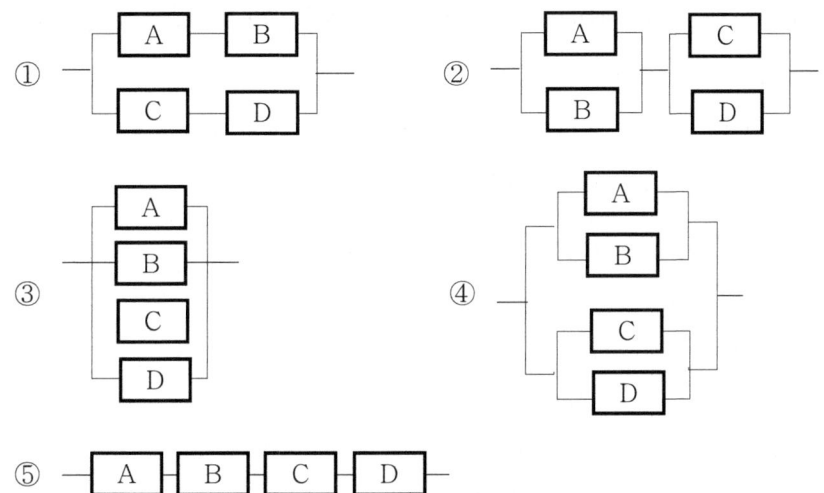

해설 ② [○] FT도에서 OR gate는 신뢰성 블록도에서는 직렬결합모델로, AND gate는 병렬결합모델로 구성되어야 한다. 즉, A와 B 모두 고장이 나면 T_1이 고장이 되며(AND Gate), C와 D 모두 고장이 나면 T_2가 고장이 된다(AND Gate). 그리고 T_1, T_2 중 어느 하나라도 고장이 나면 Top(정상)사상이 고장이 된다(OR Gate).

FTA : 논리게이트

01 FT 작성에 사용되는 사상 중 시스템의 정상적인 가동상태에서 일어날 것이 기대되는 사상은?

① 통상사상　② 기본사상　③ 생략사상　④ 결함사상　⑤ 전이기호

해설 ① [○] 제시문에 해당하는 것은 '통상사상'이다. 통상사상은 발생이 예상되는 사상이다.

② 기본사상 : 더 이상 전개할 수 없는 사건의 원인
③ 생략사상 : 관련 정보가 미비하여 계속 개발될 수 없는 특정 초기사상
④ 결함사상 : 한 개 이상의 입력에 의해 발생된 고장사상
⑤ 전이기호 : FT도에서 다른 부분에의 연결, 이행을 나타내는 기호

정답　01. ①

02 FTA에서 사용하는 수정게이트의 종류에서 3개의 입력현상 중 2개가 발생할 경우 출력이 생기는 것은?

① 우선적 AND 게이트　　② 조합 AND 게이트　　③ 위험지속기호
④ 배타적 OR 게이트　　⑤ 억제 게이트

해설　② [○] 제시문은 '조합 AND 게이트'에 대한 내용이다.
　　　① 우선 AND 게이트 : 특정 순서대로 발생한 경우 출력사상이 발생
　　　② 조합 AND게이트 : 3개 이상 입력 중 2개 발생시 출력
　　　④ 배타적 OR게이트 : 오직 한 개 발생으로만 출력사상 발생

03 FTA에 사용되는 논리 게이트 중 여러 개의 입력 사항이 정해진 순서에 따라 순차적으로 발생해야만 결과가 출력되는 것은?

① 억제 게이트　　② 배타적 OR 게이트　　③ 조합 AND 게이트
④ 우선적 AND 게이트　　⑤ 위험지속기호

해설　④ [○] 제시문은 '우선적 AND 게이트'에 대한 내용이다.
　　　① 억제 게이트 : 수정기호를 병용해서 게이트 역할
　　　② 배타적 OR 게이트 : OR 게이트인데 2개 또는 그 이상의 입력이 존재하는 경우에는 출력이 발생하지 않음
　　　③ 조합 AND 게이트 : 3개 중 2개의 입력신호가 들어오면 출력이 생김

04 FTA에 사용되는 논리게이트 중 조건부 사건이 발생하는 상황 하에서 입력현상이 발생할 때 출력현상이 발생하는 것은?

① 억제 게이트　　② AND 게이트　　③ 배타적 OR 게이트
④ 우선적 AND 게이트　　⑤ 조합 AND 게이트

해설　① [○] 제시문은 '억제 게이트'에 대한 내용이다. 억제게이트는 수정기호를 병용해서 게이트 역할을 하는 것이다. 입력이 있을 때 주어진 조건을 만족시키는 경우 출력이 생기는 것을 의미한다. 다음 기호는 억제게이트를 나타낸다.

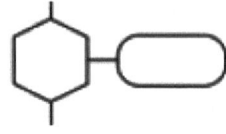

정답　02. ②　03. ④　04. ①

② AND 게이트 : 모든 입력사상이 공존할 때만 출력사상이 발생

③ 배타적 OR 게이트 : OR 게이트 2개 이상의 입력이 동시에 존재할 때에는 출력사상이 생기지 않는다.

④ 우선적 AND 게이트 : 입력사상 중에 어떤 현상이 다른 현상보다 먼저 일어날 때에 출력사항이 생긴다.

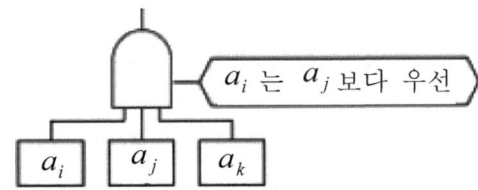

⑤ 조합 AND 게이트 : 예를 들어 3개 중 어느 것이나 2개가 입력이 되는 출력이 나가는 경우이다.

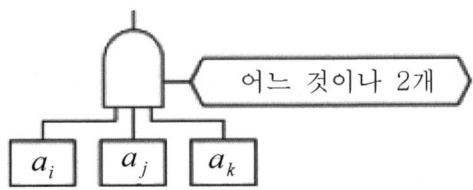

05 FTA에 사용되는 논리 기호와 명칭이 올바르게 연결된 것은?

① 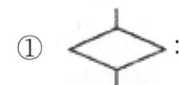 : 전이기호 ② 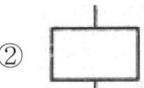 : 기본사상 ③ 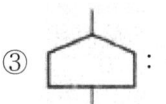 : 통상사상

④  : 결함사상 ⑤ 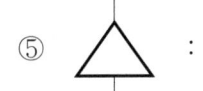 : 생략사상

해설 ③ [○] 통상사상이다. 이는 시스템이 정상적인 가동상태에서 일어날 것이 기대되는 사상

정답 05. ③

① 생략사상 - 더 이상 전개할 수 없는 사상
② 결함사상 - 시스템 분석에 있어서 조금 더 발전시켜야 하는 사상
③ 통상사상 - 발생이 예상되는 사상
④ 기본사상 - 더 이상 분석할 필요가 없는 사상
⑤ 전이기호 - 다른 부분에 있는 게이트와의 연결관계를 나타내기 위한 기호 전입과 전출기호가 있음

06 FT도에 사용되는 다음 기호의 명칭으로 옳은 것은?

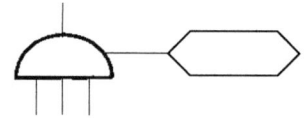

① 배타적 AND 게이트   ② 조합 AND 게이트   ③ 부정 게이트
④ 배타적 OR 게이트   ⑤ 부정 게이트

해설 ② [○] 제시 기호는 '조합 AND게이트'나 혹은 '우선적 AND게이트'이다. '조합 AND 게이트'의 경우 3개의 입력현상 중에 2개가 일어나면 출력이 생긴다. '우선적 AND게이트'의 경우 3개의 입력 중에 우선적인 입력 조건이 만족할 때에만 출력이 생긴다. 선택 항에서는 조합 AND 게이트만 있으므로 이것이 답이 된다.
① 배타적 AND 게이트는 입력사상 3개가 동시에 입력이 되면 출력이 나가지 않는 것을 의미하는데 일반적으로는 잘 쓰이지 않는다.

07 FT 작성에 사용되는 사상 중 시스템의 정상적인 가동상태에서 일어날 것이 기대되는 사상은?

① 통상사상   ② 기본사상   ③ 생략사상   ④ 결함사상   ⑤ 전이사상

해설 ① [○] 제시문은 '통상사상'에 대한 내용이다.

08 FTA에서 사용하는 수정 게이트의 종류 중 3개의 입력현상 중 2개가 발생한 경우에 출력이 생기는 것은?

① 위험지속기호　　② 조합 AND 게이트　　③ 배타적 OR 게이트
④ 억제 게이트　　⑤ 조합 OR 게이트

해설　② [○] 조합 AND 게이트는 3개의 입력현상 중 2개가 발생한 경우에 출력이 생기는 것이다.

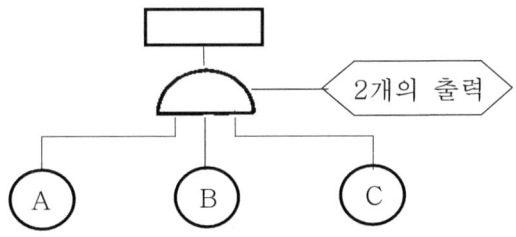

09 FTA에서 사용하는 수정 게이트의 종류에서 3개의 입력현상 중 2개가 발생할 경우 출력이 생기는 것은?

① 위험지속기호　　② 조합 AND 게이트　　③ 배타적 OR 게이트
④ 우선적 AND 게이트　　⑤ 억제 게이트

해설　② [○] 제시문에 해당하는 것은 '조합 AND 게이트'이다.
　　　③ 배타적 OR 게이트 : OR 게이트와 동일하게 작동하지만 입력값이 동일한 경우에는 1을 출력하지 않는다는 의미이다. 배타적이라 함은 서로 같음 대신에 서로 다름을 택한다는 의미로 해석된다.
　　　④ 우선적 AND 게이트 : 입력사상이 특정 순서대로 발생한 경우에만 출력 발생
　　　⑤ 억제 게이트 : 한 개의 입력사상에 의해 발생

10 FTA에 사용되는 논리 게이트 중 여러 개의 입력 사상이 정해진 순서에 따라 순차적으로 발생해야만 결과가 출력되는 것은?

① 억제 게이트　　② 조합 AND 게이트　　③ 배타적 OR 게이트
④ 우선적 AND 게이트　　⑤ 조합 OR 게이트

해설　④ [○] 제시문에 해당하는 것은 '우선적 AND 게이트'이다.

정답　09. ②　10. ④

11 FT도에 사용하는 기호에서 3개의 입력현상 중 임의의 시간에 2개가 발생하면 출력이 생기는 기호의 명칭은?

① 억제 게이트   ② 조합 AND 게이트   ③ 배타적 OR 게이트
④ 우선적 AND 게이트   ⑤ 조합 OR 게이트

해설   ② [○] '조합 AND 게이트'는 3개의 입력 현상 중 임의의 시간에 2개가 발생하면 출력이 생긴다.

FTA : 고장목 간소화

01 다음 중 불(Boole) 대수의 정리를 나타낸 관계식으로 틀린 것은?

① $A \cdot 0 = 0$ ② $A + 1 = 1$ ③ $A \cdot A' = 1$ ④ $A(A+B) = A$ ⑤ $A + A \cdot B = A$

해설   ③ [×] $A \cdot A' = 0$

○ Boole 대수(Boolean Algebra)의 기본 정리
① 항등법칙 $A+0=A$, $A+1=1$, $A \cdot 1=A$, $A \cdot 0=0$
② 동일법칙 $A+A=A$, $A \cdot A=A$
③ 보원법칙 $A+A'=1$, $A \cdot A'=0$
④ 교환법칙 $A+B=B+A$, $A \cdot B=B \cdot A$
⑤ 결합법칙 $A+(B+C)=(A+B)+C$, $A \cdot (B \cdot C)=(A \cdot B) \cdot C$
⑥ 분배법칙 $A+(B \cdot C)=(A+B) \cdot (A+C)$, $A \cdot (B+C)=A \cdot B + A \cdot C$
⑦ 흡수법칙 $A+A \cdot B=A$, $A \cdot (A+B)=A$
⑧ DeMorgan's law $(A+B)'=A' \cdot B'$, $(A \cdot B)' = A' + B'$
⑨ 다중부정 $(A')'=A$

[참고] ③ $A+A'=1$는 $A+\overline{A}=1$, $A \cdot A'=0$은 $A \times \overline{A}=0$으로도 표기 가능
⑨ $(A')'=A$은 $\overline{\overline{A}}=A$로도 표기 가능.

02 불(Boole) 대수의 정리를 나타낸 관계식으로 틀린 것은?

① $A \cdot A = A$ ② $A + \overline{A} = 0$ ③ $A + AB = A$ ④ $A + A = A$ ⑤ $A+B)'=A' \cdot B'$

해설   ② [×] $A + \overline{A} = 1$

FTA : 고장확률 계산

01 그림과 같은 시스템에서 A, B, C의 고장나는 확률이 각각 F_A=0.1, F_B=0.05, F_C=0.02로 하여 정상사상의 고장확률을 구하면?

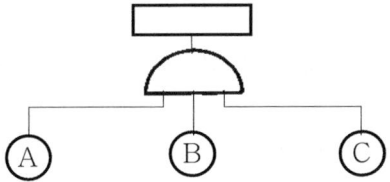

① 0.00001   ② 0.0001   ③ 0.001   ④ 0.01   ⑤ 0.1

해설 ② [○] FT도가 AND gate이므로 사상 A, B, C가 동시에 고장이 일어나야 정상사상(T)이 고장난다. $F_T = F_A \times F_B \times F_C = 0.1 \times 0.05 \times 0.02 = 1 \times 10^{-4}$

02 FT도에서 기본사상의 고장이 발생하는 확률이 각각 0.02, 0.01 일 때 정상사상 A의 고장이 발생하는 확률은?

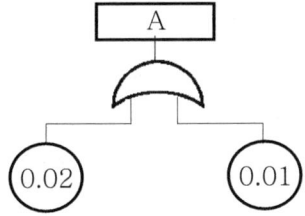

① 0.002   ② 0.0298   ③ 0.5642   ④ 0.9702   ⑤ 0.9998

해설 ② [○] $F_A = 1-(1-F_1)(1-F_2) = 1-(1-0.02)(1-0.01) = 0.0298$

여기서, $F_1 = 0.02$, $F_2 = 0.01$

또는 $F_A = F_1 + F_2 - F_1 \times F_2 = 0.02 + 0.01 - 0.02 \times 0.01 = 0.0298$

03 그림과 같은 고장수목에서 정상사상의 발생확률은 얼마인가? (단, 모든 사상의 발생확률은 0.1이다.)

정답 01. ②   02. ②   03. ①

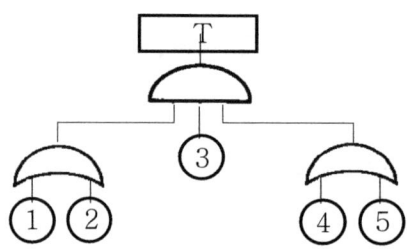

① 0.0036　② 0.0087　③ 0.0324　④ 0.0987　⑤ 0.8821

해설　① [○] $F_T = \left[1-(1-F_1)(1-F_2)\right] \times F_3 \times \left[1-(1-F_4)(1-F_5)\right]$
$= \left[1-(1-0.1)^2\right] \times 0.1 \times \left[1-(1-0.1)^2\right] = 0.00361$

04 다음 FT도에서 시스템이 고장날 확률은? (단, 주어진 수치는 각 구성품의 고장확률이며, 각 구성품의 고장은 서로 독립이다.)

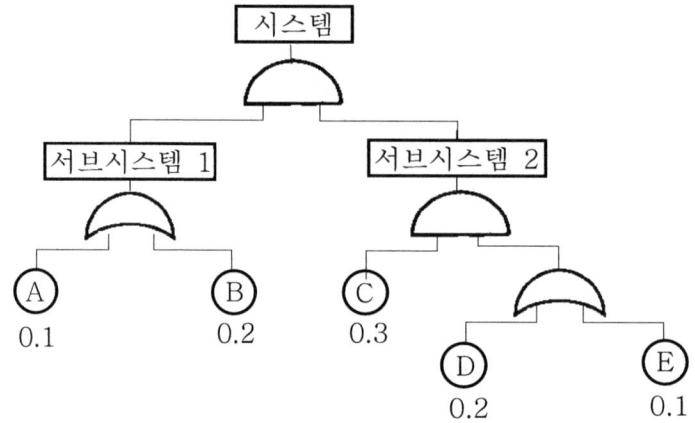

① 0.02352　② 0.02552　③ 0.02752　④ 0.02952　⑤ 0.03212

해설　① [○] $F_T = F_{S_1} \times F_{S_2} = 0.02352$

여기서, $F_{S_1} = 1-(1-0.1)(1-0.2) = 0.28$

$F_{S_2} = F_c[1-(1-0.2)(1-0.1)] = 0.084$

정답　04. ①

05 그림과 같은 FT도에서 $F_1 = 0.015$, $F_2 = 0.02$, $F_3 = 0.05$이면, 정상사상 T가 발생할 확률은 약 얼마인가?

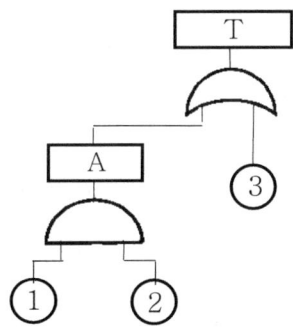

① 0.0002　② 0.0283　③ 0.0503　④ 0.0786　⑤ 0.0867

해설　③ [○] $F_T = 1-(1-F_A)(1-F_3) = 1-(1-F_1 \times F_2)(1-F_3)$
$= 1-(1-0.015 \times 0.02)(1-0.05) = 0.0503$

06 FT도에서 시스템의 신뢰도는 얼마인가? (단, 모든 부품의 발생확률은 0.1 이다.)

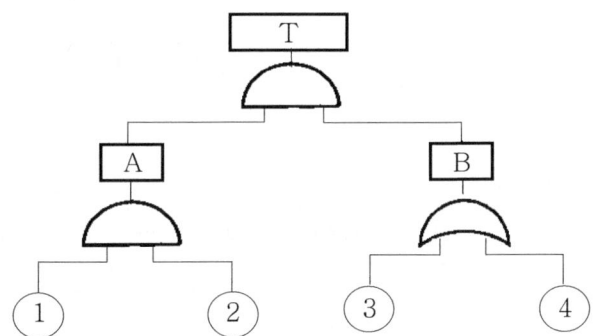

① 0.0033　② 0.0062　③ 0.0094　④ 0.9936　⑤ 0.9981

해설　⑤ [○] 신뢰도 R_T는 불신뢰도(누적고장확률) F_T를 이용하여 계산 가능하다.
$R_T = 1 - F_T = 1 - 0.0019 = 0.9981$
여기서, $F_T = F_A \times F_B = (0.1 \times 0.1) \times \left[1-(1-F_3)(1-F_4)\right]$
$= 0.01 \times 0.19 = 0.0019$

정답　05. ③　06. ⑤

07 어떤 결함수를 분석하여 minimal cut set을 구한 결과 다음과 같았다. 각 기본사상의 발생확률을 q_i, $i = 1, 2, 3$ 이라 할 때, 정상사상의 발생확률함수로 맞는 것은?

$$k_1 = [1, 2] \quad k_2 = [1, 3] \quad k_3 = [2, 3]$$

① $q_1 q_2 + q_1 q_2 - q_2 q_3$
② $q_1 q_2 + q_1 q_3 - q_1 q_2$
③ $q_1 q_2 + q_1 q_3 + q_2 q_3 - q_1 q_3 q_3$
④ $q_1 q_2 + q_1 q_3 + q_2 q_3 - 2 q_1 q_3 q_3$
⑤ $q_1 q_2 + q_1 q_3 + q_2 q_3 - 3 q_1 q_3 q_3$

해설 ④ [○] $F_T = 1 - (1 - q_1 q_2)(1 - q_1 q_3)(1 - q_2 q_3)$ 를 정리하여 구한다.

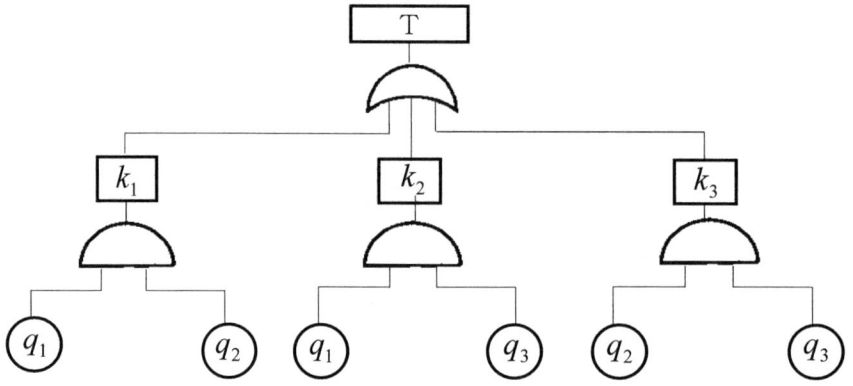

(FTA : 컷셋 및 최소 컷셋)

01 FTA에서 활용하는 최소 컷셋(Minimal cut sets)에 관한 설명으로 맞는 것은?

① 해당 시스템에 대한 신뢰도를 나타낸다.
② 컷셋의 집합 중에서 정상사상을 일으키기 위하여 필요한 최소한의 컷셋을 의미한다.
③ 어느 고장이나 에러를 일으키지 않으면 재해가 일어나지 않는 시스템의 신뢰성이다.

정답 07. ④ | 01. ②

④ 기본사상이 일어나지 않을 때 정상사상(Top event)이 일어나지 않는 기본사상의 집합이다.
⑤ 정상사상을 발생시키는 기본사상의 집합으로 그 안에 포함되는 모든 기본사상이 발생할 때 정상사상을 발생시킬 수 있는 기본사상의 집합이다.

해설 ② [○] 최소 컷셋(Minimal cut sets)은 컷셋의 집합 중에서 정상사상을 일으키기 위하여 필요한 최소한의 컷셋을 의미한다.

○ 컷셋 및 패스셋
1. 컷셋 : 정상사상을 발생시키는 기본사상의 집합으로 그 안에 포함되는 모든 기본사상이 발생할 때 정상사상을 발생시킬 수 있는 기본사상의 집합
2. 패스셋 : 그 안에 포함되는 모든 기본사상이 일어나지 않을 때 처음으로 정상사상이 일어나지 않는 기본사상의 집합
3. 미니멀 컷셋 : 컷셋의 집합 중에서 정상사상을 일으키기 위하여 필요한 최소한의 컷셋을 미니멀 컷셋이라 한다(시스템의 위험성 또는 안전성을 나타냄).
4. 미니멀 패스셋 : 그 안에 포함되는 모든 기본사상이 일어나지 않을 때 처음으로 정상사상이 일어나지 않는 기본사상의 집합인 패스셋에서 필요 최소한의 것을 미니멀 패스셋이라 한다(시스템의 신뢰성을 나타냄).

02 다음 중 FTA에서 사용되는 minimal cut set에 관한 설명으로 틀린 것은?

① 사고에 대한 시스템의 약점을 표현한다.
② 정상사상(Top 사상)을 일으키는 최소한의 집합이다.
③ 시스템에 고장이 발생하지 않도록 하는 모든 사상의 집합이다.
④ 일반적으로 Fussell Algorithm을 이용한다.
⑤ 컷셋의 집합 중에서 정상사상을 일으키기 위하여 필요한 최소한의 컷셋을 미니멀 컷셋이라 한다.

해설 ③ [×] 미니멀 컷셋은 컷셋의 집합 중에서 정상사상(고장발생, 기능정지)을 일으키기 위하여 필요한 최소한의 컷셋을 미니멀 컷셋이라 한다. 미니멀 컷셋은 시스템의 기능을 마비시키는 사고요인의 최소집합이다.

정답 02. ③

03 컷셋과 패스셋에 관한 설명으로 맞는 것은?

① 동일한 시스템에서 패스셋의 개수와 컷셋의 개수는 같다.
② 패스셋은 동시에 발생했을 때 정상사상을 유발하는 사상들의 집합이다.
③ 일반적으로 시스템에서 최소 컷셋의 개수가 늘어나면 위험 수준이 높아진다.
④ 최소 컷셋은 어떤 고장이나 실수를 일으키지 않으면 재해는 일어나지 않는다고 하는 것이다.
⑤ 미니멀 컷셋은 시스템의 신뢰성을 나타내고, 미니멀 패스셋은 시스템의 위험성 또는 안전성을 나타낸다.

[해설] ③ [O] 일반적으로 컷셋은 정상사상(고장발생)을 발생시키는 기본사상의 집합이 므로 시스템에서 최소 컷셋의 개수가 늘어나면 위험 수준이 높아진다.

04 다음 FT도에서 최소 컷셋(Minimal cut set)으로만 올바르게 나열한 것은?

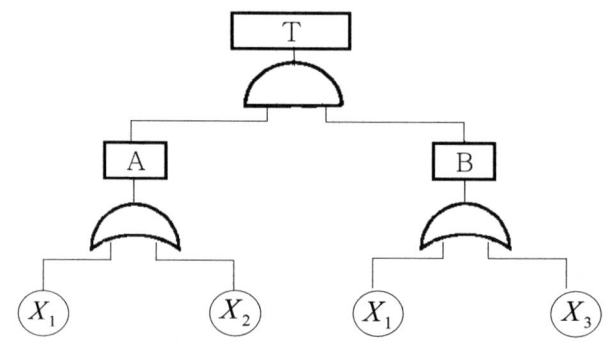

① $\{X_1\}, \{X_2\}$ ② $\{X_1, X_2\}, \{X_1, X_3\}$ ③ $\{X_1\}, \{X_2, X_3\}$
④ $\{X_1, X_2, X_3\}$ ⑤ $\{X_1\}, \{X_1, X_2\}, \{X_1, X_3\}$

[해설] ③ [O] 최소 컷셋을 Fussell 알고리즘으로 구할 수 있고, 다음과 같다.

$$T = A \times B = \begin{Bmatrix} X_1 \\ X_2 \end{Bmatrix} \times \begin{Bmatrix} X_1 \\ X_3 \end{Bmatrix}$$

$$= \{X_1, X_1\}, \{X_1, X_3\}, \{X_2, X_1\}, \{X_2, X_3\}$$

$$= \{X_1\}, \{X_1, X_3\}, \{X_1, X_2\}, \{X_2, X_3\} = \{X_1\}, \{X_2, X_3\}$$

○ 최소 컷셋 적용한 Top사상 고장확률은 $F_T = F_{X_1} \times \left[1 - (1 - F_{X_2})(1 - F_{X_3})\right]$

05 [그림]과 같은 FT도에 대한 미니멀 컷셋(minimal cut sets)으로 옳은 것은? (단, Fussell의 알고리즘을 따른다.)

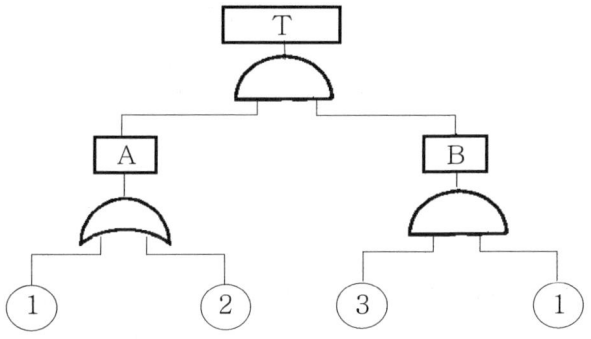

① {1, 2} ② {1, 3} ③ {2, 3} ④ {1, 2, 3} ⑤ {1, 2}, {1, 3}

해설 ② [○] 기본사상 1이 중복되므로 고장목 간소화 후에 고장확률을 구해야 한다. 미니멀 컷셋을 Fussell의 알고리즘을 이용하여 구할 수 있다.

$$T = A \times B = \begin{Bmatrix}1\\2\end{Bmatrix} \times \{3, 1\} = \{1, 3, 1\}, \{2, 3, 1\} = \{1, 3\}, \{1, 2, 3\} = \{1, 3\}$$

06 다음 FT도에서 최소 컷셋(Minimal cut set)으로만 올바르게 나열한 것은?

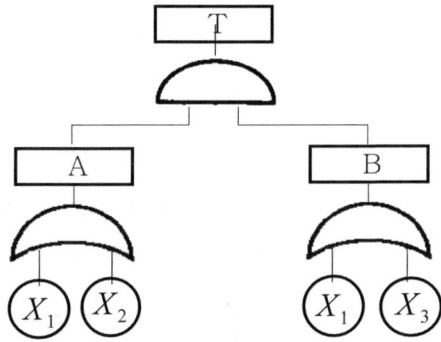

① { X_1 }, { X_2, X_3 } ② { X_1 }, { X_2 } ③ { X_1, X_2, X_3 }
④ { X_2 }, { X_3 } ⑤ { X_1, X_2 }, { X_1, X_3 }

해설 ① [○] 최소 컷셋(Minimal cut set)은 Fussell 알고리즘으로 구하면 편리하다.

정답 05. ②   06. ①

$$T = A \times B = \begin{Bmatrix} X_1 \\ X_2 \end{Bmatrix} \times \begin{Bmatrix} X_1 \\ X_3 \end{Bmatrix}$$

$$= \{X_1, X_1\}, \{X_1, X_3\}, \{X_1, X_2\}, \{X_2, X_3\}$$

$$= \{X_1\}, \{X_1, X_3\}, \{X_1, X_2\}, \{X_2, X_3\} = \{X_1\}, \{X_2, X_3\}$$

따라서, 마지막 식으로부터 최소 컷셋은 $\{X_1\}, \{X_2, X_3\}$ 이다

07 다음 FT도에서 정상사상(Top event)이 발생하는 최소 컷셋의 $P(T)$는 약 얼마인가? (단, 원 안의 수치는 각 사상의 발생확률이다.)

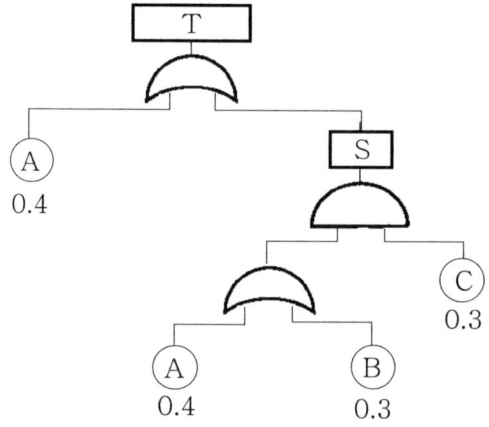

① 0.311   ② 0.454   ③ 0.204   ④ 0.928   ⑤ 0.490

해설   ② [○] 기본사상 A가 중복되므로 톱사상의 고장확률은 고장목 간소화를 실시후 최소 컷셋의 확률로 구해야 한다. 제시된 FT도의 신뢰성 블록도는 아래 그림과 같고, 여기서 최소 컷셋은 {A}, {B, C}이 된다.

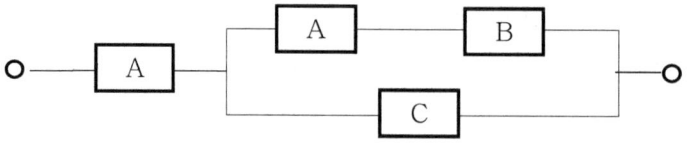

$$P(T) = F_T = 1 - (1 - F_A)(1 - F_S) = 1 - (1 - F_A)(1 - F_B \times F_C)$$
$$= 1 - (1 - 0.4)(1 - 0.3 \times 0.3) = 0.454$$

08 다음의 FT도에서 정상 사상 T의 발생확률은 얼마인가? (단, X_1, X_2, X_3의 발생확률은 모두 0.1 이다.)

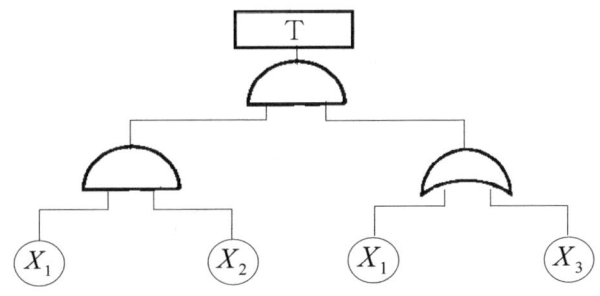

① 0.001 ② 0.0019 ③ 0.01 ④ 0.019 ⑤ 0.0361

해설 ③ [○] 기본사상 X_1이 중복되므로 고장목 단순화를 시킨 후에 고장확률을 구해야 한다. 고장확률은 Fussell 알고리즘에 의한 최소 컷셋에서 구한다.

1. 최소 컷셋 : $T = \{X_1, X_2\} \times \begin{Bmatrix} X_1 \\ X_3 \end{Bmatrix} = \{X_1, X_2, X_1\}, \{X_1, X_2, X_3\}$

$= \{X_1, X_2\}, \{X_1, X_2, X_3\} = \{X_1, X_2\}$

2. Top사상 고장확률 : $F_T = F_{X_1} \times F_{X_2} = 0.1 \times 0.1 = 0.01$

09 다음 시스템에 대하여 톱사상(top event)에 도달할 수 있는 최소 컷셋(minimal cutsets)을 구할 때 올바른 집합은? (단, X_1, X_2, X_3, X_4는 각 부품의 고장확률을 의미하며 집합 $\{X_1, X_2\}$는 X_1부품과 X_2부품이 동시에 고장나는 경우를 의미한다.

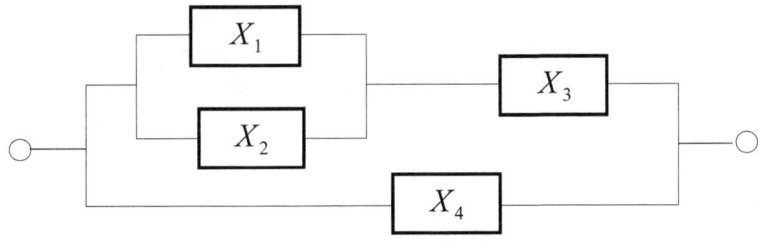

① $\{X_1, X_2\}, \{X_3, X_4\}$ ② $\{X_1, X_3\}, \{X_2, X_4\}$

정답 08. ③   09. ③

③ $\{X_1, X_2, X_4\}, \{X_3, X_4\}$　　④ $\{X_1, X_3, X_4\}, \{X_2, X_3, X_4\}$

⑤ $\{X_1, X_2, X_3, X_4\}$

해설　③ [○] 병렬계 신뢰성 블록은 AND게이트로, 직렬계 신뢰성블록은 OR게이트로 FT도 작성에 표현되며, 지시된 신뢰성블록도를 작성하여, Fussell 알고리즘을 이용하여 최소 컷셋을 구하면 다음과 같다.

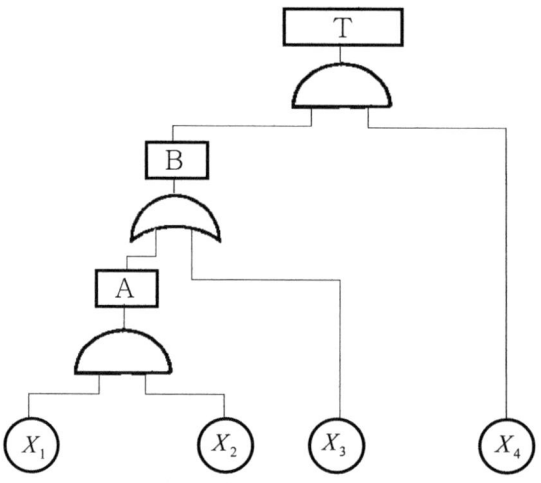

$$T = B \times X_4 = \begin{matrix} \{X_1, X_2\} \\ \{X_3\} \end{matrix} \times \{X_4\} = \{X_1, X_2, X_4\}, \{X_3, X_4\}$$

10 FT도에서 최소 컷셋을 올바르게 구한 것은?

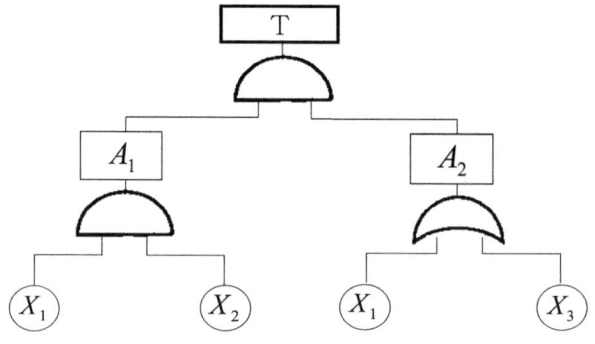

① $\{X_1, X_2\}$　　② $\{X_1, X_3\}$　　③ $\{X_2, X_3\}$

④ $\{X_1, X_2, X_3\}$　　⑤ $\{X_1, X_2\}, \{X_1, X_2, X_3\}$

정답　10. ①

해설 ① [○] Fussell 알고리즘을 이용하여 최소 컷셋을 구하면 다음과 같다.

$$T = A_1 \times A_2 = \{X_1, X_2\} \times \begin{Bmatrix} X_1 \\ X_3 \end{Bmatrix} = \{X_1, X_1, X_2\}, \{X_1, X_2, X_3\}$$

$$= \{X_1, X_2\}, \{X_1, X_2, X_3\}$$

공통인 요소만을 포함한 집합이 최소 컷셋으로서, 최소컷셋=$\{X_1, X_2\}$

FTA : 패스셋 및 최소 패스셋

01 컷셋(Cut Sets)과 최소 패스셋(Minimal Path Sets)의 정의로 옳은 것은?

① 컷셋은 시스템 고장을 유발시키는 필요 최소한의 고장들의 집합이며, 최소 패스셋은 시스템의 신뢰성을 표시한다.
② 컷셋은 시스템 고장을 유발시키는 기본고장들의 집합이며, 최소 패스셋은 시스템의 불신뢰도를 표시한다.
③ 컷셋은 그 속에 포함되어 있는 모든 기본사상이 일어났을 때 정상사상을 일으키는 기본사상의 집합이며, 최소 패스셋은 시스템의 신뢰성을 표시한다.
④ 컷셋은 그 속에 포함되어 있는 모든 기본사상이 일어났을 때 정상사상을 일으키는 기본사상의 집합이며, 최소 패스셋은 시스템의 성공을 유발하는 기본사상의 집합이다.
⑤ 패스셋은 그 안에 포함되는 일부 기본사상이 일어나지 않을 때 처음으로 정상사상이 일어나지 않는 기본사상의 집합이다.

해설 ③ [○] 컷셋은 그 속에 포함되어 있는 모든 기본사상이 일어났을 때 정상사상을 일으키는 기본사상의 집합이며, 최소 패스셋은 시스템의 신뢰성을 표시한다.
① 최소 컷셋(미니멀 컷셋)은 시스템 고장을 유발시키는 필요 최소한의 고장들의 집합이며, 최소 패스셋은 시스템의 신뢰성을 표시한다.
② 컷셋은 시스템 고장을 유발시키는 기본고장들의 집합이며, 최소 컷셋은 시스템의 불신뢰도를 표시한다.

정답 01. ③

④ 컷셋은 그 속에 포함되어 있는 기본사상이 일어났을 때 정상사상을 일으키는 기본사상의 집합이며, 패스셋은 시스템의 성공을 유발하는 기본사상의 집합이다.

⑤ 패스셋은 그 안에 포함되는 모든 기본사상이 일어나지 않을 때 처음으로 정상사상이 일어나지 않는 기본사상의 집합이다.

02 다음 그림의 결함수에서 최소 패스셋(minmal path sets)과 그 신뢰도 $R(t)$는? (단, 각각의 부품 신뢰도는 0.9이다.)

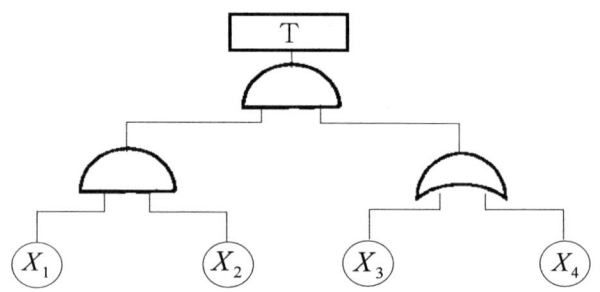

① 최소 패스셋 : {1}, {2}, {3, 4}, $R(t)$=0.9081
② 최소 패스셋 : {1}, {2}, {3, 4}, $R(t)$=0.9981
③ 최소 패스셋 : {1, 2, 3}, {1, 2, 4}, $R(t)$=0.9081
④ 최소 패스셋 : {1, 2, 3}, {1, 2, 4}, $R(t)$=0.9981
⑤ 최소 패스셋 : {1, 2, 3, 4}, $R(t)$=0.9981

해설 ② [○] 이 문제는 FT도를 이용하여 미니멀 패스 셋을 구하는 문제이므로, 일반적인 방법인 컷셋을 구하는 방법에서 변형된 방법을 이용하여 구한다
Fussell 알고리즘에 의한 신뢰도 계산 방법
1. 패스셋 도출
  FT도를 패스셋으로 구하기 위해서는 논리기호를 바꾸어서 FT도를 작성한다. 바꾸어 준 FT도를 이용하여 아래의 방법으로 컷셋을 구하면 {1}, {2}, {3, 4}가 된다. $T = A + B = \begin{Bmatrix} 1 \\ 2 \end{Bmatrix} + \{3, 4\} = \{1\}, \{2\}, \{3, 4\}$

  이 컷셋 {1}, {2}, {3, 4} 집합들이 FT도 바꾸기 전의 패스셋이 된다.

정답 02. ②

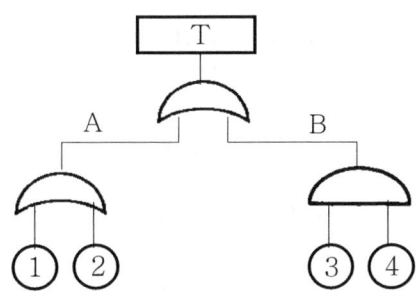

2. 신뢰도 계산

$$R_T = 1-(1-R_A)(1-R_B) = 1-(1-0.99)(1-0.81) = 0.9981$$

여기서, $R_A = 1-(1-0.9)(1-0.9) = 0.99$

$R_B = 0.9 \times 0.9 = 0.81$

03 결함수분석(FTA) 결과 다음과 같은 패스셋을 구하였다. X_4가 중복사상인 경우 다음 중 최소 패스셋(minimal pass set)으로 옳은 것은?

$$\{X_2, X_3, X_4\}, \{X_1, X_3, X_4\}, \{X_3, X_4\}$$

① $\{X_3, X_4\}$ ② $\{X_1, X_3, X_4\}$
④ $\{X_2, X_3, X_4\}$ ③ $\{X_1, X_3, X_4\}, \{X_2, X_3, X_4\}$
⑤ $\{X_2, X_3, X_4\}, \{X_3, X_4\}$

해설 ① [○] 패스셋 : $\{X_1, X_3, X_4\}, \{X_2, X_3, X_4\}, \{X_3, X_4\}$

최소 패스셋 : $\{X_3, X_4\}$

○ 조건의 패스셋이 $\{X_2, X_3, X_4\}, \{X_1, X_3, X_4\}, \{X_3, X_4\}$인 경우의 신뢰성 블록도는 다음과 같고 패스셋을 파악하기에 이해가 쉽게 된다.

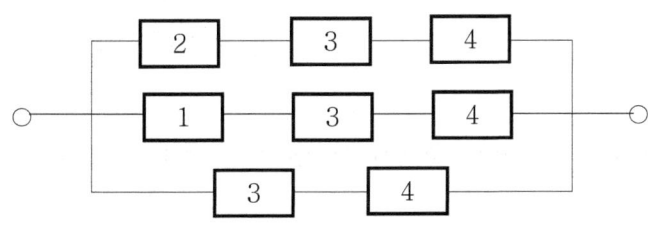

정답 03. ①

FTA : 관련 분석

01 그림과 같이 FTA로 분석된 시스템에서 현재 모든 기본사상에 대한 부품이 고장난 상태이다. 부품 X_1부터 부품 X_5까지 순서대로 복구한다면 어느 부품을 수리 완료하는 시점에서 시스템이 정상가동 되는가?

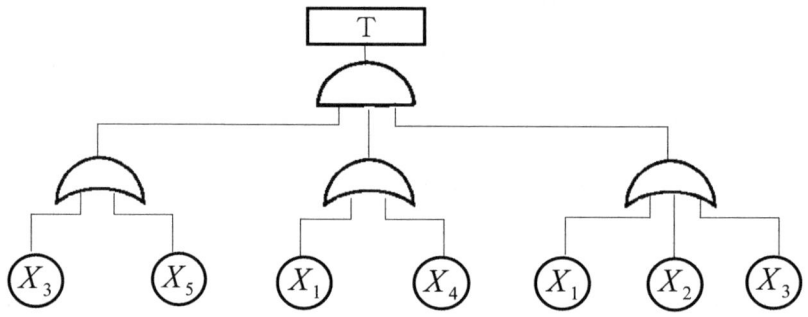

① 부품 X_1　② 부품 X_2　③ 부품 X_3　④ 부품 X_4　⑤ 부품 X_5

해설　③ [○] FT도를 신뢰성 블록도도 바꾸어 놓고 확인하면 빠른 이해가 가능하다.

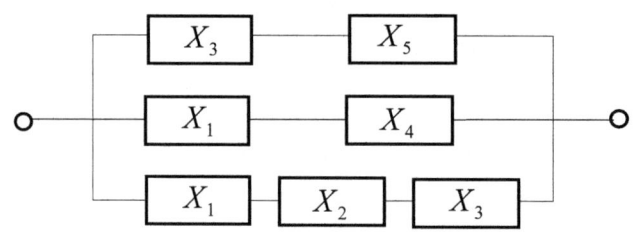

부품 X_1부터 부품 순서대로 복구한다면 X_3복구 시점에서 정상가동 된다.

02 각 기본사상의 발생확률이 증감하는 경우 정상사상의 발생확률에 어느 정도 영향을 미치는가를 반영하는 지표로서 수리적으로는 편미분계수와 같은 의미를 갖는 FTA의 중요도 지수는?

① 확률 중요도　② 구조 중요도　③ 치명 중요도　④ 비구조 중요도
⑤ Fussell-Vesely 중요도

해설　① [○] 제시문은 중요도 중에서 기여도를 의미하는 '확률 중요도'에 대한 내용이다.

정답　04. ③　05. ①

○ 중요도란 기본사상의 발생이 정상사상의 발생에 어느 정도 영향을 미치는지 정량적으로 나타낸 지표이다. 재해예방 선정에서 우선순위를 제시한다.
  1. 확률중요도 3. 치명중요도 3. 구조중요도
⑤ Fussell-Vesely(FV) 중요도는 최소절단집합에 의한 분석 대상 시스템에 미치는 위험도의 비율을 나타내는 지표로서, 안전성 분석에 최근 자주 사용되고 있다.

03 FTA를 수행함에 있어 기본사상들의 발생이 서로 독립인가 아닌가의 여부를 파악하기 위해서는 어느 값을 계산해 보는 것이 가장 적합한가?

① 공분산   ② 분산   ③ 고장률   ④ 발생확률   ⑤ 변이계수

해설 ① [○] 공분산은 기본사상들의 발생이 서로 독립인가 아닌가의 여부를 파악하기 위해 사용되는 산포 척도이다.

○ 공분산(covariance)의 의미

1. 두 확률변수 X, Y의 기대치와 분산을 각각 μ_x, μ_y 및 σ_x^2, σ_y^2이라고 하고, 다음과 같은 기대치를 구하면, $E[(X-\mu_x)(Y-\mu_y)]$와 같은 기대치를 X, Y의 공분산(covariance)이라고 하며, $Cov(X,Y)$ 혹은 σ_{xy}로써 표시한다.

$$E[(X-\mu_x)(Y-\mu_y)] = E(XY - \mu_y X - \mu_x Y + \mu_x \mu_y)$$
$$= E(XY) - \mu_x \mu_y \quad (\because E(X)=\mu_x,\ E(Y)=\mu_y)$$

2. 만약 X, Y가 서로 독립이면 $E(XY) = E(X) \cdot E(Y) = \mu_x \cdot \mu_y$ 식과 같이 되므로 공분산은 영(0)이 된다.

3. 여기서 공분산의 추정치로서 $\hat{\sigma}_{xy} = V_{xy}$로 표기되기도 하며,

$V_{xy} = S_{(xy)}/(n-1)$ 로 계산된다.

여기서, $S_{(xy)} = \sum(x_i - \bar{x})(y_i - \bar{y}) = \sum x_i y_i - \dfrac{(\sum x_i)(\sum y_i)}{n}$

[참고] $S_{(xy)}$는 산포 척도인 편차제곱합 또는 변동이라고 한다.

정답 06. ①

04 다음 고장목(FT도)의 시스템의 신뢰도는?

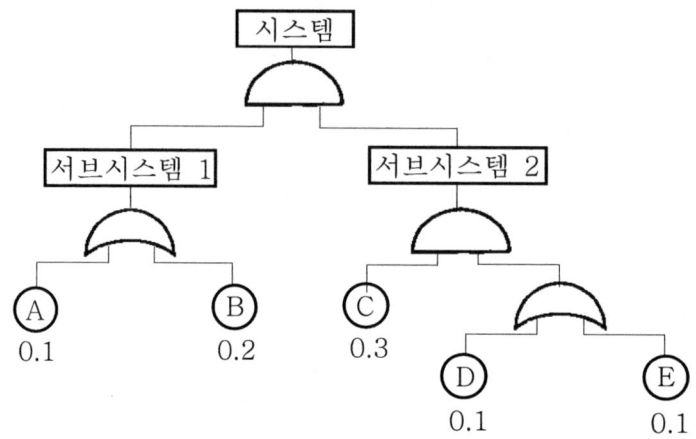

① 0.94567　② 0.95674　③ 0.96543　④ 0.97654　⑤ 0.98404

해설　⑤ [○] 고장목(木)에서 시스템의 신뢰도 $R_S = 1 - F_S = 1 - 0.01596 = 0.98404$

여기서, $F_S = F(S_1) \times F(S_2) = [1-(1-F_A)(1-F_B)] \times F_C \times [1-(1-F_D)(1-F_E)]$

$= [1-(1-0.1)(1-0.2)] \times 0.3 \times [1-(1-0.1)(1-0.1)]$

$= 0.28 \times 0.057 = 0.01596$

4.7 신뢰성 설계 및 관리

> 신뢰성 설계 기술

01 다음 중 신뢰성증대를 위한 설계방법과 가장 거리가 먼 것은?

① Fault Tree Analysis   ② Redundancy 설계   ③ Fool Proof 설계
④ Fail Safe 설계   ⑤ 스트레스-강도 모델

해설 ① [×] FTA(Fault Tree Analysis, 고장나무분석)는 FMEA나 FMECA와 더불어 시스템의 고장해석 방법이다.

02 신뢰도 평가법 중 RACER법은 부품 등에 대하여 5가지 요소를 평점하여 어느 부품을 선정할 것인지를 결정하려는 방법이다. 5가지 평가요소에 속하지 않는 것은?

① Reliability   ② Availability   ③ Compatibility   ④ Repairability
⑤ Reproducibility

해설 ④ [×] RACER법은 웨스팅하우스(WH)사에서 레이팅시스템(rating system)이라는 방법으로 제안되어 제품 및 부품 선정법으로 활용되고 있다.
㉠ Reliability(신뢰도), ㉡ Availability(공급성), ㉢ Compatibility(적합성)
㉣ Economy(경제성), ㉤ Reproducibility(교환성 및 균일성)

03 구성품의 일부가 고장이 나더라도 그 구성부분이 고장이 나지 않도록 설계되어 있는 것으로 가장 적합한 것은?

① 리던던시설계   ② 보전성설계   ③ 내환경성설계
④ 세이프라이프설계(Safe-life설계)   ⑤ 풀푸르프설계(Fool-proof설계)

해설 ① [○] 구성품의 일부가 고장나더라도 그 구성부분이 고장나지 않도록 설계되어 있는 것을 리던던시(용장, 병렬, 과잉, 여유)설계라고 한다.
② 수리나 점검을 쉽게 하도록 하는 설계이다.

정답   01. ①   02. ④   03. ①

③ 여러 환경 조건을 사전 검토하여 각각에 대해 내성(耐性)을 강화하는 것이다.
④ Safe-life설계는 고장이 생겨도 시스템의 기능 확보가 되도록 하는 설계.
⑤ 사용자가 잘못 사용하면 작동이 일어나지 않아 사고를 미연에 방지할 수 있도록 하는 설계이다. 일명 멍청이방지설계, 오조작방지설계라고도 한다.

04 신뢰성을 개선하기 위해 계획적으로 부하를 정격치에서 경감하는 것은?
① 스크리닝 ② 디버깅 ③ 리던던시 ④ 디레이팅 ⑤ 번인

해설 ④ [○] 제시문은 '디레이팅(Derating)'에 대한 내용이다.
② 초기고장을 줄이기 위해 사용 개시 전 작동시켜 결함을 미연에 제거하는 것
③ 구성품의 일부가 고장이 나더라도 시스템이 고장나지 않도록 설계하는 것
⑤ 번인(Burn-in)은 고장감지와 신뢰성 보장을 위해 정상사용 전에 전자제품에 파워 서플라이를 연결하고 높은 온도에서 몇 시간 연속가동하는 방식으로 문제점을 찾아내는 것

05 2개의 부품이 모두 작동하여야만 장치가 작동되는 경우 장치의 신뢰도를 0.97 이상이 되게 하려면 각 부품의 신뢰도는 최소한 얼마 이상이 되어야 하는가? (단, 사용된 2개 부품의 신뢰도는 동일하다.)
① 0.955 ② 0.965 ③ 0.975 ④ 0.985 ⑤ 0.995

해설 ④ [○] 2개의 부품이 모두 작동하여야만 장치가 작동되는 경우는 2개 부품이 직렬로 결합된 때이다. 각 부품의 신뢰도를 R_i 라고 하면 장치의 신뢰도는 $R_S = \prod_{i=1}^{2} R_i$ 이다. 만일 2개 부품의 신뢰도가 같을 경우 $R_S = (R_i)^2 \geq 0.97$ 로부터 $R_i \geq \sqrt{0.97} = 0.985$

06 시스템의 신뢰성 설계에 관한 설명으로 옳은 것은?
① 강건설계(Robust design)는 대체성을 가진 별개의 부품을 확보하여 시스템의 신뢰도를 높일 수 있다.

② 손상허용설계는 부품에 손상이 있어도 보전작업으로 검출하여 안전성이 보존될 수 있도록 배려하는 설계이다.
③ 풀프루프(fool-proof)는 기계가 고장이 나더라도 안전장치가 작동해 항상 안전적으로 작동하는 시스템을 말하며, 예를 들어 교통신호와 같이 고장 시에는 상시 빨간 신호가 되는 것과 같은 시스템이다.
④ 페일세이프(fail-safe)는 인간이 오동작을 해도 방지되는 시스템을 말하며, 예를 들어 세탁기의 탈수장치와 같이 덮개를 열면 정지되는 시스템이다.
⑤ 인간공학적 설계라는 것은 부품의 설계방법, 작업방법, 작업환경의 설정 등을 기계의 능력이나 한계에 적합하게 설정하는 설계이다.

해설 ② [○] 손상 허용 설계는 기계 구조에 발견되지 않은 결함이 내재된 것으로 가정하여, 피로와 부식에 의한 재료의 약화가 발생하더라도 차기 기체 검사까지는 치명적인 사고로 발전하지 않도록 대비하는 설계 기법이다.
① 강건설계(Robust design)는 제품이나 공정이 초기부터 환경변화, 즉 노이즈에 의해 영향을 받지 않거나 덜 받도록 설계하는 것을 의미한다.
③ 풀프루프(fool-proof)는 멍청이 같은 사람이 기기조작을 하더라도 실수가 일어나지 않도록 하는 설계방식의 개념이다.
④ 페일세이프(fail-safe)는 설비가 기능 실패가 발생하더라도 시스템의 안전사고가 방지되도록 하는 것을 말한다.
⑤ 인간공학적 설계는 부품의 설계방법, 작업방법, 작업환경의 설정 등을 인간의 능력이나 한계에 적합하게 되도록 설정하는 것을 말한다.

07 안전장치에 관한 설명으로 옳은 것을 모두 고른 것은?

> ㄱ. 고전압용 기계 설비의 플러그 모양이 일반 제품과 다른 것은 트립(trip)기구 안전장치에 해당된다.
> ㄴ. 정전이 되어도 일정 시간 긴급 발전을 해서 제어기가 작동하도록 하는 장치는 페일-패시브(fail-passive) 안전장치에 해당된다.
> ㄷ. 회전부 덮개가 완전히 닫히지 않으면 정상 작동하지 않는 장치는 인터로크(interlock) 안전장치에 해당된다.

① ㄱ   ② ㄷ   ③ ㄱ, ㄴ   ④ ㄴ, ㄷ   ⑤ ㄱ, ㄴ, ㄷ

정답 07. ②

해설 ② [○] (ㄷ)항은 연동장치(interlock)에 해당하며, 맞는 내용이다.

(ㄱ) [×] 고전압용 기계 설비의 플러그 모양이 일반 제품과 다른 것은 풀 프루프(fool proof)기구 안전장치에 해당된다.

(ㄴ) [×] 정전이 되어도 일정 시간 긴급 발전을 해서 제어기가 작동하도록 하는 장치는 페일-액티브(fail-active) 안전장치에 해당된다.

08 기계 또는 설비에 이상이나 오동작이 발생하여도 안전사고를 발생시키지 않도록 2중 또는 3중으로 통제를 가하도록 한 체계에 속하지 않는 것은?

① 다경로하중구조   ② 하중경감구조   ③ 교대구조   ④ 격리구조
⑤ 중복구조

해설 ④ [×] 제시문은 '페일세이프(fail-safe)' 내용이다. 격리구조는 해당이 없다.

○ 페일세이프(fail-safe)
1. 페일세이프(fail-safe) : 시스템에 고장(fail)이 발생할 경우, 그로 인해 더 위험한 상황이 되는 것이 아니라 더 안전한(safe) 상황이 되도록 하는 설계나 장치를 말한다.
2. 페일세이프 종류 : 다경로하중구조, 하중경감구조, 교대구조, 중복구조

09 산업 현장에서는 생산설비에 부착된 안전장치를 생산성을 위해 제거하고 사용하는 경우가 있다. 이와 같이 고의로 안전장치를 제거하는 경우에 대비한 예방설계 개념으로 옳은 것은?

① Fail Safe   ② Fool Proof   ③ Lock Out   ④ Tamper Proof
⑤ Safe Life

해설 ④ [○] Tamper Proof는 고의로 안전장치를 제거하는 경우에 대비한 예방설계로서 변조방지의 의미를 가진다.

○ Tamper proof (변조 방지)
1. 고의로 안전장치를 제거하는 데에 대비한 예방설계
2. 부당하게 변경하는 것을 방지하는 것
3. 임의로 변경하는 것을 금지
4. 위험설비의 안정장치를 제거할 경우 작동하지 않음

① Fail safe(페일세이프) : 인간 또는 기계에 동작상의 실패가 있어도 안전 사고를 발생시키지 않도록 2중 또는 3중으로 통제 장치를 가하는 것을 말한다.
  1. 고장이 생겨도 어느 기간 동안은 정상기능이 유지되는 구조
  2. 병렬 계통이나 대기 여분을 갖춰 항상 안전하게 유지되는 기능

② Fool proof(풀 프루프) : '멍청이방지'라는 사전상 의미로부터 응용된 것이다.
  1. 인간의 실수가 있어도 안전장치가 설치되어 사고나 재해로 연결되지 않는 구조
  2. 바보가 작동을 시켜도 안전하다는 뜻
  3. '실패가 없다, 바보라도 취급한다'라는 뜻으로 정리하면
    → 정해진 순서대로 조작하지 않으면 기계가 작동하지 않는다.
    → 오조작을 하여도 사고가 나지 않는다.
    참고로, '바보보장'의 의미로도 볼 수 있다. 바보가 잘못해도 안전확보는 가능하다.

⑤ Safe Life(안전수명) 설계 : 항공기 등의 설계수명 기간 내에는 구조에 작용하는 모든 하중에 대해 부재가 파손되지 않을 정도의 응력이 작용하도록 설계하는 기법이다.

10 부품고장이 발생하여도 기계가 추후 보수가 될 때까지 안전한 기능을 유지할 수 있도록 하는 기능은?

① fail soft   ② fail active   ③ fail operational   ④ fail passive
⑤ tamper proof

해설 ③ [○] 제시문은 'fail operational'에 대한 내용이다.
  ○ Fail safe의 기능면에서의 분류 (3단계)
    1. Fail-passive : 부품이 고장났을 경우 통상 기계는 정지하는 방향으로 이동(일반적인 산업기계)
    2. Fail-active : 부품이 고장났을 경우 기계는 경보를 울리는 가운데 짧은 시간 동안 운전가능
    3. Fail-operational : 부품의 고장이 있더라도 기계는 추후 보수가 이루어질 때까지 안전한 기능 유지 (병렬구조 등으로 되어 있으며, 운전상 가장 선호하는 방법)

정답 10. ③

11 다음 중 조작상의 과오로 기기의 일부에 고장이 발생하는 경우, 이 부분의 고장으로 인하여 사고가 발생하는 것을 방지하도록 설계하는 방법은?

① 신뢰성 설계
② 페일 세이프(fail safe) 설계
③ 풀 프루프(fool proof) 설계
④ 사고 방지(accident proof) 설계
⑤ 탬퍼 프루프(tamper proof) 설계

해설 ② [○] 제시문은 페일 세이프(fail safe) 설계에 대한 내용이다. fail safe는 장치나 기기가 고장이 나더라도 시스템의 안전이 확보되도록 하는 설계이다.
③ 풀 프루프(fool proof) 설계는 멍청이방지라는 사전상의 의미인데, 사용자의 조작실수 등이 있더라도 시스템이나 기기의 안전이 확보되도록 설계하는 것이다.

12 다음 중 인간 오류에 관한 설계기법에 있어 전적으로 오류를 범하지 않게는 할 수 없으므로 오류를 범하기 어렵도록 사물을 설계하는 방법은?

① 배타설계(exclusive design)
② 예방설계(prevent design)
③ 최소설계(minimum design)
④ 감소설계(reduction design)
⑤ 리던던시설계(redundancy design)

해설 ② [○] 제시문은 '예방설계(prevent design)'에 대한 내용이다. 예방설계는 "오류를 범하기 어렵도록 사물을 설계"를 하는 것이다.
① 배타설계 : 오류를 범할 수 없도록 사물을 설계

13 인간-기계 시스템에서 인간의 과오나 동작상의 실패가 있어도 안전사고를 발생시키지 않도록 하는 설계 시스템을 무엇이라고 하는가?

① lock system
② fail-safe system
③ fool-proof system
④ accident-check system
⑤ safe-life system

해설 ③ [○] 제시문에 해당하는 적절한 것은 'fool-proof system'이다.

14 인간 오류에 관한 일반 설계기법 중 오류를 범할 수 없도록 사물을 설계하는 기법은?

정답 11. ② 12. ② 13. ③ 14. ③

① Fail Safe 설계   ② Interlock 설계   ③ Exclusion 설계
④ Prevention 설계   ⑤ Fool Proof 설계

해설 ③ [○] 제시문에 해당하는 적절한 것은 'Exclusion 설계(배타 설계)'이다.
   ① Fail Safe 설계 : 기계의 고장이나 기능 불량 또는 동작에 문제가 생겨도 작동이 안전한 방향으로 되도록 설계하는 것
   ② Interlock 설계 : 인터록(interlock)은 2개의 매커니즘 또는 기능의 상태를 서로 연동되도록 만들어 주는 기능이다. 유한상태 기계에서 원치 않는 상태를 예방하기 위해 설계하는 것
   ⑤ Fool Proof 설계는 인간이 실수를 저질러도 안전장치가 되어 있어 사고나 재해로 이어지지 않도록 설계하는 것

15 풀 프루프(fool proof)가 적용된 기계·기구에 해당되지 않는 것은?
① 카메라의 이중촬영 방지기구   ② 프레스기의 양수조작식 방호장치
③ 압력용기의 안전밸브   ④ 사출성형기의 인터로크(interlock)식 가드
⑤ 산업용 로봇의 작업장(안전울) 안전플러그

해설 ③ [○] 압력용기의 안전밸브는 페일 세이프(fail safe)의 적용 사례이다. 풀 프루프(fool proof)는 제어계 시스템이나 제어 장치에서 인간의 오동작 방지를 위한 설계를 말한다. 페일 세이프는 기능실패 시에도 안전확보되는 설계이다.

> 신뢰성 설계 절차 관련

01 시스템 전체의 설계목표치를 결정함과 동시에 부차시스템이나 하위구성부분에 대하여 각각 신뢰성목표치를 배분하는 것을 신뢰성배분(reliability allocation)이라 한다. 이러한 신뢰성배분에 있어서는 일반적인 방침이 있는 바 그 내용으로서 틀린 것은?
① 기술적으로 복잡한 구성부품에 대해서는 되도록 낮은 목표치를 배분한다.
② 원리적으로 단순한 구성부품에 대해서는 높은 목표치를 배분한다.
③ 고성능을 요구하는 구성부품에 대해서는 되도록 높은 목표치를 배분한다

정답 15. ③ | 01. ③

④ 사용경험이 많은 구성부품에 대해서는 높은 목표치를 배분한다.
⑤ 시스템 측면에서 요구되는 고장률의 중요성에 의거하여 배분한다.

해설   ③ [×] 고성능을 요구하는 구성부품에 대해서는 고장발생확률이 높으므로 신뢰성해석 및 사전개선 대책이 쉽도록 되도록 낮은 목표치를 배분한다(자주 출제됨).

02 3개의 서브시스템 B_1, B_2, B_3로 이루어진 직렬구조의 시스템이 있다. 서브시스템 B_1, B_2, B_3의 실적 고장률이 각각 0.002, 0.005, 0.004(회/시간)로 알려져 있을 때 20시간에서 시스템의 신뢰도를 0.9이상이 되도록 하려면 서브시스템 B_1에 배분되어야 할 고장률은 약 얼마인가?

① 0.00096   ② 0.00176   ③ 0.00527   ④ 0.18182   ⑤ 0.25243

해설   ① [○] $R_S(t) = e^{-\lambda_S \cdot t}$ → $\ln R_S(t) = -\lambda_S \cdot t$ → $\lambda_S = -\dfrac{\ln 0.9}{20} = 0.00527$

서브시스템 B_1에 배분되어야 할 고장률은 비례 원칙에 근거하여 구한다.

$$\lambda_1 = \lambda_S \times \dfrac{\lambda_1}{\sum \lambda_i} = 0.00527 \times \dfrac{0.002}{0.002 + 0.005 + 0.004} = 0.000958$$

스트레스 · 강도 모델

01 간섭이론의 부하-강도(Stress-strength) 분석곡선에 대한 설명으로 가장 올바른 것은?

① 부하의 평균이 클수록 신뢰도는 높아진다.
② 부하의 분산이 클수록 신뢰도는 높아진다.
③ 부하와 강도가 겹치는 부분은 불신뢰도이다.
④ 부하와 강도의 분산이 같을 때 평균 차이가 작을수록 신뢰도는 높아진다.
⑤ 부하와 강도가 겹치는 부분은 시간이 경과될수록 점점 작아진다.

해설   ③ [○] 부하와 강도가 겹치는 부분은 불신뢰도라 하고 고장이 생기는 부분이다.

정답   02. ① | 01. ③

① 부하의 평균이 클수록 신뢰도는 낮아진다.
② 부하의 분산이 클수록 신뢰도는 낮아진다.
④ 부하와 강도의 분산이 같을 때 평균 차이가 클수록 신뢰도는 높아진다.
⑤ 부하와 강도가 겹치는 부분은 시간이 경과될수록 점점 커진다.

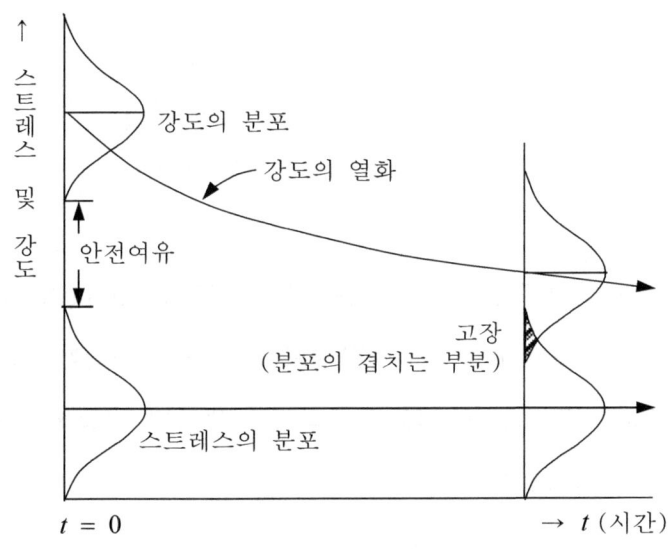

[그림] 스트레스·강도 모델

02 부하-강도 모형(stress-strength model)에서 고장이 발생할 경우에 관한 사항으로 틀린 것은?

① 불신뢰도는 부하가 강도보다 클 확률이다.
② 고장의 발생 확률은 불신뢰도와 같다.
③ 안전계수가 작을 수록 고장이 증가한다.
④ 부하보다 강도가 커짐으로 고장이 증가한다.
⑤ 고장은 스트레스가 제품의 강도를 초과하였을 때 발생한다.

해설 ④ [×] 강도보다 부하(스트레스)가 커짐으로 인해 고장이 증가한다.
○ 만일 [$D = X - Y =$ 스트레스(부하) - 강도]이라면 $D > 0$일 때 스트레스가 강도보다 크기 때문에 고장이 발생한다.

정답 02. ④

03 재료부하의 평균 $\mu_X = 1$, 표준편차 $\sigma_X = 0.4$이고, 재료강도의 표준편차 $\sigma_Y = 0.4$이다. μ_X와 μ_Y로부터의 거리는 $n_X = n_Y = 2$일 때 안전계수 $m = 2$로 하고 싶은 경우 재료의 평균강도(μ_Y)는 얼마이어야 하는가?

① 1.2 ② 1.5 ③ 2.5 ④ 3.5 ⑤ 4.4

해설 ⑤ [○] 안전계수 $m = \dfrac{\mu_Y - n_Y \cdot \sigma_Y}{\mu_X + n_X \cdot \sigma_X} = \dfrac{\mu_Y - 2 \times 0.4}{1 + 2 \times 0.4} = 2 \;\to\; \mu_Y = 4.4$

04 어떤 재료에 가해지는 부하의 분포는 평균 1,500kgf/mm², 표준편차 30kgf/mm²인 정규분포를 따르고, 사용재료 강도 분포는 평균 1,600kgf/mm², 표준편차 40kgf/mm²인 정규분포를 따른다. 이 재료의 신뢰도는 약 얼마인가? (단, $P_r(U < 2) = 0.9772$ 이다.)

① 68.27% ② 95.46% ③ 96.45% ④ 97.72% ⑤ 99.73%

해설 ④ [○] 강도를 S, 부하(스트레스)를 Q라 하면, 여유 $D = S - Q$는 정규분포 $N(\mu_S - \mu_Q,\; \sigma_S^2 + \sigma_Q^2)$을 따르므로 강도가 부하보다 커서 고장이 나지 않을 확률인 신뢰도는 $R(t) = P_r(D > 0) = P_r\left(\dfrac{D - \mu_d}{\sigma_d} > \dfrac{0 - (\mu_S - \mu_Q)}{\sqrt{\sigma_S^2 + \sigma_Q^2}}\right)$

$= P_r\left(U > \dfrac{0 - (1{,}600 - 1{,}500)}{\sqrt{40^2 + 30^2}}\right) = P_r(U > -2) = P_r(U < 2) = 0.9772\;(97.72\%)$

05 A제품의 파괴강도는 50kgf/cm² 이상이다. 파괴강도의 크기가 평균 45kgf/cm²이고, 표준편차가 5kgf/cm²의 정규분포를 따른다면 이 제품이 파괴될 확률은? (단, Z는 표준정규확률변수이다.)

① $P(Z \leq 1)$ ② $P(Z > 1)$ ③ $P(Z \leq 2)$ ④ $P(Z > 2)$ ⑤ $P(Z > 2.3)$

정답 03. ⑤ 04. ④ 05. ②

해설 ② [○] $P_r(X \geq 50) = P_r\left(\dfrac{X-\mu}{\sigma} \geq \dfrac{50-\mu}{\sigma}\right) = P_r\left(Z \geq \dfrac{50-45}{5}\right) = P_r(Z \geq 1)$

06 어떤 재료에 가해지는 부하의 평균은 20kgf/mm² 이고, 표준편차는 3kgf/mm² 이다. 그리고 사용재료의 강도는 평균 35kgf/mm² 이고, 표준편차 4kgf/mm² 이다. 이 재료의 신뢰도는 약 얼마인가? (단, $P_r(U < 1.69)$ =0.9545, $P_r(U < 2.06)$ =0.9750, $P_r(U < 2.35)$ =0.9906, $P_r(U < 2.78)$ =0.9973, $P_r(U < 3.02)$ =0.9987)

① 95.45%   ② 97.73%   ③ 98.34%   ④ 99.73%   ⑤ 99.87%

해설 ⑤ [○] 강도를 S, 부하(스트레스)를 Q라 하면 여유 $D = S - Q$는 정규분포 $N(\mu_S - \mu_Q,\ \sigma_S^2 + \sigma_Q^2)$을 따른다. 신뢰도는 강도가 부하보다 커서 고장이 나지 않을 확률이다.

$$R(t) = P_r(D > 0) = P_r\left(\dfrac{D - \mu_d}{\sigma_d} > \dfrac{0 - (\mu_S - \mu_Q)}{\sqrt{\sigma_S^2 + \sigma_Q^2}}\right) = P_r\left(U > \dfrac{0 - (35 - 20)}{\sqrt{4^2 + 3^2}}\right)$$

$$= P_r(U > -3) = P_r(U < 3) = 0.9987\ (99.87\%)$$

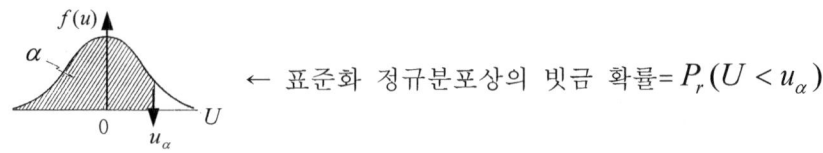

← 표준화 정규분포상의 빗금 확률 = $P_r(U < u_\alpha)$

07 부하(y)의 분포는 μ_y =1,500, σ_y =30인 정규분포를 따르고, 강도(x)의 분포는 μ_x =1,600, σ_x =40인 정규분포를 따른다고 할 때 제품이 고장날 확률은? (단, $P_r(U < 1.69)$ =0.9545, $P_r(U < 2.00)$ =0.9772, $P_r(U < 2.35)$ =0.9906, $P_r(U < 2.78)$ =0.9973, $P_r(U < 3.02)$ =0.9987)

① 97.72%   ② 95.44%   ③ 4.56%   ④ 2.28%   ⑤ 1.54%

정답 06. ⑤   07. ④

해설 ④ [○] 강도를 x, 부하(스트레스)를 y라 하면 여유 $D=x-y$는 정규분포 $N(\mu_x - \mu_y, \sigma_x^2 + \sigma_y^2)$을 따른다. 불신뢰도(고장이 날 확률) $F(t)$는 강도가 부하보다 작아서 고장이 날 확률이다.

$$F(t) = P_r(D<0) = P_r\left(\frac{D-\mu_d}{\sigma_d} < \frac{0-(\mu_x-\mu_y)}{\sqrt{\sigma_x^2+\sigma_y^2}}\right) = P_r\left(U < \frac{0-(\mu_x-\mu_y)}{\sqrt{\sigma_x^2+\sigma_y^2}}\right)$$

$$= P_r\left(U < \frac{0-(1{,}600-1{,}500)}{\sqrt{40^2+30^2}}\right) = P_r(U<-2.0) = P_r(U>2.0)$$

$$= 1-0.9772 = 0.0228(2.28\%)$$

제 5 장

시스템안전공학

5.1 시스템안전 개요 / 242

5.2 시스템안전 설계 및 평가 / 247

5.3 시스템 위험성 평가 및 기법 / 256

5.4 시스템 안전확보 설비보전 / 264

5.5 산업안전 분야별 안전원리 / 270

5.1 시스템안전 개요

> 시스템안전 계획 및 업무

01 다음 중 시스템 안전관리의 주요 업무와 가장 거리가 먼 것은?

① 시스템 안전에 필요한 사항의 식별 ② 안전활동의 계획, 조직 및 관리
③ 시스템 안전활동 결과의 평가 ④ 생산시스템의 비용과 효과 분석
⑤ 다른 시스템 프로그램 영역과 조정

해설 ④ [×] 생산시스템의 비용과 효과 분석은 시스템 안전관리의 주요 업무와 가장 거리가 멀고, 제조경쟁력 확보를 위한 이익증대와 관련성이 크다.

02 시스템 안전 프로그램에 있어 시스템의 수명 주기를 일반적으로 5단계로 구분할 수 있는데 다음 중 시스템 수명주기의 단계에 해당하지 않는 것은?

① 구상단계   ② 개발단계   ③ 분석단계   ④ 생산단계   ⑤ 운전단계

해설 ③ [×] 시스템 수명 5주기
  1. 구상단계 2. 정의단계 3. 개발단계 4. 생산단계 5. 운전단계

03 인간-기계 시스템의 설계 과정을 [보기]와 같이 분류할 때 다음 중 기능을 할당하는 단계는?

1단계 : 시스템의 목표와 성능명세 결정	2단계 : 시스템의 정의
3단계 : 기본 설계	4단계 : 인터페이스 설계
5단계 : 보조물 설계 혹은 편의수단 설계	6단계 : 평가

① 기본 설계   ② 인터페이스 설계   ③ 시스템의 목표와 성능명세 결정
④ 시스템의 정의   ⑤ 보조물 설계 혹은 편의수단 설계

해설 ① [○] 3단계(기본 설계)에서 기능의 할당, 인간성능의 요건 명세, 직무분석, 직무설계 등의 작업이 진행된다.

정답 01. ④   02. ③   03. ①

04 인간-기계 시스템에서 시스템의 설계를 다음과 같이 구분할 때 제3단계인 기본설계에 해당되지 않는 것은?

1단계 : 시스템의 목표와 성능명세 결정	2단계 : 시스템의 정의
3단계 : 기본설계	4단계 : 인터페이스 설계
5단계 : 보조물 설계	6단계 : 시험 및 평가

① 화면 설계 ② 작업 설계 ③ 직무 분석 ④ 기능 할당
⑤ 인간성능의 요건 명세

해설 ① [×] 화면 설계는 '4단계 인터페이스설계' 항목이다.

시스템 고장 욕조곡선

01 욕조곡선은 초기고장기간, 우발고장기간, 마모고장기간의 3가지로 구분된다. 다음 설명 중 틀린 것은?

① 초기고장기간의 고장률은 DFR을 한다.
② 우발고장기간의 고장률은 CFR을 한다.
③ 마모고장기간의 고장률은 IFR을 한다.
④ 우발고장기간의 고장률은 DFR, CFR, IFR의 복합형태를 보인다.
⑤ 마모고장기간의 고장률 감소는 정기보전이 유효하다.

해설 ④ [×] 욕조곡선(고장률곡선)에서 초기고장기간의 고장률은 DFR(감소형 고장률), 우발고장기간의 고장률은 CFR(일정형 고장률), 마모고장기간의 고장률은 IFR(증가형 고장률)이다.

02 다음 중 마모고장기간에 나타나는 고장메커니즘이 아닌 것은?

① 마모 ② 부식 ③ 피로 ④ EOS(Electrical Over Stress)
⑤ 수축·균열

해설 ④ [×] EOS는 우발고장기간에서의 고장메카니즘에 속한다.

정답 04. ① | 01. ④ 02. ④

○ 마모고장기간에서는 열화로 인하여 부식·산화, 마모·피로, 노화·퇴화, 수축·균열 등의 현상이 일어나 고장을 일으킨다.

03 그림에서 기간 B의 신뢰도함수의 표현으로 가장 올바른 것은?

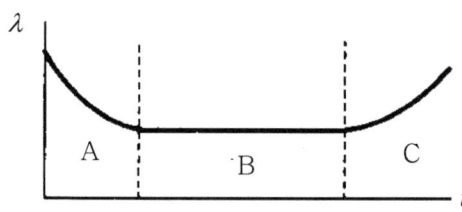

① $R(t) = e^{\lambda t}$ ② $R(t) = e^{\lambda t^m}$ ③ $R(t) = e^{-\lambda t^m}$ ④ $R(t) = e^{-\lambda t}$

⑤ $R(t) = e^{-(\lambda t)^2}$

해설 ④ [○] 우발고장기간에는 고장률은 시간적으로 거의 일정하며 안정되는 CFR의 부분이다. 우발고장기간의 신뢰도 $R(t)$는 지수분포에 따른다. 즉, 지수분포를 따를 때 $R(t) = e^{-\lambda t}$이 된다.

04 고장률함수가 일정형(CFR)인 경우 고장확률밀도함수는 일반적으로 어떤 분포형태를 나타내는가?

① 지수분포 ② χ^2분포 ③ 정규분포 ④ 대수정규분포 ⑤ 포아송분포

해설 ① [○] 고장확률밀도함수가 지수분포에 따르면 고장률은 CFR형이 된다.

05 내용수명(useful life of longevity)이란?

① 규정된 고장률 이하의 기간 ② 우발고장의 기간 ③ 마모고장의 기간
④ 초기고장의 기간 ⑤ 감가상각 기간

해설 ① [○] 우발고장기간에는 고장률은 시간적으로 거의 일정하며 안정되는 CFR의 부분이다. 이 기간의 길이를 내용수명(longevity, 耐用수명)이라 한다. 내용수명은 $\lambda(t)$가 미리 규정된 고장률의 값보다 낮은 기간의 길이이며, 실제로는 경제적인 면에서 정해진다.

시스템 유지 고장대책

01 아이템의 친숙함을 좋게 하거나 특성을 안정시키는 것 등을 위해 사용 전에 일정한 시간을 동작시키는 것을 무엇이라 하는가?

① 디레이팅(derating) ② 소진(burn-in) ③ 중복설계(redundancy)
④ 결점(defect) ⑤ 스크리닝(screening)

해설 ② [○] 번인(burn-in, 소진)은 장기간 모의상태하에서 많은 구성품을 동작시켜 합격한 것만으로 장치의 조립에 사용하는 것을 말한다.
① 디레이팅은 구성부품에 걸리는 부하의 정격값에 여유를 두는 설계 방법이다.
③ 리던던시 설계는 구성품의 일부가 고장나더라도 그 구성부분이 고장나지 않도록 설계되어 있는 것을 리던던시[용장(冗長), 과잉, 여유]설계라고 하며, 병렬설계를 한다.
⑤ 스크리닝(screening)은 부품이나 기기 또는 그 시스템에서 신뢰성을 높이기 위하여 품질이 떨어지는 것이나 고장 발생 초기의 것을 검출, 제거하는 활동이다.

02 다음은 마모고장기간의 고장률을 감소시키기 위한 대책이다. 이 중 가장 적절한 것은?

① 예방보전을 실시한다. ② 사후보전을 실시한다.
③ 혹사하지 않도록 한다. ④ 과부하가 걸리지 않게 한다.
⑤ 디그레이딩(degrading)을 한다.

해설 ① [○] IFR 기간인 마모고장기간은 예방보전의 실시가 올바른 대책이다.
⑤ 디그레이딩(degrading)은 정격부하보다 낮은 부하를 걸어 작동시켜 문제를 사전에 걸러 내는 목적으로 초기고장기간의 활동이다. 한편, 우발고장기간에 사용되는 경우도 있다.
○ 고장률의 패턴별 고장에 대한 대책으로서는 다음과 같이 행한다.
  1. 초기고장기간의 고장대책으로서는 debugging, degrading을 행한다.
  2. 우발고장기간의 고장대책으로서는 사용 및 보전을 잘 수행하며, 극한상황을 고려한 설계, 안전계수를 고려한 설계 등이 사용된다.

정답 01. ②   02. ①

3. 마모고장기간의 고장대책으로서는 예방보전에 의해서만 감소시킬 수 있으므로 예방보전을 잘 수행할 필요가 있다.

03 아이템 사용 중의 고장을 미연에 방지하거나 아이템을 사용 가능한 상태로 유지하기 위해 계획적으로 하는 보전은?

① 사후보전   ② 생산보전   ③ 예방보전   ④ 긴급보전   ⑤ 보전예방

해설 ③ [○] 예방보전(PM)=정기보전(시간기준보전, TBM)+ 분해점검형보전(IR)+ 예지보전(상태기준보전, CBM)

① 사후보전(BM)=계획사후보전(PBM)+ 돌발사후보전(EBM), 돌발사후보전=긴급사후보전. EBM은 Emergency Breakdown Maintenance의 두문자

② 생산보전(PM)=보전예방(MP)+ 예방보전(PM)+ 사후보전(BM)+ 개량보전(CM)

04 다음 중 시스템의 수명곡선에서 초기고장 기간에 발생하는 고장의 원인으로 볼 수 없는 것은?

① 사용자의 과오   ② 빈약한 제조기술   ③ 불충분한 품질관리
④ 설치정도(精度) 불량   ⑤ 표준 이하의 재료를 사용

해설 ① [×] 사용자의 과오는 우발고장기간의 고장원인이 된다.

○ 초기고장은 불량제조나 생산과정에서의 불충분한 품질관리, 설계미숙, 표준이하의 재료 사용, 빈약한 제조기술 등으로 생기는 고장이다.

5.2 시스템안전 설계 및 평가

> 시스템안전 설계

01 안전율 결정인자가 아닌 것은?

① 기계설비의 제작비용　② 응력계산의 정확도
③ 다듬질면의 거칠기　④ 재료의 균질성에 대한 신뢰도
⑤ 불연속 부분의 존재

해설 ① [×] 기계설비 제작비용은 안전율 결정에 직접적 관련인자는 아니다.

○ 안전율 결정인자
1. 재질 및 그 균질성에 대한 신뢰도
2. 하중종류에 따른 응력 성질
3. 응력계산의 정확성에 대한 신뢰도
4. 공작, 조립의 정밀도와 잔류응력
5. 불연속부의 유무
6. 열처리, 표면다듬질 등
7. 마모, 부식, 열팽창 등의 영향

02 다음 중 인간-기계시스템의 설계시 시스템의 기능을 정의하는 단계는?

① 제1단계 : 시스템의 목표와 성능명세서 결정
② 제2단계 : 시스템의 정의　③ 제3단계 : 기본 설계
④ 제4단계 : 인터페이스 설계　⑤ 제5단계 : 촉진물 설계

해설 ② [○] 제시문에 해당하는 것은 '제2단계 : 시스템의 정의'이다.

○ 체계설계의 주요 과정
1단계 : 목표 및 성능명세 결정　　2단계 : 체계의 정의
3단계 : 기본 설계 (작업설계, 직무분석, 기능할당)
4단계 : 계면설계　5단계 : 촉진물 설계　6단계 : 시험 및 평가

정답　01. ①　02. ②

03 다음 중 시스템 안전계획(SSPP, System Safety Program Plan)에 포함되어야 할 사항으로 가장 거리가 먼 것은?

① 안전조직   ② 안전성의 평가   ③ 안전자료의 수집과 갱신
④ 안전기준   ⑤ 시스템의 신뢰성 분석비용

해설 ⑤ [×] 시스템의 신뢰성 분석비용은 시스템 안전계획의 포함사항은 아니다.
○ 시스템 안전계획(SSPP)의 포함사항
1. 계획의 개요 2. 안전조직 3. 계약조건 4. 관련부문과의 조정
5. 안전기준 6. 안전해석 7. 안전성 평가 8. 안전 데이터 수립 및 분석
9. 경과 및 결과 보고

04 인간-기계시스템의 설계를 6단계로 구분할 때, 첫 번째 단계에서 시행하는 것은?

① 기본설계   ② 시스템의 정의   ③ 인터페이스 설계
④ 촉진물 설계   ⑤ 시스템의 목표와 성능명세 결정

해설 ⑤ [○] 인간-기계시스템의 설계를 6단계로 구분

단계	단계명	내용
1단계	시스템의 목표와 성능명세 결정	시스템 설계 전 그 목적에 대한 성능결정 단계
2단계	시스템의 정의	시스템의 기능을 정의하는 단계
3단계	기본설계	시스템의 형태를 갖추는 초기단계(직무분석, 작업설계, 기능할당, 인간 성능 요건 명세 : 속도 정확성, 사용자만족, 유일한 기술개발에 필요한 시간 등)
4단계	계면설계 (인터페이스설계)	사용자의 편리성과 시스템의 성능에 관여하는 단계
5단계	촉진물(보조물) 설계	사용자의 성능을 증가시키는 단계
6단계	시험 및 평가	시스템 개발의 평가와 인간적인 요소 평가

05 시스템 안전분석 방법 중 예비위험분석(PHA)단계에서 식별하는 4가지 범주에 속하지 않는 것은?

정답   03. ⑤   04. ⑤   05. ④

① 위기상태   ② 무시가능상태   ③ 파국적상태   ④ 예비조처상태
⑤ 한계적상태

해설   ④ [×] 예비위험분석(PHA)단계에서 식별하는 4가지 범주
       1. 파국적 : 사망, 시스템 손상
       2. 위기적 : 심각한 상해, 시스템 중대 손상
       3. 한계적 : 경미한 상해, 시스템 성능 저하
       4. 무시 : 경미한 상해, 시스템 저하 없음

06 다음 중 기계설비의 안전조건으로 옳지 않은 것은?

① 제작의 안전성 : 기계설비는 제작에 있어 안전성이 확보되도록 하여야 한다.
② 외관의 안전성 : 기계설비의 외관은 기계적 재해예방을 위한 기본적인 안전조건이다.
③ 구조의 안전성 : 기계설비는 충분한 강도와 구조적 안전성을 유지하는 것이 기본 조건이다.
④ 작업의 안전성 : 기계설비는 작업 중 사고를 막기 위한 인간의 특성을 고려한 설계가 되어야 한다.
⑤ 보전의 안전성 : 기계설비의 고장·수리 등 긴급 보전작업이 안전하게 이행될 수 있도록 하여야 한다.

해설   ① [×] 제작의 안전성 : 기계설비는 기능의 안전성이 확보되도록 하여야 한다.
      ○ 기계설비의 5대 안전조건 : 외관의 안전성, 구조의 안전성, 기능의 안전성, 작업의 안전성, 보전의 안전성

07 다음 중 검사의 분류에 있어 검사방법에 의한 분류에 속하지 않는 것은?

① 규격검사   ② 시험에 의한 검사   ③ 육안검사
④ 기기에 의한 검사   ⑤ 타진에 의한 검사

해설   ① [×] 규격검사는 '검사대상에 의한 분류'에 해당한다.
      ○ 검사방법에 의한 분류 : 시험에 의한 검사, 육안검사, 기기에 의한 검사, 타진에 의한 검사
      ○ 검사대상에 의한 분류 : 기능(성능)검사, 형식검사, 규격검사

정답   06. ①   07. ①

08 다음 중 가속도에 관한 설명으로 틀린 것은?

① 가속도란 물체의 운동 변화율이다.
② 1G는 자유 낙하하는 물체의 가속도인 9.8m/s² 에 해당한다.
③ 선형가속도는 운동속도가 일정한 물체의 방향 변화율이다.
④ 운동방향이 전후방인 선형가속의 영향은 수직방향보다 덜하다.
⑤ 가속도는 시간에 따라 속도가 변하는 정도를 나타내는 물리량이다.

해설 ③ [×] 선형가속도는 방향이 바뀌지 않는 상태에서의 속도의 변화율이다. 일반적으로 물체는 속력이나 운동방향이 바뀌면서 속도가 변하는데, 이와 같이 속도가 시간에 따라 변할 때는 가속도가 있다고 한다. 가속도는 a라는 문자로 표기한다. 가속도 단위는 m/s² 이다. $a = \dfrac{\Delta v}{\Delta t}$

09 어느 공장에서는 작업자 1인과 불량탐지기 1대가 동시에 완제품을 검사하는 방식으로 품질검사를 수행하고 있다. 오랜 시간 관찰한 결과, 불량품에 대한 작업자의 발견 확률이 0.9이고, 불량탐지기의 발견 확률이 0.8이라면, 불량품이 품질검사에서 발견되지 않고 통과될 확률은? (단, 작업자와 불량탐지기의의 불량발견 확률은 서로 독립이다.)

① 0.2%   ② 2.0%   ③ 72.0%   ④ 98.0%   ⑤ 99.8%

해설 ② [○] 불량품이 품질검사에서 발견되지 않고 통과될 확률
=(1-0.9)×(1-0.8)×100=2.0%

10 조사연구자가 특정한 연구를 수행하기 위해서는 어떤 상황에서 실시할 것인가를 선택하여야 한다. 즉, 실험실 환경에서도 가능하고, 실제 현장 연구도 가능한데 다음 중 현장 연구를 수행했을 경우 장점으로 가장 적절한 것은?

① 비용 절감   ② 정확한 자료수집 가능   ③ 실험조건의 조절 용이
④ 일반화가 가능   ⑤ 연구결과의 높은 내적 타당성

해설 ④ [○] 연구가 자연 상태에서 이루어지기 때문에 매우 현실적이어서 결과의 일반화 가능성이 높다.

정답 08. ③   09. ②   10. ④

⑤ 실험과정 전체를 엄격하게 통제하는 것이 어렵기 때문에 연구결과의 내적 타당성이 낮다.

시스템안전 관리

01 다음에서 설명하는 기법은?

> 공장의 운전과 유지절차가 설계목적과 기준에 부합되는지를 확인하는 기법으로서 전문적인 지식과 책임을 가진 조직에 의해 행하여진다. 이 기법은 운전원, 관리책임자, 현장기술자, 안전관리자 등과의 인터뷰를 포함하여 정상 운전중인 공장의 운전조건, 운전절차, 유지상태 및 제반사항을 검토조직에서 여러 각도로 철저하게 검사하는 방법이다.

① 위험과 운전분석기법 ② 예비위험 분석기법
③ 상대위험 순위결정기법 ④ 안정성 검토기법
⑤ 인간오류 분석기법

해설 ④ [○] '안정성 검토기법'에 대한 내용이며, '설계의 안전성검토 기법'이라고도 한다. 한편, 설계안전성검토 관련 법령(건설기술진흥법 제75조)에 따라 실시되는 법령에 따른 용어이기도 하다.

02 인간-기계 체계(Man-Machine System)의 신뢰도(R_S)가 0.85 이상이어야 한다. 이때 인간의 신뢰도(R_h)가 0.9라면 기계의 신뢰도(R_m)는 얼마 이상이어야 하는가? (단, 인간-기계 체계는 직렬체계이다.)

① $R_m \geq 0.831$ ② $R_m \geq 0.877$ ③ $R_m \geq 0.915$ ④ $R_m \geq 0.932$
⑤ $R_m \geq 0.944$

해설 ⑤ [○] 시스템신뢰도(R_S)=기계신뢰도(R_m)×인간신뢰도(R_h)
$R_S \geq 0.85 = R_m \times 0.9 \rightarrow R_m \geq 0.944$

정답 01. ④   02. ⑤

03 작업자가 제어반의 압력계를 계속적으로 모니터링하는 작업에서 압력계를 잘못 읽어 에러를 범할 확률이 100시간에 1회로 일정한 것으로 조사되었다. 작업을 시작한 후 200시간 시점에서의 인간신뢰도는 약 얼마로 추정되는가?

① 0.02   ② 0.135   ③ 0.234   ④ 0.865   ⑤ 0.98

해설 ② [○] $R(t) = e^{-\lambda t} = e^{-(1/100) \times 200} = 0.135$

04 설비의 고장과 같이 발생확률이 낮은 사건의 특정시간 또는 구간에서의 발생횟수를 측정하는 데 가장 적합한 확률분포는?

① 이항분포(Binomial distribution)   ② 지수분포(Exponential distribution)
③ 와이블분포(Weibulll distribution)   ④ 포아송분포(Poisson distribution)
⑤ 베르누이분포(Bernoulli distribution)

해설 ④ [○] 포아송분포는 일정기간 동안 발생한 사고건수 등의 분포를 다룬다

○ 포아송분포(Poisson distribution)의 특징

1. 이항분포의 특수한 경우로서, 예를 들면 공장에서 일정기간 동안 발생한 사고건수, 직물의 일정한 단위면적 내에 있는 흠집의 수, 단위시간내의 걸려 오는 전화 수, 강판 등의 일정 면적당 흠의 수 등이 포아송분포를 하는 예가 된다.

2. 이항분포의 확률밀도함수
   $P_r(X = x) = p(x) = {}_nC_x P^x (1-P)^{n-x}$, $x = 0, 1, 2, \cdots, n$ 에서 n과 P를 결합하여 "$nP = m =$ 일정"하게 놓고, P를 매우 작게, n을 충분히 크게 취하면 이항분포는 더욱 간단한 다음의 포아송분포로 된다.

3. 포아송분포의 확률밀도함수 p.d.f.는 다음 식과 같이 주어진다.
   $$P(X = x) = p(x) = \frac{e^{-m} m^x}{x!}, \quad x = 0, 1, 2, \cdots, \quad m > 0$$

05 설비의 고장과 같이 발생확률이 낮은 사건의 특정시간 또는 구간에서의 발생횟수를 측정하는데 가장 적합한 확률분포는?

① 이항분포(binomial distribution)   ② 포아송분포(Poisson distribution)

정답 03. ②   04. ④   05. ②

③ 와이블분포(Welbull distribution) ④ 지수분포(exponential distribution)
⑤ 베르누이분포(Bernoulli distribution)

해설 ② [○] 포아송분포(Poisson distribution)는 단위 시간안에 어떤 사건이 몇 번 발생할 것인지를 표현하는 이산 확률분포이다.

① 이항분포(binomial distribution)는 몇 번의 독립 시행에서 어떤 사건이 일어날 확률과 일어나지 않을 확률의 두 항을 써서 나타내는 확률 분포이다.

③ 와이블분포(Welbull distribution)는 스웨덴의 Weibull이 고안한 고장률 함수의 분포에 따라 적절하게 고장확률밀도함수를 표현할 수 있도록 만든 확률분포이다.

④ 지수분포(exponential distribution)는 확률밀도함수가 지수적인 식으로 주어지는 분포이다.

⑤ 베르누이분포(Bernoulli distribution)는 어떤 실험을 1번 실행했을 때의 결과가 참/거짓, 0/1, True/False 등 두 가지 결과가 나올 때의 분포이다.

06 문제분석을 위한 기법 중 원과 직선을 이용하여 아이디어 문제, 개념 등을 개괄적으로 빠르게 설정할 수 있도록 도와주는 연역적 추론 기법에 해당하는 것은?

① 공정도(process chart) ② 마인드 맵핑(mind mapping)
③ 파레토 차트(Pareto chart) ④ 특성요인도(cause and effect diagram)
⑤ 연관도법(relation diagram)

해설 ② [○] 제시문에 해당하는 적절한 것은 '마인드 맵핑(mind mapping)'이다.

○ 마인드 맵핑(mind mapping)
1. 아이디어들과 그 상호연결 상태를 시각적으로 보여 주는 브레인스토밍 도구이며, 수형도(tree)와 같은 그래픽으로 보여 줄 수 있는 기법
2. 복잡한 아이디어와 정보를 이해하기 쉬운 쌍방향적인 시각자료로 만들어 의사소통을 쉽게 해 줌

정답 06. ②

시스템 안전성 평가

01 다음 중 안전성 평가 단계가 순서대로 올바르게 나열된 것으로 옳은 것은?

① 정성적 평가 → 정량적 평가 → FTA에 의한 재평가 → 재해정보로부터 재평가 → 안전대책

② 정량적 평가 → 재해정보로부터의 재평가 → 관계 자료의 작성준비 → 안전대책 → FTA에 의한 재평가

③ 관계 자료의 작성준비 → 정성적 평가 → 정량적 평가 → 안전대책 → 재해정보로부터의 재평가 → FTA에 의한 재평가

④ 정량적 평가 → 재해정보로부터의 재평가 → FTA에 의한 재평가 → 관계자료의 작성준비 → 안전대책

⑤ 관계 자료의 작성준비 → 정성적 평가 → 정량적 평가 → 안전대책 → FTA에 의한 재평가 → 재해정보로부터의 재평가

해설 ③ [○] 안전성 평가 6단계로서, 올바르게 나열된 것이다.
　　1단계 : 관계자료의 검토　　2단계 : 정성적 평가
　　3단계 : 정량적 평가　　　　4단계 : 안전대책
　　5단계 : 재해정보에 의한 평가　6단계 : FTA에 의한 재평가

○ [참고] 위험성평가 6단계 : (고용노동부 고시) 안전성 평가와는 별개임.
　　1단계 : 사전준비　　　　　2단계 : 유해・위험요인 파악
　　3단계 : 위험성 추정 〈삭제 2024. 12. 18〉
　　4단계 : 위험성 결정　　　　5단계 : 위험성 감소대책 수립 및 실행
　　6단계 : 위험성평가 실시내용 및 결과에 관한 기록 및 보존

02 안전성 평가의 기본원칙 6단계에 해당되지 않는 것은?

① 안전대책　　② 정성적 평가　　③ 관계 자료의 정비검토
④ 작업환경 평가　　⑤ 재해정보에 의한 평가

해설 ④ [×] 안전성 평가 6단계 중 작업환경 평가는 단계에 들지 않는다.

정답　01. ③　02. ④

03 화학설비의 안전성 평가 5단계 중 4단계에 해당하는 것은?

① 안전대책   ② 정성적 평가   ③ 정량적 평가   ④ 재평가
⑤ FTA에 의한 재평가

해설   ① [○] 화학설비의 안전성 평가 6단계 중 4단계는 '안전대책'이다.

04 A사의 안전관리자는 자사 화학설비의 안전성 평가를 위해 제2단계인 정성적 평가를 진행하기 위하여 평가항목 대상을 분류하였다. 주요 평가항목 중에서 설계관계 항목이 아닌 것은?

① 건조물   ② 공장 내 배치   ③ 입지조건   ④ 원재료, 중간제품
⑤ 소방설비

해설   ④ [×] 원재료, 중간제품은 운전관련 항목이다.
　　　○ 안정성 평가에서의 평가 항목
　　　　1. 정성적 평가 : 설계관련(입지조건, 공장내 배치, 건조물, 소방설비), 운전관련(원재료, 중간재, 제품, 공정, 수송, 저장, 공정기기)
　　　　2. 정량적 평가 : 취급물질, 설비용량, 온도, 압력, 조작

5.3 시스템 위험성 평가 및 기법

> 시스템 위험성 평가

01 사업주 실시의 단계별 위험성평가 추진절차와 내용이 잘못 연결된 것은?

① 1단계 사전준비 - 평가시기 및 절차
② 2단계 유해·위험요인 파악 - 청취에 의한 방법
③ 3단계 위험성 추정 - 가능성 및 중대성의 크기 추정
④ 4단계 위험성 결정 - 위험성 크기의 허용 가능여부 판단
⑤ 5단계 위험성 감소대책 수립 및 실행 - 사업장 순회점검에 의한 방법

[해설] ⑤ [×] 사업장 순회점검에 의한 방법은 규정된 것이 아니다.
③ 3단계 위험성 추정 <삭제됨 2024. 12. 18>
○ 위험성 감소대책 수립 및 실행 내용(사업장 위험성평가에 관한 지침, 제13조)
　1. 위험한 작업의 폐지·변경, 유해·위험물질 대체 등의 조치 또는 설계나 계획 단계에서 위험성을 제거 또는 저감하는 조치
　2. 연동장치, 환기장치 설치 등의 공학적 대책
　3. 사업장 작업절차서 정비 등의 관리적 대책　4. 개인용 보호구의 사용

02 위험성평가의 절차를 순서대로 옳게 나열한 것은?

| ㄱ. 위험요인 도출　ㄴ. 평가 대상 공정 선정　ㄷ. 개선대책 수립 |
| ㄹ. 위험도 계산　　ㅁ. 위험도 평가 |

① ㄱ → ㄴ → ㄷ → ㄹ → ㅁ　　② ㄴ → ㄱ → ㄷ → ㄹ → ㅁ
③ ㄱ → ㄹ → ㄴ → ㅁ → ㄷ　　④ ㄹ → ㅁ → ㄴ → ㄱ → ㄷ
⑤ ㄴ → ㄱ → ㄹ → ㅁ → ㄷ

[해설] ⑤ [○] 위험성평가의 절차는 일반적으로 1단계(사전준비), 2단계(유해·위험 요인 파악), 3단계(위험성 추정), 4단계(위험성 결정), 5단계(위험성 감소대책 수립 및 실행) 6단계(기록 및 보존) 순으로 진행된다.
[개정] (고용노동부 고시) 3단계 위험성 추정이 삭제됨(2023 5. 22).

정답　01. ⑤　02. ⑤

03 섬유유연제 생산 공정이 복잡하게 연결되어 있어 작업자의 불안전한 행동을 유발하는 상황이 발생하고 있다. 이것을 해결하기 위한 위험처리 기술에 해당하지 않는 것은?

① Transfer(위험전가)   ② Retention(위험보류)   ③ Reduction(위험감축)
④ Avoidance(위험회피)   ⑤ Rearrange(작업순서의 변경 및 재배열)

해설   ⑤ [×] Rearrange(재배열)는 위험조정기술 4대 기술에는 속하지 않는다.
   ○ 위험조정기술
      1. 위험전가(Transfer) : 보험이나 외주 등으로 잠재적 위험을 제3자에게 전가하는 방법이다.
      2. 위험감축(Reduction) : 위험을 감소시킬 대책을 마련하는 방법이다. 비용이 많이 드니 비용분석을 실시한다.
      3. 위험보유(Retention) : 위험의 잠재 손실비용을 보류(혹은 보유, 감수)하는 방법이다.
      4. 위험회피(Avoidance) : 위험이 존재하는 사업, 프로세스를 진행하지 않는 방법이다.

04 다음 중 위험관리에 있어 위험조정기술로 가장 적절하지 않은 것은?

① 책임(responsibility)   ② 위험 감축(reduction)   ③ 보류(retention)
④ 위험 회피(avoidance)   ⑤ 위험 전가(transfer)

해설   ① [×] 책임(responsibility)은 위험조정기술 4가지에 해당사항이 아니다.

05 시스템안전 MIL-STD-882B 분류기준의 위험성 평가 매트릭스에서 발생빈도에 속하지 않는 것은?

① 거의 발생하지 않는(remote)
② 보통 발생하는(reasonably probable)
③ 가끔 발생하는(occasional)
④ 극히 발생하지 않을 것 같은(extremely improbable)
⑤ 전혀 발생하지 않는(impossible)

정답   03. ⑤   04. ①   05. ⑤

해설 ⑤ [×] MIL-STD-882B 분류기준의 위험성 평가 매트릭스 분류

1. 자주 발생 : 10^{-1} 이상 확률로 자주 일어남
2. 보통 발생 : 10^{-2} 이상 10^{-1} 미만 확률로 수 회 일어남
3. 가끔 발생 : 10^{-3} 이상 10^{-2} 미만 확률로 가끔 일어남
4. 거의 발생하지 않음 : 10^{-6} 이상 10^{-3} 미만 확률로 자주 일어남. 거의 일어날 것 같지 않지만 일어날 가능성은 있음.
5. 극히 발생하지 않음 : 10^{-6} 미만 확률로 일어남. 거의 일어날 것 같지 않음.

06 위험상황을 해결하기 위한 위험처리기술에 해당하는 것은?

① Combine(결합) ② Reduction(위험감축)
③ Simplify(작업의 단순화) ④ Eliminate(제거)
⑤ Rearrange(작업순서의 변경 및 재배열)

해설 ② [○] Reduction(위험감축)은 위험처리기술에 해당한다.

07 Chapanis가 정의한 위험의 확률수준과 그에 따른 위험발생률로 옳은 것은?

① 전혀 발생하지 않는(impossible) 발생빈도 : 10^{-8}/day
② 극히 발생할 것 같지 않는(extremely unlikely) 발생빈도 : 10^{-7}/day
③ 거의 발생하지 않은(remote) 발생빈도 : 10^{-6}/day
④ 가끔 발생하는(occasional) 발생빈도 : 10^{-5}/day
⑤ 보통 발생하는(reasonably probable) : 10^{-4}/day

해설 ① [○] Chapanis의 위험확률수준과 위험발생률 정의

1. 자주 발생 : 10^{-2}/day   2. 보통 발생 : 10^{-3}/day
3. 가끔 발생 : 10^{-4}/day   4. 거의 발생하지 않는 : 10^{-5}/day
5. 극히 발생하지 않는 : 10^{-6}/day   6. 전혀 발생하지 않는 : 10^{-8}/day

정답 06. ②   07. ①

08 객관적인 위험을 작업자 나름대로 판정하여 위험을 수용하고 행동에 옮기는 것은?

① Risk Assessment　② Risk taking　③ Risk control
④ Risk playing　　 ⑤ Risk handling

해설　② [○] 제시문은 'Risk taking'에 대한 내용이다. Risk taking은 객관적 위험을 주관적으로 판단하여 의지 결정하고 행동으로 옮기는 행위를 말한다.

09 개선의 ECRS의 원칙에 해당하지 않는 것은?

① 제거(Eliminate)　② 결합(Combine)　③ 재조정(Rearrange)
④ 안전(Safety)　　 ⑤ 단순화(Simplify)

해설　④ [×] 개선의 원칙인 ECRS에 안전(Safety)은 해당사항이 아니다.

　○ 개선의 ECRS : 개선의 일반원칙이라고도 한다.
　　1. 제거 (Eliminate) : 불필요한 작업요소 제거
　　2. 결합 (Combine) : 다른 작업요소와의 결합
　　3. 재배열 (Rearrange) : 작업순서 변경
　　4. 단순화 (Simplify) : 작업요소의 단순화, 간소화

시스템 위험성 분석기법

01 결함위험분석(FHA, Fault Hazard Analysis)의 적용 단계로 적절한 것은?

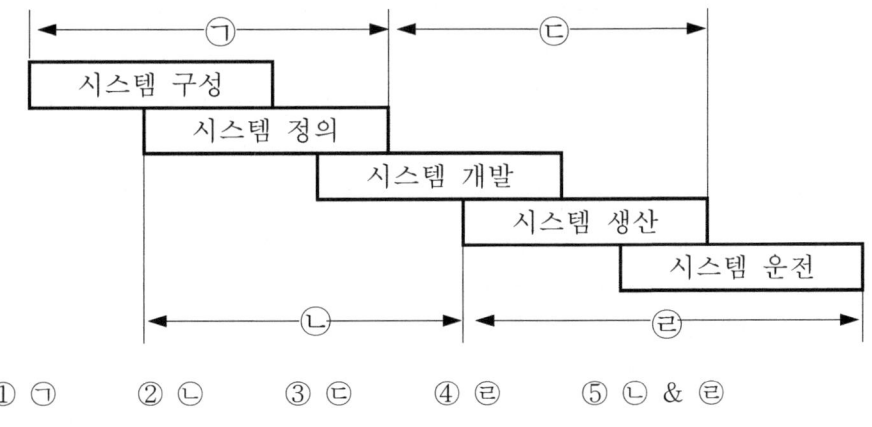

① ㉠　② ㉡　③ ㉢　④ ㉣　⑤ ㉡ & ㉣

정답　08. ②　09. ④　│　01. ②

| 해설 | ② [○] FHA는 결함위험분석(Fault Hazard Analysis)의 의미이다.
　　　1. 분업에 의하여 여럿이 분담 설계한 subsystem간의 interface를 조정
　　　2. 각각의 subsystem 및 안정성에 악영향을 끼치지 않게 하기 위한 분석
　　　3. 시스템 정의 단계에서 시스템 개발 단계까지의 활동에 적용한다.
　　○ ㉠ : PHA, ㉡ : FHA, SHA, ㉢ : SHA, SSHA, OHA(O&HA) ㉣ OHA

02 위험분석기법 중 고장이 시스템의 손실과 인명의 사상에 연결되는 높은 위험도를 가진 요소나 고장의 형태에 따른 분석법은?

① CA　　② ETA　　③ FHA　　④ FTA　　⑤ OHA

| 해설 | ① [○] 질문은 CA에 해당하는 내용이다. 산시규 제50조에서의 FMECA(이상위험도분석)과 같은 내용이다.

① CA(criticality analysis, 위험도 분석) : 고장이 직접 시스템의 손실과 사상에 연결되는 높은 위험도를 가진 요소나 고장의 형태에 따른 분석법이다.
　　1. 위험성이 높은 요소 특히 고장이 직접 시스템의 손해나 인원의 사상에 연결되는 요소에 대해서는 특별한 주의와 해석이 필요한데 이때 사용되는 기법이다.
　　2. FMEA를 실시한 결과 고장 등급이 높은 고장모드가 시스템이나 기기의 고장에 어느 정도로 기여하는가를 정량적으로 계산하고, 고장모드가 시스템이나 기기에 미치는 영향을 정량적으로 평가하는 방법이다.
　　3. 고장형의 위험도 분류
　　　* 카테고리 1 : 생명의 상실로 이어질 염려가 있는 고장
　　　* 카테고리 2 : 작업의 실패로 이어질 염려가 있는 고장
　　　* 카테고리 3 : 운용의 지연 또는 손실로 이어질 고장
　　　* 카테고리 4 : 극단적인 계획외의 관리로 이어질 고장

② ETA(event tree analysis) : 사상의 안전도를 사용한 시스템의 안전도를 나타내는 시스템 모델의 하나로서, 귀납적이고 정량적인 분석 방법으로 재해의 확대 요인을 분석하는데 적합한 방법이다. 디시젼 트리를 재해 사고의 분석에 이용할 경우의 분석법을 ETA라고 한다. 디시젼 트리(decision tree) 요소의 신뢰도를 이용하여 시스템의 신뢰도를 나타내는 시스템 모델의 하나로서, 귀납적이고 정량적인 분석 방법이다.

정답　02. ①

③ FHA(결함위험분석, fault hazard analysis) : 복잡한 시스템에서는 한 계약자만으로 모든 시스템의 설계를 담당하지 않고 몇 명의 공동계약자가 각각의 서브 시스템을 분담하고 통합계약업자가 그것을 통합하는데, FHA는 이런 경우의 서브 시스템 해석 등에 사용되는 해석법이다.
④ FTA(결함수 분석법) : 연역적, 정량적 해석이 가능한 기법이다.
⑤ OHA(Operating hazard analysis, 운용 위험요인 분석)은 대상 시스템을 사용하는 도중에 발생할 수 있는 생산, 유지·보수, 시험, 운반, 저장, 운전, 구조, 훈련 및 폐기 등에 관련된 인원, 순서, 설비에 관한 유해위험요인을 평가하기 위한 기법이다.

03 예비위험분석(PHA)에서 식별된 사고의 범주로 부적절한 것은?
① 중대(critical)　② 한계적(marginal)　③ 파국적(catastrophic)
④ 무시(ignore)　⑤ 수용가능(acceptable)

해설　⑤ [×] 예비위험분석(PHA)에서 식별된 사고의 범주
　　　1. 파국적　2. 중대　3. 한계적　4. 무시

04 시스템이 저장되어 이동되고 실행됨에 따라 발생하는 작동시스템이 기능이나 과업, 활동으로부터 발생되는 위험에 초점을 맞춘 위험분석 차트는?
① 결함수분석 (FTA : Fault Tree Analysis)
② 사상수분석 (ETA : Event Tree Analysis)
③ 결함위험분석 (FHA : Fault Hazard Analysis)
④ 운용위험분석 (OHA : Operating Hazard Analysis)
⑤ 시스템위험분석 (SHA : System Hazard Analysis))

해설　④ [○] 제시문은 운용위험분석(OHA : Operating Hazard Analysis) 내용이다.
① 결함수분석(FTA : Fault Tree Analysis) : 연역적 방법으로 재해의 원인을 규명하며, 재해의 정량적 예측이 가능한 분석방법이다.
② 사상수분석(ETA : Event Tree Analysis) : 사건수 분석이라고도 하며, 설비의 설계단계에서부터 사용 단계까지의 각 단계에서 위험을 분석하는 귀납적, 정량적 분석방법이다.

정답　03. ⑤　04. ④

③ 결함위험분석(FHA : Fault Hazard Analysis) : 시스템 정의에서부터 시스템 개발단계를 지나 시스템 생산단계 진입 전까지 적용되는 것으로 전체 시스템을 여러 개의 서브 시스템으로 나누어 특정 서브시스템이 다른 서브시스템이나 전체시스템에 미치는 영향을 분석하는 방법이다.

⑤ 시스템위험분석 (SHA : System Hazard Analysis) : 서브시스템간이나 시스템간 혹은 서브시스템·시스템간의 상호작용에 관련된 위험을 명확히 규정하기 위해서 하는 위험분석이다.

05 인간-기계시스템에서의 여러 가지 인간에러와 그것으로 인해 생길 수 있는 위험성의 예측과 개선을 위한 기법은?

① PHA ② FHA ③ OHA ④ THERP ⑤ HERB

해설 ④ [○] 제시문은 THERP(인간과오율 예측기법)에 대한 내용이다.
○ 시스템 위험분석 기법
1. PHA (예비위험분석) : 최초단계(설계, 구상)에서 실시하는 분석법
2. FHA : 서브시스템 분석에 사용되는 기법
3. OHA(Operating Hazard Analysis) : 운용위험분석으로, 모든 생산단계에서 안전요건을 결정하기 위한 기법(시스템 정의 및 개발단계에서 실행)
4. THERP : 인간과오율 예측기법
5. HERB : 인간실수자료은행

06 다음 설명 중 ( ) 안에 알맞은 용어가 올바르게 짝지어진 것은?

㉠ FTA와 동일한 논리적 방법을 사용하여 관리, 설계, 생산, 보전 등에 대한 넓은 범위에 걸쳐 안전성을 확보하려는 시스템안전 프로그램
㉡ 사고 시나리오에서 연속된 사건들의 발생경로를 파악하고 평가하기 위한 귀납적이고 정량적인 시스템안전 프로그램

① ㉠ : PHA, ㉡ : ETA   ② ㉠ : ETA, ㉡ : MORT
③ ㉠ : MORT, ㉡ : ETA   ④ ㉠ : MORT, ㉡ : PHA
⑤ ㉠ : MORT, ㉡ : PDPC

정답 05. ④   06. ③

해설 ③ [○] 제시문에 해당하는 것은 '㉠ : MORT, ㉡ : ETA'이다.

㉠ MORT(Management Oversight and Risk Tree, 경영소홀 위험수) : MORT 프로그램은 TREE를 중심으로 FTA와 같은 논리기법을 이용하여 관리, 설계, 생산, 보존 등의 광범위하게 안전을 도모하는 것으로서 고도의 안전을 달성하는 것을 목적으로 한 것이다.

㉡ ETA(Event Tree Analysis, 사건수 분석) : 사상의 안전도를 사용한 시스템의 안전도를 나타내는 시스템 모델의 하나로서 귀납적이고 정량적인 분석방법으로 재해의 확대요인을 분석하는데 적합한 방법이다.

○ PDPC(Process Decision Program Chart) : 프로젝트를 실행하면서 발생할 수 있는 사건(또는 장애요인)과 이에 대한 대응책을 사전에 결정할 수 있도록 도표로 나타내는 기법이다.

5.4 시스템 안전확보 설비보전

> **설비보전 활동 및 특징**

01 다음 설명에 해당하는 설비보전방식의 유형은?

> 설비보전 정보와 신기술을 기초로 신뢰성, 조작성, 보전성, 안전성, 경제성 등이 우수한 설비의 선정, 조달 또는 설계를 통하여 궁극적으로 설비의 설계, 제작 단계에서 보전활동이 불필요한 체제를 목표로 한 설비보전 방법을 말한다.

① 개량 보전 ② 사후 보전 ③ 일상 보전 ④ 보전 예방 ⑤ 생산 보전

해설 ④ [○] 제시문은 '보전예방(MP, maintenance prevention)'에 대한 내용이다.

보전 예방은 최초로 설치후에 정상운전 및 가동 중에는 불필요한 보전이 사전 예방되도록 설계한다는 의미이다. 설비의 계획과 설계 단계에서 신뢰성, 보전성, 안정성, 경제성, 조작성 등을 미리 확보하는 보전활동이다.

○ 생산보전(productive maintenance)=MP+PM+BM+CM
  ① MP(보전예방, Maintenance Prevention) : 불필요 보전 예방
  ② PM(예방보전, Preventive Maintenance) : 고장나기 전의 보전
  ③ BM(사후보전, Breakdown Maintenance) : 고장이 난 후의 복구보전
  ④ CM(개량보전, Corrective Maintenance) : 설계상의 약점개선 보전

○ 설비보전 유지활동의 수단과 활동

정상운전	올바른 운전·조작, 올바른 조정, 올바른 설정(휴먼에러 방지)
예방보전	일상보전(기본조건 정비, 점검, 소정비) 정기보전(정기점검, 정기개방검사, 정기정비)
예지보전	상태 경향관리, 중·장기 설비진단기술 활용 설비상태보전
사후보전	계획사후보전(PBM), 돌발사후보전(EBM)

○ 설비보전 개선활동의 수단과 활동

개량보전	신뢰성 향상, 보전성 향상
보전예방	MP설계, 초기유동관리(정기보수 후 일발양품 스타팅)

정답 01. ④

02 설비관리 책임자 A는 동종 업종의 TPM 추진사례를 벤치마킹하여 설비관리 효율화를 꾀하고자 한다. 그 중 작업자 본인이 직접 운전하는 설비의 마모율 저하를 위하여 설비의 윤활관리를 일상에서 직접 행하는 활동과 가장 관계가 깊은 TPM 추진단계는?

① 개별개선활동단계 ② 자주보전활동단계 ③ 계획보전활동단계
④ 개량보전활동단계 ⑤ 보전예방활동단계

해설 ② [○] 제시문은 TPM의 자주보전활동단계에 대한 내용이다.

○ TPM활동의 8본주(기둥) : 개별개선, 자주보전, 계획보전, 기능향상교육(또는 TPM교육), MP·초기관리, 사무간접효율화, 안전·환경보전, 품질보전,

구분	활동 목적
개별개선	불합리개선 및 loss개선에 의한 생산효율화
자주보전	* 내설비 지키기(my-machine 개념 함양) * 설비기본조건 준수(청소·급유·더죄기) * 설비에 강한 운전원 육성
계획보전	전문보전 체계인 정기보전 및 예지보전으로 가동성 고도화
기능향상교육	TPM마인드 함양, 운전·보전스킬 향상
MP초기관리	도입 신설비의 합리적 MP설계
품질보전	품질불량이 나지 않도록 설비의 조건설정 및 조건관리
안전·환경보전	무재해달성, 공해제로
사무간접효율화	사무생산성향상, 사무환경개선

○ TPM활동의 도입전개 프로그램

구분	스텝	요점
도입 준비기	1. 톱의 TPM 도입 결의 선언	TPM사내 강습회에서 선언 사내보에 게재
	2. TPM 도입교육과 캠페인	* 간부 : 계층별 합숙 연수 * 일반 : 슬라이드 영사회, 사내교육
	3. TPM 추진조직과 직제모델 구축	* 위원회, 전문분과회, 사무국, TPM분임조 * 직제 모델(자주보전 직제모델) 활동
	4. TPM 기본방침과 목표 설정	* 벤치마크(현수준)와 목표 * 효과 예측
	5. TPM 전개 마스터플랜 작성	* 도입 준비부터 완전정착까지

정답 02. ②

구분	스텝	요점
도입 개시	6. TPM 킥오프	거래처, 관계회사, 협력업체 등의 초대
추진 단계	7. 생산부문 효율화 체제 구축	생산부문 효율화의 극한 추구
	* 개별개선	직제개선 활동과 TPM분임조 활동
	* 자주보전	스텝 방식, 진단과 합격증
	* 계획보전	정기보전, 예지보전, 사후보전, 개량보전
	* 기능향상교육(TPM교육)	설비 6계통 기능교육, TPM추진법 교육
	8. MP설계·초기관리 체계 구축	신설비 MP설계·초기관리로 초기문제점 최소화
	9. 품질보전 체제 구축	불량이 나지 않는 조건설정과 조건관리
	10. 사무간접효율화 체제 구축	생산지원부문의 효율화, 소관설비 효율화
	11. 안전·환경보전 체제 구축	재해제로, 공해제로 체제 구축
정착 단계	12. TPM 완전실시와 레벨업	TPM시스템 정착, 보다 높은 목표에 도전

03 기계설비가 설계사양 성능을 발휘하기 위한 적정윤활 원칙이 아닌 것은?

① 적량의 규정 ② 주유방법의 통일화 ③ 올바른 윤활법의 채용
④ 적유 선정   ⑤ 윤활기간의 올바른 준수

해설 ② [×] 주유방법의 통일화는 옳지 않으며, 기계 요소에 적합한 급유방법의 설계나 선정이 되어야 한다.
○ 윤활관리의 4적 원칙 : 적유선정, 적량유지, 적시교환, 적법설계

설비보전 효과분석 지표

01 다음 중 설비보전을 평가하기 위한 식으로 틀린 것은 ?

① 성능가동률=속도가동률×정미가동률
② 시간가동률=(부하시간-정지시간)/ 부하시간
③ 설비종합효율=시간가동률×성능가동률×양품률
④ 정미가동률=(생산량×기준주기시간)/가동시간
⑤ 속도가동률=기준주기시간/실제주기시간

정답 03. ② | 01. ④

해설 ④ [×] 정미가동률=(생산량×실제주기시간)/가동시간

○ 성능가동률=(생산량×기준주기시간)/가동시간
  =(생산량×실제주기시간)/가동시간×기준주기시간/실제주기시간
  =정미가동률×속도가동률

여기서, 기준주기시간=이론주기시간 (단위 : 시간/개, 시간/대, 등등)

○ 참고 : (용어) 정미가동률=실질가동률, 기준주기시간=이론주기시간
  주기시간=사이클타임

02 다음 중 보전효과의 평가로 설비종합효율을 계산하는 식으로 옳은 것은?

① 설비종합효율=속도가동률×정미가동률
② 설비종합효율=시간가동률×성능가동률×양품률
③ 설비종합효율=(부하시간-정지시간)/부하시간
④ 설비종합효율=정미가동률×시간가동률×양품률
⑤ 설비종합효율=시간가동률×정미가동률×양품률

해설 ② [○] 설비종합효율=시간가동률×성능가동률×양품률

○ 설비종합효율=시간가동률×성능가동률×양품률

여기서, 시간가동률=$\frac{가동시간}{부하시간}$=$\frac{부하시간-고장정지시간}{부하시간}$

성능가동률=실질가동률×속도가동률

=$\frac{생산량 \times 실제주기시간}{가동시간} \times \frac{이론주기시간}{실제주기시간}$

=$\frac{생산량 \times 이론주기시간}{가동시간}$

양품률=양품량/생산량

여기서, 양품량=생산량-(초기불량량+공정불량량+재손질량)

[참고] 1. 주기시간=사이클타임, 이론주기시간(단위 : 시간/개)은 이론생산량(단위 : 개/시간)의 역수가 된다. 실질가동률은 정미가동률이라고도 한다. 실질가동률은 지속성을, 속도가동률은 시간차를 의미한다.
2. 플랜트종합효율=부하율×설비종합효율
  =(부하시간/카렌다시간)×설비종합효율

○ 가공조립산업형의 시간구조 및 설비종합효율 산출

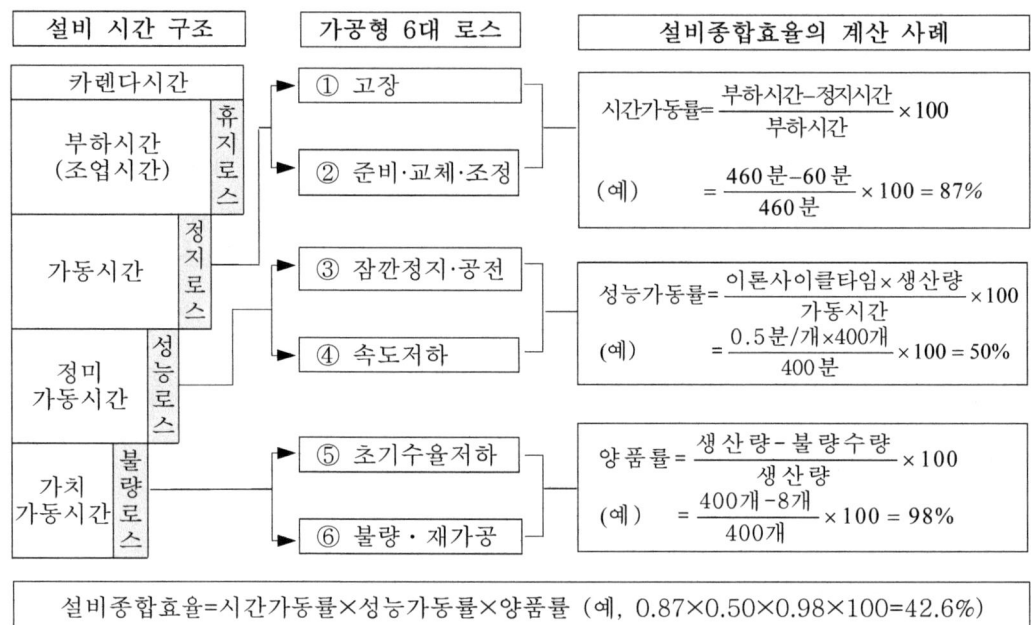

○ 장치산업형(철강/화학 등)의 시간구조 및 플랜트종합효율 산출

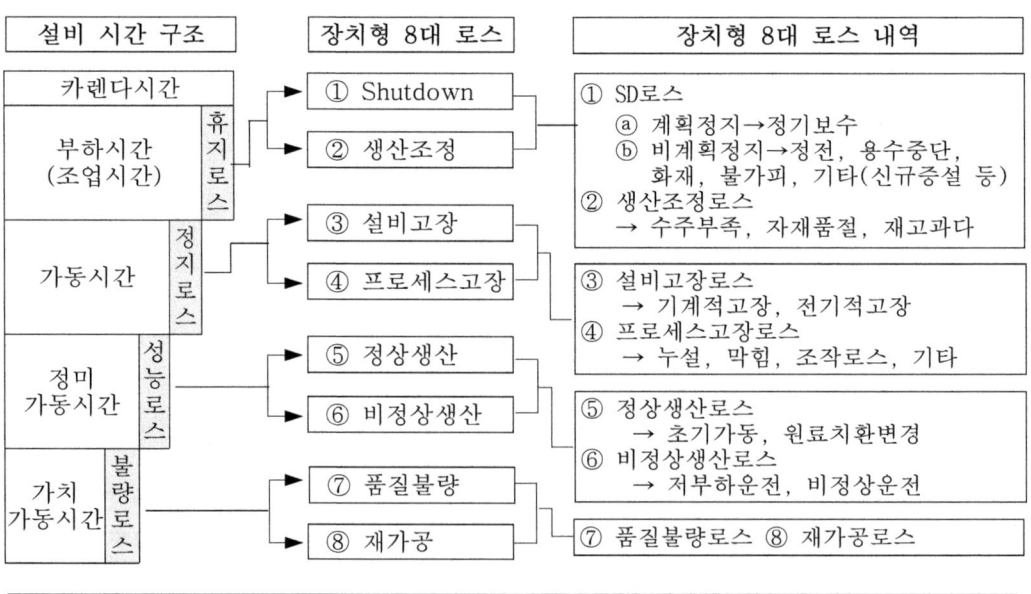

03 설비보전을 평가하기 위한 식으로 틀린 것은?

① 성능가동률=속도가동률×정미가동률
② 시간가동률=(부하시간-정지시간)/부하시간
③ 설비종합효율=시간가동률×성능가동률×양품률
④ 정미가동률=(생산량×기준주기시간)/가동시간
⑤ 속도가동률=기준주기시산/실제주기시간

해설 ④ [×] 정미가동률=(총생산량×실제주기시간)/가동시간

○ 정미가동률은 실질가동률이라고도 한다(내용은 같은 것임).

04 기업에서 보전효과 측정을 위해 일반적으로 사용되는 평가요소를 잘못 나타낸 것은?

① 제품단위당보전비=총보전비/제품수량
② 설비고장도수율=설비가동시간/설비고장건수
③ 계획공사율=계획공사공수(工數)/전공수(全工數)
④ 운전1시간당보전비=총보전비/설비운전시간
⑤ 설비고장강도율=설비고장시간/설비부하시간

해설 ② [×] 설비고장도수율=설비고장건수/설비부하시간

⑤ 설비고장강도율=설비고장시간/설비부하시간
여기서 : 부하시간=조업시간=임금지급시간
부하시간=가동시간+ 고장정지시간+ 작업준비·교체·조정시간

○ 부하시간은 조업시간이라고도 하며, 임금이 지급되는 시간이다. 부하를 걸 수 있도록 확보된 시간이라는 의미이며, 부하가 걸려있는 시간이 아니라는 것에 주의해야 한다.

○ 보전효과 지표산출 시간구조

부하시간 (조업시간, 임금지급시간)		
가동시간	준비·교체·조정시간	고장정지시간
	정지로스	

정답 03. ④   04. ②

5.5 산업안전 분야별 안전원리

> 기계안전

01 다음 중 선반에서 절삭가공시 발생하는 칩을 짧게 끊어지도록 공구에 설치되어 있는 방호장치의 일종인 칩 제거기구를 무엇이라 하는가?

① 칩 브레이커 ② 칩 받침 ③ 칩 쉴드 ④ 칩 커터 ⑤ 척 커버

해설 ① [○] 질문은 '칩 브레이커'에 대한 내용이다.
○ 칩 브레이커(Chip Breaker) : 칩브레이커란 이름 그대로 절삭시 발생하는 칩을 짧게 끊어 주는 안전장치로서 사용 목적은 다음과 같다.
1. 칩에 의해 발생할 수 있는 가공표면의 흠집을 방지하기 위함이다.
2. 공구 날 끝에 걸리거나 상하는 것을 방지하기 위함이다.
3. 칩이 작업자에게 튈 경우 발생할 수 있는 위험요소를 줄이기 위함이다.
4. 절삭유제의 유동성을 높이기 위함이다.

02 롤러의 가드 설치방법 중 안전한 작업공간에서 사고를 일으키는 공간함정(trap)을 막기 위해 확보해야 할 신체 부위별 최소 틈새가 바르게 짝지어진 것은?

① 다리 : 240mm ② 발 : 180mm ③ 손목 : 150mm
④ 손가락 : 25mm ⑤ 몸 : 300mm

해설 ④ [○] 공간함정(trap) 방지를 위한 최소틈새는 몸 500mm, 다리 180mm, 발 120mm, 팔 120mm, 손 100mm, 손가락 25mm이다.

03 와이어로프의 꼬임 형태는 일반적으로 특수로프를 제외하고는 보통 꼬임(Ordinary Lay)과 랭 꼬임(Lang's Lay)으로 분류할 수 있다. 다음 중 랭 꼬임과 비교하여 보통 꼬임의 특징에 관한 설명으로 틀린 것은?

① 킹크가 잘 생기지 않는다. ② 내마모성, 유연성, 저항성이 우수하다.
③ 로프의 변형이나 하중을 걸었을 때 저항성이 크다.

정답 01. ① 02. ④ 03. ②

④ 스트랜드의 꼬임 방향과 로프의 꼬임 방향이 반대이다.
⑤ 꼬임이 풀리기 어렵고, 킹크가 생기지 않는다.

해설 ② [×] 내마모성, 유연성이 우수한 것은 랭꼬임의 특징이다.
○ 와이어로프의 꼬임 비교

구분	보통꼬임	랭꼬임
개념	스트랜드의 꼬임 방향과 로프의 꼬임 방향이 반대	스트랜드의 꼬임 방향과 로프의 꼬임방향이 동일
특징	1. 로프 자체 변형이 적음 2. 킹크가 잘 생기지 않음 3. 하중에 대한 큰 저항성 4. 선박, 육상 등에 많이 사용 5. 전반에 걸쳐 광범위하게 많이 사용	1. 꼬임이 풀리기 쉽고, 킹크가 생기기 쉽다. 2. 내마모성, 내피로성 우수 3. 유연성 높음 4. 삭도용, 광업용 등에 한정적 사용

04 질량 100kg의 화물이 와이어로프에 매달려 2m/s² 의 가속도로 권상되고 있다. 이때 와이어로프에 작용하는 장력의 크기는 몇 N인가? (단, 여기서 중력가속도는 10m/s² 으로 한다.)

① 200N ② 300N ③ 1,200N ④ 1,500N ⑤ 2,000N

해설 ③ [○] 장력 $F = 정하중 + 동하중 = mg + ma = 100 \times 10 + 100 \times 2 = 1,200\,(\text{N})$

전기안전

01 교류아크 용접기의 접점방식(Magnet식)의 전격방지장치에서 지동시간과 용접기 2차측 무부하전압(V)을 바르게 표현한 것은?

① 0.06초 이내, 25V 이하
② 1±0.3초 이내, 25V 이하
③ 2±0.3초 이내, 50V 이하
④ 1.5±0.06초 이내, 50V 이하
⑤ 2±0.5초 이내, 65V 이하

정답   04. ③ | 01. ②

해설 ② [○] 지동(遲動)시간, 2차측 무부하전압 : 1±0.3초 이내, 25V 이하
○ 자동전격방지장치란 용접작업을 중지한 경우 1±0.3초 이내에 용접홀더 전압을 자동적으로 65~95V에서 안전작업인 25V이하로 낮추어 주는 전기적 안전장치를 말한다. 즉 자동전격 방지장치가 부착되어 있으면 용접봉 또는 홀더에 신체부위가 접촉되어도 감전사고가 발생하지 않는다.

02 정전유도를 받고 있는 접지되어 있지 않는 도전성 물체에 접촉한 경우 전격을 당하게 되는데 이때 물체에 유도된 전압(V)를 옳게 나타낸 것은? (단, E는 송전선의 대지전압, C_1은 송전선과 물체사이의 정전용량, C_2는 물체와 대지사이의 정전용량이며, 물체와 대지사이의 저항은 무시한다.)

① $V = \dfrac{C_2}{C_1+C_2} \times E$ ② $V = \dfrac{C_1+C_2}{C_1} \times E$ ③ $V = \dfrac{C_1}{C_1 \times C_2} \times E$

④ $V = \dfrac{C_1 \times C_2}{C_1} \times E$ ⑤ $V = \dfrac{C_1}{C_1+C_2} \times E$

해설 ⑤ [○] 물체에 유도된 전압은 $V = \dfrac{C_1}{C_1+C_2} \times E$ 이 된다.

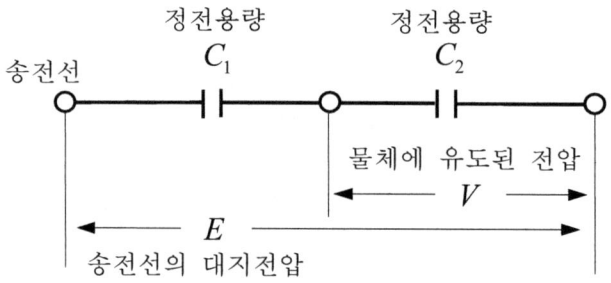

03 200A의 전류가 흐르는 단상 전로의 한 선에서 누전되는 최소 전류(mA)의 기준은?

① 100   ② 200   ③ 30   ④ 20   ⑤ 10

해설 ① [○] 누설전류 $I_g = I \times \dfrac{1}{2,000} = 200 \times \dfrac{1}{2,000} = 0.1A = 100mA$

정답 02. ⑤   03. ①

04 인체저항을 500Ω이라 한다면, 심실세동을 일으키는 위험한계 에너지는 약 몇 J인가? (단, 심실세동전류 $I = 165/\sqrt{T}\ (mA)$의 Dalziel의 식을 이용하며, 통전시간은 1초로 한다.)

① 11.5　② 13.6　③ 15.3　④ 16.2　⑤ 18.4

해설　② [○] $W = I^2RT = \left(\dfrac{165}{\sqrt{T}} \times 10^{-3}\right)^2 \times 500 \times T = (165^2 \times 10^{-6}) \times 500 = 13.612(J)$

05 지구를 고립한 지구도체라 생각하고 1[C]의 전하가 대전되었다면 지구 표면의 전위는 대략 몇 V인가? (단, 지구의 반경은 6,367km이다.)

① 1,414V　② 2,828V　③ 9×10^4 V　④ 6×10^6 V　⑤ 9×10^9 V

해설　① [○] $Q = CV \rightarrow V = \dfrac{Q}{C} = \dfrac{Q}{4\pi\varepsilon_0 \times r}$ 의 공식을 이용하여 계산한다.

여기서, ε_0(유전율) : 8.855×10^{-12}, r : 지구반경

$$V = \dfrac{Q}{4\pi\varepsilon_0 \times r} = \dfrac{1}{4\pi \times (8.855 \times 10^{-12}) \times 6,367 \times 10^3}$$

$$= 9 \times 10^9 \times \dfrac{1}{6,367 \times 10^3} = 1,413.5[V]$$

06 대전물체의 표면전위를 검출전극에 의한 용량분할을 통해 측정할 수 있다. 대전물체의 표면전위 V_S는? (단, 대전물체와 검출전극간의 정전용량을 C_1, 검출전극과 대지간의 정전용량을 C_2, 검출전극의 전위를 V_e이다.)

① $V_S = \left(\dfrac{C_1 + C_2}{C_1} + 1\right)V_e$　② $V_S = \dfrac{C_1 + C_2}{C_1}V_e$　③ $V_S = \dfrac{C_2}{C_1 + C_2}V_e$

④ $V_S = \left(\dfrac{C_1}{C_1 + C_2} + 1\right)V_e$　⑤ $V_S = \dfrac{C_1}{C_1 + C_2}V_e$

정답　04. ②　05. ①　06. ②

해설 ② [○] $V_e = V_S \times \dfrac{C_1}{C_1 + C_2}$ → $V_S = \left(\dfrac{C_1 + C_2}{C_1}\right) V_e$

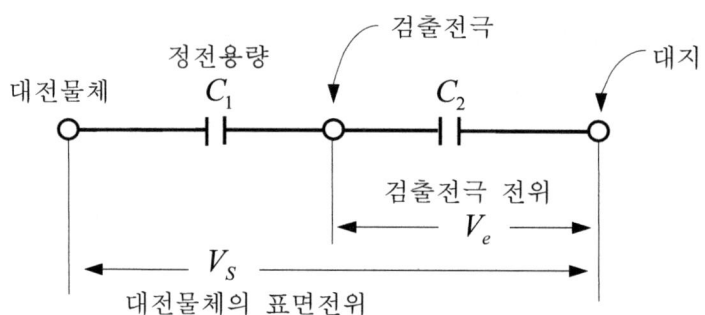

07 접지의 종류와 목적이 바르게 짝지어지지 않은 것은?

① 계통접지 : 고압전로와 저압전로가 혼촉되었을 때의 감전이나 화재 방지를 위하여
② 지락검출용 접지 : 차단기의 동작을 확실하게 하기 위하여
③ 기능용 접지 : 피뢰기 등의 기능손상을 방지하기 위하여
④ 등전위 접지 : 병원에 있어서 의료기기 사용시 안전을 위하여
⑤ 변압기 1차측 접지 : 변압기 고장으로 인한 고저압 혼촉 사고를 방지하기 위해

해설 ③ [×] 기능용 접지와 피뢰기 접지를 잘못 연결 설명되었다.
1. 피뢰기 접지 : 전기설비 기술기준에서는 고압 및 특별고압 가공전선로로부터 수전하는 수용장소의 인입구에는 피뢰기 설치를 의무화하여 서지전압으로 인한 설비의 파손을 방지하도록 하고 있다.
2. 기능용 접지 : 대지를 회로의 일부로 구성하기 위한 접지를 기능적 접지라고 한다. 그 예로서는 전기방식(防蝕)회로와 직류송전계통 및 전기철도가 있다.
⑤ 변압기 2차측 접지 : 변압기의 내부고장으로 고저압 혼촉 사고가 발생하는 경우에는 저압선에 고압 또는 특고압이 침입하여 변압기 2차측에 결선된 전기기기를 파괴하거나 감전사고 또는 화재까지 일으키게 된다. 이를 방지하기 위해서 변압기 2차측에 제2종 접지를 한다.

08 다음 그림과 같이 완전 누전되고 있는 전기기기의 외함에 사람이 접촉하였을 경우 인체에 흐르는 전류(I_m)는? (단, $E(V)$는 전원의 대지전압, $R_2(\Omega)$는 변압기 1선 접지이고 제2종 접지저항, $R_3(\Omega)$은 전기기기 외함 접지이고 제3종 접지저항, $R_m(\Omega)$은 인체저항이다.)

① $\dfrac{E}{R_2 + \left(\dfrac{R_3 \times R_m}{R_3 + R_m}\right)} \times \dfrac{R_3}{R_3 + R_m}$

② $\dfrac{E}{R_2 + \left(\dfrac{R_3 + R_m}{R_3 \times R_m}\right)} \times \dfrac{R_3}{R_3 + R_m}$

③ $\dfrac{E}{R_2 + \left(\dfrac{R_3 \times R_m}{R_3 + R_m}\right)} \times \dfrac{R_m}{R_3 + R_m}$

④ $\dfrac{E}{R_3 + \left(\dfrac{R_2 \times R_m}{R_2 + R_m}\right)} \times \dfrac{R_3}{R_3 + R_m}$

⑤ $\dfrac{E}{R_2 + \left(\dfrac{R_3 + R_m}{R_3 \times R_m}\right)} \times \dfrac{R_2}{R_3 + R_m}$

해설 ① [○] $I_m = I \times \dfrac{R_3}{R_3 + R_m}$ (여기서, $I = \dfrac{E}{R_T}$, 단, $R_T = R_2 + \dfrac{R_3 \times R_m}{R_3 + R_m}$)

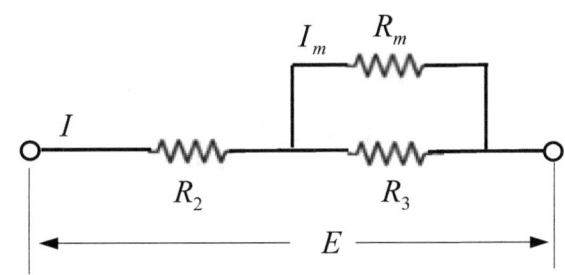

정답 08. ①

09 아래 그림과 같이 인체가 전기설비의 외함에 접촉하였을 때 누전사고가 발생하였다. 인체통과전류(mA)는 약 얼마인가?

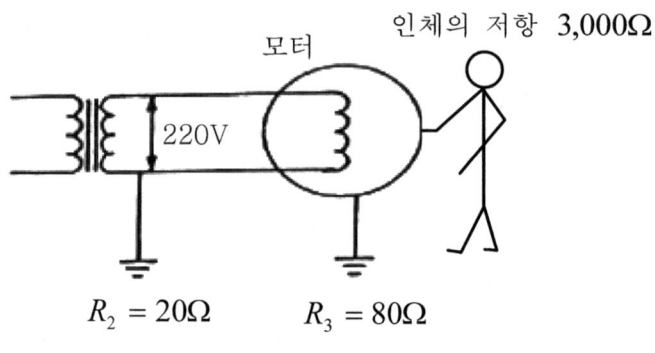

① 35 ② 47 ③ 58 ④ 66 ⑤ 74

해설 ③ [○] 풀이 방법은 아래의 2가지가 있고, 둘 중 하나 선택하여 풀도록 한다.

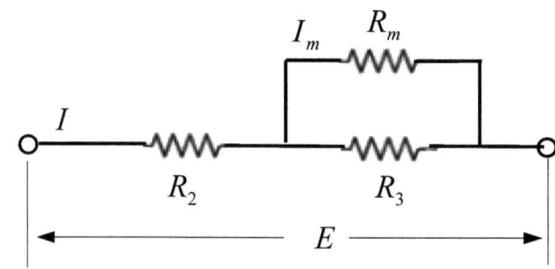

1. (방법 1) 일반적 원리를 이용한 풀이법

$$I_m = I \times \frac{R_3}{R_3 + R_m} = 2.25 \times \frac{80}{80 + 3,000} = 0.058(A) = 58(mA)$$

여기서, $I = \dfrac{E}{R_T} = \dfrac{E}{R_2 + \dfrac{R_3 \times R_m}{R_3 + R_m}} = \dfrac{220}{20 + \dfrac{80 \times 3,000}{80 + 3,000}} = 2.25$

2. (방법 2) 별해 : 감전 전류를 구하는 알려진 공식 활용 풀이법

$$I_m = \frac{E}{R_m\left(1 + \dfrac{R_2}{R_3}\right)} = \frac{220}{3,000 \times \left(1 + \dfrac{20}{80}\right)} = 0.058(A) = 58(mA)$$

정답 09. ③

10 전류가 흐르는 상태에서 단로기를 끊었을 때 여러 가지 파괴작용을 일으킨다. 다음 그림에서 유입차단기의 차단순서와 투입순서가 안전수칙에 가장 적합한 것은?

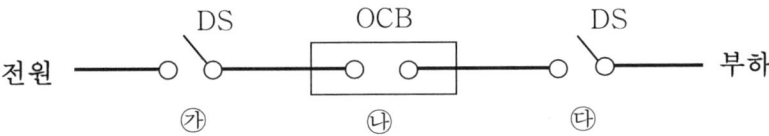

① 차단 : ㉮→㉯→㉰, 투입 : ㉮→㉯→㉰
② 차단 : ㉯→㉰→㉮, 투입 : ㉯→㉰→㉮
③ 차단 : ㉰→㉯→㉮, 투입 : ㉰→㉮→㉯
④ 차단 : ㉯→㉰→㉮, 투입 : ㉰→㉮→㉯
⑤ 차단 : ㉯→㉮→㉰, 투입 : ㉰→㉯→㉮

해설 ④ [○] 투입 순서 : ㉰→㉮→㉯

차단 순서 : ㉯→㉰→㉮

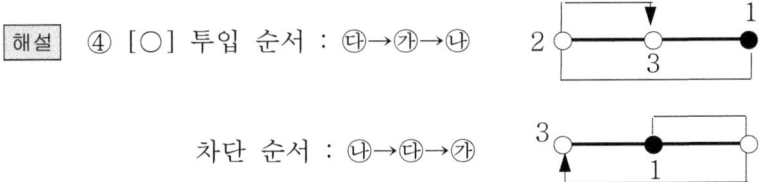

○ DS : 단로기(Disconnecting Switch), OCB : 유입차단기(Oil Circuit Breaker)

11 어느 변전소에서 고장전류가 유입되었을 때 도전성 구조물과 그 부근 지표상의 점과의 사이(약 1m)의 허용접촉전압은 약 몇 V인가? (단, 심실세동전류 : $I_k = \dfrac{0.165}{\sqrt{T}}$ A), 인체의 저항 : 1,000Ω, 지표면의 저항률 : 150Ω·m, 통전시간을 1초로 한다.)

① 164 ② 186 ③ 202 ④ 228 ⑤ 249

해설 ③ [○] 허용접촉전압 $V = I_k R = I_k \times \left(R_b + \dfrac{3}{2}\rho_S\right) = \dfrac{0.165}{\sqrt{T}} \times \left(R_b + \dfrac{3}{2}\rho_S\right)$

$= \dfrac{0.165}{\sqrt{1}} \times \left(1{,}000 + \dfrac{3}{2} \times 150\right) = 202\ (V)$

정답 10. ④   11. ③

12 3,300/220V, 20kVA인 3상 변압기로부터 공급받고 있는 저압 전선로의 절연 부분의 전선과 대지 간의 절연저항의 최소값은 약 몇 Ω인가? (단, 변압기의 저압측 중성점에 접지가 되어 있다.)

① 1,240 ② 2,794 ③ 4,840 ④ 8,383 ⑤ 8,987

해설 ④ [○] 3상 중 1개 선과 대지간의 절연저항

$$= \sqrt{3} \times 접지저항 = \sqrt{3} \times 4,839.9 = 8,383(\Omega)$$

여기서, 접지저항 $= \dfrac{V}{누설전류} = \dfrac{220}{정격전류 \times \dfrac{1}{2,000}} = \dfrac{220}{\dfrac{전력}{전압} \times \dfrac{1}{2,000}}$

$$= \dfrac{220}{\dfrac{20,000}{220} \times \dfrac{1}{2,000}} = 4,839.9(\Omega)$$

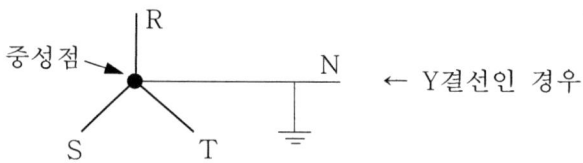

13 변압기의 중성점을 제2종 접지한 수전전압 22.9kV, 사용전압 220V인 공장에서 외함을 제3종 접지공사를 한 전동기가 운전 중에 누전되었을 경우에 작업자가 접촉될 수 있는 최소전압은 약 몇 V인가? (단, 1선 지락전류 10A, 제3종 접지저항 30Ω, 인체저항 10,000Ω 이다.)

① 116.7 ② 127.5 ③ 146.7 ④ 165.6 ⑤ 173.4

해설 ③ [○] $V_m = I_m \times R_m = 0.01467 \times 10,000 = 146.7(V)$

여기서, $I_m = \dfrac{V}{R_m\left(1 + \dfrac{R_2}{R_3}\right)} = \dfrac{220}{10,000\left(1 + \dfrac{15}{30}\right)} = 0.01467(A)$

단, 제2종 접지저항 $R_2 = \dfrac{150}{1선\ 지락전류} = \dfrac{150}{10} = 15(\Omega)$

14 대지에서 용접작업을 하고 있는 작업자가 용접봉에 접촉한 경우 통전전류는? (단, 용접기의 출력 측 무부하전압 : 90V, 접촉저항(손, 용접봉 등 포함) : 10kΩ, 인체의 내부저항 : 1kΩ, 발과 대지의 접촉저항 : 20kΩ이다.)

① 약 0.19mA ② 약 0.29mA ③ 약 1.96mA ④ 약 2.90mA
⑤ 3.25mA

해설 ④ [○] 통전전류 $I = \dfrac{V}{R} = \dfrac{V}{R_1 + R_2 + R_3} = \dfrac{90}{10,000 + 1,000 + 20,000}$

$$= 2.9 \times 10^{-3} \, (A) = 2.9 \, (mA)$$

화공안전

01 다음 중 자연발화가 가장 쉽게 일어나기 위한 조건에 해당하는 것은?

① 큰 열전도율 ② 고온, 다습한 환경
③ 표면적이 작은 물질 ④ 공기의 이동이 많은 장소
⑤ 수분을 함유하고 있지 않을 것

해설 ② [○] 고온, 다습한 환경에서는 자연발화가 촉진된다.
○ 자연발화가 쉽게 일어나는 조건
1. 발열량이 클 것   2. 주위 온도보다 더 높을 것
3. 열전도율이 작을 것   4. 표면적이 넓을 것
5. 수분을 적당히 함유하고 있을 것

○ 자연발화 방지법
1. 통풍을 잘 시킬 것   2. 습기가 높은 것을 피할 것
3. 연소성 가스의 발생에 주의할 것 4. 저장실의 온도 상승을 피할 것
5. 공기가 접촉되지 않도록 불활성 액체 중에 저장할 것

02 공기 중에서 폭발범위가 12.5~74vol%인 일산화탄소(CO)의 위험도는 얼마인가?

① 4.92 ② 5.26 ③ 6.26 ④ 7.05 ⑤ 8.42

정답 14. ④ | 01. ② 02. ①

해설 ① [○] 위험도 $H = \dfrac{U-L}{L} = \dfrac{74-12.5}{12.5} = 4.92$

여기서, H : 위험도, U : 폭발상한계(%), L : 폭발하한계(%)

03 다음 [표]를 참조하여 메탄 70vol%, 프로판 21vol%, 부탄 9vol%인 혼합가스의 폭발범위를 구하면 약 몇 vol%인가?

가스	폭발한계(vol%)	폭발상한계(vol%)
C_4H_{10}	1.8	8.4
C_3H_8	2.1	9.5
C_2H_8	3.0	12.4
CH_4	5.0	15.0

① 3.45~9.11 ② 3.45~12.58 ③ 3.85~9.11 ④ 3.85~12.58
⑤ 4.25~14.38

해설 ② [○] 폭발하한계, 폭발상한계를 산출 공식을 이용하여 구한다.

폭발하한계 $L = \dfrac{V_1+V_2+V_3}{\dfrac{V_1}{L_1}+\dfrac{V_2}{L_2}+\dfrac{V_3}{L_3}} = \dfrac{70+21+9}{\dfrac{70}{5}+\dfrac{21}{2.1}+\dfrac{9}{1.8}} = 3.45$

폭발상한계 $U = \dfrac{V_1+V_2+V_3}{\dfrac{V_1}{U_1}+\dfrac{V_2}{U_2}+\dfrac{V_3}{U_3}} = \dfrac{70+21+9}{\dfrac{70}{15}+\dfrac{21}{9.5}+\dfrac{9}{8.4}} = 12.58$

○ [참고] C, H 첨자: 메탄 (1, 4), 아세틸렌 (2, 2), 에탄 (2, 4), 프로판 (3, 8) 부탄 (4, 10), 벤젠 (6, 6) ← 문제풀이용으로 기본적 암기가 필요.

04 폭발의 위험성을 고려하기 위해 정전에너지 값을 구하고자 한다. 다음 중 정전에너지를 구하는 식은? (단, E는 정전에너지, C는 정전 용량, V는 전압을 의미한다)

① $E = \dfrac{1}{2}CV^2$ ② $E = \dfrac{1}{2}VC^2$ ③ $E = VC^2$ ④ $E = \dfrac{1}{4}VC$

정답 03. ② 04. ①

⑤ $E = \dfrac{1}{\sqrt{2}} CV^2$

해설 ① [○] 정전에너지 $E = \dfrac{QV}{2} = \dfrac{CV \times V}{2} = \dfrac{CV^2}{2}$ (여기서, Q : 대전전하량)

05 프로판(C_3H_8)의 연소하한계가 2.2vol%일 때 연소를 위한 최소산소농도(MOC)는 몇 vol%인가?

① 5.0 ② 7.0 ③ 9.0 ④ 11.0 ⑤ 13.0

해설 ④ [○] 최소산소농도(MOC)=산소몰수×LFL(연소하한계)=5몰×2.2vol%=11vol%

여기서, 완전연소에 필요한 산소몰수 $O_2 = n + \dfrac{m-f-2\lambda}{4} = 3 + \dfrac{8}{4} = 5$

n : 탄소, m : 수소, f : 할로겐원소 원자 수, λ : 산소 원자 수
단, 문제에서의 C_3H_8는 $n=3$, $m=8$

06 비중이 1.5이고, 직경이 74μm인 분체가 종말속도 0.2m/s로 직경 6m의 사일로(silo)에서 질량유속 400kg/h로 흐를 때 평균 농도는 약 얼마인가?

① 10.8mg/L ② 14.8mg/L ③ 19.8mg/L ④ 25.8 mg/L
⑤ 298.8mg/L

해설 ③ [○] 농도=질량/부피 (← 단위를 mg/L로 하기 위해 환산하여 구한다.)

$$= \dfrac{400(kg/h)}{\dfrac{\pi d^2}{4} \times 0.2(m/s)} = \dfrac{400 \times 10^6 mg / 3{,}600s}{\dfrac{\pi \times 6^2}{4}(m^2) \times 0.2(m/s) \times (1{,}000 L/m^3)} = 19.659(mg/L)$$

07 공기 중 아세톤의 농도가 200ppm(TLV 500ppm), 메틸에틸케톤(MEK)의 농도가 100ppm(TLV 200ppm)일 때 혼합물질의 허용농도는 약 몇 ppm인가? (단, 두 물질은 서로 상가작용을 하는 것으로 가정한다.)

① 150 ② 200 ③ 270 ④ 333 ⑤ 423

정답 05. ④   06. ③   07. ④

해설 ④ [○] 혼합물질의 허용농도 $= \dfrac{200+100}{R} = \dfrac{200+100}{200/500+100/200} = 333.33$

○ TLV(Threshold Limit Values) : 허용농도

08 공기 중에서 A가스의 폭발하한계는 2.2vol%이다. 이 폭발하한계 값을 기준으로 하여 표준상태에서 A가스와 공기의 혼합기체 1m³에 함유되어 있는 A가스의 질량을 구하면 약 몇 g인가? (단, A가스의 분자량은 26이다.)

① 19.02   ② 25.54   ③ 29.02   ④ 33.54   ⑤ 35.57

해설 ② [○] A가스의 질량 = 폭발하한계 × $\dfrac{\text{분자량}}{\text{기체 1몰 부피}}$

$$= 0.022 \times \dfrac{26}{22.4 \times 10^{-3}} = 25.54 \ (g/m^3)$$

여기서, 0℃, 1기압에서 기체 1몰의 부피 = 22.4 l = 22.4×10⁻³ m³

0℃, 1기압 = 표준상태, 1m³ = 1,000 l

09 20℃, 1기압의 공기를 5기압으로 단열압축하면 공기의 온도는 약 몇 ℃가 되겠는가? (단, 공기의 비열비는 1.4이다.)

① 32   ② 191   ③ 305   ④ 364   ⑤ 464

해설 ② [○] 단열변화(단열압축, 단열팽창) $\dfrac{T_2}{T_1} = \left(\dfrac{P_2}{P_1}\right)^{\frac{k-1}{k}} = \left(\dfrac{V_1}{V_2}\right)^{k-1}$

여기서, T : 절대온도(K), k : 비열비

$$T_2 = T_1 \times \left(\dfrac{P_2}{P_1}\right)^{\frac{k-1}{k}} = (273+20) \times \left(\dfrac{5}{1}\right)^{\frac{1.4-1}{1.4}} = 464.059$$

단열압축후 공기 온도 = 464.059 − 273 = 191.059℃

정답   08. ②   09. ②

10 이상반응 또는 폭발로 인하여 발생되는 압력의 방출장치가 아닌 것은?

① 파열판 ② 폭압방산구 ③ 화염방지기 ④ 가용합금안전밸브
⑤ 도출밸브

해설 ③ [×] 화염방지기는 인화성 액체 및 인화성 가스를 저장 취급하는 화학설비에서 증기나 가스를 대기로 방출하는 경우에 외부로부터의 화염을 방지하기 위한 목적으로 화염방지기를 그 설비 상단에 설치하는 장치이다.

11 액화 프로판 310kg을 내용적 50L 용기에 충전할 때 필요한 소요 용기의 수는 몇 개인가? (단, 액화 프로판의 가스정수는 2.35이다.)

① 12 ② 15 ③ 17 ④ 19 ⑤ 21

해설 ② [○] 소요 용기수 = $\dfrac{310}{질량} = \dfrac{310}{21.276} = 14.57 \rightarrow$ 15개

여기서, 질량×가스정수=부피 → 질량 = $\dfrac{V}{C} = \dfrac{50}{2.35} = 21.276\,(kg)$

12 Burgess-Wheeler의 법칙에 따르면 서로 유사한 탄화수소계의 가스에서 폭발하한계의 농도(vol%)와 연소열(kcal/mol)의 곱의 값은 약 얼마 정도인가?

① 1,100 ② 2,800 ③ 3,200 ④ 3,800 ⑤ 4,200

해설 ① [○] Burgess-Wheeler 법칙은 폭발하한계(vol%)와 연소열(kcal/mol)의 곱은 1,100으로 일정하다는 법칙이다.

13 탄화수소 증기의 연소하한값 추정식은 연료의 양론농도(Cst)의 0.55배이다. 프로판 1몰의 연소반응식이 다음과 같을 때 연소하한값은 약 몇 vol%인가?

$$C_3H_8 + 5O_2 \rightarrow 3CO_2 + 4H_2O$$

① 2.22 ② 4.03 ③ 4.44 ④ 6.06 ⑤ 8.06

해설 ① [○] 연소하한값 LFL=0.55×C_{st}=0.55×4.02=2.22

정답 10. ③ 11. ② 12. ① 13. ①

여기서, 양론농도 $C_{st} = \dfrac{100}{1+4.773\left(n+\dfrac{m-f-2\lambda}{4}\right)} = \dfrac{100}{1+4.773\times 5} = 4.02$

단, O_2 몰수는 반응식에서 O_2의 계수가 5이므로 O_2 몰수=5

양론농도 Cst는 Stoichiometric Concentration의 줄임말

n은 탄소, m은 수소, f는 할로겐원소, λ는 산소의 원자수

14 프로판(C_3H_8)의 연소에 필요한 최소산소농도의 값은 약 얼마인가? (단, 프로판의 폭발하한은 Jone식에 의해 추산한다.)

① 8.1vol% ② 11.1vol% ③ 15.1vol% ④ 20.1vol% ⑤ 55.5vol%

해설 ② [○] 최소산소농도=산소농도(O_2몰수)×연소하한계=5×2.21=11.05Vol%

여기서, 산소농도(O_2몰수) $= n + \dfrac{m-f-2\lambda}{4} = 3 + \dfrac{8}{4} = 5$

연소하한계(LFL) $= 0.55 \times C_{st} = 0.55 \times 4.02 = 2.21$

단, $C_{st} = \dfrac{100}{1+4.773\times O_2} = \dfrac{100}{1+4.773\times 5} = 4.02$

15 메탄이 공기 중 연소시에 이론혼합비(화학양론조성)는 약 몇 vol%인가?

① 2.21 ② 4.03 ③ 5.76 ④ 7.50 ⑤ 9.50

해설 ⑤ [○] $C_{st} = \dfrac{100}{1+(4.773\times O_2)} = \dfrac{100}{1+(4.773\times 2)} = 9.48\,(\text{vol}\%)$

여기서, C_{st} : 화학양론농도(이론산소농도)

완전연소 필요 O_2 몰수 $= n + \dfrac{m-f-2\lambda}{4} = 1 + \dfrac{4-0-2\times 0}{4} = 2$

16 프로판가스 1m³를 완전연소시키는데 필요한 이론 공기량은 몇 m³인가? (단, 공기 중의 산소농도는 20vol%이다.)

① 20 ② 25 ③ 30 ④ 35 ⑤ 40

정답 14. ② 15. ⑤ 16. ②

해설 ② [○] 공기 : 산소 = 100 : 20 = x : O_2 = x : 5 → x =25

여기서, 프로판가스 1m³를 완전연소시키는데 필요한 산소몰수

$$O_2 = n + \frac{m-f-2\lambda}{4} = 3 + \frac{8-0-2\times 0}{4} = 5$$

17 어떤 습한 고체재료 10kg을 완전 건조 후 무게를 측정하였더니 6.8kg이었다. 이 재료의 건량 기준 함수율은 몇 kg·H_2O/kg인가?

① 0.25   ② 0.36   ③ 0.47   ④ 0.58   ⑤ 0.62

해설 ③ [○] 함수율 = $\dfrac{건조전\ 질량 - 건조후\ 질량}{건조후\ 질량} = \dfrac{W_1 - W_2}{W_2} = \dfrac{10-6.8}{6.8} = 0.47$

18 CF_3Br 소화약제의 하론 번호를 옳게 나타낸 것은?

① 하론 1031   ② 하론 1311   ③ 하론 1301   ④ 하론 1310
⑤ 하론 1300

해설 ③ [○] CF_3Br는 C 1개, F 3개, Cl 0개, Br 1개로 1301
○ 하론의 명명법 : C, F, Cl, Br, I 순으로 숫자를 나타낸 것이다.

첫 번째 자리	두 번째 자리	세 번째 자리	네 번째 자리	다섯 번째 자리
C	F	Cl	Br	I
탄소	불소	염소	취소	옥소

19 다음 중 퍼지(purge)의 종류에 해당하지 않는 것은?

① 압력퍼지   ② 진공퍼지   ③ 스위프퍼지   ④ 가열퍼지   ⑤ 진공퍼지

해설 ④ [×] 퍼지(purge)의 종류에 가열퍼지는 해당하지 않는다.
○ 퍼지(Purge)의 종류
1. 진공 퍼지(Vacuum Purge)   2. 압력 퍼지(Pressure Purge)
3. 스위프 퍼지(Sweep-Through Purge)   4. 사이폰 퍼지(Siphon Purge)
5. 희석 퍼지(Dilution Purge)   6. 대치 퍼지(Displacement Purge)

정답   17. ③   18. ③   19. ④

건설안전

01 흙의 간극비를 나타낸 식으로 옳은 것은?

① (공기+물의 체적)/(흙+물의 체적) ② (공기+물의 체적)/흙의 체적
③ 물의 체적/(물+흙의 체적) ④ (공기+물의 체적)/(공지+흙의 체적)
⑤ (공기+물의 체적)/(공기+흙+물의 체적)

해설 ② [○] 흙은 흙입자와 간극으로 구성되고, 간극은 물과 공기로 구성되어 있다. 흙의 간극비란 흙 입자에 대한 간극의 용적을 말한다.

02 콘크리트 타설 시 거푸집 측압에 관한 설명으로 옳지 않은 것은?

① 타설속도가 빠를수록 측압이 커진다.
② 거푸집의 투수성이 낮을수록 측압은 커진다.
③ 타설높이가 높을수록 측압이 커진다.
④ 콘크리트의 온도가 높을수록 측압이 커진다.
⑤ 거푸집의 부재단면이 클수록 측압은 커진다.

해설 ④ [×] 콘크리트의 온도가 낮을수록 측압이 커진다.
○ 거푸집의 측압이 커지는 조건
  1. 거푸집 수평단면이 클수록   2. 콘크리트 슬럼프치가 클수록
  3. 거푸집 표면이 평탄할수록   4. 철골, 철근량이 적을수록
  5. 콘크리트 시공연도가 좋을수록 6. 외기의 온도가 낮을수록
  7. 타설 속도가 빠를수록   8. 다짐이 충분할수록
  9. 타설시 상부에서 직접 낙하할 경우 10. 부배합(시멘트량 많음)일수록
  11. 콘크리트의 비중(단위중량)이 클수록 12. 거푸집의 강성이 클수록

03 온도가 하강함에 따라 토중수가 얼어 부피가 약 9% 정도 증대하게 됨으로써 지표면이 부풀어 오르는 현상은?

① 동상현상   ② 연화현상   ③ 리칭현상   ④ 액상화현상   ⑤ 결빙현상

정답 01. ②   02. ④   03. ①

해설 ① [○] 동상(凍上, Frost heaving), 서릿발 상주는 지반내 토층수가 동결하여 부피가 증가하면서 지표면이 부풀어오르는 현상이다.

04 클램쉘(Clam shell)의 용도로 옳지 않은 것은?

① 잠함안의 굴착에 사용된다.
② 수면아래의 자갈, 모래를 굴착하고, 준설선에 많이 사용된다.
③ 건축구조물의 기초 등 정해진 범위의 깊은 굴착에 적합하다.
④ 단단한 지반의 작업도 가능하며, 작업속도가 빠르고 특히 암반굴착에 적합하다.
⑤ 정해진 범위의 깊은 굴착 및 호퍼작업에 적합하다.

해설 ④ [×] 단단한 지반의 작업은 곤란하고, 지면보다 낮은 곳 굴삭에 적합하다.
○ 클램쉘(Clam shell)의 용도
1. 주로 기초기반을 파는데 사용되며, 파는 힘은 약해 사질기반의 굴착에 이용한다.
2. 수중굴착, 건축구조물의 기초 등 정해진 범위의 깊은 굴착 및 호퍼작업에 적합하나 파는 힘은 약하다.

05 지면보다 낮은 땅을 파는데 적합하고, 수중굴착도 가능한 굴착기계는?

① 백호우   ② 가이데릭   ③ 파워쇼벨   ④ 파일드라이버   ⑤ 로우더

해설 ① [○] 백호우(backhoe)는 힌지와 붐, 유압실린더, 버킷(bucket) 등으로 이루어진 굴착 기구로서, 면보다 낮은 땅을 파는데 적합하다.

06 장비 자체보다 높은 장소의 땅을 굴착하는 데 적합한 장비는?

① 파워 쇼벨(Power Shovel)   ② 불도저(Bulldozer)
③ 드래그라인(Drag line)   ④ 클램쉘(Clam Shell)
⑤ 트렌처(Trencher)

해설 ① [○] 파워 쇼벨(Power Shovel) : 기계가 위치한 지반보다 높은 곳 굴착용
⑤ 트렌처(Trencher) : 여러 개의 굴착용 버킷(bucket)을 부착시키고, 주행(走行)하면서 도랑을 파는 기계

정답 04. ④   05. ①   06. ①

07 굴착과 싣기를 동시에 할 수 있는 토공기계가 아닌 것은?

① Power shovel   ② Tractor shovel   ③ Back hoe
④ Motor grader   ⑤ Drag shovel

해설   ④ [×] 모터그레이더는 지면의 정지작업시 사용되는 기구이다.

08 거푸집동바리 구조에서 높이가 $l=3.5$m인 파이프서포트의 좌굴하중은? (단, 상부받이판, 하부받이판은 힌지로 가정하고, 단면2차모멘트 $I=8.31\text{cm}^4$, 종탄성계수 $E=2.1\times10^5\text{MPa}$)

① 14060N   ② 15060N   ③ 16060N   ④ 17060N   ⑤ 18076

해설   ① [○] 좌굴하중 $P_{cr} = \dfrac{\pi^2 EI}{(l/\sqrt{n})^2} = \dfrac{\pi^2 \times (2.1\times 10^5 \times 10^6) \times 8.31 \times (0.01)^4}{(3.5/\sqrt{1})^2}$

$= 14,060(N)$ (오일러의 공식에 의함)

여기서, 양단회전단인 경우 단말계수(고정계수) $n=1$

○ 기둥의 단말계수

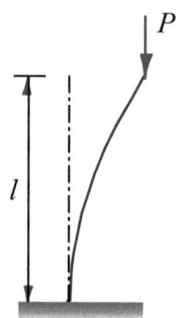 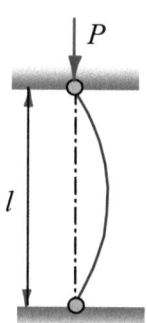 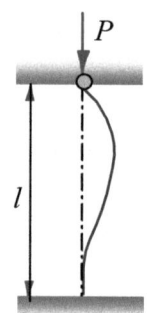 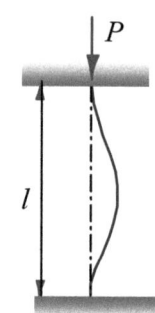

자유단 $n=\dfrac{1}{4}$ | 양단회전단 $n=1$ | 일단고정 타단회전단 $n=2$ | 양단고정단 $n=4$

제6장

인간공학

6.1 인간공학 개론 / 290

6.2 들기 및 단순반복 작업 / 293

6.3 정보표시장치 / 299

6.4 근골격계질환 및 VDT증후군 / 318

6.5 작업생리학 및 산업피로 / 324

6.6 에너지소비 및 RMR / 341

6.7 작업강도 및 휴식시간 / 345

6.8 인체구조 및 인체대사 / 347

6.9 인간공학적 설계 방법 / 354

6.1 인간공학 개론

> 인간공학 기본개념

01 다음 중 인간공학을 나타내는 용어로 적절하지 않은 것은?

① human factors ② ergonomics ③ engineering psychology
④ human engineering ⑤ customize engineering

해설 ⑤ [×] 인간공학을 나타내는 용어
 1. human factors 2. ergonomics 3. human engineering
 4. engineering psychology 5. engineering ergonomics
 6. human factors engineering

02 사업장에서 인간공학의 적용분야로 가장 거리가 먼 것은?

① 제품설계 ② 설비의 고장률 ③ 재해·질병 예방
④ 작업방법 설계 ⑤ 장비·공구·설비의 배치

해설 ② [×] 설비의 고장률은 신뢰성공학, 시스템안전공학의 적용분야와 관련된다.
 ○ 사업장에서 인간공학의 적용분야
  1. 작업방법 설계 2. 작업공간 설계 3. 인간과 기계의 조화로운 배치
  4. 제품설계에 있어 인간에 대한 안전성 확보여부 평가
  5. 근골격계 질환예방 설계 6. 쾌적한 작업환경 조성

03 인간이 기계와 비교하여 정보처리 및 결정의 측면에서 상대적으로 우수한 것은? (단, 인공지능은 제외한다.)

① 연역적 추리 ② 정량적 정보처리 ③ 관찰을 통한 일반화
④ 정보의 신속한 보관 ⑤ 각기 다른 업무의 동시 수행

해설 ③ [○] 관찰을 통한 일반화 능력이 우수하다.
 ○ 인간이 기계보다 우수한 기능

정답 01. ⑤   02. ②   03. ③

1. 귀납적인 처리 기능   2. 원칙을 이용한 다양한 문제를 해결
3. 주위의 예기치 못한 사건을 감지   4. 판별기능 및 주관적 평가 가능
5. 다양한 자극을 감지   6. 부조화 환경에서도 일을 진행
7. 융통성, 독창성   8. 경험을 활용한 행동방향 개선
9. 어떤 운용방법이 실패할 경우 다른 방법을 선택

04 인간-기계 시스템에서 시스템의 설계를 다음과 같이 구분할 때 제3단계인 기본설계에 해당되지 않는 것은?

1단계 : 시스템의 목표와 성능명세 결정	2단계 : 시스템의 정의
3단계 : 기본설계	4단계 : 인터페이스설계
5단계 : 보조물설계	6단계 : 시험 및 평가

① 화면설계   ② 작업설계   ③ 직무분석   ④ 기능할당
⑤ 인간성능요건명세

해설 ① [×] 화면설계는 유저 인터페이스 설계 시에 행해진다. 윈도우의 ☒ 표시를 눌러 창 끄기, 각종 버튼 등이 유저 인터페이스이다.

05 다음 중 인간공학적 설계 대상에 해당되지 않은 것은?

① 물건(objects)   ② 기계(machinery)   ③ 환경(environment)
④ 컴퓨터(computer)   ⑤ 보전(maintenance)

해설 ⑤ [×] 인간공학이란 인간, 물건, 기계, 컴퓨터, 환경으로 이루어진 시스템을 설계함에 있어 인간의 심리학적, 생리학적, 해부학적 및 사회학적 특징을 체계적으로 설계에 반영시키기 위하여 제반 공학적 방법을 제공하는 종합적인 학문이다.

06 인간공학 연구방법 중 실제의 제품이나 시스템이 추구하는 특성 및 수준이 달성되는지를 비교하고 분석하는 것은 어떤 연구에 속하는가?

① 조사연구   ② 실험연구   ③ 분석연구   ④ 평가연구   ⑤ 묘사연구

해설 ④ [○] 제시문은 '평가연구'에 대한 내용이다.

정답   04. ①   05. ⑤   06. ④

○ 인간공학 연구방법
1. 묘사(Descriptive) : 인간기준을 이용한 현장 연구
2. 실험(Experimental) : 작업 성능에 대한 모의 실험
3. 평가(Evaluation) : 제품이나 시스템이 추구하는 특성과 수준이 달성되는 지를 비교, 분석

인간공학 관련 용어

01 인간 기억의 여러 가지 형태에 대한 설명으로 옳지 않은 것은?

① 단기기억의 용량은 보통 7청크(chunk)이며, 학습에 의해 무한히 커질 수 있다.
② 단기기억에 있는 내용을 반복하여 학습(research)하면 장기기억으로 저장된다.
③ 일반적으로 작업기억의 정보는 시각(visual), 음성(phonetic), 의미(semantic) 코드의 3가지로 코드화 된다.
④ 자극을 받은 후 단기기억에 저장되기 전에 시각적인 정보는 아이코닉 기억(iconic memory)에 잠시 저장된다.
⑤ 단기 기억(short-term memory)은 지각시스템에서 수초에서 수분 사이의 일시적인 정보의 보유를 담당하는 기억 체계이다.

해설 ① [×] 단기기억, 즉 작업기억의 용량은 7±2청크이고, 지속시간은 20초이다.

02 새로운 자동차의 결함원인이 엔진일 확률이 0.8, 프레임일 확률이 0.2라고 할 때 이로부터 기대할 수 있는 평균정보량은 얼마인가?

① 0.26bit ② 0.32bit ③ 0.72bit ④ 1.64bit ⑤ 2.64bit

해설 ③ [○] 평균정보량 $H_{av} = 0.8 \times \log_2 \dfrac{1}{0.8} + 0.2 \times \log_2 \dfrac{1}{0.2}$

$$= 0.8 \times \dfrac{\log(1/0.8)}{\log 2} + 0.2 \times \dfrac{\log(1/0.2)}{\log 2} = 0.72 \text{bit}$$

○ [참고] 상용로그 $\log_{10} 2$ 는 $\log 2$ 로 로그의 밑 10이 없는 표기로 쓰인다.
$\log_2 x = \log_{10} x / \log_{10} 2 = \log x / \log 2$

정답 01. ①   02. ③

6.2 들기 및 단순반복 작업

들기작업

01 NIOSH 들기지침에서 권장무게한계(RWL) 산출 사용의 계수가 아닌 것은?

① 휴식계수   ② 수평계수   ③ 수직계수   ④ 비대칭계수   ⑤ 커플링계수

해설   ① [×] RWL=23×HM×VM×DM×AM×FM×CM (kg)
        =23×수평계수×수직계수×거리계수×비대칭계수×빈도계수×결합계수
   ○ 결합계수는 커플링계수로 번역 사용되기도 한다.

   ○ RWL 계산에 필요한 계수

계수	계수 설명	계수 구하는 방법
HM	수평계수 (Horizontal Multiplier)	25/H
VM	수직계수 (Vertical Multiplier)	$1-(0.003\times\|V-75\|)$
DM	거리계수 (Distance Multiplier)	$0.82+(4.5/D)$
AM	비대칭계수 (Asymmetric Multiplier)	$1-(0.0032A)$
FM	빈도계수 (Frequency Multiplier)	표 참조 선택적용
CM	결합계수 (Coupling Multiplier)	표 참조 선택적용

02 NIOSH Lifting Equation 평가에서 권장무게한계가 20kg이고, 현재 작업물의 무게가 23kg일 때, 들기지수(Lifting Index)의 값과 이에 대한 평가가 옳은 것은?

① 0.87, 요통의 발생위험이 높다.   ② 0.87, 작업을 재설계할 필요가 있다.
③ 1.15, 요통의 발생위험이 낮다.   ④ 1.15, 작업을 재설계할 필요가 없다.
⑤ 1.15, 요통의 발생위험이 높다.

해설   ⑤ [○] LI(들기지수) : LI=작업물의 무게/RWL(권장무게한계)
        LI=23kg/20kg=1.15
        LI가 1보다 크게 되는 것은 요통의 발생위험이 높다는 것을 나타낸다.
        따라서 LI가 1이하가 되도록 작업을 재설계할 필요가 있다.

정답   01. ①   02. ⑤

03 다음 중 허리부위나 중량물 취급에 대한 유해요인의 주요 평가기법은?

① REBA   ② JSI   ③ RULA   ④ NLE   ⑤ OWAS

해설   ④ [○] 제시문에 해당하는 적절한 것은 'NLE'이다.

○ NLE (NIOSH Lifting Equation)
1. NLE는 미국산업안전보건연구원(NIOSH)에서 중량물을 취급하는 작업에 대한 요통예방을 목적으로 작업 평가와 작업 설계를 지원하기 위해서 개발되었다.
2. 중량물 취급과 취급 횟수뿐만 아니라 중량물 취급 위치, 인양거리, 신체의 비틀기, 중량물 들기 쉬움 정도 등 여러 요인을 고려하고 있으며, 보다 정밀한 작업평가·작업설계에 이용할 수 있게 되어 있다.
3. 이 기법은 들기작업에만 적절하게 쓰일 수 있기 때문에, 반복적인 작업자세, 밀기, 당기기 등과 같은 작업들에 대한 평가는 제외된다.
4. 들기지수(LI, Lifting Index)가 1보다 크게 되면 요통의 발생 위험이 높은 것으로 간주하여 들기지수가 1 이하가 되도록 작업을 설계·개선할 필요가 있음을 의미한다.

04 NIOSH 지침에서 최대허용한계(MPL)는 활동한계(AL)의 몇 배인가?

① 1배   ② 3배   ③ 4배   ④ 5배   ⑤ 6배

해설   ② [○] 최대허용한계(MPL)는 활동한계(AL)의 3배이다.

○ 최대허용한계(MPL) 관계식 : MPL(최대허용한계)=AL(감시한계)×3
1. MPL을 초과한 경우 : 반드시 공학적 대책 실시
2. AL~MPL의 경우 : 개선을 통해 작업 전 AL이하로 내림(행정적, 경영학적 관리)
3. AL이하인 경우 : 적합한 작업수준으로 현 상태 유지

05 NOISH에서 권장하는 중량물 취급 작업시 감시한계(AL)가 20kg일 때, 최대허용한계(MPL)은 몇 kg인가?

① 25   ② 30   ③ 40   ④ 60   ⑤ 80

해설   ④ [○] MPL=AL×3=20×3=60(kg)

정답   03. ④   04. ②   05. ④

06 중량물 취급작업시 NIOSH에서 제시하고 있는 최대허용한계(MPL)에 대한 설명으로 틀린 것은? (단, AL은 감시한계이다.)

① 역학조사 결과 MPL을 초과하는 작업에서 대부분의 근로자들에게 근육, 골격 장애가 나타났다.
② 노동생리학적 연구결과, MPL에 해당되는 작업에서 요구되는 에너지 대사량은 5kcal/min를 초과하였다.
③ 인간공학적 연구결과 MPL에 해당되는 작업에서 디스크에 3,400N의 압력이 부과되어 대부분의 근로자들이 이 압력에 견딜 수 없었다.
④ MPL은 3AL에 해당되는 값으로 정신물리학적 연구결과, 남성근로자의 25% 미만과 여성 근로자의 1% 미만에서만 MPL수준의 작업을 수행할 수 있었다.
⑤ 노동생리학적 연구결과에서 요구되는 에너지 대사량은 5Kcal/min 초과하였다.

해설 ③ [×] 인간공학적 연구결과 MPL에 해당되는 작업에서 디스크에 6,400N의 압력이 부과되어 대부분의 근로자들이 이 압력에 견딜 수 없었다.

07 NIOSH의 들기작업 권장무게한계(RWL)에서 중량물상수와 수평위치값의 기준으로 옳은 것은?

① 중량물상수 : 18kg, 수평위치값 : 20cm
② 중량물상수 : 20kg, 수평위치값 : 23cm
③ 중량물상수 : 23kg, 수평위치값 : 25cm
④ 중량물상수 : 25kg, 수평위치값 : 30cm
⑤ 중량물상수 : 28kg, 수평위치값 : 32cm

해설 ③ [○] 중량물상수 : 23kg, 수평위치값 : 25cm

○ RWL(kg)=LC×HM×VM×DM×AM×FM×CM
　　여기서, LC : 중량상수(부하상수)로서 23kg
　　　　　　HM : 수평계수로서, 수평위치값의 기준은 25cm

08 다음 중 NIOSH lifting guideline에서 권장무게한계(RWL) 산출에 사용되는 평가 요소가 아닌 것은?

① 수평거리　② 수직거리　③ 휴식시간　④ 비대칭각도　⑤ 비대칭성

정답 06. ③　07. ③　08. ③

해설 ③ [×] 권장무게한계(RWL) 산출

1. 권장무게한계란 건강한 작업자가 특정한 들기작업에서 실제 작업시간 동안 허리에 무리를 주지 않고 요통의 위험 없이 들 수 있는 무게의 한계를 말한다.
2. 권장무게한계(RWL)=23kg×HM(수평계수)×VM(수직계수)×DM(거리계수)×AM(비대칭계수)×FM(빈도계수)×CM(결합계수)

단순반복작업

01 단순반복작업으로 인하여 발생되는 건강장애, 즉 CTDs의 발생요인이 아닌 것은?

① 긴 작업주기   ② 과도한 힘의 요구   ③ 장시간의 진동
④ 부적합한 작업자세   ⑤ 연속작업(비휴식)

해설 ① [×] 짧은 작업주기의 반복적인 동작이 CTDs의 발생요인이 된다.

○ CTDs의 발생요인
1. 반복적인 동작 2. 부적합한 작업자세 3. 무리한 힘의 사용
4. 날카로운 면과의 신체접촉 5. 진동 및 온도 등 6. 연속작업(비휴식)
7. 낮은 온도 등

○ CTDs 의미 : 누적 외상성 장애(Cumulative Traumatic Disorders)

02 단순반복동작 작업으로 손, 손가락 또는 손목의 부적절한 작업방법과 자세 등으로 주로 손목 부위에 주로 발생하는 근골격계질환은?

① 테니스엘보   ② 회전근개손상   ③ 수근관증후군
④ 흉곽출구증후군   ⑤ 근육통증후군

해설 ③ [○] 수근관증후군은 단순반복동작 작업으로 손, 손가락 또는 손목의 부적절한 작업방법과 자세 등으로 인한 정중신경손상이며, 주로 손목 부위에 주로 발생한다.

정답 01. ①   02. ③

누적외상성장애(CTDs)

01 누적외상성장애(CTDs)의 원인이 아닌 것은?

① 불안전한 자세에서 장기간 고정된 한 가지 작업
② 고온 작업장에서 갑작스럽게 힘을 주는 전신작업
③ 작업속도가 빠른 상태에서 힘을 주는 반복작업
④ 작업내용의 변화가 없거나 휴식시간 없이 손과 팔을 과도하게 사용하는 작업
⑤ 진동 및 온도(저온) 등의 조건에서의 작업

해설 ② [×] 고온작업장에서 갑작스럽게 힘을 주는 전신작업은 고열장애를 일으킨다.

○ 누적외상성 장애 (근골격계 질환)
반복적인 동작, 부적절한 작업자세, 무리한 힘의 사용(물건을 잡는 손의 힘), 날카로운 면과의 신체접촉, 진동 및 온도(저온) 등의 요인에 의해 발생하는 건강장애로서 목, 어깨, 허리, 상·하지의 신경근육 및 그 주변 신체조직 등에 나타나는 질환을 말한다.

02 누적외상성질환(CTDs) 또는 근골격계질환(MSDs)에 속하는 것으로 보기 어려운 것은?

① 건초염(Tendosynoitis)
② 스티븐스존슨증후군(Stevens Johnson syndrome)
③ 손목뼈터널증후군(Carpal tunnel syndrome)
④ 기용터널증후군(Guyon tunnel syndrome)
⑤ 내·외상과염(Epicondylitis)

해설 ② [×] 스티븐스존슨증후군(Stevens Johnson syndrome)은 피부 탈락을 유발하는 심각한 피부점막 전신 질환이다.

④ 기용터널증후군(Guyon tunnel syndrome)은 가이온 터널 증후군이라고도 하며, 오토바이 운전, 공기드릴 작업 등 반복적인 외상으로 인해 4, 5번째 손가락에 감각 소실, 내재근의 약화 및 위축이 일어나는 질환이다.

⑤ 내·외상과염은 과다한 손목 및 손가락 사용으로 인한 팔꿈치 내·외측의 통증

정답 01. ②　　02. ②

03 손이나 특정 신체부위에 발생하는 누적손상장애(CTDs)의 발생인자와 가장 거리가 먼 것은?

① 무리한 힘　　② 다습한 환경　　③ 장시간의 진동
④ 반복도가 높은 작업　　⑤ 온도, 조명

해설　② [×] 다습한 환경은 누적손상장애(CTDs)의 발생인자가 아니다.

○ 누적손상장애(CTDs) 발생 요인
1. 반복성(반복도가 높은 작업)　2. 부자연스런 또는 취하기 어려운 자세
3. 과도한 힘(무리한 힘)　　4. 접촉 스트레스　　5. (장시간의) 진동
6. 온도, 조명 등 기타요인

04 손목을 반복적이고 지속적으로 사용하면 손목관증후군(CTS)에 걸릴 수 있는데, 이 증후군은 어떤 신경에 가장 큰 손상이 일어나는 것인가?

① 감각 신경(sensor nerve)　　② 정중 신경(median nerve)
③ 중추 신경(central nerve)　　④ 자율 신경(autonomic nerve)
⑤ 교감 신경(sympathetic nerve)

해설　② [○] 제시문은 '정중 신경(median nerve)'에 해당하는 내용이다.

○ 정중 신경(median nerve) : 팔의 말초신경 중 하나로서, 손바닥 감각과 손가락 움직임 등의 운동 기능을 담당한다. 여기서, 말초신경계(Peripheral Nervous System, PNS)은 척추동물의 뇌나 척수의 중추 신경계에서 나와 온몸에 나뭇가지 모양으로 분포하는 신경계를 말한다.

○ 수근관증후군(CTS, carpal tunnel syndrome) 또는 손목터널증후군, 손목관증후군은 수근관에서 손목을 통과하는 정중신경이 눌리면서 생기는 질병이다.

정답　03. ②　04. ②

6.3 정보표시장치

> 정보표시장치 개론

01 다음 중 정량적 자료를 정성적 판독의 근거로 사용하는 경우로 볼 수 없는 것은?

① 미리 정해 놓은 몇 개의 한계범위에 기초하여 변수의 상태나 조건을 판정할 때
② 목표로 하는 어떤 범위의 값을 유지할 때
③ 변화 경향이나 변화율을 조사하고자 할 때
④ 세부 형태를 확대하여 동일한 시각을 유지해 주어야 할 때
⑤ 변화추세나 율을 관찰하는 것은 비행고도의 변화율을 볼 때가 그 일례이다.

해설 ④ [×] 세부 형태를 확대하여 동일한 시각을 유지해 주어야 할 때는 구체적인 숫자나 눈금 등이 확인 가능하게 하는 것이며, 정량적 판독의 근거로 확인할 때이다.

02 경계 및 경보 신호의 설계지침으로 틀린 것은?

① 주의를 환기시키기 위하여 변조된 신호를 사용한다.
② 배경소음의 진동수와 다른 진동수의 신호를 사용한다.
③ 귀는 중음역에 민감하므로 500~3,000Hz의 진동수를 사용한다.
④ 300m 이상의 장거리용으로는 1,000Hz를 초과하는 진동수를 사용한다.
⑤ 장애물 및 칸막이 통과시는 500Hz 이하의 진동수를 사용한다.

해설 ④ [×] 300m 이상의 장거리용으로는 1,000Hz 이하의 진동수를 사용한다.

○ 경계 및 경보 신호의 선택 또는 설계시의 설계지침
1. 500~3,000Hz의 진동수 사용
2. 장거리(3,000m 이상)용은 1,000Hz 이하의 진동수 사용
3. 장애물 및 칸막이 통과시는 500Hz 이하의 진동수 사용
4. 주의를 끌기 위해서는 변조된 신호 사용
5. 배경소음의 진동수와 구별되는 신호사용

정답 01. ④　02. ④

6. 경보효과를 높이기 위해서 개시 시간이 짧은 고강도 신호를 사용
7. 수화기를 사용하는 경우에는 좌우로 교번하는 신호를 사용
8. 가능하면 확성기, 경적 등과 같은 별도의 통신계통을 사용

03 자동생산시스템에서 3가지 고장 유형에 따라 각기 다른 색의 신호등에 불이 들어오고 운전원은 색에 따라 다른 조종 장치를 조작하도록 하려고 한다. 이때 운전원이 신호를 보고 어떤 장치를 조작해야 할지를 결정하기까지 걸리는 시간을 예측하기 위해서 사용할 수 있는 이론은?

① 웨버(Weber) 법칙
② 학습효과(learning effect) 법칙
③ 힉-하이만(Hick-Hyman) 법칙
④ 피츠(Fitts) 법칙
⑤ 신호검출이론(SDT)

해설 ③ [○] 힉 하이만의 법칙은 사용자들이 결정을 내리는데 걸리는 시간은 주어진 선택 가능한 선택지의 수에 따라 결정된다는 법칙이다.

04 표시장치로부터 정보를 얻어 조종장치를 통해 기계를 통제하는 시스템은?

① 수동 시스템   ② 무인 시스템   ③ 반자동 시스템   ④ 자동 시스템
⑤ 간이자동 시스템

해설 ③ [○] 제시문은 반자동 시스템(기계화 시스템)에 대한 내용이다.
⑤ 간이자동 시스템 : 간이자동화(LCA, Low Cost Automation)는 현장이 주체가 되어 설비나 기구를 스스로 만들어 가는 간단하고 편리한 자동화, 물건 만들기의 지혜와 기술을 포함시킨 자동화를 말한다.
○ 인간-기계계(man-machine system)
  1. 수동시스템 : 수공구, 기타 보조물로 구성되고, 인간의 신체적인 힘을 동력원으로 사용하며, 작업을 통제하는 인간 사용자와 결합
     예) 가위로 옷감을 재단하는 재단사, 삽질하는 작업자 등
  2. 반자동시스템(기계화 시스템) : 동력원은 기계가 생성하여 전달하고, 조작자는 제어장치로 동력을 조정하거나 통제하는 것
     예) 전기드릴 작업, 자동차 운전 등

정답 03. ③   04. ③

3. 자동시스템 : 사람이 거의 관여하지 않아도 모든 조작 기능을 실행하는 시스템

예) 자동으로 운영되는 화학공장, 산업용 로봇 등

⊙ 자동시스템도 설계, 설치, 프로그램 유지·보수에 사람이 관여한다. 또한, 대부분 자동시스템은 복잡한 시스템으로서 보수, 유지, 운용에 필요한 인터페이스 설계가 무엇보다 중요하다(인간공학적 주의 필요).

05 인간은 지각 과정에서 자극의 정보를 조직화하는 과정을 거치게 된다. 시각 정보의 조직화를 의미하는 용어는?

① 유추 (analogy)　　② 게스탈트 (gestalt)　　③ 인지 (cognition)
④ 근접성 (proximity)　　⑤ 융합

해설　② [○] 제시문에 해당하는 것은 '게스탈트(gestalt)'이다.

○ 게스탈트(gestalt)
1. 게스탈트는 '모양, 형태'라는 뜻으로, 독일의 심리학자 M. 베르트하이머가 처음으로 제기한 원리이다.
2. 사물을 볼 때 무리를 지어서 보려는 '시각적 심리'를 뜻하며, 관련이 있는 요소끼리 통합된 것으로 지각된다는 점에서 '군화의 법칙'이라고도 한다.

정보표시장치 암호화

01 작업자가 용이하게 기계·기구를 식별하도록 암호화(Coding)를 한다. 암호화 방법이 아닌 것은?

① 강도　② 형상　③ 크기　④ 색채　⑤ 경사각

해설　① [×] 제어장치의 코드화의 방법에는 형상, 촉감, 크기, 위치, 조작법, 색깔, 라벨 등이 있다. 강도는 암호화 방법이 아니다.

○ 시각적 암호화 방법
1. 색광　2. 면색　3. 문자, 숫자　4. 기하적 형상　5. 광의 휘도
6. 형체의 크기　7. 개수　8. 등의 점멸률　9. 경사각

정답　05. ②　｜　01. ①

02 암호체계의 사용상에 있어서, 일반적인 지침에 포함되지 않는 것은?

① 암호의 검출성　　② 부호의 양립성　　③ 암호의 표준화
④ 암호의 변별성　　⑤ 암호의 단일차원화

해설　⑤ [×] '암호의 다차원화'가 지침에 포함되는 사항이다.

○ 암호체계 사용상의 일반적 지침
1. 암호의 검출성　2. 암호의 변별성(판별성)　3. 부호의 양립성
4. 부호의 의미　5. 암호의 표준화　6. 다차원 암호의 사용

03 정보의 촉각적 암호화 방법으로만 구성된 것은?

① 점자, 진동, 온도　　　② 초인종, 점멸등, 점자
③ 신호등, 경보음, 점멸등　④ 점자, 온도, 모스부호
⑤ 연기, 온도, 모스(Morse)부호

해설　① [○] 점자, 진동, 온도는 촉각적 암호화 방법에 해당한다.

○ 암호화 방법
1. 형상을 이용한 암호화 방법 : 모양
2. 크기를 이용한 암호화 방법 : 크기
3. 표면 촉감을 이용한 암호화 방법 : 점자, 진동, 온도
4. 초인종, 경보음, 모스부호 : 청각적 암호화
5. 점멸등, 신호등, 점등, 연기 : 시각적 암호화

04 조종장치를 촉각적으로 식별하기 위하여 사용되는 촉각적 코드화의 방법으로 가장 적합하지 않는 것은?

① 크기를 이용한 코드화　　② 조정장치의 형상 코드화
③ 표면 촉감을 이용한 코드화　④ 피부 자극을 활용한 코드화
⑤ 조종장치의 위치 코드화

해설　④ [×] 조종장치를 촉각적으로 식별하기 위한 촉각적 코드화의 방법
1. 위치 코드화　2. 라벨 코드화　3. 온도 코드화　4. 형상 코드화
5. 크기 코드화　6. 촉감 코드화　7. 조작방법의 코드화

정답　02. ⑤　03. ①　04. ④

05 좋은 코딩 시스템의 요건에 해당하지 않는 것은?

① 코드의 검출성　　② 코드의 식별성　　③ 코드의 표준화
④ 단순차원 코드의 사용　　⑤ 코드의 안전성

해설　④ [×] 다차원 코드의 사용이 좋은 코딩 시스템이다.

06 '원래의 신호 정보를 새로운 형태로 변화시켜 표시하는 것'은 어떤 것의 정의인가?

① 차원　② 표시양식　③ 코딩　④ 묘사정보　⑤ 전이

해설　③ [○] 질문의 내용은 코딩(coding)을 의미하며, 기억시스템에서 부호화의 의미와 유사하다. 코딩의 의미는 일반적 의미로는 컴퓨터 프로그래밍에서 컴퓨터 프로그램의 소스 코드를 만들고 관리하는 과정을 의미한다.

○ 코딩(coding) : 기억 시스템에서 부호화(encoding)의 의미와 유사하다. 기억(memory)은 '부호화(encoding) → 응고화(consolidation) → 저장(storage) → 인출(retrieval)'의 전 과정을 일컫는 말이다. 부호화에는 두 가지 차원의 의미가 있다. 하나는 부호화라는 문자 그대로의 뜻, 즉 청각, 시각 등에 의해 감각기억으로 들어오는 정보를 전기적 에너지로(신호로) 변환하는 과정을 의미하고, 다른 하나는 그 정보를 나중에 필요할 때에 잘 기억해 낼 수 있는 형태로 유의미하게 조직해서 장기기억 속의 기존의 정보(prior knowledge)와 연결하는 과정을 의미한다.

07 특정한 목적을 위해 시각적 암호, 부호 및 기호를 의도적으로 사용할 때에 반드시 고려하여야 할 사항과 가장 거리가 먼 것은?

① 검출성　② 판별성　③ 양립성　④ 심각성　⑤ 표준화

해설　④ [×] 시각적 암호, 부호, 기호화에 '심각성'은 관계가 적다.

○ 암호화의 사용지침
1. 검출성 : 감지가 쉬워야 한다.　2. 표준화 : 표준화가 되어야 한다.
3. 판별성 : 다른 암호 표시와 구별될 수 있어야 한다.
4. 양립성 : 인간의 기대와 모순되지 않아야 한다.
5. 부호의 의미 : 사용자가 그 뜻을 분명히 알아야 한다.

정답　05. ④　06. ③　07. ④

6. 다차원의 암호 사용가능 : 두 가지 이상의 암호 차원을 조합해서 사용하면 정보전달이 촉진될 수 있다.

08 안전·보건표지에서 경고표지는 삼각형, 안내표지는 사각형, 지시표지는 원형 등으로 부호가 고안되어 있다. 이처럼 부호가 이미 고안되어 이를 사용자가 배워야 하는 부호를 무엇이라 하는가?

① 묘사적 부호   ② 추상적 부호   ③ 임의적 부호   ④ 사실적 부호
⑤ 명시적 부호

해설   ③ [○] 제시문은 '임의적 부호'에 대한 내용이다.

○ 부호의 유형 (산업안전보건법 관련 3가지)
  1. 묘사적 부호 : 사물이나 행동을 단순하고 정확하게 묘사(위험표지판의 걷는 사람, 해골과 뼈 등)
  2. 추상적 부호 : 전언의 기본요소를 도식적으로 압축한 부호(원개념과 약간의 유사성)
  3. 임의적 부호 : 이미 고안되어 있는 부호이므로 배워야 하는 부호(표지판의 삼각형 : 주의표지, 사각형 : 안내표지 등)

정보표시장치 관련 법령

01 산업안전보건법령상 안전·보건표지의 종류 중 경고표지의 기본모형(형태)이 다른 것은?

① 폭발성물질 경고   ② 방사성물질 경고   ③ 매달린 물체 경고
④ 고압전기 경고   ⑤ 고온 경고

해설   ① [○] 폭발성물질 경고 표지판은 다이아몬드(마름모 사각형, ◇) 형태이고 다른 항목들은 정삼각형(△) 형태이다.

02 산업안전보건법령상 안전·보건표지의 색채와 색도기준의 연결이 틀린 것은? (단, 색도기준은 KS에 따른 색의 3속성에 의한 표시방법에 따른다.)

정답   08. ③ | 01. ①   02. ③

① 빨간색 – 7.5R 4/14   ② 노란색 – 5Y 8.5/12   ③ 흰색 – N0.5
③ 파란색 – 2.5PB 4/10   ⑤ 녹색 – 2.5G 4/10

해설 ③ [×] 흰색 – N9.5, 검정색 – N0.5

○ 안전·보건표지의 색채, 색도기준 및 용도 (산시규 제38조 관련 별표 8)

색채	색도기준	용도	사용례
빨간색	7.5R 4/14	금지	정지신호, 소화설비 및 그 장소, 유해행위의 금지
		경고	화학물질 취급장소에서의 유해·위험 경고
노란색	5Y 8.5/12	경고	화학물질 취급장소에서의 유해·위험경고 이외의 위험경고, 주의표지 또는 기계방호물
파란색	2.5PB 4/10	지시	특정 행위의 지시 및 사실의 고지
녹색	2.5G 4/10	안내	비상구 및 피난소, 사람 또는 차량의 통행표지
흰색	N9.5	–	파란색 또는 녹색에 대한 보조색
검은색	N0.5	–	문자 및 빨간색 또는 노란색에 대한 보조색
(참고)	1. 허용 오차 범위 : H=±2, V=±0.3, C=±1 (H는 색상, V는 명도, C는 채도를 말한다) 2. 위의 색도기준은 한국산업규격(KS)에 따른 색의 3속성에 의한 표시방법(KS A 0062 기술표준원 고시 제2008-0759)에 따른다.		

03 산업안전보건법령상 그림과 같은 기본 모형이 나타내는 안전·보건표시의 표시사항으로 옳은 것은? (단, L은 안전·보건표시를 인식할 수 있거나 인식해야 할 안전거리를 말한다.)

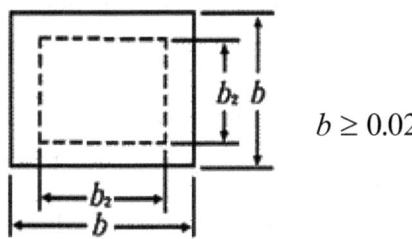

$b \geq 0.0224L$, $b_2 = 0.8b$

① 금지   ② 경고   ③ 지시   ④ 안내   ⑤ 관계자 외 출입금지

정답 03. ④

해설 ④ [○] 안전보건표지의 기본모형(산시규 제40조 관련, 별표 9) : 안내

정보표시장치 관련 이론

01 컴퓨터 스크린 상에 있는 버튼을 선택하기 위해 커서를 이동시키는데 걸리는 시간을 예측하는 가장 적합한 법칙은?

① Fitts의 법칙 ② Lewin의 법칙 ③ Hick의 법칙 ④ Weber의 법칙
⑤ Stokes의 법칙

해설 ① [○] 질문은 'Fitts의 법칙'에 대한 것이다.

○ 피츠의 법칙(Fitts' Law)은 인간-컴퓨터 상호작용과 인간공학 분야에서 인간의 행동에 대해 속도와 정확성의 관계를 설명하는 기본적인 법칙이다. 손이나 발로 조작장치를 조작하는데 걸리는 시간은 표적까지의 거리와 표적 크기의 함수이다. 즉, 떨어진 표적을 조작하는데 걸리는 시간은 표적까지의 거리와 표적의 폭에 따라 달라진다. 멀리 있을수록, 그리고 표적이 작을수록 조작하는데 시간이 더 많이 걸린다.

$$\text{이동시간} \quad MT = a + b \log_2 \frac{2D}{W}$$

여기서, a, b : 작업의 난이도에 따른 작업 상수, W : 표적의 폭
D : 동작 시발점에서부터 표적 중심까지의 거리

02 동작 거리가 멀고 과녁이 작을수록 동작에 걸리는 시간이 길어짐을 나타내는 법칙은?

① Fitts 법칙 ② Hick-Hyman 법칙 ③ Murphy 법칙
④ Schmidt 법칙 ⑤ Kreitner 법칙

해설 ① [○] 제시문은 'Fitts 법칙'에 대한 내용이다. Fitts의 법칙은 표적이 작을수록, 이동거리가 길수록 작업의 난이도와 소요시간이 증가한다.

② 힉-하이만(Hick-Hyman) 법칙은 인간의 반응시간(Reaction time, RT)은 자극 정보의 양에 비례한다.

정답 01. ①   02. ①

③ 머피(Murphy) 법칙은 하려는 일이 항상 원하지 않는 방향으로만 진행되는 현상을 말한다. 무엇이든 잘못될 가능성이 있는 것은 반드시 잘못된다는 뜻이기도 하다.

④ 슈미트(Schmidt) 법칙은 재료 과학에서 사용되는 법칙으로 응력을 받는 재료의 슬립 평면과 슬립 방향을 설명하고, 대부분의 전단 응력을 해결할 수 있다는 법칙이다.

⑤ 크레이트너(Kreitner) 법칙은 스트레스 대처 원리로서 ㉠ 상황의 관리, ㉡ 타인에 대한 자신의 개방, ㉢ 자신의 조절, ㉣ 운동과 긴장·피로의 해소를 말한다.

표시장치 정보 이론

01 정보이론과 관련된 내용 중 옳지 않은 것은?

① 정보의 측정 단위는 bit를 사용한다.
② 두 대안의 실현 확률이 동일할 때 총 정보량이 가장 작다.
③ 실현 가능성이 같은 N개의 대안이 있을 때, 총 정보량 H는 $\log_2 N$ 이다.
④ 1 bit란 실현 가능성이 같은 2개의 대안 중 결정에 필요한 정보량이다.
⑤ 정보이론에서 정보란 불확실성의 감소라 정의할 수 있다.

해설 ② [×] 두 대안의 실현 확률이 동일할 때 총 정보량이 가장 크다.

○ 정보이론과 관련
1. 정보의 측정 단위는 bit를 사용한다.
2. 실현 가능성이 같은 N개의 대안이 있을 때, 총 정보량 H는 $\log_2 N$ 이다.
3. 1 bit란 실현 가능성이 같은 2개의 대안 중 결정에 필요한 정보량이다.
4. 정보를 정량적으로 측정할 수 있다.
5. 정보의 기본 단위는 비트(bit)이다.
6. 확실한 사건의 출현에는 많은 정보가 담겨 있지는 않다.
7. 정보란 확실성의 증가로 정의한다.
8. 대안의 수가 늘어나면 정보량은 증가한다.
9. 선택반응시간은 선택대안의 개수에 log에 비례한다.

정답 01. ②

10. 정보이론에서 정보란 불확실성의 감소라 정의할 수 있다.
11. 실현 가능성이 동일한 대안이 2가지일 경우 정보량은 1bit이다.
12. 출현 가능성이 동일하지 않은 사건의 확률을 p라 할 때, 정보량은 $\log_2(1/p)$로 나타낸다.
13. 인간에게 입력되는 것은 감각기관을 통해서 받은 정보이다.
14. 간접적인 원자극의 경우 암호화된 자극과 재생된 자극의 2가지 유형이 있다.
15. 자극은 크게 원자극(distal simuli)과 근자극(proximal stimuli)으로 나눌 수 있다. 간접적 원자극의 경우 암호화된 자극과 재생된 자극의 1가지 유형이 있다.

02 현재 시험문제와 같이 4지택일형 문제의 정보량은 얼마인가?

① 2bit ② 4bit ③ 2byte ④ 4byte ⑤ 5byte

해설 ① [○] 정보량 $H = \log_2 n = \log_2 4 = \dfrac{\log_{10} 4}{\log_{10} 2} = \dfrac{\log 4}{\log 2} = 2\,(\text{bit})$

03 다음과 같은 확률로 발생하는 4가지 대안에 대한 중복률(%)은 얼마인가?

결과	확률(p)	$-\log_2 p$
A	0.1	3.32
B	0.3	1.74
C	0.4	1.32
D	0.2	2.32

① 1.8 ② 2.0 ③ 7.7 ④ 8.7 ⑤ 9.4

해설 ③ [○] 중복률 $= 1 - \dfrac{\text{평균정보량}}{\text{최대정보량}} = 1 - \dfrac{1.846}{2} = 0.077\,(7.7\%)$

여기서, 평균정보량 $= \sum \left[p \times (-\log_2 p) \right]$
$= 0.1 \times 3.32 + 0.3 \times 1.74 + 0.4 \times 1.32 + 0.2 \times 2.32 = 1.846$

정답 02. ① 03. ③

04 발생확률이 0.1과 0.9로 다른 2개의 이벤트의 정보량은 발생확률이 0.5로 같은 2개의 이벤트의 정보량에 비해 어느 정도 감소되는가?

① 42%　② 45%　③ 50%　④ 53%　⑤ 55%

해설　④ [○] 중복률 $=1-\dfrac{평균정보량}{최대정보량}=1-\dfrac{0.47}{1}=0.53$ (53%)만큼 감소

여기서, 평균정보량 $H_a = 0.1 \times \log_2 \dfrac{1}{0.1} + 0.9 \times \log_2 \dfrac{1}{0.9}$

$= 0.1 \times \dfrac{\log(1/0.1)}{\log 2} + 0.9 \times \dfrac{\log(1/0.9)}{\log 2} = 0.47$

최대정보량 $H_{max} = \log_2 n = \log_2 2 = \dfrac{\log 2}{\log 2} = 1$

청각정보 표시장치

01 청각에 관한 설명으로 틀린 것은?

① 인간에게 음의 높고 낮은 감각을 주는 것은 음의 진폭이다.
② 1,000Hz 순음의 가청최소음압을 음의 강도 표준치로 사용한다.
③ 일반적으로 음이 한 옥타브 높아지면 진동수는 2배 높아진다.
④ 복합음은 여러 주파수대의 강도를 표현한 주파수별 분포를 사용하여 나타낸다.
⑤ 초음파 소음은 2dB이 증가하면 허용가능한 시간은 반감되어야 한다.

해설　① [×] 인간에게 음의 높고 낮은 감각을 주는 것은 단위시간당의 진동수이다.

02 시각장치와 비교하여 청각장치 사용이 유리한 경우는?

① 메시지가 길 때　② 메시지가 복잡할 때
③ 정보 전달 장소가 너무 소란할 때
④ 메시지에 대한 즉각적인 반응이 필요할 때
⑤ 전언이 공간적인 사상을 다룰 때

해설　④ [○] 메시지에 대한 즉각적인 반응이 필요할 때 청각장치가 유리하다.

정답　04. ④　|　01. ①　02. ④

○ 청각장치와 시각장치의 비교

청각장치 사용	시각장치 사용
전언이 간단할 때	전언이 복잡할 때
전언이 짧을 때	전언이 길 때
전언이 후에 재참조 되지 않을 때	전언이 후에 재참조 될 때
전언이 즉각적인 행동을 요구될 때	전언이 즉각적 행동이 요구되지 않을 때
전언이 시간적 사상을 다룰 때	전언이 공간적인 위치를 다룰 때
수신장소가 너무 밝거나 암조응 필요시	수신장소가 너무 시끄러울 때
직무상 수신자가 자주 움직일 때	직무상 수신자가 한 곳에 머물 때
수신자가 시각계통이 과부하 상태일 때	수신자의 청각 계통이 과부하 상태일 때

시각정보 표시장치

01 청각 표시장치보다 시각 표시장치를 사용하는 것이 유리한 경우는?

① 전언이 짧을 때
② 전언이 시간적 사상을 다룰 때
③ 직무상 수신자가 자주 움직일 때
④ 전언이 복잡할 때
⑤ 수신자가 시각계통이 과부하 상태일 때

해설 ④ [○] 전언이 복잡할 때는 시각 표시장치 사용이 유리하다.

02 정보를 전송하기 위해 청각적 표시장치보다 시각적 표시장치를 사용하는 것이 더 효과적인 경우는?

① 전언이 시간적 사상을 다룰 때
② 수신장소가 너무 밝거나 암조응 필요시
③ 전언이 길 때
④ 정보가 즉각적인 행동을 요구하는 경우
⑤ 직무상 수신자가 자주 움직일 때

해설 ③ [○] 전언이 길 때는 시각적 표시장치를 사용한다.

정답 01. ④   02. ③

03 시각적·청각적 표시장치 중 시각적 표시장치를 선택해야 하는 경우는?

① 수신장소가 너무 시끄러울 때   ② 메시지가 후에 재참조 되지 않는 경우
③ 전언이 간단할 때   ④ 직무상 수신자가 자주 움직이는 경우
⑤ 메시지가 시간적 사상(event)을 다룬 경우

해설 ① 수신장소가 너무 시끄러울 때는 시각적 표시장치를 선택한다.

04 다음 중 표시장치에 나타나는 값들이 계속적으로 변하는 경우에는 부적합하며 인접한 눈금에 대한 지침의 위치를 파악할 필요가 없는 경우의 표시장치 형태로 가장 적합한 것은?

① 정목 동침형   ② 정침 동목형   ③ 동목 동침형   ④ 계수형
⑤ 정침 정목형

해설 ④ [○] 제시문에 해당하는 적절한 것은 '계수형'이다.
  ○ 디지털 계수형
    1. 수치를 정확하게 충분히 읽어야 할 경우 사용
    2. 원형 표시 장치보다 판독 오차가 작고 판독 시간도 짧다.
       (원형 : 3.54초, 계수형 : 0.94초)

05 정량적 표시장치에 관한 설명으로 맞는 것은?

① 정확한 값을 읽어야 하는 경우 일반적으로 디지털보다 아날로그 표시장치가 유리하다.
② 동목(moving scale)형 아날로그 표시장치는 표시장치의 면적을 최소화할 수 있는 장점이 있다.
③ 연속적으로 변화하는 양을 나타내는 데에는 일반적으로 아날로그보다 디지털 표시장치가 유리하다.
④ 동침(moving pointer)형 아날로그 표시장치는 바늘의 진행 방향과 증감 속도에 대한 인식적인 암시 신호를 얻는 것이 불가능한 단점이 있다.
⑤ 정확한 수치, 오랫동안 표시값을 읽을 수 있는 경우는 아날로그 표시장치가 우수하다.

정답   03. ①   04. ④   05. ②

해설 ② [○] 동목(moving scale)형 아날로그 표시장치는 동침형에 비해 표시장치의 면적을 최소화할 수 있는 장점이 있다.
① 정확한 값을 읽어야 하는 경우 일반적으로 디지털이 아날로그 표시장치보다 유리하다.
③ 연속적으로 변화하는 양을 나타내는 데에는 일반적으로 아날로그보다 디지털 표시장치가 불리하다.
④ 동침(moving pointer)형 아날로그 표시장치는 바늘의 진행 방향과 증감 속도에 대한 인식적인 암시 신호를 얻는 것이 가능한 장점이 있다.
⑤ 정확한 수치, 오랫동안 표시값을 읽을 수 있는 경우는 디지털 표시장치가 우수하다.

06 빨강, 노랑, 파랑의 3가지 색으로 구성된 교통 신호등이 있다. 신호등은 항상 3가지 색으로 구성된 교통 신호등이 있다. 신호등은 항상 3가지 색 중 하나가 켜지도록 되어 있다. 1시간 동안 조사한 결과, 파란등은 총 30분 동안, 빨간등과 노란등은 각각 총 15분 동안 켜진 것으로 나타났다. 이 신호등의 총 정보량은 몇 bit인가?

① 0.5　　② 0.75　　③ 1.0　　④ 1.5　　⑤ 1.75

해설 ④ [○] 총 정보량 계산은 다음의 3단계 순서로 구한다.
1. 확률 계산
　　파란등 확률 P_1=30분/60분=0.5, 빨간등 확률 P_2=15분/60분=0.25
　　노란등 확률 P_3=15분/60분=0.25
2. 각 정보량 계산

$$\text{파란등 정보량} = \log_2\left(\frac{1}{P_1}\right) = \frac{\log(1/P_1)}{\log 2} = \frac{\log(1/0.5)}{\log 2} = 1$$

$$\text{빨간등 정보량} = \log_2\left(\frac{1}{P_2}\right) = \frac{\log(1/0.25)}{\log 2} = 2$$

$$\text{노란등 정보량} = \log_2\left(\frac{1}{P_3}\right) = \frac{\log(1/0.25)}{\log 2} = 2$$

정답　06. ④

3. 총정보량 계산

$$\sum_{i=1}^{n} (정보량 \times 확률)_i = (1 \times 0.5) + (2 \times 0.25) + (2 \times 0.25) = 1.5(bit)$$

07 정량적 표시장치의 지침을 설계할 경우 고려하여야 할 사항으로 옳지 않은 것은?

① 끝이 뾰족한 지침을 사용할 것
② 지침의 끝이 작은 눈금과 겹치게 할 것
③ 지침의 색은 선단에서 눈금의 중심까지 칠할 것
④ 지침을 눈금 면과 밀착시킬 것
⑤ 원형눈금의 경우 지침의 색은 지침 끝에서 중앙까지 칠할 것

해설 ② [×] 지침의 끝이 작은 눈금과 겹치지 않게 할 것이 고려사항이다.
○ 정량적 표시장치의 지침(pointer)을 설계할 경우 고려하여야 할 사항
 1. 끝이 뾰족한 지침을 사용할 것
 2. 지침의 끝이 작은 눈금과 겹치게 않게 할 것
 3. 지침의 색은 선단에서 눈금의 중심까지 칠할 것
 4. 지침을 눈금 면과 최대한 밀착시킬 것
 5. 원형눈금의 경우 지침의 색은 지침 끝에서 중앙까지 칠할 것

08 조종-반응비(Control-Response Ratio, C/R비)에 대한 설명 중 틀린 것은?

① 조종장치와 표시장치의 이동 거리 비율을 의미한다.
② C/R비가 클수록 조종장치는 민감하다.
③ 최적 C/R비는 조정시간과 이동시간의 교점이다.
④ 이동시간과 조정시간을 감안하여 최적 C/R비를 구할 수 있다.
⑤ C/R비는 통제표시비라고도 한다.

해설 ② [×] C/R비가 작을수록 조종장치는 민감하다.
○ 조종-반응비(Control-Response Ratio, C/R비)는 통제표시비라고도 한다.

정답 07. ② 08. ②

1. 선형 조정장치 : $\dfrac{C}{D} = \dfrac{통제기기의\ 변위량}{표시계기\ 지침의\ 변위량}$

2. 회전형 조정장치 : $\dfrac{C}{R} = \dfrac{\left(\dfrac{\alpha}{360}\right) \times 2\pi R}{표시계기\ 지침의\ 이동거리}$

여기서, α : 조종장치가 움직인 각도, R : 조종장치의 반경

09 눈과 물체의 거리가 23cm, 시선과 직각으로 측정한 물체의 크기가 0.03cm일 때 시각(분)은 얼마인가? (단, 시각은 600이하이며, radian단위를 분으로 환산하기 위한 상수값은 57.3과 60을 모두 적용하여 계산하도록 한다.)

① 0.001   ② 0.007   ③ 4.48   ④ 24.55   ⑤ 32.25

해설 ③ [○] 이 문제는 원리를 알면 쉽게 풀어지는 문제이다.

1. 크기/거리=각도 → 0.03/23=각도 (단위 : rad)
2. 단위를 분으로 환산하여 계산 (1°=60분)

$$180° : \pi = x : 0.23/23 \rightarrow x = \dfrac{0.03}{23} \times \dfrac{180°}{\pi}(\times 60\ 분/°) = 4.48\ 분$$

[참고] $\dfrac{180}{\pi} = 57.3$이 계산 식에 이용됨. $\tan\theta = \dfrac{h}{l} ≒ \theta$ (단, $h \ll l$일 때)

10 정성적 시각 표시장치에 관한 사항 중 다음에서 설명하는 특성은?

> 복잡한 구조 그 자체를 완전한 실체로 지각하는 경향이 있기 때문에, 이 구조와 어긋나는 특성은 즉시 눈에 띄게 된다.

① 양립성   ② 암호화   ③ 형태성   ④ 코드화   ⑤ 개념성

해설 ③ [○] 제시문은 '형태성'에 대한 내용이다.

○ 정성적 시각 표시장치에서 형태성 : 눈에 띄게 하기 위한 특성이고, 실체와 어긋나는 특성을 이용한다.

11 다음 중 아날로그 표시장치를 선택하는 일반적 요구 사항으로 틀린 것은?

① 일반적으로 동침형보다 동목형을 선호한다.
② 일반적으로 동침과 동목은 혼용하여 사용하지 않는다.
③ 움직이는 요소에 대한 수동 조절을 설계할 때는 바늘(pointer)을 조정하는 것이 눈금을 조정하는 것보다 좋다.
④ 중요한 미세한 움직임이나 변화에 대한 정보를 표시할 때는 동침형을 사용한다.
⑤ 동침형은 정량적인 눈금이 정성적으로 사용될 수 있으며, 대략적인 편차나 고도를 읽을 때 변화방향과 변화율을 쉽게 알 수 있다.

해설 ① [×] 일반적으로 동목형보다 동침형을 선호한다.

12 다음 중 일반적으로 대부분의 임무에서 시각적 암호의 효능에 대한 결과에서 가장 성능이 우수한 암호는?

① 구성 암호   ② 영자와 형상 암호   ③ 숫자 및 색 암호
④ 영자 및 구성 암호   ⑤ 형상과 구성 암호

해설 ③ [○] '숫자 및 색 암호'의 효능이 가장 높은 것으로 확인되었다.
○ 숫자, 영자, 기하학적 형상, 구성, 색의 비교에서 ① 숫자와 색 암호, ② 영자와 형상 암호, ③ 구성 암호의 순으로 효능이 점점 낮아지는 결과를 보였다.

13 다음 중 신호 및 경보등을 설계할 때 초당 3~10회의 점멸속도로 얼마의 지속시간이 가장 적합한가?

① 0.01초 이상   ② 0.02초 이상   ③ 0.03초 이상   ④ 0.04초 이상
⑤ 0.05초 이상

해설 ⑤ [○] 주의를 끌기 위해서는 초당 3~10회의 점멸속도, 지속시간은 0.05초 이상이 적당하다.
○ 신호 및 경보등의 빛의 검출성에 영향을 끼치는 인자
  1. 광원의 크기   2. 광속 발산도 및 노출시간
  3. 색광 (효과 척도가 빠른 순서 : ① 적색 ② 녹색 ③ 황색 ④ 백색)
  4. 점멸속도   5. 배경광

정답 11. ①   12. ③   13. ⑤

○ 신호 및 경보등의 점멸속도 : 점멸속도는 점멸 융합주파수 약 30Hz 보다 훨씬 적어야 하며, 주의를 끌기 위해서는 초당 3~10회의 점멸속도, 지속시간은 0.05초 이상이 적당하다.
○ VFF(시각적 점멸 융합 주파수)는 조명강도의 대수치에 선형적으로 비례한다.

14 최적의 C/R비 설계 시 고려해야 할 사항으로 옳지 않은 것은?

① 조종장치의 조작시간 지연은 직접적으로 C/R비와 관계없다.
② 계기의 조절시간이 가장 짧게 소요되는 크기를 선택한다.
③ 작업자의 눈과 표시장치의 거리는 주행과 조절에 크게 관계된다.
④ 짧은 주행시간 내에서 공차의 인정범위를 초과하지 않는 계기를 마련한다.
⑤ 목시거리가 길면 길수록 조절의 정확도는 낮아진다.

해설 ① [×] 조종장치의 조작시간 지연은 직접적으로 C/R비와 관계있다.

○ 최적의 C/R비 설계 시 고려해야 할 사항
1. 조종장치의 조작시간 지연은 직접적으로 C/R비와 관계있다.
2. 계기의 조절시간이 가장 짧게 소요되는 크기를 선택한다.
3. 작업자의 눈과 표시장치의 거리는 주행과 조절에 크게 관계된다.
4. 짧은 주행시간 내에서 공차의 인정범위를 초과하지 않는 계기를 마련한다.
5. C/D비 혹은 C/R비라 한다.
6. 통제기기와 시각 표시기기 간의 조작 민감성 정도를 나타낸다.
7. 최적 통제비는 제어장치의 종류, 표시크기, 허용오차 등 시스템 매개변수에 영향을 받는다.
8. 목시거리가 길면 길수록 조절의 정확도는 낮아진다.
9. 계기의 조절시간이 가장 짧아지는 크기를 선택하되 크기가 너무 작아지는 단점도 고려해야 한다.
10. 조정장치의 조작 방향과 표시장치의 운동 방향을 일치시켜야 한다.

15 조종-반응 비율(C/R ratio)에 관한 설명으로 옳지 않은 것은?

① C/R비가 증가하면 이동시간도 증가한다.
② C/R비가 작으면(낮으면) 민감한 장치이다.
③ C/R비는 조종장치의 이동거리를 표시장치의 반응거리로 나눈 값이다.

정답 14. ①   15. ④

④ C/R비가 감소함에 따라 조종시간은 상대적으로 작아진다.

⑤ 최적 C/R비는 조정시간과 이동시간의 교점이다.

해설 ④ [×] C/R비가 감소함에 따라 조종시간은 상대적으로 길어진다.

○ 조종-반응 비율(C/R ratio)

1. 조종장치와 표시장치의 이동 거리 비율을 의미한다.

$$C/R비 = \frac{조종장치의\ 이동거리}{표시장치의\ 이동거리}$$

2. C/R비가 작을수록 조종장치는 민감하다.
3. 최적 C/R비는 조종시간과 이동시간의 교점이다.

16 다음 중 시식별에 영향을 주는 정도가 가장 작은 것은?

① 시력   ② 물체 크기   ③ 밝기   ④ 표적의 형태   ⑤ 대비

해설 ④ [○] 표적의 형태는 시식별에 영향을 주는 요소와 거리가 멀다.

○ 시식별에 영향을 주는 요소

1. 시력   2. 물체 크기   3. 밝기   4. 조도   5. 휘도비   6. 대비
7. 노출시간   8. 과녁의 이동   9. 반사율

정답 16. ④

6.4 근골격계질환 및 VDT증후군

> 근골격계질환

01 다음 중 근력에 영향을 주는 요인을 가장 관계가 적은 것은?

① 식성   ② 동기   ③ 성별   ④ 훈련   ⑤ 동기의식

해설 ① [×] 근력에 영향을 주는 요인 : 연령, 성별, 활동력, 부하훈련, 동기의식

02 근골격계질환 작업분석 및 평가 방법인 OWAS의 평가요소를 모두 고른 것은?

ㄱ. 상지   ㄴ. 무게(하중)   ㄷ. 하지   ㄹ. 허리

① ㄱ, ㄴ   ② ㄱ, ㄴ, ㄹ   ③ ㄱ, ㄷ, ㄹ   ④ ㄴ, ㄷ, ㄹ
⑤ ㄱ, ㄴ, ㄷ, ㄹ

해설 ⑤ [○] ㄱ, ㄴ, ㄷ, ㄹ이 해당한다. OWAS에서 WA는 작업자세를 뜻한다.
  ○ OWAS(Ovako Working-posture Analysis System)의 평가요소
    1. 허리 2. 팔 3. 다리 4. 하중/힘

03 주로 정적인 자세에서 인체의 특정부위를 지속적, 반복적으로 사용하거나 부적합한 자세로 장기간 작업할 때 나타나는 질환을 의미하는 것이 아닌 것은?

① 반복성 긴장장애   ② 누적외상성 질환   ③ 작업관련성 신경계질환
④ 경견완 증후군   ⑤ 작업관련성 근골격계질환

해설 ③ [×] 작업관련성 신경계질환은 근골격계 질환은 아니다.
  ○ 근골격계 질환
    누적외상성 질환, 근골격계 질환, 반복성 긴장장애, 경견완 증후군

정답 01. ①   02. ⑤   03. ③

04 근골격계질환 평가 방법 중 JSI(Job Strain Index)에 대한 설명으로 옳지 않은 것은?

① 특히 허리와 팔을 중심으로 이루어지는 작업 평가에 유용하게 사용된다.
② JSI 평가결과의 점수가 7점 이상은 위험한 작업이므로 즉시 작업개선이 필요한 작업으로 관리기준을 제시하게 된다.
③ 이 기법은 힘, 근육사용 기간, 작업 자세, 하루 작업시간 등 6개의 위험요소로 구성되어, 이를 곱한 값으로 상지질환의 위험성을 평가한다.
④ 이 평가방법은 손목의 특이적인 위험성만을 평가하고 있어 제한적인 작업에 대해서만 평가가 가능하고, 손, 손목 부위에서 중요한 진동에 대한 위험요인이 배제되었다는 단점이 있다.
⑤ 각각의 작업을 세분하여 평가하며, 작업을 정량적으로 평가함과 동시에 질적인 평가도 함께 고려한다.

해설 ① [×] JSI(Job Strain Index)는 상지의 말단(손, 손목, 팔꿈치)의 작업 관련성 근골격계 질환 위험도 평가하기 위해 Moore & Garg(1995)가 개발한 평가기법이다.

05 인체의 구조에서 앉을 때, 서 있을 때, 물체를 들어 올릴 때 및 뛸 때 발생하는 압력이 가장 많이 흡수되는 척추의 디스크는?

① L_5/S_1 ② L_3/S_2 ③ L_2/S_1 ④ L_1/S_5 ⑤ L_1/S_2

해설 ① [○] 척추의 디스크 중 질문에 해당하는 것은 L_5/S_1 디스크(disc)이다.

○ L_5/S_1 디스크(disc)
1. 척추의 디스크 중 앉을 때, 서 있을 때, 물체를 들어 올릴 때 및 뛸 때 발생하는 압력이 가장 많이 흡수되는 디스크이다.
2. 인체의 구조는 경추가 7개, 흉추가 12개, 요추가 5개이고, 그 아래에 천골로서 골반의 후벽을 이룬다. 여기서 요추의 5번째 L_5와 천골 S_1사이에 있는 디스크가 있다. 이곳의 디스크를 L_5/S_1 디스크라 한다.
3. 물체와 몸의 거리가 멀 경우 지렛대의 역할을 하는 L_5/S_1 디스크에 많은 부담을 주게 된다.

정답 04. ① 05. ①

06 다음 약어의 용어들은 무엇을 평가하는 데 사용되는가?

> OWAS, RULA, REBA, JSI

① 작업장 국소 및 전체환기효율 비교 ② 직무 스트레스 정도
③ 누적외상성 질환의 위험요인   ④ 작업강도의 정량적 분석
⑤ 전신진동 지표 분석

해설 ③ [○] 누적외상성 질환의 위험요인 평가도구
 1. OWAS 2. RULA 3. JSI 4. REBA 5. NLE 6. WAC 7. PATH

07 인력 물자 취급 작업 중 발생되는 재해비중은 요통이 가장 많다. 특히 인양 작업시 발생빈도가 높은데 이러한 인양 작업시 요통재해 예방을 위하여 고려할 요소와 가장 거리가 먼 것은?

① 작업대상물 하중의 수직 위치 ② 작업대상물의 인양 높이
③ 인양 방법 및 빈도   ④ 크기, 모양 등 작업대상물의 특성
⑤ 단위시간당 작업량

해설 ① [×] 작업대상물 하중의 수직 위치가 아닌 '직하 위치'가 고려요소이다.
○ 요통 방지 고려사항
 1. 단위시간당 작업량   2. 작업전 체조 및 휴식 부여
 3. 적정배치 및 교육훈련 4. 운반작업의 기계화
 5. 취급중량의 적절성   6. 작업자세의 안전화 도모
○ 요통재해예방 고려요소
 1. 작업대상물 하중의 직하 위치 2. 작업대상물의 인양 높이
 3. 인양방법 및 빈도 4. 크기, 모양 등 작업대상물의 특성

08 인간의 생리적 부담 척도 중 국소적 근육 활동의 척도로 가장 적합한 것은?

① 혈압 ② 맥박수 ③ 근전도 ④ 점멸융합 주파수 ⑤ 피부전기반사

해설 ③ [○] 제시문에 해당하는 것은 '근전도'이다.

정답 06. ③ 07. ① 08. ③

○ 피로의 생리학적 측정법
1. 근전도(EMG, Electromyogram) : 근육활동 전위차의 기록
2. 뇌전도(EEG, Electroneurogram) : 신경활동 전위차의 기록
3. 심전도((ECG, Electrocardiogram) : 심장근 활동 전위차의 기록
4. 안전도(EOG, Electrooculogram) : 안구운동 전위차의 기록
5. 산소소비량 및 에너지대사율(RMR, Relative Metabolic Rate)
6. 피부전기반사(GSR, Galvanic Skin Reflex) : 작업부하의 정신적 부담이 피로와 함께 증대하는 양상을 손바닥 안쪽의 전기저항의 변화를 이용하여 측정하는 것으로 피부 전기저항 또는 정신 전류 현상
7. 플릿커값(점멸융합주파수) : 정신적 부담이 대뇌피질의 피로수준에 미치고 있는 영향을 측정하는 방법

09 정적 근육수축이 무한하게 유지될 수 있는 최대자율수축(MVC)의 범위는?

① 10% 미만   ② 15% 미만   ③ 25% 미만   ④ 40% 미만
⑤ 50% 미만

해설   ① [○] 제시문에 해당하는 적절한 것은 '10% 미만'이다.

○ 최대자율수축 (MVC, maximum voluntary contraction)
1. 근육이 발휘할 수 있는 최대 힘은 약 30초 정도 유지
2. 50%에서는 1분 정도 유지
3. 15% 이하에서는 상당히 오래 유지할 수 있음
4. 10% 미만에서는 무한하게 유지될 수 있음

10 근력(strength)과 지구력(endurance)에 대한 설명으로 옳지 않은 것은?

① 동적근력(dynamic strength)을 등속력(isokinetic strength)이라 한다.
② 지구력(endurance)이란 등척적으로 근육이 낼 수 있는 최대 힘을 말한다.
③ 정적근력(static strength)을 등척력(isometric strength)이라 한다.
④ 근육이 발휘하는 힘은 근육의 최대자율수축(MVC, maximum voluntary contraction)에 대한 백분율로 나타낸다.
⑤ 수축횟수가 10회/분일 때는 최대 근력의 80% 정도를 계속 낼 수 있지만 30회/분일 경우 최대근력의 60% 정도 밖에 지속할 수 없다.

정답   09. ①   10. ②

해설 ② [×] 지구력(endurance)이란 힘의 크기와 관계가 있으며, 근력을 사용하여 특정 힘을 유지할 수 있는 능력이다.

○ 지구력 (staying power, endurance)
1. 지구력은 힘의 크기와 관계가 있으며, 근력을 사용하여 특정 힘을 유지할 수 있는 능력이다.
2. 최대 근력으로 유지할 수 있는 것은 수 초이며, 최대근력의 15% 이하에서 상당히 오랜 시간을 유지할 수 있다.
3. 반복적 동적작업에서 힘과 반복주기의 조합에 따라 활동의 지속시간이 달라진다.
4. 최대 근력으로 반복적 수축을 할 때는 피로 때문에 힘이 줄어들지만 어떤 수준 이하가 되면 장시간 유지 가능하다.
5. 수축횟수가 10회/분일 때는 최대 근력의 80% 정도를 계속 낼 수 있지만 30회/분일 경우 최대근력의 60% 정도 밖에 지속할 수 없다.

11 유해요인조사도구 중 JSI(Job Strain Index)의 평가 항목에 해당하지 않는 것은?

① 손/손목의 자세 ② 1일 작업의 생산량 ③ 힘을 발휘하는 강도
④ 하루 작업시간 ⑤ 힘을 발휘하는 지속시간

해설 ② [×] JSI(Job Strain Index)는 상지의 말단(손, 손목, 팔꿈치)을 평가한다.

○ 작업부하지수(Job Strain Index) 평가
1. 작업부하지수(Strain Index)는 상지 질환에 대한 정량적 평가방법으로 인간공학적 작업 분석의 도구로서 생리학 및 인체역학(biomechanics)의 과학적 근거를 바탕으로 개발되었으며, 검증 과정을 통해서 의학적인 진단 결과와도 매우 유의한 타당성이 인정되었다는 장점이 있다.
2. 이 평가 방법은 손목의 특이적인 위험성만이 강조되었고, 진동에 대한 위험 요인이 배제되었으며, 신뢰도가 검증되지 않았다는 점들이 지적된다.
3. 6개의 위험요소를 곱한 값이 부하지수이며, 각 요소는 '근육사용 힘, 근육사용 기간, 빈도, 자세, 작업속도, 하루 작업시간'으로 구성되어 있다.
이 요소들 중 '근육사용 힘'이 가장 심각한 위험요소로 평가되고 있다. 작업부하지수가 3이하이면 안전하며, 5를 초과하면 상지질환으로 초래될 가능성이 있고, 7이상은 매우 위험한 것으로 간주된다.

VDT 증후군

01 VDT 증후군에 해당하지 않는 질병은?

① 안면피부염　② 눈 질환　③ 감광성 간질　④ 전리방사선 질환
⑤ 근골격계 증상

해설　④ [×] 전리방사선 질환은 VDT 증후군에 해당하지 않는다.

○ VDT 증후군(VDT syndrome) 관련 질병
　1. 근골격계 증상　2. 눈 질환(눈의 피로 및 장애)　3. 피부증상(안면피부염)
　4. 정신적 스트레스(정신, 신경계 장애)　5. 전자파 장애　6. 감광성 간질

○ VDT 증후군이란
Visual Display Terminal Syndrome의 약자로, 장시간 동안 모니터를 보며 키보드를 두드리는 작업을 할 때 생기는 각종 신체적, 정신적 장애를 이르는 말이다. 이는 장시간 동안 컴퓨터, 스마트폰, 모바일 디바이스 등을 보는 젊은이에게 많이 나타나는 질환이다.

정답　01. ④

6.5 작업생리학 및 산업피로

작업생리학

01 다음 중 일반적으로 시간의 변화에 따라 야간에 상승하는 생체리듬은?

① 맥박수   ② 염분량   ③ 혈압   ④ 체중   ⑤ 체온

해설 ② [○] 야간에는 염분량이 상승된다.

○ 야간작업시 생체리듬 변화
1. 체중감소   2. 말초운동 기능 저하
3. 체온, 혈압, 맥박수 감소 (주간에는 상승)
4. 염분량 증가 (주간에는 감소)

02 생체리듬(biorhythm)에 대한 설명으로 옳은 것은?

① 각각의 리듬이 (-)에서의 최저점에 이르렀을 때를 위험일이라 한다.
② 감성적 리듬은 영문으로 S라 표시하며, 23일을 주기로 반복된다.
③ 육체적 리듬은 영문으로 P라 표시하며, 28일을 주기로 반복된다.
④ 지성적 리듬은 영문으로 I라 표시하며, 33일을 주기로 반복된다.
⑤ 야간에는 소화 분비액 소량, 체중이 증가한다.

해설 ④ [○] 지성적 리듬은 영문으로 I라 표시하며, 33일을 주기로 반복된다.

① 각각의 리듬이 (+)에서 (-)로, (-)에서 (+)로 변하는 점을 위험일이라 한다.
② 감성적 리듬은 영문으로 S라 표시하며, 28일을 주기로 반복된다.
③ 육체적 리듬은 영문으로 P라 표시하며, 23일을 주기로 반복된다.
⑤ 야간에는 소화 분비액이 소량이고, 체중이 감소한다.

○ 바이오리듬 (biorhythm : 생체리듬)
1. Biorhythm이란 리듬곡선이 양에서 음, 음에서 양으로 넘어가는 날을 위험일이라 하는데 이때 각종 질환이 높아서 작업자 안전에 문제가 발생할 수 있다. 바이오리듬은 운동, 학업, 건강 관리와 더불어 각종 안전 관리 분야에서 활발한 연구와 활용이 이루어지고 있다.

정답 01. ②   02. ④

2. 인간의 23일, 28일, 33일의 3가지 생체주기가 인간관리에 응용되고 있으며, 최근에는 안전관리에도 이를 활용하여 재해예방에 기여하고 있다.
3. 종류
    1) 육체적 리듬 (P : Physical Cycle)
        ① 23일 주기로 반복, 청색 표기, 실선 (－)으로 표기
        ② 11.5일 : 활동기, 11.5일 : 휴식기
        ③ 활동력, 지구력, 스테미너 건강관리에 응용
    2) 감성적 리듬 (S : Sensitivity Cycle)
        ① 28일 주기로 반복, 적색 표기, 점선(…)으로 표기
        ② 14일 : 둔한 기간, 14일 : 예민한 기간
        ③ 정서적 희노애락, 주의심, 창조력, 통찰력 등의 안전관리에 응용
    3) 지성적 리듬 (I : Intellectual Cycle)
        ① 33일 주기로 반복, 녹색 표기, 실선과 점선 (－·－·－·)으로 표기
        ② 16.5일 : 지적사고 활동기, 16.5일 : 지적사고 저하기
        ③ 상상력, 사고력, 기억력, 의지, 판단력, 비판력 등 학습관리에 응용
4. 특성

구분	활동기	안정기	위험기
P (P : Physical Cycle)	체력상승	체력감소	신체 불안정
S (S : Sensitivity Cycle)	지력활발	지력감퇴	지력 불안정
I (I : Intellectual Cycle)	기억력 충실	기억력 침체	정서 불안정

5. 바이오리듬의 적용
    1) 바이오리듬 곡선

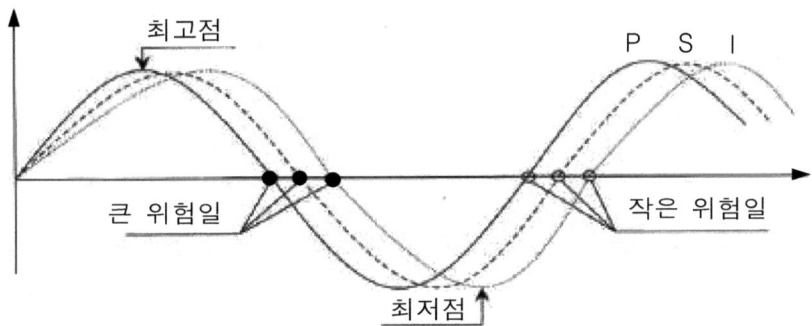

    2) 위험일 : 안정기(＋)와 불안정기(－)를 교대로 Sine 곡선을 그려 나가는데 (＋)에서 (－)로, (－)에서 (＋)로 변하는 점이 위험일이다.

3) 적용
  ① 위험일 : 정밀작업 조정
  ② 각종 사업장에 적용
  ③ 휴가, 월차 등에 Critical day 적용
6. 바이오리듬이 안전관리에 미치는 효과
  1) 사고발생과 어느 정도 밀접한 관련성이 있다.
  2) Top Management의 Biorhythm에 대한 관심 표시가 근로자의 안전의식을 높일 수 있는 동기부여가 된다.
  3) 전 근로자와 관리자의 혼연일체 속에 안전문화 정착에 기여
7. 급성피로와 재해와의 상관관계
  1) 작업시간별 재해건수 : 오전11시, 오후3시에 최대 발생
  2) 피로하게 되면 심리적으로 주의력이 저하되고 육체적으로 동작상의 착오, 즉 오동작이 발생되어 결국 재해가 발생하는 것이다.
8. 피로와 바이오리듬의 인체공학상 상관관계
  1) 혈액의 수분, 염분량 : 주간은 감소하고, 야간은 증가한다.
  2) 체온, 혈압, 맥박수 : 주간은 상승하고 야간에는 저하한다.
  3) 야간에는 소화 분비액이 소량이고, 체중이 감소한다.
  4) 야간에는 말초운동기능 저하, 피로의 자각증상이 증대된다.

03 압박이나 긴장에 대한 척도 중 생리적 긴장의 화학적 척도에 해당하는 것은?

① 혈압   ② 호흡수   ③ 혈액성분   ④ 심전도   ⑤ 근전도

해설 ③ [○] 혈액 성분은 화학적 척도에 해당한다.
  ○ 생리적 긴장 중 화학적 척도 : 혈액성분, 요성분, 산소소비량, 산소결손, 산소회복곡선, 열량 등

04 다음 중 정상적 상태이지만 생리적 상태가 휴식할 때에 해당하는 의식수준은?

① phase 0   ② phase Ⅰ   ③ phase Ⅱ   ④ phase Ⅲ   ⑤ phase Ⅳ

해설 ③ [○] 제시문은 phase Ⅱ에 대한 내용이다.

정답   03. ③   04. ③

○ 의식 레벨의 5단계

국면	의식의 상태 및 수준	주의의 작용	생리적 상태	신뢰성	실수 가능성
0	무의식, 실신, 의식단절	Zero	수면, 뇌발작	Zero	-
I	의식둔화, 의식수준저하	비활성	피로, 단조로움, 졸음	0.9이하	빈발
II	정상생활	마음 내향성	휴식시, 정상 작업시	0.99~0.99999	보통
III	주의집중	적극적, 주의의 폭이 넓음	적극 활동 시	0.99999이상	최소
IV	주의의 일점 집중현상	일점에 집중 판단 정지	긴급방위 반응	0.9이하	최대

05 몹시 피로하거나 단조로운 작업으로 인하여 의식이 뚜렷하지 않은 상태의 의식 수준으로 옳은 것은?

① phase 0 ② phase I ③ phase II ④ phase III ⑤ phase IV

해설 ② 제시문은 phase I에 해당한다.

06 다음 중 돌발사태의 발생으로 인하여 주의의 일점 집중 현상이 일어나는 경우 인간의 의식수준으로 옳은 것은?

① phase 0 ② Phase I ③ Phase II ④ Phase III ⑤ Phase IV

해설 ⑤ [○] 제시문은 Phase IV에 대한 내용이다.

07 인간의 생리적 욕구에 대한 의식적 통제가 어려운 것부터 차례대로 나열한 중 맞는 것은?

① 안전의 욕구 → 해갈의 욕구 → 배설의 욕구 → 호흡의 욕구
② 호흡의 욕구 → 안전의 욕구 → 해갈의 욕구 → 배설의 욕구

정답 05. ② 06. ⑤ 07. ②

③ 배설의 욕구 → 호흡의 욕구 → 안전의 욕구 → 해갈의 욕구
④ 해갈의 욕구 → 안전의 욕구 → 호흡의 욕구 → 배설의 욕구
⑤ 호흡의 욕구 → 안전의 욕구 → 배설의 욕구 → 해갈의 욕구

해설 ② [○] 욕구의 위계 순서가 아닌 통제(참기 힘든)가 어려운 것을 물어보는 문제이다.

산업스트레스

01 정신작업 부하를 측정하는 척도를 크게 4가지로 분류할 때 심박수의 변동, 뇌 전위, 동공 반응 등 정보처리에 중추신경계 활동이 관여하고 그 활동이나 징후를 측정하는 것은?

① 주관적(subjective) 척도　　② 생리적(physiological) 척도
③ 주 임무(primary task) 척도　④ 부 임무(secondary task) 척도
⑤ 객관적(objective) 도구

해설 ② [○] 생리적(physiological) 척도로서 에너지소비와 심장박동수, 동공반응 등 스트레스 분석 등이 이용된다.
　○ 정신적 작업부하의 척도
　　1. 제1직무 척도 2. 제2직무 척도 3. 생리적 척도 4. 주관적 척도
　○ 정신적 작업부하를 측정하는 방법들
　　1. 객관적 평가도구 : EEG, ECG, FFF(Flicker Fusion Frequency), 호흡수
　　2. 주관적 평가도구 : NASA-TLX(NASA Task Load Index), SWAT, CHS
　　　(Cooper-Harper Scale)

02 정신적 작업부하를 측정하는 생리적 측정치에 해당하지 않는 것은?

① 부정맥지수　② 산소소비량　③ 점멸융합주파수　④ 뇌파도 측정치
⑤ GSR

해설 ② [×] 산소소비량은 육체적 작업부하 측정에 해당하는 항목이다.
　○ 작업부하의 측정

정답　01. ②　02. ②

1. 육체적 전신작업부하 (동적)
   ① 산소소비량, ② 심박수
   ③ 주관적평가 (Borg Scale : Borg-RPE, Borg CR10)
2) 육체적 국소작업부하 (정적) : ① 근전도, ② 동작분석
2. 정신적 작업부하
   ① 1차 작업평가 (primary task, 주임무)
   ② 2차 작업 평가 (secondary task, 부임무)
   ③ 생리신호 측정방법 : 부정맥지수, 점멸융합주파수(FFF), 눈깜박임(eye blink), 뇌파, 전기피부반응(GSR)
   ④ 주관적 평가 : NASA-TLX (NASA Task Load Index)

03 정신적 작업부하에 관한 생리적 척도에 해당하지 않는 것은?

① 근전도 ② 뇌파도 ③ 부정맥지수 ④ 점멸융합주파수 ⑤ 동공 반응

해설 ① [×] 근전도는 신체적 작업부하 측정방법이다(국소작업부하). 근육이 수축할 때 근육과 신경계에서 발생하는 미세한 활동 전위를 측정하는 방법이다.

④ 점멸융합주파수는 중추신경계의 정신피로의 척도로 사용된다. 명멸 혹은 청각적 점멸융합주파수란 계속되는 자극들이 점멸하는 것 같이 보이지 않고 연속적으로 느껴지는 주파수이다.

○ 생리적 척도
1. 정보처리에 중추신경계 활동이 관여하고 그 활동이나 징후를 측정
2. 뇌파도, 점멸융합주파수, 혈액 성분, 부정맥지수, 심박수, 뇌 전위, 동공 반응 등

04 정신작업의 생리적 척도가 아닌 것은?

① EEG ② EMG ③ 심박수 ④ 부정맥 ⑤ GSR

해설 ② [×] EMG : 근전도(EMG : electromyography)는 골격근에서 발생하는 전기적인 신호를 측정하고 기록하는 기술이다.

① EEG : 뇌파(EEG : electro encephalo graphy)는 두뇌를 구성하는 신경세포들의 전기적 활동을 두피에서 전극을 통해 간접적으로 측정할 수 있는 전기 신호이다.

정답 03. ① 04. ②

③ 심박수 : 심전도 검사에 이용되며, 심전도 검사란 심장박동수인 심박수 등에 따른 전기적 신호를 측정하여 그래프로 기록하는 검사다.

④ 부정맥 : 부정맥이란 불규칙한 맥뿐만 아니라 빠른 빈맥과 느린 서맥을 총칭하는 용어이다. 사람의 맥박 수는 심장의 박동을 나타낸다

⑤ GSR : 전기피부반응(GSR : galvanic skin response)은 피부의 어느 부분에 전극을 부착하고 순간의 땀과 관련된 자율신경계 활동의 변화를 기록하여 기록된 감정적 각성의 변화를 측정하는 기술이다. '피부전도반응'이라고도 한다.

산업피로

01 산업피로에 대한 설명으로 틀린 것은?

① 산업피로는 원천적으로 일종의 질병이며 비가역적 생체변화이다.
② 산업피로는 건강장해에 대한 경고반응이라고 할 수 있다.
③ 육체적, 정신적 노동부하에 반응하는 생체의 태도이다.
④ 산업피로는 생산성의 저하뿐만 아니라 재해와 질병의 원인이 된다.
⑤ 산업피로는 장시간 계속되는 활동에 의해 세포, 조직, 기관 등의 반응 또는 기능이 저하되는 현상이다.

해설 ① [×] 산업피로는 질병은 아닌, 질병 원인이 되는 것며, 가역적 생체변화이다.

02 다음 중 피로에 관한 설명으로 틀린 것은?

① 일반적인 피로감은 근육 내 글리코겐의 고갈, 혈중 글루코오스의 증가, 혈중 젖산의 감소와 일치하고 있다.
② 충분한 영양섭취와 휴식은 피로의 예방에 유효한 방법이다.
③ 피로의 주관적 측정방법으로는 CMI(Cornel Medical Index)를 이용한다.
④ 피로는 질병이 아니고 원래 가역적인 생체반응이며 건강장해에 대한 경고적 반응이다.
⑤ 피로물질은 크레아틴, 젖산, 초성포도당, 시스테인 등이 해당된다.

해설 ① [×] 일반적인 피로감은 근육 내 글리코겐의 고갈, 혈중 글루코오스의 감소, 혈중 젖산의 증가와 일치하고 있다.

정답 01. ①   02. ①

03 산업피로의 종류에 대한 설명으로 옳지 않은 것은?

① 근육의 일부 부위에만 발생하는 국소피로와 전신에 나타나는 전신피로가 있다.
② 신체피로는 육체적 노동에 의한 근육의 피로를 말하는 것으로 근육노동을 할 경우 주로 발생된다.
③ 피로는 그 정도에 따라 보통피로, 과로 및 곤비로 분류할 수 있으며, 가장 경증의 피로단계는 곤비이다.
④ 정신피로는 중추신경계의 피로를 말하는 것으로 정밀작업 등과 같은 정신적 긴장을 요하는 작업 시에 발생된다.
⑤ 과로는 피로의 축적으로 다음 날까지도 피로상태가 지속되는 것으로 단기간 휴식으로 회복될 수 있으며, 질병단계는 아니다.

해설 ③ [×] 피로는 그 정도에 따라 보통피로, 과로, 곤비로 분류할 수 있으며, 가장 중증의 피로단계는 곤비이다.

04 산업피로의 발생요인 중 작업부하와 관련이 가장 적은 것은?

① 적응 조건   ② 작업 강도   ③ 작업 자세   ④ 조작 방법
⑤ 작업 정밀도

해설 ① [×] 적응 조건은 산업피로 발생요인 중 작업부하와 관련이 가장 적다.
○ 작업강도에 영향을 미치는 요소 : 작업강도, 작업정밀도, 작업자세, 작업속도, 작업시간, 작업방법, 대인접촉빈도

05 다음 중 피로발생의 메커니즘에 관한 설명 중 적합하지 않은 것은?

① 산소, 영양소 등 에너지원의 소모에 기여한다.
② 신진대사에 의하여 노폐물, 즉 피로물질의 체내 축적에 기인한다.
③ 근육 내 글리코겐 양의 증가에 기인한다.
④ 여러 가지 신체기능의 저하에 기인한다.
⑤ 크레아틴, 젖산, 초성포도당, 시스테인을 피로물질이라고 한다.

해설 ③ [×] 근육 내 글리코겐 양의 감소는 피로발생을 시키는 요인이 된다.

정답   03. ③   04. ①   05. ③

06 Shimonson이 말하는 산업피로 현상이 아닌 것은?

① 활동지원의 소모　② 조절기능의 장애
③ 중간대사물질의 소모　④ 체내의 물리화학적 변화
⑤ 중간대사물질의 축적

해설　③ [×] 중간대사물질의 축적으로 인해 산업피로 현상이 증가된다.

07 전신피로에 있어 생리학적 원인에 해당되지 않는 것은?

① 산소 공급부족　② 체내 젖산농도의 감소
③ 혈중 포도당 농도의 저하　④ 작업강도의 증가
⑤ 근육 내 글리코겐량의 감소

해설　② [×] 전신피로의 생리학적 원인은 체내 젖산농도의 증가가 해당된다.

08 전신피로의 정도를 평가하기 위하여 맥박을 측정한 값이 심한 전신피로 상태라고 판단되는 경우는?

① $HR_{30~60}$=107, $HR_{150~180}$=89, $HR_{60~90}$=101

② $HR_{30~60}$=110, $HR_{150~180}$=95, $HR_{60~90}$=108

③ $HR_{30~60}$=114, $HR_{150~180}$=92, $HR_{60~90}$=118

④ $HR_{30~60}$=116, $HR_{150~180}$=102, $HR_{60~90}$=108

⑤ $HR_{30~60}$=118, $HR_{150~180}$=104, $HR_{60~90}$=118

해설　④ [○] 심한 전신피로 상태란 HR_1이 110을 초과하고, HR_3과 HR_2의 차이가 10미만인 경우이다.

　　1. HR_1 : 작업종료 후 30~60초 사이의 평균맥박수
　　2. HR_2 : 작업종료 후 60~90초 사이의 평균맥박수
　　3. HR_3 : 작업종료 후 150~180초 사이의 평균맥박수. 회복기의 심박수

정답　06. ③　07. ②　08. ④

09 국소피로를 평가하기 위하여 근전도(EMG)검사를 실시하였다. 피로한 근육에서 측정된 현상을 설명한 것으로 맞는 것은?

① 총전압의 증가
② 평균주파수 영역에서 힘(전압)의 증가
③ 저주파수(0~40Hz) 영역에서 힘(전압)의 감소
④ 고주파수(40~200Hz) 영역에서 힘(전압)의 증가
⑤ 고주파수(200~500Hz) 영역에서 힘(전압)의 증가

해설 ① [○] 피로한 근육에서 측정된 현상으로 총전압 증가가 해당된다.
② 평균주파수 영역에서 힘(전압)의 감소가 된다.
③ 저주파수(0~40Hz) 영역에서 힘(전압)의 증가가 된다.
④ 고주파수(40~200Hz) 영역에서 힘(전압)의 감소가 된다.

10 국소피로와 관련한 작업강도와 적정 작업시간의 관계를 설명한 것 중 틀린 것은?

① 힘의 단위는 kp(kilo pound)로 표시한다.
② 적정 작업시간은 작업강도와 대수적으로 비례한다.
③ 1kp(kilo pound)는 2.2pounds의 중력에 해당한다.
④ 작업강도가 10% 미만인 경우 국소피로는 오지 않는다.
⑤ 국소피로 초래까지의 작업시간은 작업강도에 의해 결정된다.

해설 ② [×] 적정 작업시간은 작업강도와 대수적으로 반비례한다.

11 단기간 휴식을 통해서는 회복될 수 없는 발병단계의 피로를 무엇이라 하는가?

① 곤비 ② 정신피로 ③ 과로 ④ 전신피로 ⑤ 보통 피로

해설 ① [○] 곤비는 단시간에 회복될 수 없는 피로이다.
○ 피로의 3단계
1단계 : 보통 피로
2단계 : 과로 (단기간 휴식으로 회복이 됨)
3단계 : 곤비 (단시간에 회복될 수 없음)

정답 09. ① 10. ② 11. ①

12 다음 중 중추신경계 피로(정신 피로)의 척도로 사용할 수 있는 시각적 점멸융합주파수(VFF)를 측정할 때 영향을 주는 변수에 관한 설명으로 틀린 것은?

① 휘도만 같다면 색상은 영향을 주지 않는다.
② 표적과 주변의 휘도가 같을 때 최대가 된다.
③ 조명 강도의 대수치에 선형적으로 반비례한다.
④ 사람들 간에는 큰 차이가 있으나 개인의 경우 일관성이 있다.
⑤ 암조응시는 VFF가 감소한다.

해설 ③ [×] 조명 강도의 대수치에 선형적으로 비례한다.

○ 점멸융합주파수(VFF) 측정의 특징
1. 휘도만 같으면 색은 VFF에 영향을 주지 않는다.
2. 표적과 주변의 휘도가 같을 때에 VFF는 최대로 된다.
3. VFF는 조명강도의 대수치에 선형적으로 비례한다.
4. VFF는 사람들 간에는 큰 차이가 있으나, 개인의 경우 일관성이 있다.
5. 암조응시는 VFF가 감소한다.
6. 연습의 효과는 아주 적다.

13 다음 중 점멸융합주파수에 대한 설명으로 옳은 것은?

① 암조응시에는 주파수가 증가한다.
② 정신적으로 피로하면 주파수 값이 내려간다.
③ 휘도가 동일한 색은 주파수 값에 영향을 준다.
④ 주파수는 조명강도의 대수치에 선형 반비례한다.
⑤ 계속되는 자극들이 점멸하는 것 같이 보이고, 연속적으로 느껴지지 않는 주파수이다.

해설 ② [○] 점멸융합주파수는 피로를 나타내는 척도로서 피로하면 주파수 값이 내려간다.

⑤ 점멸융합주파수(VFF)는 깜박이는 불빛이 계속 커진 것처럼 보일 때의 주파수로서, 계속되는 자극들이 점멸하는 것 같이 보이지 않고 연속적으로 느껴지는 주파수이다. 중추 신경계의 피로, 즉 정신활동의 부담 척도로 사용된다. 단위로는 Hz를 사용한다.

14 다음 중 점멸-융합 테스트(Flicker test)의 용도로 가장 적합한 것은?

① 진동 측정 ② 소음 측정 ③ 피로도 측정 ④ 열중증 판정
⑤ 심리학적 측정

해설 ③ [○] 점멸-융합 테스트(Flicker test)는 '피로도 측정' 테스트이다.

○ 피로도 측정 방법
1. 생리학적 측정법 : EMG(근전도), ECG(심전도), EEG(뇌전도), 산소소비량, VFF(점멸-융합 주파수)
2. 생화학적 측정법 : 혈액의 농도 측정, 혈액의 수분 측정, 소변의 전해질 측정, 소변의 단백질 측정
3. 심리학적 측정법 : 동작분석, 연속반응시간, 집중력

15 정신피로의 척도로 사용되는 시각적 점멸융합주파수(VFF)에 영향을 주는 변수에 관한 내용으로 옳지 않은 것은?

① 암조응 시 VFF는 증가한다.
② 휘도만 같으면 색은 VFF에 영향을 주지 않는다.
③ 조명 강도의 대수치에 선형적으로 비례한다.
④ 연습의 효과는 아주 적다.
⑤ 표적과 주변의 휘도가 같을 때 VFF는 최대로 된다.

해설 ① [×] 암조응 시 VFF는 감소한다.

○ 점멸융합주파수(VFF)
1. VFF는 조명강도의 대수치에 선형적으로 비례한다.
2. 표적과 주변의 휘도가 같을 때 VFF는 최대로 된다.
3. 휘도만 같으면 색은 VFF에 영향을 주지 않는다.
4. 암조응 시 VFF가 감소한다.
5. VFF는 사람들 간에는 큰 차이가 있으나, 개인의 경우 일관성이 있다.
6. 연습의 효과는 아주 적다.

16 다음 중 점멸융합주파수(Flicker-Fusion Frequency)에 관한 설명으로 틀린 것은?

정답 14. ③ 15. ① 16. ③

① 중추신경계의 정신적 피로도의 척도로 사용된다.
② 빛의 검출성에 영향을 주는 인자 중의 하나이다.
③ 점멸속도는 점멸융합주파수보다 일반적으로 커야 한다.
④ 점멸속도가 약 30Hz 이상이면 불이 계속 켜진 것처럼 보인다.
⑤ 점멸융합주파수는 계속되는 시각 자극이 점멸하지 않고 연속으로 느껴지는 주파수를 말한다.

해설 ③ [×] 점멸속도는 점멸융합주파수(30Hz) 보다 훨씬 작아야 한다.

17 다음 중 피로의 검사방법에 있어 인지역치를 이용한 생리적 방법은?

① 광전비새계 ② 뇌전도(EEG) ③ 근전도(EMG)
④ 심전도(ECG) ⑤ 점멸융합주파수(flicker fusion frequency)

해설 ⑤ [○] 점멸융합주파수 검사방법으로서 인지역치를 이용한다. 인지역치는 무슨 냄새인지를 분명히 구별할 수 있는 농도를 의미한다.
  ○ 점멸융합주파수
    1. 깜박이는 불빛이 계속 켜진 것처럼 보일 때의 주파수
    2. 검사방법 : 인지역치 이용
    3. 생리적 방법
    4. 단속과 융합의 경계에서 빛의 단속 주기를 Flicker치라고 하는데 이것을 피로도 검사에 이용한다.

18 피로한 근육에서 측정된 근전도(EMG)의 특성만을 맞게 나열한 것은?

① 저주파(0~40Hz)에서 힘의 감소, 총전압의 감소
② 저주파(0~40Hz)에서 힘의 증가, 평균주파수의 감소
③ 고주파(40~200Hz)에서 힘의 감소, 총전압의 감소
④ 고주파(40~200Hz)에서 힘의 감소, 평균주파수의 감소
⑤ 고주파(40~200Hz)에서 힘의 증가, 평균주파수의 감소

해설 ② [○] 저주파(0~40Hz)에서 힘(전압)의 증가를 보인다. 평균주파수는 감소를 보인다.
  ○ 고주파(40~200Hz)에서 힘(전압) 감소를 보인다.

정답 17. ⑤ 18. ②

19 피로의 측정법이 아닌 것은?

① 생리적 방법 ② 심리학적 방법 ③ 물리학적 방법
④ 생화학적 방법 ⑤ 지각적·타각적 방법

해설 ③ [×] 물리학적 방법은 피로의 측정법이 아니다.

○ 피로의 측정법
1. 생리적 방법 2. 생화학적 방법 3. 심리학적 방법
4. 지각적·타각적 방법

20 스텝 테스트, 슈나이더 테스트는 어떠한 방법의 피로판정 검사인가?

① 타액검사 ② 반사검사 ③ 전신적 관찰 ④ 심폐검사
⑤ 신경기능 검사

해설 ④ [○] 스텝 테스트, 슈나이더 테스트는 심폐검사이며, 순환기능 검사의 하나로 심장 및 폐장의 상관적 기능력의 대소를 점수로 나타내는 일종의 체력 판정법이다. 반듯이 누워 있던 상태에서 일어섰을 때의 맥박, 혈압의 변화에 근거하여 판정하는 슈나이더의 포인트 테스트를 간이화한 것이다.

21 피로의 측정분류 시 감각기능검사(정신·신경기능검사)의 측정대상 항목으로 가장 적합한 것은?

① 혈압 ② 심박수 ③ 에너지대사율 ④ 플리커 ⑤ 생체리듬

해설 ④ [○] 제시문은 '플리커 검사'에 대한 내용이다.

○ 플리커값 검사 : 빛을 단속시켜서 그것이 연속되는 빛으로 보이거나, 단속되는 빛으로 보이는가의 한계를 단속횟수를 가지고 나타내는 것. 이 검사는 정신적 피로에 의해서 나타나는 중추 피로의 판정에 사용된다. 점멸-융합주파수(filcker-fusion frequency)검사라고도 한다.

22 국제표준화기구(ISO)의 수직진동에 대한 피로-저감숙달경계(Fatigue-Decreased Proficiency Boundary) 표준 중 내구수준이 가장 낮은 범위로 옳은 것은?

정답 19. ③ 20. ④ 21. ④ 22. ②

① 1~3Hz ② 4~8Hz ③ 9~13Hz ④ 14~18Hz ⑤ 18~20Hz

해설 ② [○] 국제표준화기구(ISO)의 수직전동에 대한 피로-저감숙달경계(Fatigue-Decreased Proficiency Boundary) 표준으로 내구수준이 가장 낮은 범위는 4~8Hz이다(참고 : 건설안전기사 2019 기출문제에서도 출제)

23 작업자의 정신적 피로를 관찰할 수 있는 변화 중 가장 적합하지 않는 것은?

① 대사기능의 변화 ② 작업태도의 변화 ③ 사고활동의 변화
④ 작업동작경로의 변화 ⑤ 작업자세의 변화

해설 ① [×] 대사기능의 변화는 '육체적 피로'를 관찰할 수 있는 방법이다.

○ 피로관찰 방법
1. 정신적 피로 : 작업동작경로, 작업태도, 작업자세, 사고활동
2. 육체적 피로 : 감각기능, 순환기능, 반사기능, 대사기능, 대사물 질량

24 다음 중 근육이 움직일 때 나오는 미세한 전기신호를 측정하여 근육의 활동 정도를 나타낼 수 있는 것을 무엇이라고 하는가?

① ECG(electrocardiogram) ② EMG(electromyograph)
③ GSR(galvanic skin response) ④ EEG(electroencephalogram)
⑤ EOG(electrooculography)

해설 ② [○] 제시문은 'EMG(electromyograph, 근전도)'에 대한 내용이다.

⑤ EOG(electrooculography) : '안전도'로서 각막과 망막간 전위를 측정하는 기술이다. 안전도는 안전위도라고도 한다.

25 피로의 측정 방법 중 생리학적 측정에 해당하는 것은?

① 혈액농도 ② 동작분석 ③ 대뇌활동 ④ 연속반응시간
⑤ 요단백

해설 ③ [○] 대뇌활동은 피로의 측정 방법 중 '생리학적 측정'에 해당한다.
① 혈액농도 : 생화학적 방법 (혈색소 농도, 혈단백, 응혈시간, 요단백)

정답 23. ① 24. ② 25. ③

② 동작분석 : 심리학적 방법
④ 연속반응시간 : 심리학적 방법 (행동기록, 정신작업, 정신자각 증상)
⑤ 요단백 : 생화학적 방법
○ 생리학적 측정 : 근력, 근활동, 반사역치, 대뇌피질활동, 호흡순환기능, 인치역치(플리커법)

26 피로 단계 중 이상발한, 구갈, 두통, 탈력감이 있고, 특히 관절이나 근육통이 수반되어 신체를 움직이기 귀찮아지는 단계는?

① 잠재기   ② 현재기   ③ 진행기   ④ 축적피로기   ⑤ 기력상실기

해설 ② [○] 제시문은 '현재기(顯在期)'에 대한 내용이다.

○ 피로 단계
1기(잠재기) : 외관상 능률저하 나타남. 지각적으로 느끼지 못함
2기(현재기) : 확실한 능률저하 시기. 피로 증상 지각, 자율신경 불안, 이상발한, 두통, 관절통, 근육통 신체운동 귀찮음
[참고] 현재는 한자어 顯在로서, 잠재의 반대어
3기(진행기) : 2기 피로에서 충분한 휴식없이 정신·신체 작업지속시 회복곤란 상태. 수일간 휴양 필요
4기(축적피로기) : 만성 피로축적, 질병이 유발됨. 수개월~수년 요양 필요
5기(기력상실기) : 질병단계

27 작업에 수반되는 피로를 줄이기 위한 대책으로 적절하지 않은 것은?

① 작업부하의 경감   ② 작업속도의 조절   ③ 동적 동작의 제거
④ 정적자세의 경감   ⑤ 작업 및 휴식시간의 조절

해설 ③ [×] 동적 동작의 제거는 정적 동작만 유지한다는 의미인데 이는 피로를 가중시킨다.

○ 정적자세 영향 : 정적자세를 유지할 때는 평형을 유지하기 위해 몇 개의 근육들이 반대방향으로 작용하기 때문에, 정적자세를 유지한다는 것은 움직일 수 있는 자세보다 더 힘들다.

정답 26. ②   27. ③

교대근무

01 교대근무제에 관한 설명으로 맞는 것은?

① 야간근무 종료 후 휴식은 24시간 전후로 한다.
② 야근은 가면(假眠)을 하더라도 10시간 이내가 좋다.
③ 신체적 적응을 위하여 야간근무의 연속일수는 대략 1주일로 한다.
④ 누적 피로를 회복하기 위해서는 정교대 방식보다는 역교대 방식이 좋다.
⑤ 신체의 적응을 위해 야간근무 연속일수는 3~4일로 한다.

해설 ② [○] 야근은 가면(假眠)을 하더라도 10시간 이내가 좋다.
① 야간근무 종료 후 휴식은 48시간 이상으로 한다.
③ 신체적 적응을 위하여 야간근무의 연속일수는 대략 2~3일로 한다.
④ 누적 피로를 회복하기 위해서는 역교대 방식보다는 정교대 방식이 좋다.
⑤ 신체의 적응을 위해 야간근무 연속일수는 2~3일로 한다.

02 다음 중 바람직한 교대근무제로 볼 수 있는 것은?

① 야간근무의 연속은 2~3일 정도로 한다.
② 연속근무의 경우 3교대 3조로 편성한다.
③ 야근종료 후의 휴식은 32시간 이내로 한다.
④ 야간 교대시간은 심야로 정한다.   ⑤ 야근의 주기를 4~5일로 한다.

해설 ① [○] 신체의 적응을 위해 야간근무 연속일수는 2~3일로 한다.
○ 바람직한 교대근무 9가지 지침
  1. 2교대근무는 피해야 한다.   2. 잔업은 최소화해야 한다.
  3. 고정적, 연속적인 야간교대작업은 줄여야 한다.
  4. 교대순환은 전진근무방식으로 하는 것이 좋다.
  5. 근무시간 종료 후 11시간 이상의 휴식시간을 두어야 한다.
  6. 야간근무 시 근무 중 간이수면, 운동 등을 위한 휴식시간을 둔다.
  7. 근무시간은 근로자의 수면을 방해하지 않도록 정해야 한다.
  8. 교대근무일수, 업무내용 등을 탄력적으로 조정해야 한다.
  9. 교대일정은 정기적이고, 근로자가 예측 가능하도록 해야 한다.

정답 01. ②   02. ①

6.6 에너지소비 및 RMR

> 에너지소비

01 중량물 들기 작업 시 5분간의 산소소비량을 측정한 결과 90L의 배기량 중에 산소가 16%, 이산화탄소가 4%로 분석되었다. 해당 작업에 대한 산소소비량(L/min)은 약 얼마인가? (단, 공기 중 질소는 79vol%, 산소는 21vol%이다.)

① 0.948　② 1.948　③ 4.74　④ 5.74　⑤ 7.42

해설　① [○] 이 문제는 공기의 조성 성분을 이용하여 풀어야 한다.

공기중의 질소는 흡기, 배기 중에 동일한 점을 이용하는 것이 착안점이다.

분당산소소비량=전체 흡기중 산소량-전체 배기중 산소량

$$=전체흡기량 \times 0.21 - \frac{90}{5} \times 0.16 = \frac{흡기중\ 질소량}{0.79} \times 0.21 - \frac{90}{5} \times 0.16$$

$$= \frac{(90/5) \times (1-0.16-0.04)}{0.79} \times 0.21 - \frac{90}{5} \times 0.16 = 0.948 (L/min)$$

여기서, '흡기중 질소량=배기중 질소량'을 이용하여 계산한 것임.
질소는 공기중에 79% 존재

02 근로자가 휴식 중일 때의 산소소비량(oxygenuptake)이 약 0.25L/min일 경우 운동 중일 때의 산소소비량은 약 얼마까지 증가하는가? (단, 일반적인 성인 남성의 경우이며, 산소 공급이 충분하다고 가정한다.)

① 2.0L/min　② 5.0L/min　③ 9.5L/min　④ 12.0L/min　⑤ 15.0L/min

해설　② [○] 산소소비량은 운동 중일 때 5.0L/min이다.

03 최대산소소비능력(MAP)에 관한 설명으로 옳지 않은 것은?

① 산소섭취량이 일정하게 되는 수준을 말한다.
② 최대산소소비능력은 개인의 운동역량을 평가하는데 활용된다.
③ 젊은 여성의 평균 MAP는 젊은 남성의 평균 MAP의 20~30% 정도이다.

정답　01. ①　02. ②　03. ③

④ MAP를 측정하기 위한 도구로 주로 트레드밀(treadmill)이나 자전거 에르고미터(ergometer)를 활용한다.
⑤ 사춘기 이후 여성의 MAP는 남성의 65~75% 정도이다.

해설 ③ [×] 젊은 여성의 평균 MAP는 젊은 남성의 70~85% 정도이다.

○ 최대산소소비능력 (Maximum Aerobic Power : MAP)
1. 산소섭취량이 일정하게 되는 수준을 말한다.
2. 최대산소소비능력은 개인의 운동역량을 평가하는데 활용된다.
3. MAP를 측정하기 위해서 주로 트레드밀(treadmill)이나 자전거 에르고미터(ergometer)를 활용한다.
4. 젊은 여성의 평균 MAP는 젊은 남성의 70~85% 정도이다.
5. MAP란 산소섭취량이 일정하게 되는 수준을 의미한다.
6. MAP는 개인의 운동역량을 평가하는데 널리 활용된다.
7. 근육과 혈액 중에 축적되는 젖산(lactic acid)의 양이 증가한다.
8. 이 수준에서는 주로 혐기성 에너지대사가 발생한다.
9. 20세 전후로 최고가 되었다가 나이가 들수록 점차로 감소한다.
10. 산소섭취량이 일정수준에 도달하면 더 이상 증가하지 않는 수준이다.
11. 사춘기 이후 여성의 MAP는 남성의 65~75% 정도이다.
12. 개인의 MAP가 클수록 순환기 계통의 효능이 크다.
13. MAP란 일의 속도가 증가하더라도 산소섭취량이 더 이상 증가하지 않는 일정하게 되는 수준이다.
14. 개인의 MAP가 클수록 순환기 계통의 효능이 크다.

04 산소소비량과 에너지대사를 설명한 것으로 옳지 않은 것은?

① 산소소비량은 에너지소비량과 선형적인 관계를 가진다.
② 산소 소비량이 증가한다는 것은 육체적 부하가 증가한다는 것이다.
③ 에너지가의 계산에는 2kcal의 에너지생성에 1리터의 산소가 소모되는 관계를 이용한다.
④ 산소소비량은 육체활동에 요구되는 에너지대사량을 활동 시 소비된 산소량으로 간접적으로 측정하는 것이다.
⑤ 산소소비량은 단위시간당 배기량을 측정한 것이다.

정답 04. ③

해설 ③ [×] 에너지가의 계산에는 5kcal의 에너지 생성에 1리터의 산소가 소모되는 관계를 이용한다.

○ 산소소비량과 에너지대사에 대한 설명
  1. 산소소비량은 에너지소비량과 선형적인 관계를 가진다.
  2. 산소소비량이 증가한다는 것은 육체적 부하가 증가한다는 것이다.
  3. 에너지가의 계산에는 5kcal의 에너지생성에 1리터의 산소가 소모되는 관계를 이용한다.
  4. 산소소비량은 육체활동에 요구되는 에너지대사량을 활동 시 소비된 산소량으로 간접적으로 측정하는 것이다.
  5. 산소소비량과 심박수 사이에는 밀접한 관련이 있다.
  6. 산소소비량은 에너지소비와 직접적인 관련이 있다.
  7. 산소소비량은 단위시간당 배기량을 측정한 것이다.
  8. 심박수와 산소소비량 사이의 관계는 선형관계이지만 개인에 따라 차이가 있다.

작업대사율(RMR)

01 작업에 소요된 열량이 920kcal, 기초대사량 90kcal, 안정 시 열량은 기초대사량의 1.2배일 경우 작업대사율(RMR)은 약 얼마인가?

① 11 ② 9 ③ 7 ④ 5 ⑤ 3

해설 ② [○] $RMR = \dfrac{\text{작업시 열량} - \text{안정시 열량}}{\text{기초대사량}} = \dfrac{920\text{kcal} - (90\text{kcal} \times 1.2)}{90\text{kcal}} = 9$

02 작업대사율(RMR)=7로 격심한 작업을 하는 근로자의 실동율(%)은? (단, 사이토와 오시마의 식을 이용한다.)

① 20 ② 30 ③ 40 ④ 50 ⑤ 60

해설 ④ [○] 실동률=85-(5×RMR)=85-(5×7)=50(%)

정답 01. ② 02. ④

03 에너지 대사율(RMR)에 대한 설명으로 틀린 것은?

① $RMR = \dfrac{운동대사량}{기초대사량}$ ② 보통작업시 RMR은 4~7이다.

③ 가벼운 작업시 RMR은 0~2이다.   ④ 초중 작업시 RMR은 7이상이다.

⑤ $RMR = \dfrac{운동시\ 산소소모량 - 안정시\ 산소소모량}{기초대사량\ 산소소모량}$

[해설] ② [×] 보통작업(中작업)시 RMR은 2~4이고, 중작업은 4~7이다.

○ RMR에 의한 작업강도 5단계 구분
  1. 초경(超輕)작업 : 0~1
  2. 경작업 : 1~2
  3. 중(中)작업(보통작업) : 2~4
  4. 중(重)작업 : 4~7
  5. 초중(超重)작업 : 7 이상

[참고] 초경작업, 경작업을 묶어 '경작업 : 0~2'로도 표현하기도 함

○ 에너지대사율(RMR, Relative Metabolic Rate)은 '작업대사율'로도 사용된다.

정답 03. ②

6.7 작업강도 및 휴식시간

> 작업강도

01 근로자에 있어서 약한 손(오른손잡이의 경우 왼손)의 힘은 평균 40kp(kilo pond)라고 한다. 이러한 근로자가 무게 10kg인 상자를 두 손으로 들어올릴 경우의 작업강도(%MS)는?

① 12.5　② 25　③ 40　④ 60　⑤ 80

해설　① [○] 작업강도(%MS) $= \dfrac{RF}{MS} \times 100 = \dfrac{5}{40} \times 100 = 12.5\% MS$

　　　여기서, MS : maximum strength, RF : required force

02 작업대사율(RMR)이 10인 작업을 하는 근로자의 계속작업 한계시간은 약 몇 분인가?

① 0.5분　② 1.5분　③ 3.0분　④ 4.5분　⑤ 6.0분

해설　③ [○] $\log CMT = 3.724 - 3.23 \log RMR = 3.724 - 3.23 \log 10 = 0.494$ 이므로,

　　　계속작업 한계시간 $CMT = 10^{0.494} = 3.12$ (분)

03 육체적 작업능력이 16kcal/min인 근로자가 1일 8시간 동안 물체를 운반하고 있다. 이때의 작업대사량이 7kcal/min이라고 할 때 이 사람이 쉬지 않고 계속하여 일할 수 있는 최대허용시간은 약 얼마인가? (단, 16kcal/min에 대한 작업시간은 4분이다.)

① 145분　② 188분　③ 227분　④ 245분　⑤ 287분

해설　③ [○] 피로예방 허용작업시간(작업강도에 따른 허용작업시간) 공식 이용

　　　$\log T_{end} = 3.720 - 0.1949 E = 3.720 - 0.1949 \times 7 = 2.356$ 이므로,

　　　최대허용시간 $T_{end} = 10^{2.356} = 227 \min$

정답　01. ①　02. ③　03. ③

휴식시간

01 8시간 근무를 기준으로 남성작업자 A의 대사량을 측정한 결과, 산소소비량이 1.3L/min으로 측정되었다. Murrell 방법으로 계산 시, 8시간의 총 근로시간에 포함되어야 할 휴식시간은?

① 124분 ② 134분 ③ 144분 ④ 154분 ⑤ 164분

해설 ③ [○] Murrell 방법에 의한 휴식시간 계산

$$휴식시간\ R = 총작업시간 \times \frac{E-5}{E-1.5} = (60 \times 8) \times \frac{6.5-5}{6.5-1.5} = 144\,(\min)$$

여기서, E =1.3L/min×5kcal/L=6.5kcal/min

[참고] 작업시 표준 에너지소비량 : 남자 5kcal/min, 여자 3.5kcal/min

02 A작업의 평균에너지소비량이 다음과 같을 때, 60분간의 총 작업시간 내에 포함되어야 하는 휴식시간(분)은?

○ 휴식 중 에너지소비량 : 1.5kcal/min
○ A작업 시 평균 에너지소비량 : 6kcal/min
○ 기초대사를 포함한 작업에 대한 평균 에너지소비량 상한 : 5kcal/min

① 10.3 ② 11.3 ③ 12.3 ④ 13.3 ⑤ 14.3

해설 ④ [○] 휴식시간 $R = 총작업시간 \times \dfrac{E-5}{E-1.5} = 60 \times \dfrac{6-5}{6-1.5} = 13.33$(분)

여기서, E : 작업시 평균 에너지소비량
60분 : 총작업시간
1.5(kcal) : 휴식시간 중 에너지 소비량
5(kcal) : 작업에 대한 평균 에너지 값

정답 01. ③   02. ④

6.8 인체구조 및 인체대사

> 인체 구조

01 다음 중 인간의 귀에 대한 구조를 설명한 것으로 틀린 것은?

① 외이(external ear)는 귓바퀴와 외이도로 구성된다.
② 중이(middle ear)에는 인두와 교통하여 고실 내압을 조절하는 유스타키오관이 존재한다.
③ 내이는 신체의 평형감각수용기인 반규관(반고리관)과 청각을 담당하는 와우관(달팽이관), 위치감각을 담당하는 전정기관으로 구성되어있다.
④ 고막은 중이와 내이의 경계부위에 위치해 있으며 음파를 진동으로 바꾼다.
⑤ 사람은 일반적으로 20~20,000Hz까지 들을 수 있다.

해설 ④ [×] 고막은 외이와 중이의 경계에 있는 얇은 막으로 소리에 의해 진동한다.

02 다음 내용의 ( )안에 들어갈 내용을 순서대로 정리한 것은?

근섬유의 수축단위는 (A)(이)라 하는데, 이것은 두 가지 기본형의 단백질 필라멘트로 구성되어 있으며, (B)이(가) (C)사이로 미끄러져 들어가는 현상으로 근육의 수축을 설명하기도 한다.

① A : 근막, B : 마이오신, C : 액틴
② A : 근막, B : 액틴, C : 마이오신
③ A : 근원섬유, B : 근막, C : 근섬유
④ A : 근원섬유, B : 액틴, C : 마이오신
⑤ A : 근원섬유, B : 마이오신, C : 액틴

해설 ④ [○] 근섬유의 수축단위는 근원섬유라 하는데, 이것은 두 가지 기본형의 단백질 필라멘트로 구성되어 있으며, 액틴이 마이오신 사이로 미끄러져 들어가는 현상으로 근육의 수축을 설명하기도 한다.

정답 01. ④   02. ④

03 인체의 관절 중 경첩관절에 해당하는 것은?

① 손목관절　② 엉덩관절　③ 어깨관절　④ 팔꿉관절　⑤ 발목관절

해설　④ [○] 팔꿉관절은 하나의 축을 따라 구부리고 펼 수 있는 경첩관절에 해당한다.

○ 관절(articulation)의 분류
가동관절(diarthrosis)은 자유롭게 움직이는 관절로, 팔·다리를 연결하는 대부분의 관절은 가동관절(윤환관절)이다. 그리고 가동관절은 움직임의 축이 몇 개인지 또는 회전 움직임의 종류가 몇 개인지에 따라 무축성, 1축성(경첩관절, 중쇠관절), 2축성(타원관절, 안장관절), 3축성(절구관절)로 분류된다.

○ 경첩관절(hinge joint)은 볼록한 면이 오목한 면과 마주하는 구조로, 하나의 축을 중심으로 회전운동을 하는 관절로 굴곡(Flexion)과 신전(Extension)에 의한 한 종류의 회전운동만 가능하며, 대표적인 경첩관절은 팔꿈치(주관절)와 무릎관절, 손가락의 지절간관절이다.

04 중이소골(ossicle)이 고막의 진동을 내이의 난원창(oval window)에 전달하는 과정에서 음파의 압력은 어느 정도 증폭되는가?

① 2배　② 12배　③ 22배　④ 220배　⑤ 440배

해설　③ [○] 이소골은 3개의 작은 뼈인 추골, 침골, 등골이 포함되며, 이들은 고막에 도착한 진동을 내이의 난원창으로 전달한다. 이때 전달음파의 압력은 22배 증폭된다.

05 인간의 눈의 부위 중에서 실제로 빛을 수용하여 두뇌로 전달하는 역할을 하는 부분은?

① 망막　② 각막　③ 눈동자　④ 수정체　⑤ 홍채

해설　① [○] 제시문에 해당하는 것은 '망막'이다.

① 망막 : 눈의 가장 안쪽을 둘러싸고 있는 내벽을 구성하는 신경세포의 얇은 층. 망막은 카메라의 필름에 해당하는 역할을 수행
② 각막 : 최초 빛 통과 및 눈보호

정답　03. ④　04. ③　05. ①

③ 눈동자 : 눈알의 한가운데에 홍채로 둘러싸여 있는, 광선이 들어가는 작은 구멍. 홍채의 작용에 의해 자율적으로 크기가 변화하여 빛의 양이나 초점 심도를 조절함

④ 수정체 : 빛을 굴절시킴 ⑤ 홍채 : 동공크기 조절 빛의 양 조정

06 근섬유의 직경이 작아서 큰 힘을 발휘하지 못하지만 장시간 지속시키고 피로가 쉽게 발생하지 않는 골격근의 근섬유는 무엇인가?

① TypeS 근섬유   ② TypeⅠ 근섬유   ③ TypeF 근섬유
④ TypeⅡ 근섬유   ⑤ TypeⅢ 근섬유

해설 ① [○] 제시문은 'TypeS 근섬유'에 대한 내용이다.
○ TypeS : Slow형, 지근, 장거리 선수. TypeF : Fast형, 속근, 단거리 선수

07 멀리 있는 물체를 선명하게 보기 위해 눈에서 일어나는 현상은?

① 홍채가 이완한다.   ② 수정체가 얇아진다.   ③ 동공이 커진다.
④ 모양체근이 수축한다.   ⑤ 수정체가 두꺼워진다.

해설 ② [○] 멀리 있는 물체를 선명하게 보기 위해서는 수정체가 얇아진다. 수정체는 눈 안쪽의 양면이 볼록한 렌즈 형태를 한 투명한 조직이다.
○ 멀리 있는 물체를 볼 때 : 모양체근이 이완되고, 수정체가 얇아짐. 원시
가까이 있는 물체를 볼 때 : 모양체근이 수축되고, 수정체가 두꺼워짐. 근시

08 시(視)감각 체계에 관한 설명으로 옳지 않은 것은?

① 동공은 조도가 낮을 때는 많은 빛을 통과시키기 위해 확대된다.
② 안구의 수정체는 모양체근으로 긴장을 하면 얇아져 가까운 물체만 볼 수 있다.
③ 망막의 표면에는 빛을 감지하는 광수용기인 원추체와 간상체가 분포되어 있다.
④ 1디옵터는 1m 거리에 있는 물체를 보기 위해 요구되는 수정체의 초점 조절능력을 나타낸 값이다.
⑤ 인체의 모든 감각 수용체들 중 70% 가량은 눈에 있고, 매우 중요한 감각기관이다.

정답   06. ①   07. ②   08. ②

[해설] ② [×] 안구의 수정체는 모양체근으로 긴장을 하면 두꺼워져 가까운 물체만 볼 수 있다.
  ○ 디옵터(diopter) : 렌즈의 굴절률을 나타내는 단위. 곧, 렌즈의 초점 거리를 미터로 나타낸 값의 역수(逆數)로, 흔히 안경의 도수를 나타낼 때 쓰임. 볼록 렌즈는 플러스(+), 오목 렌즈는 마이너스(-)로 표시함. 가령, 초점 거리가 50cm인 볼록 렌즈는 1/0.5=2이므로, 2디옵터임. 기호는 Dptr.

09 동일한 관절운동을 일으키는 주동근(agonists)과 반대되는 작용을 하는 근육은?

① 박근(gracilis) ② 장요근(iliopsoas) ③ 길항근(antagonists)
④ 협력근(synergists) ⑤ 대퇴직근(rectus femoris)

[해설] ③ [○] 제시문은 '길항근(antagonists)'에 대한 내용이다.
  ○ 근육작용의 표현
    1. 주동근(agonist) : 운동 시 주역을 하는 근육
    2. 협력근(synergist) : 운동 시 주역을 하는 근을 돕는 근육으로서, 동일한 방향으로 작용하는 근육
    3. 길항근(antagonist) : 주동근과 서로 반대방향으로 작용하는 근육

10 시각 및 시각과정에 대한 설명으로 옳지 않은 것은?

① 원추체(cone)는 황반(fovea)에 집중되어 있다.
② 멀리 있는 물체를 볼 때는 수정체가 두꺼워진다.
③ 동공(pupil)의 크기는 어두우면 커진다.
④ 근시는 수정체가 두꺼워져 원점이 너무 가까워진다.
⑤ 원시는 수정체가 얇고 가까운 물체를 보기에 힘이 든다.

[해설] ② [×] 멀리 있는 물체를 볼 때는 수정체가 얇아진다.
  ○ 근시 : 수정체가 두꺼워진 상태로 남아 있어 원점이 너무 가깝기 때문에 멀리 있는 물체를 볼 때에는 초점을 정확히 맞출 수 없다.
  ○ 원시 : 수정체가 얇은 상태로 남아 있어 근점이 너무 멀기 때문에 가까운 물체를 보기 힘들다.

정답 09. ③   10. ②

인체 대사

01 인체와 환경 간의 열교환에 관여하는 온열조건 인자가 아닌 것은?

① 대류　② 증발　③ 복사　④ 기압　⑤ 전도

해설　④ [×] 온열조건의 인자 : 전도, 대류, 복사, 증발, 체내 열생산량

02 신체의 생활기능을 조절하는 영양소이며 작용면에서 조절소로만 나열된 것은?

① 비타민, 무기질, 물　② 비타민, 단백질, 물　③ 단백질, 무기질, 물
④ 단백질, 지방, 탄수화물　⑤ 비타민, 지방, 탄수화물

해설　① [○] 신체의 생활기능을 조절하는 영양소이며, 작용면에서 조절소인 것은 비타민, 무기질, 물이 해당된다.

03 근육운동에 필요한 에너지를 생성하는 방법에는 혐기성 대사와 호기성 대사가 있다. 혐기성 대사의 에너지원이 아닌 것은?

① 지방　② 크레아틴인산　③ 글리코겐　④ 아데노신삼인산(ATP)
⑤ 글구코스

해설　① [×] 지방은 혐기성 대사의 에너지원이 아니다.
　○ 혐기성 대사 : ATP(아데노산, 삼인산) → CP(크레아틴인산) → 글리코겐, 글구코스(포도당)
　○ 혐기성대사(嫌氣性代謝) : 산소 분자를 사용하지 않고 이루어지는 에너지 대사, 무산소대사, 산소를 싫어하는 대사. 에너지를 얻기 위한 대사 등의 의미를 지닌다.

04 호기적 산화를 도와서 근육의 열량공급을 원활하게 해주기 때문에 근육노동에 있어서 특히 주의해서 보충해 주어야 하는 것은?

① 비타민 A　② 비타민 C　③ 비타민 B_1　④ 비타민 D_4　⑤ 비타민 D

정답　01. ④　02. ①　03. ①　04. ③

해설 ③ [○] 근육노동에 있어서 보충해 주어야 하는 것은 비타민 B_1이다. 비타민 B_1 부족은 각기병, 신경염을 유발시킨다.

05 다음 영양소와 그 영양소의 결핍으로 인한 주된 증상의 연결로 옳지 않은 것은?

① 비타민 A - 야맹증
② 비타민 B_1 - 구루병
③ 비타민 C - 괴혈병
④ 비타민 B_2 - 구강염, 구순염
⑤ 비타민 K - 혈액 응고작용 지연

해설 ② [×] 1. 비타민 B_1 부족 → 각기병, 신경염 2. 비타민 D 부족 → 구루병

06 A작업장에서 1시간 동안에 480Btu의 일을 하는 근로자의 대사량은 900Btu이고, 증발 열손실이 2,250Btu, 복사 및 대류로부터 열이득이 각각 1,900Btu 및 80Btu라 할 때 열축적은 얼마인가?

① 100 ② 150 ③ 200 ④ 250 ⑤ 300

해설 ② [○] 열축적=M(대사)-E(증발)±R(복사)±C(대류)-W(일)
=900-2,250+1,900+80-480=150BTU

07 다음 중 안정시 신체 부위에 공급하는 혈액분배 비율이 가장 높은 곳은?

① 뇌 ② 근육 ③ 소화기계 ④ 심장 ⑤ 신장

해설 ③ [○] 휴식시 혈액분포
1. 간 및 소화기계 : 20~25% 2. 신장 : 20% 3. 근육 : 15~20%
4. 뇌 : 15% 5. 심장 : 4~5%

08 육체적 작업강도가 증가함에 따른 순환계(circulatory system)의 반응이 옳지 않은 것은?

① 혈압상승 ② 백혈구 감소 ③ 근혈류의 증가 ④ 심박출량 증가
⑤ 산소소비량 증가

정답 05. ② 06. ② 07. ③ 08. ②

해설 ② [×] 백혈구 감소는 질문내용과는 서로 무관하다. 작업에 따른 인체의 생리적 반응으로서, 작업강도가 증가하면 '심박출량'이 증가하고, 그에 따라 혈압이 상승하게 된다. 그리고 혈액의 수송량 또한 증가하며, 산소소비량도 증가하게 된다.

○ 심박출량(Cardiac output, CO)은 시간적 단위(보통은 '분' 단위로 측정)에 따른 심장의 2개의 심실에 의해 펌프질되는 혈액의 양으로 설명되는 심장학 용어이다. 심박출량은 심박수(HR, heart rate)와 박출량(stroke volume, SV)의 산물이다.

09 육체적 작업에서 생기는 우리 몸의 순환기 반응에 해당하지 않는 것은?

① 혈압상승   ② 심박출량의 증가
③ 산소소비량의 증가   ④ 신체에 흐르는 혈류의 재분배
⑤ 수축기와 이완기 혈압의 동시 상승

해설 ③ [×] 산소소비량의 증가는 순환계(심혈관계와 림프계의 총칭) 반응보다는 호흡계 반응에 해당한다. 호흡계는 비강, 인두, 후두, 기관, 기관지, 허파 등이 해당한다.

○ 육체적 작업에서의 순환계 반응
1. 혈압상승   2. 심박출량의 증가   3. 신체에 흐르는 혈류의 재분배
4. 혈액의 수송량 증가   5. 수축기와 이완기 혈압 동시 상승

정답 09. ③

6.9 인간공학적 설계 방법

인간공학적 설계 원리

01 인체계측자료의 응용원칙 중 조절 범위에서 수용하는 통상의 범위는 얼마인가?

① 5~95%tile   ② 20~80%tile   ③ 30~70%tile   ④ 40~60%tile
⑤ 50~70%tile

해설   ① [○] 인체계측 자료의 응용 3원칙 중 조절범위(조정범위) 설계는 체격이 다른 사람이 조절하여 사용 가능하도록 하는 설계이며, 통상 여성 5%tile, 남성 95%tile 기준으로 조절범위(여성 5%tile~남성 95%tile)로 설계한다.
백분위수(%)로서 여성 5%tile은 100명 중 하위 5번째에 해당하는 수치, 남성 95%tile은 하위 95번째에 해당하는 수치를 각각 의미한다. 하위 5%tile에서 95%tile까지를 수용할 수 있다는 것은 사용자의 90%가 수용할 수 있다는 의미이다.

02 다음 설명은 어떤 설계응용 원칙을 적용한 사례인가?

> 제어 버튼의 설계에서 조작자와의 거리를 여성의 5백분위수를 이용하여 설계하였다.

① 극단적 설계원칙   ② 가변적 설계원칙   ③ 평균적 설계원칙
④ 양립적 설계원칙   ⑤ 조절식 설계원칙

해설   ① [○] 제시문은 여성 5%타일, 남성 95%타일의 백분위수를 기준으로 설계하는 '극단적 설계원칙'에 대한 내용이다.
○ 인체 측정자료의 응용원칙 3가지
1. 극단치를 이용한 설계 : 최대치 설계, 최소치 설계
2. 조절식 설계 : 자동차 운전석 의자의 높이
3. 평균치를 이용한 설계 : 은행의 창구 높이

정답   01. ①   02. ①

03 손의 위치에서 조종장치 중심까지의 거리가 30cm, 조종장치의 폭이 5cm일 때 Fitts의 난이도 지수(index of difficulty) 값은 약 얼마인가?

① 2.6　　② 3.2　　③ 3.6　　④ 4.1　　⑤ 4.5

해설　③ [○] Fitts의 난이도 지수(index of difficulty)

$$ID = \log_2\left(\frac{2A}{W}\right) = \log_2\left(\frac{2 \times 30}{5}\right) = \log_2 12 = \frac{\log 12}{\log 2} = 3.585 \text{ (bits)}$$

04 다음 그림과 같이 작업할 때 팔꿈치의 반작용력과 모멘트 값은 얼마인가? (단, CG_1은 물체의 무게중심, CG_2는 하박의 무게중심, W_1은 물체의 하중, W_2는 하박의 하중이다.)

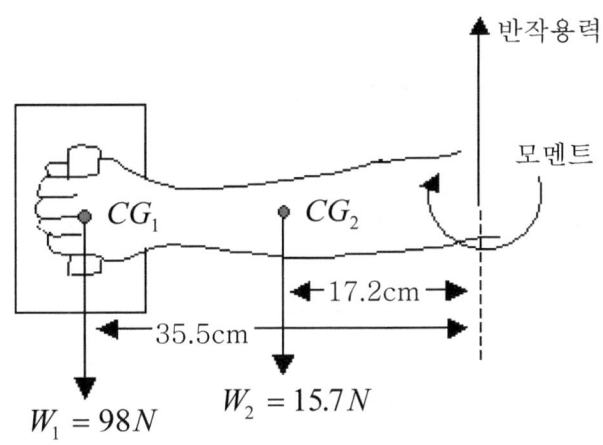

① 반작용력 : 79.3N, 모멘트 : 22.42N·m
② 반작용력 : 79.3N, 모멘트 : 37.5N·m
③ 반작용력 : 113.7N, 모멘트 : 22.42N·m
④ 반작용력 : 113.7N, 모멘트 : 37.5N·m
⑤ 반작용력 : 133.7N, 모멘트 : 42.5N·m

해설　④ [○] 반작용력 $F = W_1 + W_2 = 98N + 15.7N = 113.7N$

모멘트 $M = 98N \times 0.355m + 15.7N \times 0.172 = 37.5 N \cdot m$

정답　03. ③　04. ④

05 다음 중 인간공학 연구조사에 사용하는 기준의 구비조건과 가장 거리가 먼 것은?

① 적절성   ② 무오염성   ③ 다양성   ④ 민감성
⑤ 기준 척도의 신뢰성

해설   ③ [×] 인간공학의 연구 기준에 '다양성'은 관련이 적다.

○ 인간공학의 연구 기준
1. 신뢰성 : 반복실험시 재현성이 있어야 한다.
2. 무오염성 : 측정하고자 하는 변수 이외 다른 변수의 영향을 받아서는 안 된다.
3. 민감성 : 피실험자 사이에서 볼 수 있는 예상 차이점에 비례한 단위로 측정해야 한다.
4. 적절성 : 의도된 목적에 부합하여야 한다

06 인간공학적 연구에 사용되는 기준 척도의 요건 중 다음 설명에 해당하는 것은?

> 연구조사에서 사용되는 기준 척도는 측정하고자 하는 변수 외의 다른 변수들의 영향을 받아서는 안 된다.

① 신뢰성   ② 적절성   ③ 검출성   ④ 무오염성   ⑤ 민감도

해설   ④ [○] 제시문은 '무오염성'에 대한 내용이다.

07 위험구역의 울타리 설계시 인체 측정자료 중 적용해야 할 인체치수로 가장 적절한 것은?

① 인체측정 최대치   ② 인체측정 평균치   ③ 인체측정 최소치
④ 구조적 인체 측정치   ⑤ 인체 적합 조절식

해설   ① [○] 위험구역의 울타리 설계시 기준은 '인체측정 최대치'이다.

○ 안전확보를 위한 인체 측정치 설계 기준
1. 그네줄의 인장강도, 울타리 : 최대치

정답   05. ③   06. ④   07. ①

2. 전동차의 손잡이 높이, 은행의 창구 높이 : 평균치
3. 자동차 운전석 의자의 위치 : 조절식
4. 선반 높이, 조종장치까지 거리, 조작에 필요한 힘 : 최소치

08 인간공학에서 적용하는 정적치수(static dimensions)에 관한 설명으로 틀린 것은?

① 동적인 치수에 비하여 데이터가 적다.
② 일반적으로 표(table)의 형태로 제시된다.
③ 구조적 치수로 정적자세에서 움직이지 않는 피측정자를 인체 계측기로 측정한 것이다.
④ 골격 치수(팔꿈치와 손목 사이와 같은 관절 중심거리 등)와 외곽치수(머리둘레 등)로 구성된다
⑤ 측정원칙으로는 나체측정을 원칙으로 한다.

[해설] ① [×] 정적인 치수는 동적인 치수에 비하여 데이터가 많다.

09 인체측정자료에서 극단치 적용을 해야 하는 설계에 해당하지 않는 것은?

① 계산대   ② 문 높이   ③ 통로 폭   ④ 조종장치까지의 거리
⑤ 안전방책

[해설] ① [×] 계산대는 평균치를 기준으로 한 설계를 한다. 평균치를 기준으로 한 설계는 최대치수나 최소치수 조절식으로 하기가 곤란할 때 적용하고, 평균치를 기준으로 하여 설계한다. 은행창구, 슈퍼마켓 계산대 등에 적용한다.

10 기계 시스템은 영구적으로 사용하며, 조작자는 한 시간마다 스위치를 작동해야 되는데 인간오류확률(HEP)은 0.001이다. 2시간에서 4시간까지 인간-기계 시스템의 신뢰도로 옳은 것은?

① 91.5%   ② 96.6%   ③ 98.7%   ④ 99.8%   ⑤ 99.9%

[해설] ④ [○] 신뢰도=1−HEP=1−0.002=0.998
여기서, HEP(인간오류확률)=0.001×2 ← 2시간 동안일 경우 오류확률

정답   08. ①   09. ①   10. ④

11 다음 중 반응시간이 제일 빠른 감각기능은?

① 청각   ② 촉각   ③ 시각   ④ 미각   ⑤ 통각

해설 ① [○] 인간감각의 반응시간
청각(0.17초), 촉각(0.18초), 시각(0.2초), 미각(0.29초), 통각(0.7초)

12 작업시의 정보 회로를 나열한 것으로 맞는 것은?

① 감각 → 지각 → 판단 → 응답 → 표시 → 조작 → 출력
② 응답 → 판단 → 표시 → 감각 → 지각 → 출력 → 조작
③ 표시 → 감각 → 지각 → 판단 → 응답 → 출력 → 조작
④ 지각 → 표시 → 감각 → 판단 → 조작 → 응답 → 출력
⑤ 표시 → 감각 → 지각 → 판단 → 응답 → 조작 → 출력

해설 ③ [○] 작업시의 정보 회로 : 모니터에 표시 (표시) → 시신경 (감각) → 뇌에서 인지 (지각) → 뇌에서 어떻게 처리할지 판단 및 응답 (판단 / 응답) → 뇌에서 어떻게 행동할지 지시 (출력) → 행동 실행 (조작)

13 실험실 환경에서 수행하는 인간공학 연구의 장·단점에 대한 설명으로 맞는 것은?

① 변수의 통제가 용이하다.   ② 주위 환경의 간섭에 영향 받기 쉽다.
③ 실험 참가자의 안전을 확보하기가 어렵다.
④ 피실험자의 자연스러운 반응을 기대할 수 있다.
⑤ 정확한 자료의 수집이 현장실험보다는 어렵다.

해설 ① [○] 실험실 환경에서는 변수의 통제가 용이하다.

○ 실험실 환경 연구의 특징
1. 실제환경과 유사한 환경을 만들고 환경의 조건을 조절하면서 수행하는 연구방법
2. 변수의 통제가 쉬워 실험조건의 조절이 용이
3. 비용이 절감   4. 실험 참가자의 안전확보가 용이
5. 정확한 자료의 수집이 가능 6. 피실험자의 자연스러운 반응 기대의 불가

정답 11. ①   12. ③   13. ①

14 실제 사용자들의 행동 분석을 위해 사용자가 생활하는 자연스러운 생활환경에서 조사하는 사용성 평가기법으로 옳은 것은?

① Heuristic Evaluation
② Usability Lab Testing
③ Focus Group Interview
④ Observation Ethnography
⑤ Work Sampling Method

해설 ④ [○] 제시문에 해당하는 것은 'Observation Ethnography'이다.
○ 관찰 에쓰노그래피(observation ethnography)는 실제 사용자들의 행동을 분석하기 위하여 이용자가 생활하는 자연스러운 생활환경에서 비디오, 오디오에 녹화하여 시험하는 사용성 평가기법이다.

15 인체 각 부위에 대한 정적인 치수를 측정하기 위한 계측장비는?

① 근전도(EMG)
② 마틴(Martin)식 측정기
③ 심전도(ECG)
④ 플리커(Flicker) 측정기
⑤ 마르포스(Marposs) 측정기

해설 ② [○] 마틴(Martin)식 측정기(Martin Anthropometer)는 인체의 각 부분을 측정하기 위한 전문 측정기기이다. 인체 각부의 길이 또는 두께를 측정하기 위하여 여러 종류의 특수자로 구성되어 있다.
⑤ 마르포스(Marposs) 측정기는 생산에서 측정 및 제어를 위한 정밀측정기이다. 가공 중 및 가공 후 내경 또는 외경의 측정용 어플리케이션이다.
○ 인체측정의 정적 치수 측정
   1. 형태학적 측정을 의미한다.   2. 마틴식 인체측정 장치를 사용한다.
   3. 나체 측정을 원칙으로 한다.

16 제어장치가 가지는 저항의 종류에 포함되지 않는 것은?

① 탄성 저항(elastic resistance)
② 관성 저항(inertia resistance)
③ 점성 저항(viscous resistance)
④ 시스템 저항(system resistance)
⑤ 정지 및 미끄럼 마찰

해설 ④ [×] 조종장치의 저항력 : ㉠ 탄성저항 ㉡ 점성저항 ㉢ 관성 ㉣ 정지 및 미끄럼 마찰

정답 14. ④   15. ②   16. ④

17 시스템의 사용성 검증 시 고려되어야 할 변인이 아닌 것은?

① 경제성　② 낮은 에러율　③ 효율성　④ 기억용이성　⑤ 주관적 만족도

해설　① [×] 닐슨의 사용성 정의 : 학습용이성, 효율성, 기억용이성, 에러 빈도 및 정도, 주관적 만족도

인간공학 논자별 이론

01 다음 중 Weber의 법칙에 관한 설명으로 틀린 것은?

① Weber비는 분별의 질을 나타낸다.
② Weber비가 작을수록 분별력은 낮아진다.
③ 변화감지역(JND)이 작을수록 그 자극차원의 변화를 쉽게 검출할 수 있다.
④ 변화감지역(JND)은 사람이 50%를 검출할 수 있는 자극차원의 최소변화이다.
⑤ 변화감지역이 작을수록 변화를 검출하기 쉽다.

해설　② [×] Weber비가 작을수록 분별력은 커진다.

○ Weber의 법칙
1. 감각기관의 기준자극과 변화감지역의 연관 관계이다.

$$\text{Weber비} = \frac{\text{변화감지역}}{\text{기준자극 크기}}$$

2. 변화감지역은 사용되는 기준 자극의 크기에 비례한다.

02 자동차 엑셀레이터와 브레이크 간 간격, 브레이크 폭, 소프트웨어 상에서 메뉴나 버튼의 크기 등을 결정하는데 사용할 수 있는 인간공학 법칙은?

① Fitts의 법칙　② Hick의 법칙　③ Weber의 법칙　④ 양립성 법칙
⑤ Schmidt 법칙

해설　① [○] 제시문은 'Fitts의 법칙'에 대한 내용이다. 피츠의 법칙(Fitts' Law)은 인간-컴퓨터 상호작용과 인간공학 분야에서 인간의 행동에 대해 속도와 정확성의 관계를 설명하는 기본적인 법칙이다. 시작점에서 목표로 하는 지역에 얼마나 빠르게 닿을 수 있을지를 예측하고자 하는 것이다.

정답　17. ①　|　01. ②　02. ①

③ 웨버(Weber)의 법칙은 인간이 감지할 수 있는 외부의 물리적 자극변화의 최소범위는 표준 자극의 크기에 비례한다.

⑤ Schmidt 법칙은 재료과학에서 슈미트의 법칙(슈미트 계수라고도 함)로 알려져 있으며, 응력을 받는 재료의 슬립 평면과 슬립 방향을 설명하고 대부분의 전단응력을 해결할 수 있도록 하는 바탕 원리이다.

동작경제원칙

01 동작경제의 원칙에 해당하지 않는 것은?

① 공구의 기능을 각각 분리하여 사용하도록 한다.
② 두 팔의 동작은 동시에 서로 반대방향으로 대칭적으로 움직이도록 한다.
③ 공구나 재료는 작업동작이 원활하게 수행되도록 그 위치를 정해준다.
④ 가능하다면 쉽고도 자연스러운 리듬이 작업동작에 생기도록 작업을 배치한다.
⑤ 양손으로 동시에 작업을 시작하고 동시에 끝낸다.

[해설] ① [×] 공구의 각 기능을 결합하여 사용하도록 한다.

02 동작경제원칙 중 신체 사용에 관한 원칙으로 옳지 않은 것은?

① 두 손의 동작은 같이 시작하고 같이 끝나도록 한다.
② 휴식시간을 제외하고는 양손이 같이 쉬지 않도록 한다.
③ 손의 동작은 완만하게 연속적인 동작이 되도록 한다.
④ 두 팔의 동작은 같은 방향으로 비대칭적으로 움직이도록 한다.
⑤ 직선동작보다 연속적인 곡선동작을 취하는 것이 좋다.

[해설] ④ [×] 두 팔의 동작은 반대 방향으로 대칭적으로 움직이도록 한다.
○ 신체의 사용에 관한 원칙
  1. 양손은 동시에 동작해서 동시에 끝을 맺는다.
  2. 양손은 휴식 이외에는 동시에 쉬어서는 안 된다.
  3. 양팔은 서로 반대방향으로 대칭적으로, 그리고 동시에 움직여야 한다.
  4. 주동작은 가급적 빨리 동작할 수 있게 간단하게 한다.
  5. 중력과 물체의 관성을 유효하게 이용하여 작업을 쉽게 한다.

[정답] 01. ① 02. ④

6. 급방향 변경 동작보다는 서서히 곡선방향 동작을 취한다.
7. 구속되거나 제한된 동작보다는 유연한 동작을 이용한다.
8. 눈의 동작은 될 수 있는 대로 적게 한다.
9. 동작은 리듬을 타고 수행되도록 한다.

수공구 설계

01 다음 중 수공구 설계의 기본원리로 가장 적절하지 않은 것은?

① 손잡이의 단면이 원형을 이루어야 한다.
② 정밀작업을 요하는 손잡이의 직경은 2.5~4cm로 한다.
③ 일반적으로 손잡이의 길이는 95%tile 남성의 손 폭을 기준으로 한다.
④ 동력공구의 손잡이는 두 손가락 이상으로 작동하도록 한다.
⑤ 힘을 요할 때는 손잡이의 직경은 2.5~4cm로 한다.

해설 ② [×] 정밀작업을 요하는 손잡이의 직경은 0.75~1.5cm로 한다.

작업대 설계

01 다음 중 착석식 작업대의 높이 설계시 고려사항과 가장 관계가 먼 것은?

① 의자의 높이 ② 작업의 성질 ③ 대퇴 여유 ④ 작업대의 형태
⑤ 작업대의 두께

해설 ④ [×] 착석식 작업대의 높이 설계 고려사항
   1. 의자높이 2. 대퇴여유 3. 작업의 성격 4. 작업대의 두께

02 다음 중 중(重)작업의 경우 작업대의 높이로 가장 적절한 것은?

① 허리 높이보다 0~10cm 정도 낮게
② 팔꿈치 높이보다 10~20cm 정도 높게
③ 팔꿈치 높이보다 15~20cm 정도 낮게

정답 01. ② | 01. ④ 02. ③

④ 어깨 높이보다 30~40cm 정도 높게

⑤ 팔꿈치 높이보다 30~40cm 정도 낮게

해설 ③ [○] 중(重)작업의 경우 작업대의 높이는 '팔꿈치 높이보다 15~20cm 정도 낮게'이다.

03 다음 중 서서 하는 작업에서 정밀한 작업, 경작업, 중작업 등을 위한 작업대의 높이에 기준이 되는 신체부위는?

① 어깨　② 팔꿈치　③ 손목　④ 허리　⑤ 다리

해설 ② [○] 입식 작업대의 높이설계 기준은 인체부위 중 팔꿈치를 기준으로 한다.

○ 입식 작업대의 높이설계 기준
1. 정밀한 작업 : 팔꿈치보다 높이 5~20cm 높게
2. 경작업 : 팔꿈치보다 5~10cm 낮게
3. 중작업 : 팔꿈치보다 20~40cm 낮게

의자 설계

01 의자 설계에 대한 조건 중 틀린 것은?

① 좌판의 깊이는 작업자의 등이 등받이에 닿을 수 있도록 설계한다.

② 좌판은 엉덩이가 앞으로 미끄러지지 않는 재질과 구조로 설계한다.

③ 좌판의 넓이는 작은 사람에게 적합하도록, 깊이는 큰 사람에게 적합하도록 설계한다.

④ 등받이는 충분한 넓이를 가지고 요추 부위부터 어깨부위까지 편안하게 지지하도록 설계한다.

⑤ 의자의 좌면높이는 '백분위수(percentile) 5%타일 오금높이'가 설계기준이다.

해설 ③ [×] 좌판의 넓이는 큰 사람에게 적합하도록, 깊이는 작은 사람에게 적합하도록 설계한다.

02 다음 중 의자설계의 일반원리로 가장 적합하지 않은 것은?

① 디스크 압력을 줄인다. ② 등근육의 정적부하를 줄인다.
③ 자세고정을 줄인다. ④ 요부측만을 촉진한다.
⑤ 쉽게 조절할 수 있도록 설계한다.

> [해설] ④ [×] 요부전만 곡선을 유도하도록 한다.
> ○ 의자설계의 일반원리
>   1. 요추의 전만곡선을 유지 2. 디스크 압력 줄임 3. 자세 고정 줄임
>   4. 등근육의 정적부하 감소 5. 쉽게 조절할 수 있도록 설계

03 여러 사람이 사용하는 의자의 좌면높이는 어떤 기준으로 설계하는 것이 가장 적절한가?

① 5%타일 오금높이   ② 15%타일 오금높이   ③ 50%타일 오금높이
④ 75%타일 오금높이   ⑤ 95%타일 오금높이

> [해설] ① [○] 의자의 좌면높이는 '백분위수(percentile) 5%타일 오금높이'가 설계기준이다.
> ○ 의자 좌면의 높이
>   1. 좌판 앞부분이 대퇴를 압박하지 않도록 오금높이보다 높지 않아야 한다.
>   2. 치수는 백분위수(percentile)를 이용한 5%타일 오금높이로 한다.
> ○ 백분위수 (Percentile. 百分位數)
>   1. 크기가 있는 값들로 이뤄진 자료를 순서대로 나열했을 때 백분율로 나타낸 특정 위치의 값을 이르는 용어이다.
>   2. 일반적으로 크기가 작은 것부터 나열하여 가장 작은 것을 0, 가장 큰 것을 100으로 한다. 100개의 값을 가진 어떤 자료의 20 백분위수는 그 자료의 값들 중 20번째로 작은 값을 뜻한다.

04 사무실 의자나 책상에 적용할 인체측정 자료의 설계원칙으로 가장 적합한 것은?

① 평균치 설계   ② 조절식 설계   ③ 최대치 설계   ④ 최소치 설계
⑤ 극단치 설계

[정답] 02. ④   03. ①   04. ②

해설 ② [○] 사무실 의자나 책상에 적용할 인체측정 자료의 일반적인 설계원칙으로서 1순위는 조절식, 2순위는 극단치, 3순위는 평균치가 적용된다.

작업장 설계

01 작업공간의 포락면(包絡面)에 대한 설명으로 맞는 것은?

① 개인이 그 안에서 일하는 일차원 공간이다.
② 작업복 등은 포락면에 영향을 미치지 않는다.
③ 가장 작은 포락면은 몸통을 움직이는 공간이다.
④ 작업의 성질에 따라 포락면의 경계가 달라진다.
⑤ 포락면은 한 장소에서 입식 작업에 사용하는 공간을 말한다.

해설 ④ [○] 작업의 성질에 따라 포락면의 경계가 달라진다.
⑤ 작업공간의 포락면은 한 장소에서의 좌식 작업에 사용하는 공간을 말한다.
○ 관련 용어인 정상작업영역(빗금 영역), 최대작업영역의 개념은 다음과 같다.

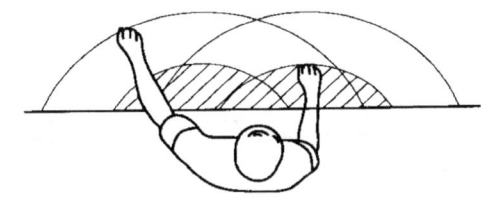

02 다중활동분석표의 사용 목적과 가장 거리가 먼 것은?

① 작업자의 작업시간 단축
② 기계 혹은 작업자의 유휴시간 단축
③ 조 작업을 재편성 또는 개선하여 조 작업 효율 향상
④ 한 명의 작업자 담당 기계대수 산정
⑤ 적정 인원수 결정

해설 ① [×] 작업자의 작업시간 단축은 공정분석, 동작분석 등이 주로 이용된다.
○ 다중활동분석표(연합활동분석표)의 사용 목적
  1. 가장 경제적인 작업조 편성   2. 적정 인원수 결정
  3. 작업자 한 사람이 담당할 기계 소요대수나 적정기계 담당대수의 결정
  4. 작업자와 기계의(작업효율 극대화를 위한) 유휴시간 단축

정답 01. ④   02. ①

○ 복합작업분석 (다중활동분석, 연합작업분석)
  1. 복합작업분석의 의의
     복합작업분석(다중활동분석, 연합활동분석)은 한 사람 또는 복수 인원인 작업자가 한 대 또는 여러 대의 기계를 사용해서 작업시의 상태를 분석, 기록하여 작업개선을 하는 것.
  2. 복합작업분석표의 종류
     ① 작업자-기계 작업분석표 (Man-M/C Chart)
     ② 작업자-복수기계 작업분석표 (Man-Multi M/C Chart)
     ③ 복수작업자 작업분석표 (Multi Man Chart)
     ④ 복수작업자-기계 작업분석표 (Multi Man-M/C Chart)
     ⑤ 복수작업자-복수기계 작업분석표 (Multi Man-Multi M/C Chart)
     * ③~⑤ : Gang Process Chart. 조 작업분석표. 가장 경제적인 작업조 편성을 위한 분석표.

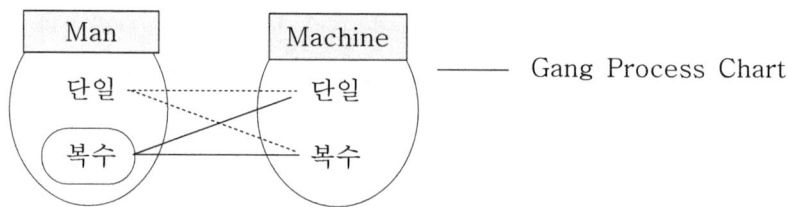

03 부품배치의 원칙 중 부품의 일반적 위치 내에서의 구체적인 배치를 결정하기 위한 기준이 되는 것은?

① 중요성의 원칙과 사용빈도의 원칙
② 사용빈도의 원칙과 사용순서의 원칙
③ 사용빈도의 원칙과 기능별 배치의 원칙
④ 기능별 배치의 원칙과 사용순서의 원칙
⑤ 중요성의 원칙과 기능별 배치의 원칙

해설 ④ [○] 기능별 배치의 원칙과 사용순서의 원칙은 구체적인 배치를 결정하기 위한 기준에 해당이 된다.
  ○ 부품배치의 4원칙
    1. 우선순위 결정 : 중요성의 원칙, 사용빈도의 원칙
    2. 구체적인 배치를 위한 결정 : 기능별 배치의 원칙, 사용순서의 원칙

제 7 장

작업환경 안전

7.1 개인보호구 / 368

7.3 온열 및 한랭 작업 / 376

7.3 이상기압 및 기류 / 384

7.4 조명 및 산소결핍 / 392

7.5 소음 및 진동 / 403

7.6 유해광선 및 건강선 / 424

7.7 작업공정 환경과 안전 / 429

7.1 개인보호구

보호구 기초 원리

01 할당보호계수가 25인 반면형 호흡기보호구를 구리흄이 존재하는 작업장에서 사용한다면 최대사용농도는 몇 mg/m³인가? (단, 허용농도는 0.3mg/m³이다.)

① 3.5　② 5.5　③ 7.5　④ 9.5　⑤ 11.5

해설　③ [○] 최대사용농도(MUC)=TLV×APF=0.3mg/m³×25=7.5mg/m³

02 다음 중 측정기 또는 분석기기의 미비로 기인되는 것으로 실험자가 주의하면 제거 또는 보정이 가능한 오차는?

① 우발적 오차　② 무작위 오차　③ 계통적 오차　④ 시간적 오차
⑤ 확률적 오차

해설　③ [○] 제시문은 계통오차(systematic error)를 의미한다. '오차=측정치−참값(기준값)'을 의미한다.

　○ 오차(error)의 종류
　　1. 계통오차 : 교육 및 훈련 등으로 제거할 수 있는 오차이며, 규칙적 오차이기 때문에 측정값을 원리적으로 일괄 보정하는 것이 가능한 오차이다. 계기오차, 환경오차, 이론오차, 개인오차가 있다.
　　2. 과실오차 : 실수로 불규칙하게 발생되는 오차이다. 누구나 실수를 할 수 있기 때문에 주의를 높임으로써 과실오차를 줄일 수는 있으나 제거할 수는 없다. 측정값을 원리적으로 일괄 보정하는 것은 안 되나 과실오차 데이터 만을 찾아내어 부분 보정 또는 제거할 수는 있다.
　　3. 우연오차 : 통제가 불가능한 상황에서 우연하게 발생되는 오차로서 그 원인을 파악하지 못하는 경우도 많아 보정이 불가능한 오차이다. 측정횟수를 늘리고 평균값을 구하는 방법으로 오차의 정도를 줄일 수 있다.
　　4. 계통오차는 측정의 정확도와, 우연오차는 측정의 정밀도와 관련이 있다.

정답　01. ③　02. ③

03 보호구 밖의 농도가 300ppm이고, 보호구 안의 농도가 12ppm이었을 때 보호계수(Protection factor, PF)는?

① 200 ② 100 ③ 50 ④ 25 ⑤ 12

해설 ④ [○] 보호계수 $PF = \dfrac{C_o}{C_i} = \dfrac{300}{12} = 25$

여과지 및 흡착제

01 다음 중 파과 용량에 영향을 미치는 요인과 가장 거리가 먼 것은?

① 포집된 오염물질의 종류 ② 작업장의 온도
③ 작업장의 습도 ④ 탈착에 사용하는 용매의 종류
⑤ 시료채취속도

해설 ④ [×] 탈착에 사용하는 용매의 종류는 무관하다.
○ 파과 용량에 영향을 미치는 요인 : 온도, 습도, 시료채취속도, 유해물질 농도, 혼합기체인 경우 혼합물, 흡착제의 크기, 흡착관의 크기 등

02 수분에 대한 영향이 크지 않으므로 먼지의 중량 분석에 적절하고, 특히 유리규산을 채취하여 X선회절법으로 분석하는데 적합한 여과지는?

① MCE막 여과지 ② 유리섬유 여과지 ③ PVC 여과지
④ 은막 여과지 ⑤ 활성탄 여과지

해설 ③ [○] PVC 여과지는 가볍고 흡습성이 낮아 분진 중량분석에 사용된다. 수분 영향이 낮아 공해성 먼지, 총 먼지 등의 중량분석을 위한 측정에 사용되고, 6가 크롬 채취에도 적용된다.

03 다음 흡착제 중 가장 많이 사용하는 것은?

① 활성탄 ② 실리카겔 ③ 알루미나 ④ 마그네시아 ⑤ PVC

정답 03. ④ | 01. ④ 02. ③ 03. ①

해설 ① [○] 작업환경 측정 시 많이 이용하는 흡착관은 앞층이 100mg, 뒤층이 50mg으로 되어 있는데, 가장 많이 사용되는 흡착제는 활성탄이다.

보호구 재질

01 보호구의 재질에 따른 효과적 보호가 가능한 화학물질을 잘못 짝지은 것은?

① 가죽 - 알콜
② 천연고무 - 물
③ 면 - 고체상 물질
④ 부틸고무 - 알콜
⑤ viton - 비극성 용제

해설 ① [×] 가죽은 용제에 사용 불가, 찰과상 예방에 사용된다.

○ 보호장구 재질에 따른 적용물질
1. Neoprene고무 : 비극성 용제, 극성 용제 중 알코올, 물, 케톤류 등에 효과적
2. 천연고무(latex) : 극성 용제 및 수용성 용액에 효과적(절단 및 찰과상 예방)
3. viton : 비극성 용제에 효과적
4. 면 : 고체상 물질에 효과적, 용제에는 사용 못함
5. 가죽 : 용제에는 사용 못함(찰과상 예방)
6. Nitrile 고무 : 비극성 용제에 효과적
7. Butyl고무 : 극성 용제에 효과적(알데히드, 지방족)
8. Ethylene vinyl alcohol : 대부분의 화학물질 취급에 효과적

02 보호구의 재질과 적용 대상 화학물질에 대한 내용으로 잘못 짝지어진 것은?

① 천연고무 - 극성 용제
② Butyl 고무 - 비극성 용제
③ Nitrile 고무 - 비극성 용제
④ Neoprene 고무 - 비극성 용제
⑤ viton - 비극성 용제

해설 ② [×] 천연고무, Butyl고무 - 극성용제

정답 01. ① 02. ②

03 보호장구의 재질과 적용물질에 대한 설명으로 틀린 것은?

① 면 : 극성 용제에 효과적이다.   ② 가죽 : 용제에는 사용하지 못한다.
③ Nitrile고무 : 비극성 용제에 효과적이다.
④ 천연고무(latex) : 극성 용제에 효과적이다.
⑤ Butyl고무 : 극성 용제(알데히드, 지방족)에 효과적이다.

해설 ① [×] 면 : 고체상 물질에 효과적이고, 용제에는 사용이 부적합하다.

04 보호장구의 효과적인 재질별 적용물질로 틀린 것은?

① butyl고무 – 극성 용제   ② 면 – 비극성 용제
③ viton – 비극성 용제   ④ nitrile 고무 – 비극성 용제
⑤ 천연고무(latex) – 수용성 용액, 극성 용제

해설 ② [×] 면 – 고체상 물질에 효과적(용제에는 사용 못함)

방진마스크

01 방진마스크에 대한 설명으로 틀린 것은?

① 포집효율이 높은 것이 좋다.   ② 흡기저항 상승률이 높은 것이 좋다.
③ 비휘발성 입자에 대한 보호가 가능하다.
④ 여과효율이 우수하려면 필터에 사용되는 섬유의 직경이 작고 조밀하게 압축되어야 한다.
⑤ 침입률 1% 이하까지 정확한 평가가 가능할 것이 요구된다.

해설 ② [×] 흡기저항, 흡기저항 상승률은 낮은 것이 좋다.

02 방진마스크에 대한 설명으로 가장 거리가 먼 것은?

① 방진마스크의 필터에는 활성탄과 실리카겔이 주로 사용된다.
② 방진마스크는 인체에 유해한 분진, 연무, 흄, 미스트, 스프레이 입자가 작업자가 흡입하지 않도록 하는 보호구이다.

③ 방진마스크의 종류에는 격리식과 직결식, 면체여과식이 있다.
④ 비휘발성 입자에 대한 보호만 가능하며, 가스 및 증기로부터의 보호는 안 된다.
⑤ 방진마스크는 필터만 교환하면 반영구적으로 사용이 가능하다.

해설 ① [×] 방진마스크의 필터에는 면, 모, 합성섬유, 유리섬유, 금속섬유 등이 주로 사용된다. 방독마스크의 필터에는 활성탄과 실리카겔이 주로 사용된다.

03 석면 취급장소에서 사용하는 방진마스크의 등급으로 옳은 것은?

① 특급   ② 1급   ③ 2급   ④ 3급   ⑤ 4급

해설 ① [○] 석면 취급장소에서 사용하는 방진마스크의 등급은 특급이다.

○ 방진마스크의 등급 및 사용장소
1. 특급 : ㉠ 베릴륨 등과 같이 독성이 강한 물질들을 함유한 분진 등 발생 장소
         ㉡ 석면 취급장소
2. 1급 : ㉠ 특급 마스크 착용 장소를 제외한 분진 등 발생장소
         ㉡ 금속흄 등과 같이 열적으로 생기는 분진 등 발생장소
         ㉢ 기계적으로 생기는 분진 등 발생장소(규소 등과 같이 2급 마스크를 착용하여도 되는 곳은 제외)
3. 2급 : 특급 및 1급 마스크 착용장소를 제외한 분진 등 발생장소

04 방진마스크의 여과효율을 검정할 때 사용하는 먼지의 크기는 몇 μm인가?

① 0.1   ② 0.3   ③ 0.5   ④ 0.7   ⑤ 1.0

해설 ② [○] 방진마스크의 여과효율을 검정 시 국제적으로 사용하는 먼지의 크기는 채취효율이 가장 낮은 입경인 0.3μm이다.

○ 참고로, 방진마스크의 여과효율을 검정할 때는 채취효율이 가장 낮은 크기의 먼지를 사용한다.

방독마스크

01 정화능력이 사염화탄소의 농도 0.7%에서 50분인 방독마스크를 사염화탄소의 농도가 0.2%인 작업장에서 사용할 때 방독마스크의 사용 가능한 시간(분)은?

① 110분   ② 125분   ③ 145분   ④ 175분   ⑤ 215분

[해설] ④ [○] 사용가능시간 = $\dfrac{\text{표준유효 시간} \times \text{시험가스 농도}}{\text{공기중 유해가스 농도}} = \dfrac{50\text{분} \times 0.7\%}{0.2\%} = 175\text{분}$

02 방독마스크의 흡수제의 재질로 적당하지 않는 것은?

① fiber glass   ② silica gel   ③ activated carbon   ④ soda lime
⑤ zeolite

[해설] ① [×] fiber glass(유리섬유)는 방진마스크에 사용된다.

○ 방독마스크의 흡수제 재질
 1. 활성탄 2. 실리카겔 3. 소다라임(soda lime) 4. 제오라이트

○ 소다라임(soda lime) : 수산화나트륨(NaOH)과 산화칼슘(CaO)이 혼합된 화학물질로서, 이산화탄소(CO_2)를 흡수하는 용도로 사용한다.

안전대

01 안전대의 완성품 및 각 부품의 동하중 시험 성능기준 중 충격흡수장치의 최대전달 충격력은 몇 kN 이하이어야 하는가?

① 5   ② 6   ③ 7.84   ④ 9.4   ⑤ 11.28

[해설] ② [○] 안전대의 최대전달충격력은 6.0kN 이하이어야 한다.

○ 안전대의 완성품 및 부품 동하중 성능시험 (안전그네식의 경우) (보호구 안전인증 고시 별표 9 안전대의 성능기준)

정답   01. ④   02. ② | 01. ②

1. 시험몸통으로부터 빠지지 말 것
2. 최대전달 충격력은 6.0kN 이하일 것
3. U자걸이용, 안전블록, 추락방지대의 감속거리는 1,000mm 이하일 것
4. 시험 후 죔줄과 시험몸통간의 수직각이 50도 미만일 것

02 보호구 안전인증 고시에 따른 안전블록이 부착된 안전대의 구조기준 중 안전블록의 줄은 와이어로프인 경우 최소지름은 몇 mm 이상이어야 하는가?

① 2   ② 4   ③ 6   ④ 8   ⑤ 10

해설 ② [○] 추락방지대가 부착된 안전대의 구조로서, 고정된 추락방지대의 수직 구명줄은 와이어로프 등으로 하며 최소지름이 8mm 이상일 것
1. 안전대에서 안전블록이 부착된 와이어로프 지름 : 4mm 이상
2. 추락방지대가 부착된 와이어로프 지름 : 8mm 이상

귀마개 및 귀덮개

01 다음 중 개인보호구에서 귀덮개의 장점과 가장 거리가 먼 것은?

① 귀 안에 염증이 있어도 사용 가능하다.
② 동일한 크기의 귀 덮개를 대부분의 근로자가 사용할 수 있다.
③ 멀리서도 착용 유무를 확인할 수 있다.
④ 고온에서 사용해도 불편이 없다.
⑤ 청력보호구를 착용한 상태에서도 대화를 원활히 할 수 있다.

해설 ④ [×] 귀덮개는 고온에서 사용시 땀 등으로 불편하다.

02 소음에 대한 차음을 위해 사용하는 귀덮개와 귀마개를 비교, 설명한 내용으로 틀린 것은?

① 귀덮개의 크기를 여러 가지로 할 필요가 없다.
② 귀덮개는 고온다습한 작업장에서 착용하기 어렵다.
③ 귀덮개는 귀마개보다 작업자가 착용하고 있는지의 여부를 체크하기 쉽다.

정답 02. ② | 01. ④   02. ④

④ 귀덮개는 귀마개보다 일반적으로 차음효과가 크지만 개인차가 크다.
⑤ 귀덮개는 고음영역에서 차음효과가 탁월하다.

해설 ④ [×] 귀덮개는 귀마개보다 일반적으로 차음효과가 크고 개인차가 적다.

03 근로자가 귀덮개(NRR=31)를 착용하고 있는 경우 미국 OSHA의 방법으로 계산한다면, 차음효과는 몇 dB인가?

① 5　　② 8　　③ 10　　④ 12　　⑤ 15

해설 ④ [○] 차음효과=(NRR-7)×0.5=(31-7)×0.5=12(dB)

　　여기서, NRR : Noise Reduction Rating(소음감소지수)

보온 보호구

01 남성 작업자가 티셔츠(0.09 clo), 속옷(0.05 clo), 가벼운 바지(0.26 clo), 양말(0.04 clo), 신발(0.04 clo)을 착용하고 있을 때 총보온율(clo)값은 얼마인가?

① 0.260　　② 0.480　　③ 1.184　　④ 1.280　　⑤ 1.320

해설 ② [○] 총보온율(clo)=0.09+0.05+0.26+0.04+0.04=0.48(clo)

　　○ clo(클로) : 의복의 보온력의 단위. clo(cloting insulation)은 바람이 없는 21°C, 0.1m/s의 풍속 조건하에서 시간당 $1m^2$의 발열량이 50kcal일 때 보온효과를 나타내는 단위

정답　03. ④　|　01. ②

7.2 온열 및 한랭 작업

온도 관련 원리

01 온도 표시에 대한 설명으로 틀린 것은? (단, 고용노동부 고시를 기준으로 한다.)

① 절대온도는 K로 표시하고 절대온도 0K는 -273℃로 한다.
② 실온은 1~35℃, 미온은 30~40℃로 한다.
③ 온도의 표시는 셀시우스(Celcius)법에 따라 아라비아 숫자의 오른쪽에 ℃를 붙인다.
④ 냉수는 5℃ 이하, 온수는 60~70℃를 말한다.
⑤ 상온은 15~25℃, 실온은 1~35℃, 미온은 30~40℃로 하고, 찬 곳은 따로 규정이 없는 한 0~15℃의 곳을 말한다.

해설 ④ [×] 냉수는 15℃이하, 온수는 60~70℃를 말한다.
○ 온도 표시
1. 온도의 표시는 셀시우스(Celcius)법에 따라 아라비아 숫자의 오른쪽에 ℃를 붙인다. 절대온도는 K로 표시하고, 절대온도 0K는 -273℃로 한다.
2. 상온은 15~25℃, 실온은 1~35℃, 미온은 30~40℃로 하고, 찬 곳은 따로 규정이 없는 한 0~15℃의 곳을 말한다.
3. 냉수는 15℃ 이하, 온수는 60~70℃, 열수는 약 100℃를 말한다.

02 태양광선이 내리쬐지 않는 옥외 작업장에서 온도를 측정 결과, 건구온도는 30℃, 자연습구온도는 30℃, 흑구온도는 34℃이었을 때 습구흑구온도지수(WBGT)는 약 몇 ℃인가? (단, 고용노동부 고시를 기준으로 한다.)

① 30.4 ② 30.8 ③ 31.2 ④ 31.6 ⑤ 32.8

해설 ③ [○] 태양광선이 내리쬐지 않는 옥외 WBGT(℃)
WBGT=0.7×자연습구온도+0.3×흑구온도=0.7×30+0.3×34=31.2(℃)

정답 01. ④ 02. ③

03 다음 중 78°C와 동등한 온도는?

① 351K   ② 189°F   ③ 26°F   ④ 195K   ⑤ 172.4K

해설   ① [○] 78°C+273=351K, $\frac{9}{5}\times$°C+32=$\frac{9}{5}\times$78+32=172.4°F

04 자연습구온도는 31°C, 흑구온도는 24°C, 건구온도는 34°C인 실내작업장에서 시간당 400칼로리가 소모된다면 계속작업을 실시하는 주조공장의 WBGT는 몇 °C 인가? (단, 고용노동부 고시를 기준으로 한다.)

① 28.9   ② 29.9   ③ 30.9   ④ 31.9   ⑤ 34.7

해설   ① [○] 옥내 습구흑구온도 WBGT=0.7×자연습구온도+0.3×흑구온도
   =0.7×31+0.3×24=28.9(°C)

고온 및 온열 작업

01 다음 중 공기의 온열조건의 4요소에 포함되지 않는 것은?

① 대류   ② 전도   ③ 반사   ④ 복사   ⑤ 증발

해설   ③ [×] 공기의 온열조건의 4요소 : 대류, 전도, 복사, 증발

02 다음 중 열중독증(heat illness)의 강도를 올바르게 나열 한 것은?

| ㉠ 열소모(heat exhaustion) | ㉡ 열발진(heat rash) |
| ㉢ 열경련(heat cramp) | ㉣ 열사병(heat stroke) |

① ㉢ < ㉡ < ㉠ < ㉣   ② ㉢ < ㉡ < ㉣ < ㉠   ③ ㉡ < ㉢ < ㉠ < ㉣
④ ㉡ < ㉣ < ㉠ < ㉢   ⑤ ㉡ < ㉠ < ㉢ < ㉣

해설   ③ [○] 열중독증(heat illness)의 강도 : 열발진 < 열경련 < 열소모 < 열사병
   ○ 열중독증(heat illness)의 종류
      1. 열발진 : 땀띠

정답   03. ①   04. ① | 01. ③   02. ③

2. 열경련 : 고열환경에서 작업 후에 격렬한 근육수축이 일어나고, 탈수증이 발생

3. 열소모 : 계속적인 발한으로 인한 수분과 염분 부족이 발생하며 두통, 현기증, 무기력증 등의 증상 발생

4. 열사병 : 열소모가 지속되어 쇼크 발생

03 열경련(Heat Cramp)을 일으키는 가장 큰 원인은?

① 체온상승
② 중추신경마비
③ 순환기계 부조화
④ 고온환경 적응 부족
⑤ 체내 수분 및 염분 손실

해설 ⑤ [○] 열경련의 원인
1. 지나친 발한에 의한 수분 및 혈중 염분 손실(혈액의 현저한 농축 발생)
2. 땀을 많이 흘리고 동시에 염분이 없는 음료수를 많이 마셔서 염분 부족 시 발생
3. 전해질의 유실 시 발생

04 금속열에 관한 설명으로 틀린 것은?

① 금속열이 발생하는 작업장에서는 개인 보호용구를 착용해야 한다.
② 금속 흄에 노출된 후 일정 시간의 잠복기를 지나 감기와 비슷한 증상이 나타난다.
③ 금속열은 하루정도가 지나면 증상은 회복되나 후유증으로 호흡기, 시신경 장애 등을 일으킨다.
④ 아연, 마그네슘 등 비교적 융점이 낮은 금속의 제련, 용해, 용접 시 발생하는 산화금속흄을 흡입할 경우 생기는 발열성 질병이다.
⑤ 기폭로된 근로자는 일시적으로 면역이 생긴다.

해설 ③ [×] 금속열은 하루정도가 지나면 증상은 자연적으로 없어진다.
○ 금속열의 증상
1. 금속증기에 폭로 후 몇 시간 후에 발병되며, 체온상승, 목의 건조, 오한, 기침, 땀이 많이 발생하고 호흡곤란이 생긴다.

정답 03. ⑤   04. ③

2. 금속흄에 노출된 후 일정시간의 잠복기를 지나 감기와 비슷한 증상이 나타난다.
3. 증상은 12~24시간(또는 24~48시간) 후에는 자연적으로 없어진다.
4. 기폭로된 근로자는 일시적으로 면역이 생긴다.

05 고온다습한 작업환경에서 격심한 육체적 노동을 하거나 옥외에서 태양의 복사열을 두부에 직접적으로 받는 경우 체온조절 기능의 이상으로 발생하는 증상은?

① 열경련(heat cramp)　　② 열사병(heat stroke)
③ 열피비(heat exhaustion)　　④ 열쇠약(heat prostration)
⑤ 열탈진(heat exhaustion)

해설　② [○] 열사병(heat stroke)은 체온증가와 함께 망상(delirium), 경련, 혼수상태 등의 다양한 신경학적 이상 소견이 나타나는 질환이다.

③ 열피비(heat exhaustion) : 열피로(heat exhaustion)는 열피비, 열허탈증이라고도 한다. 고온환경에 오랫동안 폭로되어 말초혈관 운동신경의 조절장애와 심박출량의 부족으로 발생한다.

④ 열쇠약(heat prostration) : 고열에 의한 만성 체력소모를 말한다. 좁은 의미에서 말하는 열중증에는 들지 않으나 고온 작업자에게 흔히 발생하는 만성 열중증이다.

06 Q10 효과에 직접적인 영향을 미치는 인자는?

① 고온 스트레스　　② 한랭한 작업장　　③ 중량물의 취급
④ 분진의 다량발생　　⑤ 이상기압 작업

해설　① [○] 고온 스트레스가 Q10 효과에 직접적인 영향을 미친다.

○ Q10치 : 일반적으로 생화학적 반응과정의 반응속도는 온도상승에 따라 증가하며, 온도가 10도 상승할 경우 반응속도가 몇 배로 증가하는지의 수치를 Q10치라고 한다. 적정한 온도까지는 효소의 활성이 증가하여 생화학반응이 촉진되지만, 그 이상 온도가 높아지면 효소(단백질)의 구조가 변형되어 그 기능이 상실되므로 반응속도가 급격히 떨어진다.

정답　05. ②　　06. ①

저온 및 한랭 작업

01 한랭노출 시 발생하는 신체적 장해에 대한 설명으로 틀린 것은 ?

① 동상은 조직의 동결을 말하며, 피부의 이론상 동결온도는 약 -1℃ 정도이다.
② 전신 체온강하는 장시간의 한랭 노출과 체열상실에 따라 발생하는 급성 중증장해이다.
③ 참호족은 동결 온도 이하의 찬공기에 단기간 접촉으로 급격한 동결이 발생하는 장애이다.
④ 침수족은 부종, 저림, 작열감, 소양감 및 심한 동통을 수반하며, 수포, 궤양이 형성되기도 한다.
⑤ 한랭 건강장해로 저체온증은 중심체온이 35℃ 이하로 내려갈 때 발생한다.

[해설] ③ [×] 참호족과 침수족은 지속적인 한랭으로 모세혈관벽이 손상되는 장해로로, 이는 국소부위의 산소결핍 때문이다.

02 다음 중 저온에 의한 장해에 관한 내용으로 틀린 것은?

① 근육 긴장이 증가하고 떨림이 발생한다.
② 혈압은 변화되지 않고 일정하게 유지된다.
③ 피부 표면의 혈관들과 피하조직이 수축된다.
④ 부종, 저림, 가려움, 심한 통증 등이 생긴다.
⑤ 갑상선을 자극하여 호르몬 분비가 증가한다.

[해설] ② [×] 혈압은 일시적으로 상승된다.

03 한랭환경에서 발생할 수 있는 건강장해에 관한 설명으로 옳지 않은 것은?

① 혈관의 이상은 저온 노출로 유발되거나 악화된다.
② 참호족과 침수족은 지속적인 국소의 산소결핍 때문이며, 모세혈관 벽이 손상되는 것이다.
③ 전신체온강화는 단시간의 한랭폭로에 따른 일시적 체온상실에 따라 발생하는 중증장해에 속한다.

정답 01. ③ 02. ② 03. ③

④ 동상에 대한 저항은 개인에 따라 차이가 있으나 중증환자의 경우 근육 및 신경 조직 등 심부조직이 손상된다.

⑤ 한랭질환은 강한 추위에 노출되어 발생하는 건강장해로 중심체온이 35℃ 이하로 내려가는 저체온증, 손·발 등 국소 부위가 얼어붙는 동상, 동창, 참호족 등이 있다.

해설 ③ [×] 전신체온강화는 단시간이 아닌 장시간의 한랭 노출과 체열상실에 따라 발생하는 급성 중증장해에 속한다.

04 한랭작업과 관련된 설명으로 옳지 않은 것은?

① 저체온증은 몸의 심부온도가 35℃ 이하로 내려간 것을 말한다.
② 손가락의 온도가 내려가면 손동작의 정밀도가 떨어지고 시간이 많이 걸려 작업 능률이 저하된다.
③ 동상은 혹심한 한랭에 노출됨으로써 피부 및 피하조직 자체가 동결하여 조직이 손상되는 것을 말한다.
④ 근로자의 발이 한랭에 장기간 노출되고 동시에 지속적으로 습기나 물에 잠기게 되면 '선단자람증'의 원인이 된다.
⑤ 조직 내부의 온도가 10℃에 도달하면 조직 표면은 얼게 되며, 이러한 현상을 참호족이라 한다.

해설 ④ [×] 근로자의 발이 한랭에 장기간 노출되고 동시에 지속적으로 습기나 물에 잠기게 되면 '참호족'의 원인이 된다.

○ 참호족(trench foot) : 침족병 중의 하나이고, 액침족(液浸足, immersion foot)이라고도 한다. 춥고 습한 환경에서 꽉 끼는 신발류를 장시간 착용하고 있을 때 생긴다. 쉽게 말하면 동상인데, 일반적인 동상과는 달리 기온이 영하로 떨어지지 않아도 주변 환경에 의해 발생한다는 점이다.

○ 선단자람증(acrocyanosis)은 말단청색증이라고도 하며, 손이나 발과 같은 사지의 말단에 발생하는 청색증과 차가운 느낌으로 동맥혈관의 수축과 모세혈관 및 정맥의 확장으로 발생할 수 있는 증상이다.

정답 04. ④

05 한랭 작업을 피해야 하는 대상자로 가장 거리가 먼 사람은?

① 심장질환자　② 고혈압환자　③ 위장장애자　④ 내분비 장애자
⑤ 간장장애환자

해설　④ [×] 한랭작업을 피해야 하는 대상자
　　　1. 고혈압환자　2. 심혈관질환환자　3. 간장장애환자　4. 위장장애환자
　　　5. 신장장애환자

06 저온에 의한 생리반응으로 옳지 않은 것은?

① 말초혈관의 수축으로 표면조직에 냉각이 온다.
② 저온환경에서는 근육활동이 감소하여 식욕이 떨어진다.
③ 피부나 피하조직을 냉각시키는 환경온도 이하에서는 감염에 대한 저항력이 떨어지며 회복과정에 장애가 온다.
④ 피부혈관 수축으로 순환능력이 감소되어 상대적으로 혈류량이 증가하므로 혈압이 일시적으로 상승한다.
⑤ 갑상선을 자극하여 호르몬 분비가 증가(화학적 대사작용이 증가)한다.

해설　② [×] 저온환경에서는 근육활동과 조직대사가 증진하여 식욕이 커진다.

07 저온환경이 작업수행에 미치는 영향으로 옳지 않은 것은?

① 근육강도와 내성이 감소하여 육체적 기능도가 줄어든다.
② 손 피부온도(HST)의 감소로 수작업 과업수행능력이 저하된다.
③ 저온 환경에서는 체내 온도를 유지하기 위해 근육의 대사율이 증가된다.
④ 저온은 말초운동신경의 신경전도 속도를 감소시킨다.
⑤ 추적과업의 수행은 저온에 의해 악영향을 받는다.

해설　③ [×] 저온환경에서는 체내온도 유지를 위해 근육 대사율이 감소된다.
　　　○ 저온 환경(스트레스)의 생리적 영향과 신체반응
　　　　1. 근육강도와 내성이 감소하여 육체적 기능도가 줄어든다.
　　　　2. 손 피부온도(HST)의 감소로 수작업 과업수행능력이 저하된다.
　　　　3. 저온환경에서는 체내온도를 유지하기 위해 근육의 대사율이 감소된다.

정답　05. ④　06. ②　07. ③

4. 저온은 말초운동신경의 신경전도 속도를 감소시킨다.
5. 저온은 조립이나 수리 작업에 나쁜 영향을 미친다.
6. 추적과업의 수행은 저온에 의해 악영향을 받는다.
7. 저온 환경에 노출되면 혈관수축이 발생한다.
8. 저온 스트레스를 받으면 피부가 파랗게 보인다.
9. 저온 환경에 노출되면 떨기반사(shivering reflex)가 나타난다.
10. 체표면적이 감소한다.
11. 피부의 혈관이 수축된다.
12. 근육긴장의 증가와 떨림이 발생한다.

08 한랭장애에 관한 내용으로서 잘못 설명하고 있는 것은?

① 침수족은 동결온도 이상의 냉수에 오랫동안 폭로되어서 발생한다.
② 침수족의 발생시간은 참호족에 비하여 짧으며, 임상증상의 차이가 있다.
③ 동상은 1도 동상, 2도 동상, 3도 동상의 3가지로 구분된다.
④ 전신 저체온은 심부온도가 37°C로부터 26.7°C 이하로 떨어지는 것을 말한다.
⑤ 전신 저체온의 첫 증상은 억제하기 어려운 떨림과 냉각감이 생기고 심박통이 불규칙하고 느려지며, 맥박은 약해지고, 혈압이 낮아진다.

해설 ② [×] 참호족과 침수족의 임상증상과 증후는 거의 비슷하고, 발생시간은 침수족이 참호족에 비해 길다.

09 한랭환경에서의 열평형 방정식은 어느 것이 적절한가? (단, ΔS : 생체 열용량의 변화, ΔM : 체내 열생산량, ΔE : 증발에 의한 열방산, ΔR : 복사에 의한 열 득실, ΔC : 대류에 의한 열 득실)

① $\Delta S = M + E - R - C$ ② $\Delta S = M - E + R - C$ ③ $\Delta S = M - E - R + C$
④ $\Delta S = M - E + R + C$ ⑤ $\Delta S = M - E - R - C$

해설 ⑤ [×] 한랭환경에서의 열평형 방정식은 $\Delta S = M - E - R - C$이 옳은 내용이다.

정답 08. ②   09. ⑤

7.3 이상기압 및 기류

> 기압 관련 기초원리

01 잠수부가 수심 20m인 곳에서 작업하는 경우 이 근로자에게 작용하는 절대압은?

① 1기압   ② 2기압   ③ 3기압   ④ 4기압   ⑤ 5기압

해설 ③ [○] 절대압=대기압+작용압=1기압+2기압=3기압
　　　　여기서, 10m 당 1기압이 작용

02 $1mm\,H_2O$는 약 몇 파스칼(Pa)인가?

① 0.098   ② 0.98   ③ 9.8   ④ 98   ⑤ 980

해설 ③ [○] $1mm\,H_2O \times \dfrac{1.013 \times 10^5\,Pa}{10,332\,mmH_2O} = 9.8\,Pa$

○ $1Pa = 1N/m^2$, 대기압 $= 1atm = 1.013 \times 10^5\,Pa$

03 전압, 속도압, 정압에 대한 설명으로 틀린 것은?

① 속도압은 항상 양압이다.　　② 정압은 속도압에 의존하여 발생한다.
③ 전압은 속도압과 정압을 합한 값이다.
④ 송풍기의 전·후 위치에 따라 덕트 내의 정압이 음(-)이나 양(+)으로 된다.
⑤ 송풍기가 덕트 내의 공기를 흡인하는 경우 정압은 음압이다.

해설 ② [×] 정압은 속도압과 관계없이 독립적으로 발생한다.

04 다음 중 정압에 관한 설명으로 틀린 것은?

① 정압은 속도압에서 전압을 뺀 값이다.
② 정압은 위치에너지에 속한다.

정답 01. ③　02. ③　03. ②　04. ①

③ 밀폐공간에서 전압이 50mmHg이면 정압은 50mmHg이다.
④ 송풍기가 덕트 내의 공기를 흡인하는 경우 정압은 음압이다.
⑤ 정압이 대기압보다 낮을 때는 음압이고, 대기압보다 높을 때는 양압으로 표시한다.

해설 ① [×] 정압은 전압에서 속도압을 뺀 값이다.

05 "여러 성분이 있는 용액에서 증기가 나올 때, 증기의 각 성분의 부분압은 용액의 분압과 평형을 이룬다"는 내용의 법칙은?

① 라울의 법칙 ② 픽의 법칙 ③ 게이-뤼삭의 법칙
④ 보일-샤를의 법칙 ⑤ 헨리의 법칙

해설 ① [○] 라울의 법칙(Raoult's Law) : 용액 증기압=용매 증기압+용매 몰분율
  1. 어떤 용매에 용질을 녹일 경우, 용매의 증기압이 감소하는데, 용매에 용질을 용해하는 것에 의해 생기는 증기압 강하의 크기는 용액 중에 녹아 있는 용질의 몰분율에 비례한다.
  2. 용액(溶液, solution)은 둘 이상의 물질로 구성된 혼합물의 일종으로, 액체상태뿐만 아니라 물질의 상태에 관계없이 두 가지 이상의 물질이 고르게 섞여 있는 것은 모두 용액이다.
  3. 용매(溶媒, solvent)는 용액의 매체가 되어 용질을 녹이는 물질로, 주로 액체나 기체상을 띤다.
  4. 용질이란 영어로는 solute라고 하며, 녹는 물질을 뜻한다. 즉, 어떤 용액에 녹아 들어가는 물질이 용질이다.

② 픽의 법칙(Fick's Law) : 픽의 확산법칙이라고도 하며, 정지유체에 대하여, 물질의 확산량(플럭스)은 농도 기울기에 비례한다는 법칙이다.

③ 게이-뤼삭의 법칙(Gay-Lussac's law) : 기체 반응의 법칙 또는 게이뤼삭의 법칙은 기체 사이의 화학 반응에서, 같은 온도와 같은 압력에서 그 부피를 측정했을 때 반응하는 기체와 생성되는 기체 사이에는 간단한 정수비가 성립한다는 법칙이다.

④ 보일-샤를의 법칙(Boyle-Charle's law) : 기체의 압력(P)과 부피(V), 그리고 온도(T)가 가지고 있는 관계를 보일-샤를의 법칙이라 한다. 보일의 법칙, 샤를의 법칙, 게이뤼삭의 법칙을 종합한 것이다.

정답 05. ①

⑤ 헨리의 법칙(Henry's law) : 온도가 일정할 때, 기체의 용해도는 기체의 부분 압에 비례한다는 법칙이다.

고압환경의 인체 영향

01 고압 환경의 생체작용과 가장 거리가 먼 것은?

① 고공성 폐수종
② 이산화탄소(CO_2)중독
③ 귀, 부비강, 치아의 압통
④ 울혈, 부종, 출혈, 두통, 질소마취
⑤ 손가락과 발가락의 작열통과 같은 산소중독

해설 ① [×] 고공성 폐수종은 저압환경에서의 생체반응이다.
○ 고압 및 저압 환경의 생체작용
 1. 고압환경에서의 생체반응
  - 울혈, 부종, 출혈, 두통, 대기독성(이산화탄소 등), 질소마취, 산소중독
 2. 저압환경에서의 생체반응
  - 질소기포형성, 급성장애, 만성장해, 고산병, 고공성 폐수종

02 고압환경에서 발생할 수 있는 인체작용이 아닌 것은?

① 일산화탄소 중독에 의한 호흡곤란
② 질소마취작용에 의한 작업력 저하
③ 산소중독증상으로 간질 모양의 경련
④ 동통(근육통, 관절통), 출혈, 부종
⑤ 이산화탄소 분압증가에 의한 동통성 관절 장애

해설 ① [×] 고압환경에서는 이산화탄소 중독에 의한 호흡곤란이 발생한다.

03 다음의 설명에서 ( )안에 들어갈 알맞은 숫자는?

( )기압 이상에서 공기 중의 질소가스는 마취작용을 나타내서 작업력의 저하, 기분의 변환, 여러 정도의 다행증(多幸症)이 일어난다.

① 2　　② 4　　③ 5　　④ 6　　⑤ 7

정답　01. ①　02. ①　03. ②

해설 ② [○] 공기 중의 질소가스는 정상기압에서 비활성이지만 4기압 이상에서는 마취작용을 일으키며 이를 다행증이라 한다. 다행증(多幸症)은 정신병의 일종으로, 행복감을 과도하게 많이 느끼는 질환으로, 우울증과 완전히 정반대이다.

04 고압환경의 2차적인 가압현상 중 산소중독에 관한 내용으로 옳지 않은 것은?

① 일반적으로 산소의 분압이 2기압이 넘으면 산소중독증세가 나타난다.
② 산소중독에 따른 증상은 고압산소에 대한 노출이 중지되면 멈추게 된다.
③ 산소의 중독작용은 운동이나 중등량의 이산화탄소의 공급으로 다소 완화될 수 있다.
④ 수지와 족지의 작열통, 시력장해, 정신혼란, 근육경련 등의 증상을 보이며, 나아가서는 간질 모양의 경련을 나타낸다.
⑤ 수중의 잠수자는 폐압착증을 예방하기 위하여 수압과 같은 압력의 압축기체를 호흡하여야 하며, 이로 인한 산소분압 증가로 산소중독이 일어난다.

해설 ③ [×] 이산화탄소의 증가는 산소의 독성과 질소의 마취작용을 촉진시킨다.

05 고압환경의 영향 중 2차적인 가압현상에 관한 설명으로 틀린 것은?

① 4기압 이상에서 공기 중의 질소 가스는 마취작용을 나타낸다.
② 이산화탄소의 증가는 산소의 독성과 질소의 마취작용을 촉진시킨다.
③ 산소의 분압이 2기압을 넘으면 산소중독증세가 나타난다.
④ 산소중독은 고압산소에 대한 노출이 중지되어도 근육경련, 환청 등 후유증이 장기간 계속된다.
⑤ 2차적인 가압현상은 화학적 장해로서 이산화탄소의 작용 등을 유발시킨다.

해설 ④ [×] 산소중독에 따른 증상은 고압산소에 대한 노출이 중지되면 근육경련, 환청 등 후유증이 멈추게 된다(가역적).
○ 고압환경에서 발생할 수 있는 화학적인 인체작용
1. 1차적 가압현상(기계적 장애) : 동통(근육통, 관절통), 출혈, 부종
2. 2차적 가압현상(화학적 장애) : 질소의 마취작용, 산소중독, 이산화탄소의 작용, 고압신경증후군 - dizziness, nausea, vomiting, tremor

정답 04. ③ 05. ④

저압·감압 환경의 인체영향

01 저기압의 작업환경에 대한 인체의 영향을 설명한 것으로 틀린 것은?

① 고도 18000ft 이상이 되면 21% 이상의 산소를 필요로 하게 된다.
② 인체내 산소 소모가 줄어들게 되어 호흡수, 맥박수가 감소한다.
③ 고도 10,000ft까지는 시력, 협조운동의 가벼운 장해 및 피로를 유발한다.
④ 고도상승으로 기압이 저하되면 공기의 산소분압이 저하되고 동시에 폐포내 산소분압도 저하된다.
⑤ 저압환경에서의 생체반응으로 질소 기포형성, 급성장애, 만성장해, 고산병, 고공성 폐수종 등이 있다.

해설 ② [×] 저기압·저압 환경에서는 산소결핍 보충을 위해 호흡수, 맥박수가 증가한다.

02 감압에 따른 인체의 기포 형성량을 좌우하는 요인과 가장 거리가 먼 것은?

① 감압속도   ② 산소공급량   ③ 조직에 용해된 가스량
④ 혈류변화 정도   ⑤ 혈류를 변화시키는 상태

해설 ② [×] 산소공급량은 관계가 없고, 질소가 감압시 조직 내 질소기포형성량에 영향을 주는 인자이다.

03 감압과 관련된 다음 설명 중 ( )안에 알맞은 내용으로 나열한 것은?

> 깊은 물에서 올라오거나 감압실 내에서 감압을 하는 도중에 폐압박의 경우와는 반대로 폐 속에 공기가 팽창한다. 이때는 감압에 의한 (㉠)과 (㉡)의 두 가지 건강상 문제가 발생한다.

① ㉠ 폐수종, ㉡ 저산소증
② ㉠ 질소기포형성, ㉡ 산소중독
③ ㉠ 가스팽창, ㉡ 질소기포형성
④ ㉠ 가스압축, ㉡ 이산화탄소중독
⑤ ㉠ 가스팽창, ㉡ 산소중독

정답 01. ②   02. ②   03. ③

[해설] ③ [○] 감압환경의 인체작용 : 가스 팽창, 용해질소의 기포 형성

○ 감압병(잠수병) 질환(decompression sickness)
잠수 후 수면인 대기압으로 나올 때 갑작스러운 압력저하로 혈액 속에 녹아 있는 기체가 폐를 통해 나오지 못하고 혈관 내에서 기체방울을 형성해 혈관을 막는 질환이다. 다이빙을 할 때 발생할 수 있는 가장 위험한 질환이다. 심해에서 수면으로 너무 빨리 감압환경으로 올라올 때 발생한다.

04 감압병의 예방대책으로 적절하지 않은 것은?
① 호흡용 혼합가스의 산소에 대한 질소의 비율을 증가시킨다.
② 호흡기 또는 순환기에 이상이 있는 사람은 작업에 투입하지 않는다.
③ 감압병 발생 시 원래의 고압환경으로 복귀시키거나 인공 고압실에 넣는다.
④ 고압실 작업에서는 탄산가스 분압이 증가하지 않도록 신선한 공기를 송기한다.
⑤ Haldene의 실험근거상 정상기압보다 1.25기압을 넘지 않는 고압환경에는 아무리 오랫동안 폭로되거나 아무리 빨리 감압하더라도 기포를 형성하지 않는다.

[해설] ① [×] 호흡용 혼합가스의 산소에 대한 헬륨의 비율을 증가시킨다.

05 감압에 따른 인체의 기포 형성량을 좌우하는 요인과 가장 거리가 먼 것은?
① 감압속도   ② 산소공급량   ③ 조직에 용해된 가스량
④ 혈류변화 정도   ⑤ 혈류를 변화시키는 상태

[해설] ② [×] 질소공급량이 감압에 따른 인체의 기포 형성량을 좌우하는 요인이다.

○ 감압에 따른 용해질소의 기포형성 원인
1. 용해질소의 기포는 감압병의 증상을 대표적으로 나타내며, 감압병의 직접적인 원인은 체액 및 지방조직의 질소기포 증가 때문이다.
2. 감압 시 조직 내 질소기포 형성량에 영향을 주는 요인
㉠ 조직에 용해된 가스량   ㉡ 혈류변화 정도 (혈류를 변화시키는 상태)
㉢ 감압속도

정답   04. ①   05. ②

06 다음 중 깊은 물에서 올라오거나 감압실 내에서 감압을 하는 도중에 발생하는 기포형성으로 인해 건강상 문제를 유발하는 가스의 종류는?

① 질소　② 수소　③ 산소　④ 이산화탄소　⑤ 헬륨

해설　① [○] 기포형성으로 인해 건강상 문제를 유발하는 가스는 질소이다.

07 다음 중 감압병 예방을 위한 환경관리 및 보건관리 대책과 가장 거리가 먼 것은?

① 질소가스 대신 헬륨가스를 흡입시켜 작업하게 한다.
② 감압을 가능한 한 짧은 시간에 시행한다.
③ 비만자의 작업을 금지시킨다.
④ 감압이 완료되면 산소를 흡입시킨다.
⑤ 잠수 깊이에 따른 잠수시간과 감압절차 준수는 감압병 예방을 위해 중요하다.

해설　② [×] 감압을 가능한 한 천천히 시간을 두고 시행한다. 급격한 감압시에는 혈액속의 질소가 혈액과 조직에 기포를 형성하여 감압병을 일으킬 수 있기 때문이다.

이상기압 및 기류

01 이상기압에 관한 설명으로 옳지 않은 것은?

① 수면 하에서의 압력은 수심이 10m가 깊어질 때마다 약 1기압씩 높아진다.
② 공기 중의 질소 가스는 2기압 이상에서 마취 증세가 나타난다.
③ 고공성 폐수종은 어른보다 어린이에게 많이 일어난다.
④ 급격한 감압 조건에서는 혈액과 조직에 용해되어 있던 질소가 기포를 형성하는 현상이 일어난다.
⑤ 수심 90~120m에서 환청, 환시, 조현증, 기억력 감퇴 등이 나타난다.

해설　② [×] 공기 중의 질소 가스는 4기압 이상에서 마취 증세가 나타난다.

정답　06. ①　07. ②　｜　01. ②

02 다음 중 인체가 느낄 수 있는 최저한계 기류의 속도는 약 몇 m/sec인가?

① 0.5　　② 1　　③ 5　　④ 8　　⑤ 10

해설　① [○] 인체가 기류를 느끼고 측정할 수 있는 최저한계는 0.5m/sec이고, 기류는 대류 및 증발과 관계가 있다.

정답　02. ①

7.4 조명 및 산소결핍

빛 및 조명

01 다음 중 일반적으로 보통 기계작업이나 편지 고르기에 가장 적합한 조명 수준은?

① 30fc   ② 100fc   ③ 200fc   ④ 300fc   ⑤ 500fc

해설 ② [○] 보통 기계작업이나 편지 고르기에 가장 적합한 조명수준은 100fc이다.
- ○ fc(foot candle) : 조도의 단위로 Lux 혹은 fc가 쓰인다. 1fc=10.76Lux
- ○ 적합한 조명수준
  1. 30fc - 드릴, 리벳, 줄질 (기사시험에 fc 단위로 자주 출제됨)
  2. 100fc - 보통 기계작업, 편지 고르기
  3. 300fc - 세밀한 조립작업
  4. 500fc - 아주 힘든 검사 작업
- ○ [법령] 작업장 조도기준 (산업안전보건기준에 관한 규칙 제8조)
  1. 초정밀작업 : 750럭스(lux) 이상   2. 정밀작업 : 300럭스 이상
  3. 보통작업 : 150럭스 이상   4. 그 밖의 작업 : 75럭스 이상

02 다음 중 일반적으로 인간의 눈이 완전 암조응에 걸리는데 소요되는 시간을 가장 잘 나타낸 것은?

① 3~5분   ② 10~15분   ③ 30~40분   ④ 40~50분   ⑤ 60~90분

해설 ③ [○] 완전 암조응에는 보통 30~40분 소요, 명조응에는 수초 내지 1~2분 걸린다.

03 반사율이 60%인 작업 대상물에 대하여 근로자가 검사작업을 수행할 때 휘도(luminance)가 90fL이라면 이 작업에서의 소요조명(fc)은 얼마인가?

① 75   ② 150   ③ 200   ④ 250   ⑤ 300

정답 01. ②   02. ③   03. ②

해설 ② [○] 반사율 = $\frac{휘도}{소요조명}$ → 소요조명 = $\frac{휘도}{반사율}$ = $\frac{90}{0.6}$ = 150 (fc)

04 보기의 실내면에서 빛의 반사율이 낮은 곳에서부터 높은 순서대로 나열한 것은?

| A : 바닥   B : 천정   C : 가구   D : 벽 |

① A<B<C<D ② A<C<B<D ③ A<C<D<B
④ A<D<C<B ⑤ B<D<C<A

해설 ③ [○] 천정(80~90%), 벽(40~60%), 가구(25~45%), 바닥(20~40%)이다.

05 점광원으로부터 0.3m 떨어진 구면에 비추는 광량이 5Lumen일 때, 조도는 약 몇 럭스인가?

① 0.06   ② 16.7   ③ 47.5   ④ 55.6   ⑤ 68.3

해설 ④ [○] 조도 = $\frac{광도}{거리^2}$ = $\frac{5}{0.3^2}$ = 55.6 (lux)

06 반사율이 85%, 글자의 밝기가 400cd/m² 인 VDT화면에 350lux의 조명이 있다면 대비는 약 얼마인가?

① -6.0   ② -5.0   ③ -4.2   ④ -2.8   ⑤ -1.5

해설 ③ [○] 대비를 구하는 공식을 이용하여 아래의 방법으로 계산한다(기사 기출).

$$대비 = \frac{L_b - L_t}{L_b} = \frac{배경휘도 - 글자휘도}{배경휘도} = \frac{94.7 - 494.7}{94.7} = -4.2$$

여기서, 배경휘도 = $\frac{조도}{\pi \times 1^2}$ × 반사율 = $\frac{350}{\pi \times 1^2}$ × 0.85 = 94.7(cd/m²)

글자휘도 = 글자밝기 + 배경휘도 = 400 + 94.7 = 494.7(cd/m²)

정답   04. ③   05. ④   06. ③

07 빛과 밝기의 단위에 관한 설명으로 틀린 것은?

① 반사율은 조도에 대한 휘도의 비로 표시한다.
② 광원으로부터 나오는 빛의 양을 광속이라고 하며, 단위는 루멘을 사용한다.
③ 입사면의 단면적에 대한 광도의 비를 조도라 하며, 단위는 촉광을 사용한다.
④ 광원으로부터 나오는 빛의 세기를 광도라고 하며, 단위는 칸델라를 사용한다.
⑤ 휘도는 대상면에서 반사되는 빛의 '양'으로, nit 또는 cd/m^2 를 사용한다.

[해설] ③ [×] 입사면의 단면적에 대한 광도의 비를 조도라 하며, 단위는 럭스이다.
○ 빛과 밝기의 단위
  1. 광도 : 광원에서 어느 방향으로의 빛의 세기, 단위는 cd(칸델라)
  2. 조도 : 대상면에 도달하는 빛의 양이나 정도, 단위는 lux 또는 fc(풋캔들)
  3. 휘도 : 대상면에서 반사되는 빛의 양, 눈부심 정도, 단위는 nit, cd/m^2
  4. 광속 : 광원에서 단위시간당 발생되는 광에너지, 단위는 lm(루멘)
  5. 촉광 : 광도를 나타내는 단위, 단위는 국제촉광인 cd(촉광)
  6. 램버트 : 단위면적에 대한 밝기, 휘도의 단위, 1lambert=$3.18cd/m^2$
  7. 반사율 : 조도에 대한 휘도의 비, 반사율=휘도/조도
  8. 광속발산도 : 단위면적당 표면에서 반사 또는 방출되는 빛의 양
  9. 주광률 : 실내의 일정 지점의 조도와 옥외의 조도와의 비율, 단위는 %

08 점광원으로부터 어떤 물체나 표면에 도달하는 빛의 밀도를 나타내는 단위로 옳은 것은?

① nit ② Lambert ③ candela ④ $lumen/m^2$ ⑤ foot candle

[해설] ④ [○] 어떤 물체의 표면에 도달하는 빛의 밀도 : 조도(단위 : $lumen/m^2$)
① nit(휘도의 단위) ② Lambert(휘도의 단위) ③ candela(광도의 단위)

09 실내 자연채광에 관한 설명으로 틀린 것은?

① 입사각은 28° 이상이 좋다. ② 조명의 균등에는 북창이 좋다.
③ 실내각 점의 개각은 40~50°가 좋다. ④ 창 면적은 방바닥의 15~20%가 좋다.

[정답] 07. ③ 08. ④ 09. ③

⑤ 채광을 위하여 거실에 설치하는 창문 등의 면적은 그 거실의 바닥면적의 10분의 1 이상이어야 한다.

해설 ③ [×] 실내각 점의 개각은 4~5°, 입사각은 28° 이상이 좋다.
⑤ 채광을 위하여 거실에 설치하는 창문 등의 면적은 그 거실의 바닥면적의 10분의 1 이상이어야 한다(건축물의 피난·방화구조 등의 기준 규칙 제17조).

10 자연채광에 관한 설명으로 틀린 것은?
① 창의 방향은 많은 채광을 요구하는 경우는 남향이 좋다.
② 균일한 조명을 요하는 작업실은 북창이 좋다.
③ 창의 면적은 벽면적의 15~20%가 이상적이다.
④ 실내각점의 개각은 4~5°, 입사각은 28° 이상이 좋다.
⑤ 유리창은 청결하여도 10~15% 조도가 감소됨을 고려한다.

해설 ③ [×] 창의 면적은 방바닥 면적의 15~20%가 이상적이다.

11 자연조명에 관한 설명으로 틀린 것은?
① 창의 면적은 바닥 면적의 15~20% 정도가 이상적이다.
② 개각은 4~5°가 좋으며, 개각이 작을수록 실내는 밝다.
③ 균일한 조명을 요하는 작업실은 동북 또는 북창이 좋다.
④ 입사각은 28° 이상이 좋으며, 입사각이 클수록 실내는 밝다.
⑤ 개각 1°의 감소를 입사각으로 보충하려면 2~5° 증가가 필요하다.

해설 ② [×] 개각은 4~5°가 좋으며, 개각이 클수록 실내는 밝다.

12 작업장 내 조명방법에 관한 내용으로 옳지 않은 것은?
① 형광등은 백색에 가까운 빛을 얻을 수 있다.
② 나트륨등은 색을 식별하는 작업장에 가장 적합하다.
③ 수은등은 형광물질의 종류에 따라 임의의 광색을 얻을 수 있다.
④ 시계공장 등 작은 물건을 식별하는 작업을 하는 곳은 국소조명이 적합하다.
⑤ 작업하는 장소의 작업면 조도(照度)를 보통작업은 150럭스 이상이 되게 한다.

정답 10. ③   11. ②   12. ②

해설 ② [×] 나트륨등은 등황색이고, 가로등과 차도의 조명용에 가장 적합하다.

⑤ 조도 기준 (산기규 제8조)
  1. 초정밀작업 : 750럭스(lux) 이상   2. 정밀작업 : 300럭스 이상
  3. 보통작업 : 150럭스 이상   4. 그 밖의 작업 : 75럭스 이상

13 채광을 위한 창의 면적은 바닥 면적의 몇 %가 이상적인가?

① 10~15   ② 15~20   ③ 20~25   ④ 25~30   ⑤ 30~35

해설 ② [○] 채광을 위한 창의 면적은 방바닥 면적의 15~20%(1/5~1/6)가 이상적이다.

14 빛과 밝기에 관한 설명으로 틀린 것은?

① 광원으로부터 한 방향으로 나오는 빛의 세기를 광속이라 한다.
② 광도의 단위로는 칸델라(candela)를 사용한다.
③ 루멘(Lumen)은 1촉광 광원으로부터 단위 입체각으로 나가는 광속의 단위이다.
④ 조도는 어떤 면에 들어오는 광속의 양에 비례하고, 입사면의 단면적에 반비례한다.
⑤ 룩스(lx, Lux)는 조도 단위로 $1lx = 1lm/m^2$ 이고, 10lx는 약 1fc이다.

해설 ① [×] 광원으로부터 한 방향으로 나오는 빛의 세기를 '광도'라 한다.

⑤ 룩스(lx, Lux)는 조도 단위로 $1lx = 1lm/m^2$ 이고, 10lx는 약 1fc이다. 정확하게는 1fc=10.76Lux. 풋캔들(foot candle, fc)은 조도의 단위로서, 1촉광의 광원으로부터 1피트 떨어진 점의 수직 조도이다.

15 다음 ( ) 안에 옳은 내용은?

> 광원에서 빛을 이용할 때는 어느 방향으로 얼마만큼의 광속이 발산되고 있는지를 알 필요가 있다. 바로 이때 광원으로부터 나오는 빛의 세기를 (   )(이)라 한다.

① 조도   ② 광도   ③ 광량   ④ 휘도   ⑤ 촉광

정답 13. ②   14. ①   15. ②

해설 ② [○] 광도는 칸델라(candela, cd)라고도 하며, 광원으로부터 나오는 빛의 세기이다. 광도의 단위는 칸델라(cd)이다.

16 다음의 빛과 밝기의 단위로 설명한 것으로 ㉠, ㉡에 해당하는 용어로 맞는 것은?

> 1루멘(lumen)의 빛이 1ft^{2}의 평면상에 수직방향으로 비칠 때 그 평면의 빛의 양, 즉 조도를 (㉠)(이)라 하고, 1m^{2}의 평면에 1루멘의 빛이 비칠 때의 밝기를 1(㉡)(이)라고 한다.

① ㉠ : 캔들(Candle), ㉡ : 럭스(Lux)
② ㉠ : 럭스(Lux), ㉡ : 캔들(Candle)
③ ㉠ : 럭스(Lux), ㉡ : 풋 캔들(Foot candle)
④ ㉠ : 풋 캔들(Foot candle), ㉡ : 럭스(Lux)
⑤ ㉠ : 풋 캔들(Foot candle), ㉡ : 캔들(Candle)

해설 ④ [○] ㉠ : 풋 캔들(Footcandle)=$\dfrac{\text{lumen}}{\text{ft}^2}$, ㉡ : 럭스(Lux)=$\dfrac{\text{lumen}}{\text{m}^2}$

17 광원으로부터 나오는 빛의 세기인 광도의 단위는?

① 촉광 ② 루멘 ③ 럭스 ④ 폰 ⑤ 풋 캔들

해설 ① [○] 촉광(candle)은 빛의 세기인 광도를 나타내는 단위로 국제촉광을 사용한다. 지름이 1인치인 촛불이 수평방향으로 비칠 때 빛의 광강도를 나타내는 단위이다. 밝기는 광원으로부터 거리의 제곱에 반비례한다.
조도=광도/거리^2 (단위 : Lux)

18 물체의 표면에 도달하는 빛의 밀도를 뜻하는 용어는?

① 광도 ② 광량 ③ 대비 ④ 조도 ⑤ 광속

해설 ④ [○] 제시문은 '조도'에 대한 내용이다.

정답 16. ④   17. ①   18. ④

○ 조도 : 물체 표면에 도달하는 빛의 밀도로, 단위는 Lux(또는 lx)를 사용하며, 거리가 멀수록 역자승 법칙에 의해 감소한다.

조도=광도/거리^2 (단위 : Lux)

19 시각적 식별에 영향을 주는 각 요소에 대한 설명 중 틀린 것은?

① 조도는 광원의 세기를 말한다.
② 휘도는 단위 면적당 표면에 반사 또는 방출되는 광량을 말한다.
③ 반사율은 물체의 표면에 도달하는 조도와 광도의 비를 말한다.
④ 광도 대비란 표적의 광도와 배경의 광도의 차이를 배경 광도로 나눈 값을 말한다.
⑤ 광도는 단위면적당 비추는 빛의 양이다.

해설 ① [×] 조도는 단위 면적당 주어지는 빛의 양을 말한다. 광도는 광원의 세기를 말한다. 조도=광도/(광원으로부터의 거리)^2

20 다음 중 수술실내 작업면에서의 조도로 가장 적당한 것은?

① 500~1,000 럭스   ② 1,000~2,000 럭스   ③ 2,000~5,000 럭스
④ 5,000~1,0000 럭스   ⑤ 1,0000~2,0000 럭스

해설 ⑤ [○] 조도기준(KS A 3011) : 수술시의 조도는 수술대 위의 지름 30cm 범위에서 무영등에 의하여 20,000Lux 이상으로 한다.

21 1촉광의 광원으로부터 한 단위 입사각으로 나가는 광속의 단위를 무엇이라 하는가?

① 럭스(Lux)   ② 램버트(Lambert)   ③ 캔들(Candle)
④ 루멘(Lumen)   ⑤ 풋 캔들(Footcaldle)

해설 ④ [○] 루멘(Lumen)은 광속의 단위이다.
① 럭스 : 조도 단위 ② 램버트 : 휘도 단위
③ 캔들 : 광도 단위, 촉광이라고도 함 ⑤ 풋 캔들 : 조도 단위

정답 19. ①   20. ⑤   21. ④

22 밝기의 단위인 루멘(Lumen)에 대한 설명으로 가장 정확한 것은?

① 1Lux의 광원으로부터 단위 입사각으로 나가는 광도의 단위이다.
② 1Lux의 광원으로부터 단위 입사각으로 나가는 휘도의 단위이다.
③ 1촉광의 광원으로부터 단위 입사각으로 나가는 조도의 단위이다.
④ 1촉광의 광원으로부터 단위 입사각으로 나가는 광속의 단위이다.
⑤ 1촉광의 광원으로부터 단위 입사각으로 나가는 광도의 단위이다.

해설 ④ [○] 1촉광의 광원으로부터 단위 입사각으로 나가는 광속의 단위이다. 여기서, 광속은 광원으로부터 나오는 빛의 양을 의미한다.

23 작업장의 조도를 균등하게 하기 위하여 국부조명과 전체조명이 병용될 때, 일반적으로 전체조명의 조도는 국부조명의 어느 정도가 적당한가?

① $\frac{1}{20} \sim \frac{1}{10}$ ② $\frac{1}{15} \sim \frac{1}{10}$ ③ $\frac{1}{10} \sim \frac{1}{5}$ ④ $\frac{1}{5} \sim \frac{1}{3}$ ⑤ $\frac{1}{3} \sim \frac{1}{2}$

해설 ③ [○] 전체조명의 조도는 국부조명에 의한 조도의 1/10~1/5 정도가 적당하다.

24 인공조명을 선정 및 설치할 때, 고려사항으로 틀린 것은?

① 폭발과 발화성이 없을 것
② 균등한 조도를 유지할 것
③ 유해가스를 발생하지 않을 것
④ 광원은 우하방에 위치할 것
⑤ 눈이 부신 물체와 시선과의 각을 크게 할 것

해설 ④ [×] 광원을 시선에서 멀리 위치시킬 것이 필요하다.

25 자연조명에 관한 설명으로 옳지 않은 것은?

① 유리창은 청결하여도 10~15% 정도 조도가 감소한다.
② 지상에서의 태양조도는 약 100,000lux 정도이다.
③ 균일한 조명을 요하는 작업실은 서남창이 좋다.
④ 실내의 일정 지점의 조도와 옥외 조도와의 비율을 주광률(%)이라 한다.
⑤ 북쪽 광선은 일중 조도의 변동이 작고 균등하여 눈의 피로가 적게 발생할 수 있다.

정답 22. ④   23. ③   24. ④   25. ③

해설 ③ [×] 균일한 조명을 요구하는 작업실은 북향(또는 동북향)이 좋다.

26 일반적으로 작업장 신축시 창의 면적은 바닥면적의 어느 정도가 좋은가?
① 1/2~1/3   ② 1/3~1/4   ③ 1/5~1/7   ④ 1/7~1/9   ⑤ 1/9~1/12

해설 ③ [○] 채광을 위한 창의 면적은 방바닥 면적의 15~20%(1/5~1/6)가 이상적이다. 채광에는 창을 크게 하는 것보다 창의 높이를 증가시키는 것이 효과적이다. 횡으로 긴 창보다 종으로 넓은 창이 채광에 유리하다.

27 다음 중 조도가 균일하고, 눈부심이 적지만 기구 효율이 나쁘며 설치비용이 많이 소요되는 조명방식은?
① 직접조명   ② 국소조명   ③ 반직접조명   ④ 간접조명   ⑤ 전반조명

해설 ④ [○] 제시문은 '간접조명'에 대한 내용이다.
○ 간접조명(indirect lighting)
등기구에서 나오는 광속의 90~100%를 천장이나 벽에 투사하여 반사되어 퍼져 나오는 광속을 이용한다.
1. 장점 : 바닥면을 고르게 비출 수 있고, 빛이 물체에 가려도 그늘이 짙게 생기지 않으며, 빛이 부드러워 눈부심이 적고 온화한 분위기를 얻을 수 있다. 보통 천장이 낮고 실내가 넓은 곳에 높이감을 주기 위해 사용된다.
2. 단점 : 효율이 나쁘고, 천장색에 따라 조명 빛깔이 변하며, 설치비가 많이 들고, 보수가 쉽지 않다.

산소농도 및 산소결핍

01 산소농도가 6% 이하인 공기 중의 산소분압으로 맞는 것은? (단, 표준상태이며, 부피기준이다.)
① 45mmHg 이하   ② 55mmHg 이하   ③ 65mmHg 이하
④ 75mmHg 이하   ⑤ 85mmHg 이하

해설 ① [○] 산소분압(mm H_2O)=760mmHg×0.06=45.6mmHg

정답 26. ③   27. ④ | 01. ①

02 밀폐공간에서 산소결핍의 원인을 소모(consumption), 치환(displacement), 흡수(absorption)로 구분할 때 소모에 해당하지 않는 것은?

① 용접, 절단, 불 등에 의한 연소   ② 금속의 산화, 녹 등의 화학반응
③ 제한된 공간 내에서 사람의 호흡   ④ 미생물 작용
⑤ 질소, 아르곤, 헬륨 등의 불활성가스 사용

해설   ⑤ [×] 질소, 아르곤, 헬륨 등의 불활성가스 사용은 산소 사용은 아니다.
○ 밀폐공간에서 산소결핍이 발생하는 원인
1. 화학반응 2. 연소 3. 호흡 4. 미생물 작용

03 산소농도 단계별 증상 중 산소농도가 6~10%인 산소결핍 작업장에서의 증상으로 가장 적절한 것은?

① 순간적인 실신이나 혼수   ② 귀울림, 맥박수 증가, 호흡수 증가
③ 계산착오, 두통, 메스꺼움   ④ 의식 상실, 안면 창백, 전신 근육경련
⑤ 기억상실, 전신탈진, 체온상승, 호흡장애

해설   ④ [○] 산소농도가 6~10%의 증상은 의식 상실, 안면 창백, 전신 근육경련 등이다.
① 산소농도가 4~6%에서의 증상은 순간적인 실신이나 혼수
③ 산소농도가 12~16%에서의 증상은 계산착오, 두통, 메스꺼움
⑤ 산소농도가 9~14%에서의 증상은 기억상실, 전신탈진, 체온상승, 호흡장애 등이다.

04 산소결핍증 예방을 위한 공통적인 원칙과 가장 거리가 먼 것은?

① 작업자의 건강진단   ② 환기   ③ 작업 전 산소농도 측정
④ 안전대, 구명밧줄   ⑤ 보호구 착용(공기호흡기, 호스마스크)

해설   ① [×] 산소결핍증 예방을 위한 공통적인 원칙
1. 환기 : 작업 직전 및 작업 중 해당 작업장의 적정 공기상태로 유지되게 환기
2. 보호구 착용 : 호스마스크, 공기호흡기, 산소호흡기 지급 및 상시 점검

정답   02. ⑤   03. ④   04. ①

3. 작업 전 산소농도 측정   4. 안전대, 구명밧줄
5. 감시자 배치 및 응급처치   6. 작업자의 교육

05 산소결핍의 개념과 관련하여 다음의 내용 중 옳지 않은 것은?

① 산소결핍이란 산소농도가 18% 이하인 상태를 말한다.
② 산소농도의 범위가 18% 이상 23.5% 미만인 수준의 공기는 적정한 공기이다.
③ 일산화탄소의 농도가 30ppm 미만인 수준의 공기는 적정한 공기이다.
④ 황화수소의 농도가 10ppm 미만인 수준의 공기는 적정한 공기이다.
⑤ 탄산가스의 농도가 1.5% 미만인 수준의 공기는 적정한 공기이다.

해설 ① [×] 산소결핍이란 산소농도가 18% 미만인 상태를 말한다.

정답 05. ①

7.5 소음 및 진동

> 소리 특성 및 기초이론

01 음(sound)에 관한 설명으로 옳지 않은 것은?

① 음(음파)이란 대기압보다 높거나 낮은 압력의 파동이고, 매질을 타고 전달되는 진동에너지이다.
② 주파수란 1초 동안에 음파로 발생되는 고압력 부분과 저압력 부분을 포함한 압력 변화의 완전한 주기를 말한다.
③ 음의 단위는 물리적 단위를 쓰는 것이 아니라 감각수준인 데시벨(dB)이라는 무차원의 비교단위를 사용한다.
④ 사람이 대기압에서 들을 수 있는 음압은 0.000002N/m² 에서부터 20N/m² 까지 광범위한 영역이다.
⑤ 인간이 들을 수 있는 최소가청한계는 0.0002dyne/cm² 이다.

[해설] ④ [×] 사람이 대기압에서 들을 수 있는 음압 영역은 0.00002N/m² 에서부터 60N/m² 까지 광범위한 영역이다.

02 물질 내 실제 입자의 진동이 규칙적일 경우 주파수의 단위는 헤르츠(Hz)를 사용하는데 다음 중 통상적으로 초음파는 몇 Hz 이상의 음파를 말하는가?

① 10,000 ② 20,000 ③ 50,000 ④ 80,000 ⑤ 100,000

[해설] ② [○] 인간의 가청범위 밖에 있는 14Hz 이하의 소리는 초저주파음(infrasound)이고, 20,000Hz 이상의 소리는 초음파(ultrasound)이다.

03 다음 중 사람이 음원의 방향을 결정하는 주된 암시신호(cue)로 가장 적합하게 조합된 것은?

① 소리의 강도차와 진동수차 ② 소리의 진동수차와 위상차

[정답] 01. ④   02. ②   03. ④

③ 음원의 거리차와 시간차   ④ 소리의 강도차와 위상차
⑤ 소리의 강도차와 거리차

해설 ④ [○] 제시문에 해당하는 것은 '소리의 강도차와 위상차'이다.
  ○ 음원의 방향과 위치 추정
    1. 소리가 발생했을 때 음원의 방향은 양쪽 귀에 도달하는 소리에 대한 강도와 위상의 차이를 통해 구별할 수 있다
    2. 음원의 위치 추정은 양쪽 귀에 전달되는 음향신호의 주파수와 도달시간의 차이에 의해 위치 추정이 가능하다.

소리세기 및 음압 측정

01 어떤 소리가 1,000Hz, 60dB인 음과 같은 높이임에도 4배 더 크게 들린다면, 이 소리의 음압수준은 얼마인가?

① 70dB   ② 80dB   ③ 90dB   ④ 100dB   ⑤ 120dB

해설 ② [○] 소리 크기는 sone이고, $sone = 2^{\frac{phon-40}{10}}$ 의 관계를 이용하여 구한다.

60dB이면 $2^{\frac{phon-40}{10}} = 2^{\frac{60-40}{10}} = 2^2 = 4sone$ 이다.

4배로 크게 들린다면 4×4=16sone인 경우이다.

$2^{\frac{phon-40}{10}} = 16 = 2^4 \rightarrow \frac{phon-40}{10} = 4 \rightarrow \therefore phon = 80$

02 작업장의 설비 3대에서 각각 80dB, 86dB, 78dB의 소음이 발생되고 있을 때 작업장의 음압 수준은?

① 약 81.3dB   ② 약 85.5dB   ③ 약 87.5dB   ④ 약 90.3dB   ⑤ 94.2dB

해설 ③ [○] 합성소음을 구하는 공식을 이용해서 산출이 가능하다.

$합성소음 = 10\log(10^{\frac{dB_1}{10}} + 10^{\frac{dB_2}{10}} + 10^{\frac{dB_3}{10}}) = 10\log(10^8 + 10^{8.6} + 10^{7.8})$

$= 87.49(dB)$

03) 1 sone에 관한 설명으로 ( )에 알맞은 수치는?

> 1sone : (ㄱ)Hz, (ㄴ)dB의 음압수준을 가진 순음의 크기

① ㄱ : 1,000, ㄴ : 1   ② ㄱ : 4,000, ㄴ : 1   ③ ㄱ : 1,000, ㄴ : 40
④ ㄱ : 4,000, ㄴ : 40   ⑤ ㄱ : 1,000, ㄴ : 80

해설 ③ [○] sone의 의미로서, 1,000Hz 40dB의 음압수준을 가진 순음의 크기인 40phon을 1sone이라 한다. $\text{sone} = 2^{\frac{\text{phon}-40}{10}} = 2^{\frac{40-40}{10}} = 2^0 = 1$

04) 음의 세기(I)와 음압(P) 사이의 관계는 어떠한 비례관계가 있는가?

① 음의 세기는 음압에 정비례
② 음의 세기는 음압에 반비례
③ 음의 세기는 음압의 역수에 반비례
④ 음의 세기는 음압의 제곱에 비례
⑤ 음의 세기는 음압의 제곱근에 비례

해설 ④ [○] 음의 세기는 음압의 제곱에 비례한다.

음의 세기 $I = \dfrac{P^2}{\rho \times C}$ (여기서, P : 음압, ρ : 매질의 밀도, C : 음속)

05) 음압이 2N/m² 일 때 음압수준은 몇 dB인가?

① 90   ② 95   ③ 100   ④ 105   ⑤ 110

해설 ③ [○] $SPL = 20\log\dfrac{P}{P_0} = 20\log\dfrac{2}{2 \times 10^{-5}} = 100(dB)$ ← 공식 이용

06) 1,000Hz에서의 음압레벨을 기준으로 하여 등청감곡선을 나타내는 단위로 사용되는 것은?

① mel   ② bell   ③ dB   ④ sone   ⑤ phon

해설 ⑤ [○] phon
1. 감각적인 음의 크기(loudness)를 나타내는 양이다.

정답 03. ③   04. ④   05. ③   06. ⑤

2. 1,000Hz 순음의 크기와 평균적으로 같은 크기로 느끼는 1,000Hz 순음의 음의 세기이다.
3. 1,000Hz에서 압력수준 dB을 기준으로 하여 등감곡선을 소리의 크기로 나타낸 단위이다.

07 다음 중 음압레벨(L_P)을 구하는 식은? (단, P : 측정되는 음압, P_0 : 기준음압)

① $L_P = 10\log_{10}\dfrac{P_0}{P}$ ② $L_P = 10\log_{10}\dfrac{P}{P_0}$ ③ $L_P = 20\log_{10}\dfrac{P_0}{P}$

④ $L_P = 20\log_{10}\dfrac{P}{P_0}$ ⑤ $L_P = 30\log_{10}\dfrac{P}{P_0}$

해설 ④ [○] 음압수준 $\text{SPL} = 20\log\left(\dfrac{P}{P_0}\right)$ (dB)

여기서, SPL : 음압수준(음압도, 음압레벨)(dB)
P : 대상 음의 음압(음압 실효치)(N/m²)
P_0 : 기준음압 실효치(2×10^{-5} N/m²)

08 출력이 0.4W의 작은 점음원에서 10m 떨어진 곳의 음압수준은 약 몇 dB인가? (단, 공기의 밀도는 1.18kg/m³이고, 공기에서 음속은 344.4m/sec이다.)

① 75   ② 80   ③ 85   ④ 90   ⑤ 95

해설 ③ [○] $\text{SPL} = \text{PWL} - 20\log r - 11 = 10\log\dfrac{0.4}{10^{-12}} - 20\log 10 - 11 = 85(\text{dB})$

09 B공장 집진기용 송풍기의 소음을 측정한 결과, 가동 시에는 90dB(A)이었으나, 가동 중지상태에서는 85dB(A)이었다. 이 송풍기의 실제소음도는?

① 86.2dB(A)   ② 87.1dB(A)   ③ 88.3dB(A)   ④ 89.4dB(A)
⑤ 90.6dB(A)

정답   07. ④   08. ③   09. ③

해설 ③ [○] 소음의 차 = $10\log(10^{\frac{90}{10}} - 10^{\frac{85}{10}}) = 10\log(10^{9.0} - 10^{8.5}) = 88.35$ dB(A)

10 음압수준이 70dB인 경우, 1,000Hz에서 순음의 phon치는?

① 50phon ② 70phon ③ 90phon ④ 100phon ⑤ 120dB

해설 ② [○] phon은 크기를 나타내는 단위이며, 1,000Hz의 순음과 같은 크기로 들리는 음의 레벨을 말한다. 그러므로 1,000Hz 70dB은 70phon에 해당한다.

11 경보사이렌으로부터 10m 떨어진 곳에서 음압수준이 140dB이면 100m 떨어진 곳에서 음의 강도는 얼마인가?

① 100dB ② 110dB ③ 120dB ④ 140dB ⑤ 160dB

해설 ③ [○] $dB_2 = dB_1 - 20\log\left(\dfrac{r_2}{r_1}\right) = 140 - 20\log\left(\dfrac{100}{10}\right) = 120$dB ← 공식 이용

12 1,000Hz, 40dB을 기준으로 음의 상대적인 주관적 크기를 나타내는 단위는?

① sone ② siemens ③ bell ④ phon ⑤ loudness

해설 ① [○] sone은 40dB의 1,000Hz 순음의 크기이다. $\text{sone} = \log 10^{\frac{phon-40}{10}}$

13 50phon의 기준음을 들려준 후 70phon의 소리를 듣는다면 작업자는 주관적으로 몇 배의 소리로 인식하는가?

① 1.4배 ② 2배 ③ 3배 ④ 4배 ⑤ 5배

해설 ④ [○] 소리의 세기는 sone으로 측정한다. $\text{sone} = 2^{\frac{phon-40}{10}}$

50phon일 때의 소리의 세기 : $2^{\frac{50-40}{10}} = 2^1 = 2\text{sone}$

정답 10. ② 11. ③ 12. ① 13. ④

70phon일 때의 소리의 세기 : $2^{\frac{70-40}{10}} = 2^3 = 8\text{sone}$

8sone은 2sone 대비 8/2=4배로서, 4배로 크게 들린다.

14 소리 크기의 지표로서 사용하는 단위 중 8sone은 몇 phon인가?

① 60　　② 70　　③ 80　　④ 90　　⑤ 100

해설　② [○] sone과 phon의 관계인 $\text{sone} = 2^{\frac{\text{phon}-40}{10}}$ 의 관계식을 이용한다.

$$8 = 2^3 = 2^{\frac{\text{phon}-40}{10}} \rightarrow 3 = \frac{\text{phon}-40}{10} \rightarrow \text{phon} = 70$$

소음 및 관련 원리

01 통화이해도를 측정하는 지표로서, 각 옥타브(octave)대의 음성과 잡음의 데시벨(dB) 값에 가중치를 곱하여 합계를 구하는 것을 무엇이라 하는가?

① 명료도지수　② 통화간섭수준　③ 이해도지수　④ 소음기준곡선
⑤ 등가소음지수

해설　① [○] 제시문에 해당하는 것은 '명료도지수'이다.
　○ 통화 이해도 측정 방법 (송화자료를 수화자에게 전송하는 실험)
　　1. 명료도지수 : 옥타브대의 음성과 잡음의 dB값에 가중치를 곱하여 합계를 구하는 방법
　　2. 이해도지수 : 송화 내용 중에서 알아듣고 인식한 비율(%)
　　3. 통화간섭수준(SIL) : 통화 이해도에 영향을 주는 잡음의 영향을 추정하는 지수
　　4. 소음기준(NC)곡선 : 사무실, 회의실, 공장 등에서 허용되는 소음 수준을 주파수대역별로 표시한 곡선
　　5. 등가소음지수 : 등가소음은 변동소음의 값에 해당

정답　14. ②　│　01. ①

02 1/1 옥타브밴드의 중심주파수가 500Hz일 때, 하한과 상한 주파수로 가장 적합한 것은? (단, 정비형 필터 기준으로 한다.)

① 354Hz, 707Hz ② 362Hz, 724Hz ③ 373Hz, 746Hz
④ 382Hz, 764Hz ⑤ 392Hz, 786Hz

해설 ① [○] 하한주파수$(f_L) = \dfrac{중심주파수(f_C)}{\sqrt{2}} = \dfrac{500}{\sqrt{2}} = 353.6\text{Hz}$

상한주파수$(f_U) = \dfrac{f_C^{\,2}}{f_L} = \dfrac{500^2}{353.6} = 709.0\text{Hz}$

03 상온에서 음속은 약 344m/s이다. 주파수가 2kHz인 음의 파장은 얼마인가?

① 0.172m ② 1.72m ③ 17.2m ④ 172m ⑤ 1720m

해설 ① [○] 음의 파장 $= \dfrac{음속}{주파수} \to \lambda = \dfrac{C}{f} = \dfrac{344(\text{m/sec})}{2{,}000(/\text{sec})} = 0.172\text{m}$

04 다음 그림에서 명료도지수는?

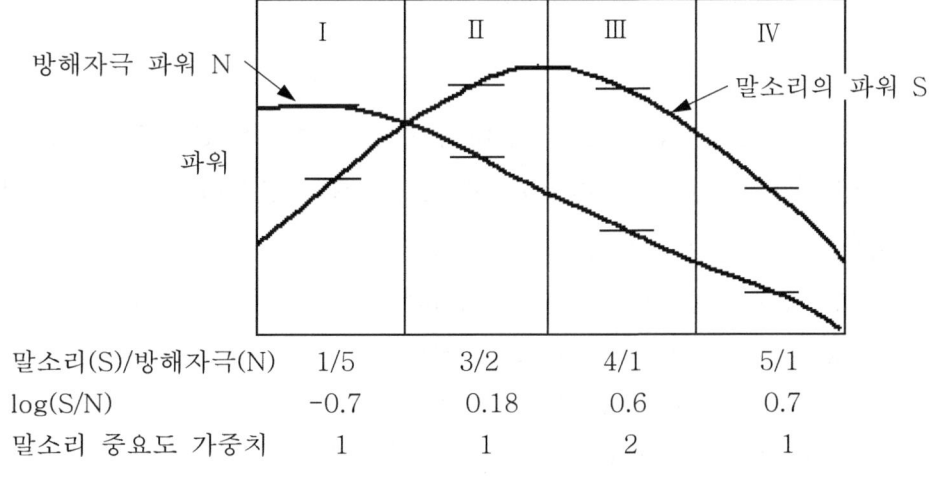

말소리(S)/방해자극(N)	1/5	3/2	4/1	5/1
log(S/N)	-0.7	0.18	0.6	0.7
말소리 중요도 가중치	1	1	2	1

① 0.38 ② 0.68 ③ 1.38 ④ 3.56 ⑤ 5.68

해설 ③ [○] 명료도지수=(-0.7×1)+(0.18×1)+(0.6×2)+(0.7×1)=1.38

정답 02. ① 03. ① 04. ③

소음 측정 및 측정기

01 소음계(sound level meter)로 소음측정 시 A 및 C특성으로 측정하였다. 만약 C특성으로 측정한 값이 A특성으로 측정한 값보다 훨씬 크다면 소음의 주파수영역은 어떻게 추정이 되겠는가?

① 저주파수가 주성분이다. ② 중주파수가 주성분이다.
③ 고주파수가 주성분이다. ④ 저 및 중주파수가 주성분이다.
⑤ 중 및 고주파수가 주성분이다.

해설 ① [○] 저주파수가 주성분이다. A보다 C가 훨씬 크면 저주파 성분이 많고, A, C가 비슷하면 고주파가 주성분이다.

02 총흡음량이 900sabins인 소음발생작업장에 흡음재를 천장에 설치하여 2,000sabins 더 추가하였다. 이 작업장에서 기대되는 소음감소치[NR : dB(A)]는?

① 약 3 ② 약 5 ③ 약 7 ④ 약 9 ⑤ 약 11

해설 ② [○] 소음감소치$(NR) = 10\log\dfrac{대책\ 후}{대책\ 전} = 10\log\dfrac{900+2,000}{900} = 5.00\text{dB(A)}$

03 누적소음노출량 측정기를 사용하여 소음을 측정할 때, 우리나라 기준에 맞는 Criteria 및 Exchange Rate는? (단, 고용노동부 고시를 기준으로 한다.)

① Criteria : 80dB, Exchange Rate : 5dB
② Criteria : 80dB, Exchange Rate : 10dB
③ Criteria : 90dB, Exchange Rate : 5dB
④ Criteria : 90dB, Exchange Rate : 10dB
⑤ Criteria : 120dB, Exchange Rate : 15dB

해설 ③ [○] 누적소음노음량 측정기의 기기 설정
1. criteria=90dB 2. exchange rate=5dB 3. threshold=80dB

정답 01. ① 02. ② 03. ③

04 소음수준 측정 시 소음계의 청감보정회로는 어떻게 조정하여야 하는가? (단, 고용노동부 고시를 기준으로 한다.)

① A특성   ② B특성   ③ C특성   ④ D특성   ⑤ F특성

해설 ① [○] 소음수준 측정 시 소음계 청감보정회로는 A특성으로 행하며, 지시침의 동작은 느린(slow) 상태로 한다.

○ 청감보정 특성

보정회로	음압수준	신호보정	특성
A특성	40phon	저음역대	* 청감과의 대응성이 좋아 소음레벨 측정시 주로 사용
B특성	70phon	중음역대	* 거의 사용하지 않음
C특성	100phon	고음역대	* 소음등급평가에 적절 * 주파수분석 시 사용
D특성	-	고음역대	* 항공기 소음 평가시 사용 * A특성으로 측정한 레벨보다 항상 큼
L특성, F특성	-	-	* 물리적 특성 파악

05 일반적으로 소음계는 주파수에 따른 사람의 느낌을 감안하여 A, B, C 세 가지 특성에서 음압을 측정할 수 있도록 보정되어 있는데, A특성치란 몇 phon의 등음량 곡선과 비슷하게 주파수에 따른 반응을 보정하여 측정한 음압수준을 말하는가?

① 20   ② 40   ③ 70   ④ 100   ⑤ 120

해설 ② [○] 주파수에 따른 반응을 보정하여 측정한 음압
1. A 특성치 : 40phon   2. B 특성치 : 70phon   3. C 특성치 : 100phon

06 다음 중 작업장 내 소음을 측정 시 소음계의 청감보정회로로 옳은 것은? (단, 고용노동부 고시를 기준으로 한다.)

① A특성   ② W특성   ③ E특성   ④ S특성   ⑤ C특성

정답 04. ①   05. ②   06. ①

해설 ① [○] 소음계의 청감보정회로는 A특성으로 행하여야 한다.

07 소음계의 성능에 관한 설명으로 틀린 것은?

① 측정가능 주파수 범위는 31.5Hz~8kHz 이상이어야 한다.
② 지시계기의 눈금오차는 0.5dB 이내이어야 한다.
③ 측정가능 소음도 범위는 10~150dB 이상이어야 한다.
④ 자동차 소음측정에 사용되는 것의 측정가능 소음도 범위는 45~130dB 이상이어야 한다.
⑤ 레벨레인지 변환기가 있는 기기에서 레벨레인지 변환기의 전환오차는 0.5dB 이내이어야 한다.

해설 ③ [×] 측정가능 소음도 범위는 35~130dB 이상이어야 한다.

08 다음 제시문의 ( )안에 알맞은 것은?

소음계에서 A특성(청감보정회로)은 ( )의 음의 크기에 상응하도록 주파수에 따른 반응을 보정하여 측정한 음압수준이다.

① 30phon ② 40phon ③ 50phon ④ 60phon ⑤ 80phon

해설 ② [○] A특성은 사람의 청감에 맞춘 것으로 순차적으로 40phon 등청감곡선과 비슷하게 주파수에 따른 반응을 보정하여 측정한 음압수준을 말한다. dB(A)로 표시하며, 저주파 대역을 보정한 청감보정회로이다.

소음의 인체영향 및 질병

01 다음 중 소음에 의한 청력손실이 가장 크게 나타나는 주파수대는?

① 2,000Hz ② 4,000Hz ③ 8,000Hz ④ 10,000Hz ⑤ 20,000Hz

해설 ② [○] 소음작업자의 청력손실은 먼저 3,000~6,000Hz의 범위에서 일어나고, 4,000Hz에서 가장 심하다.

정답 07. ③ 08. ② | 01. ②

02 난청에 관한 설명으로 옳지 않은 것은?

① 일시적 난청은 청력의 일시적인 피로현상이다.
② 영구적 난청은 노인성 난청과 같은 현상이다.
③ 일반적으로 초기청력 손실을 C_5-dip 현상이라 한다.
④ 소음성 난청은 내이의 세포변성을 원인으로 볼 수 있다.
⑤ 일반적으로 고음역에 대한 청력손실이 현저하며, 6,000Hz에서부터 난청이 시작된다.

해설 ② [×] 영구적 난청은 소음성 난청으로서 노인성 난청과는 다른 현상이다.
③ C_5는 (순음)청력검사를 시행하였을 때 4,000Hz 대역을 지칭하며, dip 또는 notch는 극히 국한된 주파수대에서 청력손실이 큰 경우이다.

03 소음에 의한 인체의 장해(소음성난청)에 영향을 미치는 요인이 아닌 것은?

① 소음의 크기   ② 개인의 감수성   ③ 소음발생 장소
④ 소음의 주파수 구성   ⑤ 소음의 발생 특성

해설 ③ [×] 소음성 난청에 영향을 미치는 요소에 소음발생 장소는 관계가 적다.
○ 소음성 난청에 영향을 미치는 요소 : 소음 크기, 개인 감수성, 소음의 주파수 구성, 소음의 발생 특성 등

04 다음 중 일반 사람이 들을 수 있는 가청주파수 범위로 적절한 것은?

① 약 2~2,000Hz   ② 약 20~20,000Hz   ③ 약 30~50,000Hz
④ 약 200~200,000Hz   ⑤ 약 2,000~2,000,000Hz

해설 ② [○] 정상 청력을 가진 사람의 가청주파수 영역은 20~20,000Hz이고, 회화음역은 250~3,000Hz 정도이다.

05 하루 중 80dB(A)의 소음이 발생되는 장소에서 1/3 근무하고 70dB(A)의 소음이 발생하는 장소에서 2/3 근무한다고 할 때, 이 근로자의 평균소음 피폭량dB(A)은?

① 80   ② 78   ③ 76   ④ 74   ⑤ 72

정답 02. ②   03. ③   04. ②   05. ③

해설 ③ [○] $L_{평균} = 10\log\left((10^{80/10} \times \frac{1}{3}) + (10^{70/10} \times \frac{2}{3})\right) = 76.02\text{dB(A)}$

06 어떤 근로자가 음압수준이 100dB(A)인 작업장에 NRR이 27인 귀마개를 착용하였다. 이 근로자가 노출되는 음압수준은 얼마이겠는가? (단, OSHA 방법으로 계산)

① 73.0dB(A)　② 80.0dB(A)　③ 86.5dB(A)　④ 90.0dB(A)
⑤ 95.5dB(A)

해설 ④ [○] 근로자의 노출 음압수준 100dB(A)-10dB(A)=90dB(A)
　　　여기서, 차음효과=(NRR-7)×0.5=(27-7)×0.5=10dB(A)

07 다음 중 C_5-dip 현상은 어느 주파수에서 가장 잘 일어나는가?

① 1,000Hz　② 2,000Hz　③ 4,000Hz　④ 8,000Hz　⑤ 16,000Hz

해설 ③ [○] C_5-dip 현상은 소음성 난청의 초기단계로서 4,000Hz에서 청력장애가 현저히 커지는 현상이다.

08 음압도 측정 시 정상청력을 가진 사람이 1,000Hz에서 가청할 수 있는 최소음압실효치는?

① 0.02N/m^2　② 0.002N/m^2　③ 0.0002N/m^2　④ 0.00002N/m^2
⑤ 0.000002N/m^2

해설 ④ [○] 1,000Hz에서 최소음압실효치=0.00002N/m^2
　　　　　　　　　　　　　=$2\times10^{-5}\text{N/m}^2$ ($2\times10^{-5}\text{Pa}$)=20μPa

09 정상인이 들을 수 있는 가장 낮은 이론적 음압은 몇 dB인가?

① 0　② 5　③ 10　④ 20　⑤ 40

해설 ① [○] 가청주파수 범위 : 20~20,000Hz, 가청소음도 범위 : 0~130dB

정답　06. ④　07. ③　08. ④　09. ①

10 다음 중 소음에 관한 설명으로 틀린 것은?

① 강한 소음에 노출되면 부신피질의 기능이 저하된다.
② 소음이란 주어진 작업의 존재나 완수와 정보적인 관련이 없는 청각적 자극이다.
③ 가청범위에서의 청력손실은 15,000Hz 근처의 높은 영역에서 가장 크게 나타난다.
④ 90dB(A) 정도의 소음에서 오랜 시간 노출되면 청력장애를 일으키게 된다.
⑤ 언어 활동에 사용되는 500Hz~2500Hz 대역의 손상은 언어소통의 장애를 야기하게 된다.

해설 ③ [×] 가청범위에서의 청력손실은 3,000~6,000Hz(3~6kHz) 근처의 높은 영역에서 가장 크게 나타난다.

소음성 질병 방지대책

01 다음 중 소음의 1일 노출시간과 소음강도의 기준이 잘못 연결된 것은?

① 8hr - 90dB(A)　② 2hr - 100dB(A)　③ 1/2hr - 110dB(A)
④ 1/4hr - 120dB(A)　⑤ 노출금지 - 140dB(A)

해설 ④ [×] 1/4hr - 115dB(A)

○ 음압과 노출한계 관계 (산기규 제512조)
  1. 90dB 미만 - 8시간　2. 95dB 미만 - 4시간　3. 100dB 미만 - 2시간
  4. 105dB 미만 - 1시간　5. 110dB 미만 - 30분　6. 115dB 미만 - 15분

02 다음 중 소음에 대한 대책으로 가장 적합하지 않은 것은?

① 소음원의 통제　② 소음의 격리　③ 소음의 분배　④ 적절한 배치
⑤ 배경음악

해설 ③ [×] 소음의 분배는 소음에 대한 대책이 아니다.

○ 소음대책
  1. 소음원 통제　2. 소음의 격리　3. 차폐장치 및 흡음재 사용
  4. 음향처리재 사용　5. 적절한 배치　6. 배경음악　7. 방음보호구 사용

정답　10. ③　｜　01. ④　02. ③

소음의 감소 및 보호구

01 소음의 흡음 평가 시 적용되는 반향시간(reverberation time)에 관한 설명으로 옳은 것은?

① 반향시간은 실내공간의 크기에 비례한다.
② 실내 흡음량을 증가시키면 반향시간도 증가한다.
③ 반향시간은 음압수준이 30dB 감소하는데 소요되는 시간이다.
④ 반향시간을 측정하려면 실내 배경소음이 90dB 이상 되어야 한다.
⑤ 반향시간은 잔향시간과 같은 의미가 아니다.

해설 ① [○] 반향시간은 실내공간의 크기에 비례한다. 반향=울림(echo)=잔향
② 실내 흡음량을 증가시키면 반향시간은 감소한다.
③ 반향시간은 음압수준이 60dB 감소하는데 소요되는 시간이다.
④ 반향시간을 측정하려면 실내 배경소음이 60dB 이하가 되어야 한다.
⑤ 반향시간은 잔향시간과 같은 의미이다.

02 작업공정에서 발생되는 소음의 음압수준이 90dB(A)이고 근로자는 귀덮개(NRR=27)를 착용하고 있다면, 근로자에게 실제 노출되는 음압수준은 약 몇 dB(A)인가? (단, OSHA를 기준으로 한다.)

① 95 ② 90 ③ 85 ④ 80 ⑤ 75

해설 ④ [○] 노출 음압수준=공정 음압수준-차음효과=90dB(A)-10dB(A)=80dB(A)
여기서, 차음효과=(NRR-7)×0.5=(27-7)×0.5=10dB(A)

03 소음 차음용 귀덮개와 귀마개를 비교 설명한 내용으로 옳지 않은 것은?

① 귀덮개는 한 가지의 크기로 여러 사람에게 적용 가능하다.
② 귀덮개는 고온다습한 작업장에서 착용하기 어렵다.
③ 귀덮개는 귀마개보다 작업자가 착용하고 있는지 여부를 체크하기 쉽다.
④ 귀덮개는 귀마개보다 개인차가 크다.
⑤ 보안경과 함께 사용하는 경우 다소 불편하며, 차음효과가 감소된다.

정답 01. ① 02. ④ 03. ④

해설 ④ [×] 귀덮개는 귀마개보다 개인차가 적다.

04 현재 총 흡음량이 2,000sabins인 작업장 벽면에 흡음재를 강화하여 총 흡음량이 4,000sabins이 되었다. 이때 소음감소(noise reduction)량은?

① 3dB   ② 6dB   ③ 9dB   ④ 12dB   ⑤ 15dB

해설 ① [○] 소음감량(NR) = $10\log\dfrac{대책후}{대책전} = 10\log\dfrac{4,000}{2,000} = 3\text{dB}$

05 음의 은폐(Masking)에 대한 설명으로 옳지 않은 것은?

① 은폐음 때문에 피은폐음의 가청역치가 높아진다.
② 배경음악에 실내소음이 묻히는 것은 은폐효과의 예시이다.
③ 음의 한 성분이 다른 성분에 대한 귀의 감수성을 감소시키는 작용이다.
④ 순음에서 은폐효과가 가장 큰 것은 은폐음과 배음(harmonic overtone)의 주파수가 멀 때이다.
⑤ 두 음의 차가 10dB 이상인 경우에 발생된다.

해설 ④ [×] 순음에서 은폐효과가 가장 큰 것은 은폐음과 배음(harmonic overtone)의 주파수가 가까울 때이다.

  ○ 음의 은폐(masking)
    1. 순음에서 은폐효과가 가장 큰 것은 은폐음과 배음의 주파수가 가까울 때
    2. 두 음의 차가 10dB 이상인 경우에 발생된다.
    3. 10dB벨 이상의 차에 의해 높은 음이 낮은 음을 상쇄시켜 높은 음만 들려 낮은 음이 들리지 않는 현상이다.

진동 및 기초이론

01 일반적인 사람이 느끼는 최소진동역치는 얼마인가?

① 55±5dB   ② 65±5dB   ③ 75±5dB   ④ 90±5dB   ⑤ 105±5dB

해설 ① [○] 인간이 느끼는 최소진동역치는 55±5dB이다.

정답   04. ①   05. ④ | 01. ①

02 진동에 관한 설명으로 틀린 것은?

① 진동량은 변위, 속도, 가속도로 표현한다.
② 진동의 주파수는 그 주기현상을 가리키는 것으로 단위는 Hz이다.
③ 전신진동 노출 진동원은 주로 교통기관, 중장비차량, 큰 기계 등이다.
④ 전신진동인 경우에는 1~150Hz의 것이 주로 문제가 된다.
⑤ 국소진동의 경우에는 8~1,500Hz의 것이 주로 문제가 된다

해설 ④ [×] 전신진동인 경우에는 1~90Hz의 것이 주로 문제가 된다.

03 전신진동에 관한 설명으로 틀린 것은?

① 말초혈관이 수축되고, 혈압상승과 맥박증가를 보인다.
② 산소소비량은 전신진동으로 증가되고, 폐환기도 촉진된다.
③ 전신진동의 영향이나 장애는 자율신경 특히 순환기에 크게 나타난다.
④ 두부와 견부는 50~60Hz 진동에 공명하고, 안구는 10~20Hz 진동에 공명한다.
⑤ 전신진동의 경우 진동수 3Hz 이하이면 신체도 함께 움직이고 동요감을 느낀다.

해설 ④ [×] 두부와 견부는 20~30Hz 진동에 공명하고, 안구는 60~90Hz 진동에 공명한다.

04 전신진동의 주파수 범위로 가장 적절한 것은?

① 1~100Hz   ② 100~250Hz   ③ 250~1,000Hz   ④ 8~1,500Hz
⑤ 1,000~4,000Hz

해설 ① [○] 전신진동의 주파수 범위로는 일반적으로 1~100Hz이다.
③ 국소진동의 주파수 범위에 속하며, 8~1,500Hz이다.

05 일반적으로 전신진동에 의한 생체반응에 관여하는 인자와 가장 거리가 먼 것은?

① 온도   ② 진동 강도   ③ 진동 방향   ④ 진동수   ⑤ 노출시간

해설 ① [×] 온도는 전신진동에 의한 생체반응에 관여하는 인자와 거리가 멀다.

정답   02. ④   03. ④   04. ①   05. ①

○ 전신진동에 의한 생체반응에 관여하는 인자
1. 진동 강도   2. 진동 방향   3. 진동수   4. 노출시간

06 진동을 측정하기 위한 기기는?

① 충격측정기(Impulse meter)   ② 레이저판독판(Laser readout)
③ 가속측정기(Accelerometer)   ④ 소음측정기(Sound level meter)
⑤ 마노메타(Manometer)

해설   ③ [○] 가속측정기(Accelerometer)는 진동측정 기기이다. 진동의 강도 측정은 파라미터로서 속도, 변위, 가속도가 이용된다.

진동 관련 질병

01 1900년대 초 진동공구에 의한 수지의 Raynaud 증상을 보고한 사람은?

① Rehn   ② Raynaud   ③ Loriga   ④ Rudolf Virchow   ⑤ Eyring

해설   ③ [○] Loriga는 진동공구에 의한 수지의 레이노(Raynaud)현상을 상세히 보고하였다.

02 진동증후군(HAVS)에 대한 스톡홀름 워크숍의 분류로서 틀린 것은?

① 진동증후군의 단계를 0부터 4까지 5단계로 구분하였다.
② 1단계는 가벼운 증상으로 하나 또는 그 이상의 손가락 끝부분이 하얗게 변하는 증상을 의미한다.
③ 2단계는 보통의 증상, 하나 또는 그 이상의 손가락 가운뎃마디 부분까지 하얗게 변하는 증상이 나타나는 단계이다.
④ 3단계는 심각한 증상으로 하나 또는 그 이상의 손가락 가운뎃마디 부분까지 하얗게 변하는 증상이 나타나는 단계이다.
⑤ 4단계는 매우 심각한 증상으로 대부분의 손가락이 하얗게 변하는 증상과 함께 손끝에서 땀의 분비가 제대로 일어나지 않는 등의 변화가 나타나는 단계이다.

정답   06. ③ | 01. ③   02. ④

해설 ④ [×] 3단계는 심각한 증상으로 대부분의 손가락에 빈번하게 나타나는 단계이다.

03 진동 작업장의 환경관리 대책이나 근로자의 건강보호를 위한 조치로 옳지 않은 것은?

① 발진원과 작업자의 거리를 가능한 멀리한다.
② 작업자의 체온을 낮게 유지시키는 것이 바람직하다.
③ 절연패드의 재질로는 코르크, 펠트(felt), 유리섬유 등을 사용한다.
④ 진동공구의 무게는 10kg을 넘지 않게 하며, 방진장갑 사용을 권장한다.
⑤ 진동공구를 사용하는 작업은 1일 2시간을 초과하지 말아야 한다.

해설 ② [×] 작업자의 체온을 낮게 유지시키는 것은 바람직하지 않다. 진동 작업장에서 체온을 낮게(한랭작업) 유지하는 것은 레이노현상을 촉발시킨다.

04 레이노 현상(Raynaud's phenomenon)의 주요 원인으로 옳은 것은?

① 국소진동   ② 전신진동   ③ 고온환경   ④ 다습환경   ⑤ 저온환경

해설 ① [○] 국소진동 장해인 레이노 현상은 손마비, 청색증을 유발한다.

05 다음 중 진동의 영향을 가장 많이 받는 인간의 성능은?

① 추적(tracking) 능력   ② 감시(monitoring) 작업
③ 반응시간(reaction time)   ④ 형태식별(pattern recognition)
⑤ 근육조정(muscle adjusting)

해설 ① [○] 제시문에 해당하는 것은 '추적(tracking) 능력'이다.
○ 진동의 영향
1. 진동의 영향을 가장 많이 받는 인간의 성능은 추적(tracking)작업이고, 가장 영향이 적은 작업은 형태식별(pattern recognition)작업이다.
2. 진동은 진폭에 비례해 시력을 손상시키며 10~25Hz의 경우 가장 심하다.
3. 진동은 진폭에 비례하여 추적능력을 손상시키며, 5Hz 이하의 낮은 진동수에서 가장 심하다.

정답 03. ②   04. ①   05. ①

4. 안정되고 정확한 근육조절을 요하는 작업은 진동에 의해서 저하된다.
5. 반응시간, 감시, 형태식별 등 주로 중앙신경 처리에 달린 임무는 진동의 영향을 덜 받는다.

진동 방지대책

01 방진재료로 적절하지 않은 것은?

① 방진고무　② 코르크　③ 유리섬유　④ 코일 용수철
⑤ 공기스프링

해설　③ [×] 유리섬유는 방진(진동방지)재료로는 적당하지 않다.
　　○ 방진재료
　　　1. 금속스프링(코일용수철)　2. 방진고무　3. 공기스프링　4. 코르크

02 진동방지대책 중 발생원에 관한 대책으로 가장 옳은 것은?

① 거리감쇠를 크게 한다.　　② 수진측에 탄성지지를 한다.
③ 수진점 근방에 방진구를 판다.　④ 기초중량을 부가 및 경감한다.
⑤ 가진력(기진력, 외력) 감쇠를 경감한다.

해설　④ [○] 기초중량의 부가 및 경감은 진동발생원에 관한 대책이 된다.
　　○ 발생원에 관한 대책
　　　1. 가진력(기진력, 외력) 감쇠　2. 불평형력의 평형 유지
　　　3. 기초중량의 부가 및 경감　　4. 탄성지지(완충물 등 방진재 사용)
　　　5. 진동원 제거　　　　　　　　6. 동적 흡진(공진 감소)

03 방진재 중 금속스프링에 관한 설명으로 옳지 않은 것은?

① 공진 시에 전달률이 크다.　　② 저주파 차진에 좋다.
③ 감쇠가 크다.　　　　　　　　④ 환경요소에 대한 저항성이 크다.
⑤ 최대변위가 허용된다.

정답　01. ③　02. ④　03. ③

해설 ③ [×] 금속스프링은 감쇠가 매우 적다.

○ 금속스프링의 장단점
1. 장점은 저주파 차진에 좋고, 환경요소에 대한 저항성이 크며, 최대변위가 허용된다는 점 등이다.
2. 단점은 감쇠가 거의 없고, 공진 시에 전달률이 매우 크며, 요동현상 로킹(rocking)이 일어난다는 점 등이다.

04 방진재인 금속스프링의 특징이 아닌 것은?
① 공진 시에 전달률이 좋지 않다.　② 환경요소에 대한 저항이 크다.
③ 저주파 차진에 좋으며 감쇠가 거의 없다.
④ 다양한 형상으로 제작이 가능하며 내구성이 좋다.
⑤ 최대변위가 허용된다.

해설 ① [×] 금속스프링은 공진 시에 전달률이 매우 크다.

05 일반적으로 저주파 차진에 좋고, 환경요소에 저항이 크나, 감쇠가 거의 없고 공진 시에 전달률이 매우 큰 방진재료는?
① 금속스프링　② 방진고무　③ 공기스프링　④ 전단고무
⑤ 코르크

해설 ① [○] 금속스프링의 장점은 지문의 제시 내용과 같으나, 단점은 감쇠가 거의 없고, 공진 시에 전달률이 매우 크며, 로킹(rocking)이 일어난다는 점 등이다.

06 방진재인 공기스프링에 관한 설명으로 옳지 않은 것은?
① 부하능력이 광범위하다.
② 압축기 등의 부대시설이 필요하지 않다.
③ 구조가 복잡하고 시설비가 비싸다.
④ 사용 진폭이 적은 것이 많아 별도의 댐퍼가 필요한 경우가 많다.
⑤ 하중부하 변화에 따라 고유진동수를 일정하게 유지할 수 있다.

해설 ② [×] 압축기 등의 부대시설이 필요하다.

정답　04. ①　05. ①　06. ②

07 진동대책에 관한 설명으로 옳지 않은 것은 어느 것인가?

① 체인톱과 같이 발동기가 부착되어 있는 것을 전동기로 바꿈으로써 진동을 줄일 수 있다.
② 공구로부터 나오는 바람이 손에 접촉하도록 하여 보온을 유지하도록 한다.
③ 진동공구의 손잡이를 너무 세게 잡지 말도록 작업자에게 주의시킨다.
④ 진동공구는 가능한 한 공구를 기계적으로 지지하여 주어야 한다.
⑤ 진동공구의 무게는 10kg을 초과하지 않도록 한다.

[해설] ② [×] 공구로부터 나오는 바람이 손에 접촉하지 않도록 하여 보온을 유지하도록 한다. 14°C 이하의 옥외작업에서는 보온대책이 필요하다.

정답 07. ②

7.6 유해광선 및 건강선

유해광선

01 전자기 복사선의 파장범위 중에서 자외선-A의 파장 영역으로 가장 적절한 것은?

① 100~200nm ② 100~280nm ③ 280~315nm ④ 315~400nm
⑤ 400~760nm

해설 ④ [○] 자외선-A의 파장 영역은 315~400nm이다(nm : 나노미터).
○ 자외선 분류
1. UV-C(100~200nm : 발진, 경미한 홍반)
2. UV-B(280~315nm : 발진, 경미한 홍반, 광결막염)
3. UV-A(315~400nm : 발진, 홍반, 백내장, 피부노화 촉진)

02 자외선이 피부에 작용하는 설명으로 틀린 것은?

① 1,000~2,800 $\mathring{A}$ 의 자외선에 노출 시 홍반현상 및 즉시 색소침착 발생
② 2,800~3,200 $\mathring{A}$ 의 자외선에 노출 시 피부암 발생 가능
③ 자외선 조사량이 너무 많을 시 모세혈관 벽의 투과성 증가
④ 자외선에 노출 시 표피의 두께 증가
⑤ 피부투과력은 체표에서 0.1~0.2mm 정도이고, 자외선 파장, 피부색, 피부표피의 두께에 좌우된다.

해설 ① [×] 자외선에 노출 시 홍반 형성은 300nm 부근(2,000~2,900 $\mathring{A}$)에서 영향이 크며, 멜라닌색소 침착은 300~420nm에서 영향을 미친다.

03 다음 중 자외선에 관한 설명으로 틀린 것은?

① 자외선의 살균작용은 254nm 파장 정도에서 가장 강하다.
② 일명 화학선이라고 하며, 주로 눈과 피부에 피해를 준다.

정답 01. ④ 02. ① 03. ③

③ 눈에는 390nm 파장 정도에서 가장 영향이 크다.
④ Dorno ray는 290~315nm 정도의 범위이다.
⑤ 나이가 많을수록 자외선 흡수량이 많아져 백내장을 일으킬 수 있다.

[해설] ③ [×] 눈에 자외선은 270~280nm 파장 정도에서 가장 영향이 크다.

04 적외선의 생체작용에 관한 설명으로 틀린 것은?

① 조직에서의 흡수는 수분함량에 따라 다르다.
② 적외선이 조직에 흡수되면 화학반응을 일으켜 조직의 온도가 상승한다.
③ 적외선이 신체에 조사되면 일부는 피부에서 반사, 나머지는 조직에 흡수된다.
④ 조사부위의 온도가 오르면 혈관이 확장되어 혈류가 증가되며, 심하면 홍반을 유발하기도 한다.
⑤ 조직에의 흡수는 수층에 따라 다르며, 1,400nm 이상의 장파장 적외선은 1cm 의 수층을 통과하지 못한다.

[해설] ② [×] 적외선이 조직에 흡수되면 화학반응을 일으키는 것이 아니라, 구성분자의 운동에너지가 증가한다.

05 다음 중 적외선의 생체작용에 대한 설명으로 틀린 것은?

① 조직에 흡수된 적외선은 화학반응을 일으키는 것이 아니라 구성분자의 운동에너지를 증대시킨다.
② 만성노출에 따라 눈장해인 백내장을 일으킨다.
③ 700nm이하의 적외선은 눈의 각막을 손상시킨다.
④ 적외선이 체외에서 조사되면 일부는 피부에서 반사되고 나머지만 흡수된다.
⑤ 적외선의 피부투과성은 700~760nm 파장 범위에서 가장 강하다.

[해설] ③ [×] 1,400nm 이상의 장파장 적외선은 각막손상을 일으킨다.

06 마이크로파의 생물학적 작용과 거리가 먼 것은?

① 500cm 이상의 파장은 인체 조직을 투과한다.
② 3cm 이하 파장은 외피에 흡수된다.

[정답] 04. ② 05. ③ 06. ①

③ 3~10cm 파장은 1mm~1cm정도 피부내로 투과한다.
④ 25~200cm 파장은 세포 조직과 신체기관까지 투과한다.
⑤ 마이크로파에 의한 인체 표적기관은 눈이고, 1,000~10,000Hz에서 백내장을 유발한다.

해설 ① [×] 파장 200cm 이상의 마이크로파는 거의 모든 인체조직을 투과한다.

07 마이크로파가 건강에 미치는 영향에 관한 설명으로 옳지 않은 것은?

① 마이크로파의 생물학적 작용은 파장뿐만 아니라 출력, 노출시간, 노출된 조직에 따라서 다르다.
② 마이크로파는 백내장을 유발한다.
③ 생화학적 변화로는 콜린에스테라제의 활성치가 감소한다.
④ 마이크로파는 혈압을 상승시켜 결국 고혈압을 초래한다.
⑤ 마이크로파는 고환변성, 정자수의 감소, 국소적인 조직파괴 등을 유발시킨다.

해설 ④ [×] 마이크로파가 중추신경계통에 작용하여 혈압이 폭로 초기에는 상승하나 곧 억제효과를 내어 저혈압을 초래시킨다.

08 다음 중 피부노화와 피부암에 영향을 주는 비전리 방사선은?

① UV-A   ② UV-B   ③ UV-C   ④ UV-D   ⑤ UV-F

해설 ② [○] UV-B가 피부노화와 피부암에 영향을 주는 비전리 방사선이다.
○ 자외선의 분류와 영향
1. UV-A(315~400nm) : 발진, 홍반, 백내장
2. UV-B(280~315nm) : 발진, 경미한 홍반, 피부암, 광결막염
3. UV-C(100~280nm) : 발진, 경미한 홍반

09 전리방사선의 단위로서 피조사체 1g에 대하여 100erg의 에너지가 인체 조직에 흡수되는 양을 나타내는 것은?

① R   ② Ci   ③ rad   ④ IR   ⑤ Sv

정답 07. ④   08. ②   09. ③

해설 ③ [○] rad는 흡수선량 단위이다. 방사선이 물질과 상호작용한 결과 그 물질의 단위질량에 흡수된 에너지를 의미한다. 100rad가 1Gy(Gray)에 상당한다. 1Gy=100rad=1J/kg, 1erg=1dyn·cm=10^{-7} J

○ 전리방사선(이온화방사선) 종류

    1. 전자기방사선 : X선, γ선　　2. 입자방사선 : α입자, β입자, 중성자

○ 전리방사선 단위

    1. 뢴트겐(Röntgen, R) : 조사선량 단위(노출선량의 단위)

    2. 래드(rad) : 흡수선량 단위. 100rad=1Gy(Gray)

    3. 큐리(Ci), Bq(Becquerel) : 방사성물질의 양 단위. 1Bq=2.7×10^{-11}Ci

    4. 렘(rem) : 흡수선량이 생체에 영향을 주는 선당량의 단위. 1rem=0.01Sv

    5. 노출선량 : 공기 1kg당 1쿨롱 전하량을 갖는 이온생성 X선량 또는 γ선량

    6. Gy(Gray) : 흡수선량의 단위. 1Gy=100rad=1J/kg

    7. Sv(Sievert) : 흡수선량이 생체에 영향을 주는 선당량 단위. 1Sv=100rem

○ 비전리방사선(비이온화방사선) 종류

    1. 자외선, 가시광선, 적외선파, 라디오파, 마이크로파, 저주파, 극저주파, 레이저

10 전기성 안염(전광선 안염)과 가장 관련이 깊은 비전리 방사선은?

① 자외선　② 가시광선　③ 적외선　④ 마이크로파　⑤ 레이저

해설 ① [○] 전기용접, 자외선 살균취급자 등에서 발생되는 자외선에 의해 전광성 안염인 급성 각막염 유발된다.

건강선

01 Vitamin D 생성과 가장 관계가 깊은 광선의 파장은?

① 280~320 Å　② 280~320nm　③ 280~760 Å　④ 380~760nm

⑤ 380~760 Å

정답　10. ①　｜　01. ②

해설 ② [○] 비타민 D 생성은 주로 280~320nm의 자외선 파장에서 광화학적 작용을 일으켜 진피층에서 형성되고, 부족 시 구루병이 발생한다. 도르노(Dorno)선은 건강선이라고도 한다.

○ 도르노(dorno) 선 : 태양 광선 중에서 280~320nm(나노미터)의 자외선이다. 가장 치료력이 큰 자외선으로 소독 작용과 비타민 D 생성 작용을 하지만, 피부에 홍반을 남겨 나중에 색소가 침착된다. 스위스 학자인 도르노(C. W. M. Dorno)의 이름에서 유래하였다.

02 다음 중 비타민 D의 형성과 같이 생물학적 작용이 활발하게 일어나게 하는 Dorno선과 가장 관계있는 것은?

① UV-A ② UV-B ③ UV-C ④ UV-D ⑤ UV-S

해설 ② [○] UV-B(280~315nm)가 비타민 D의 형성에 기여하는 Dorno선과 가장 관계가 깊다. UV-A(315~400nm), UV-C(100~280nm)이고, UV-D는 해당이 없다.

정답 02. ②

7.7 작업공정 환경과 안전

작업환경 관련 이론

01 일정한 압력조건에서 부피와 온도가 비례한다는 표준가스 법칙은?

① 보일의 법칙 ② 샤를의 법칙 ③ 게이-뤼삭의 법칙
④ 반트호프의 법칙 ⑤ 아보가드로의 법칙

[해설] ② [○] 샤를의 법칙 : P가 일정시 $\dfrac{V_1}{T_1} = \dfrac{V_2}{T_2}$

④ 반트호프의 법칙 : 묽은 용액의 삼투압은 절대온도와 용질(예 : 소금)의 몰수에 비례한다는 법칙이다. 여기서, 삼투압(osmotic pressure)은 농도가 다른 두 액체를 반투막으로 막아 놓았을 때, 용질의 농도가 낮은 쪽에서 농도가 높은 쪽으로 용매가 옮겨가는 현상에 의해 나타나는 압력을 말한다.

⑤ 아보가드로의 법칙 : 모든 기체는 온도와 압력이 같을 때, 같은 부피 속에 같은 수의 분자를 포함한다는 법칙이다.

02 온도 27°C인 때의 체적이 1m³인 기체를 온도 127°C까지 상승시켰을 때의 체적은?

① 1.13m³ ② 1.33m³ ③ 1.47m³ ④ 1.73m³ ⑤ 1.84m³

[해설] ② [○] $\dfrac{V_1}{T_1} = \dfrac{V_2}{T_2}$ → 온도 상승후 체적(V_2) = $1m^3 \times \dfrac{273+127}{273+27} = 1.33m^3$

03 다음 중 일정한 온도조건에서 가스의 부피와 압력이 반비례하는 것과 가장 관계가 있는 것은?

① 보일의 법칙 ② 샤를의 법칙 ③ 아보가드로의 법칙
④ 게이-뤼삭의 법칙 ⑤ 라울의 법칙

[정답] 01. ②   02. ②   03. ①

해설 ① [○] 보일의 법칙 : 일정 온도에서 기체 부피는 압력에 반비례한다는 법칙

$$P_1V_1 = P_2V_2$$

○ 샤를의 법칙 : 일정한 압력에서 부피와 온도는 비례한다는 법칙 $\dfrac{V_1}{T_1} = \dfrac{V_2}{T_2}$

작업환경 개선 대책

01 작업환경 개선 대책 중 격리와 가장 거리가 먼 것은?

① 국소배기 장치의 설치 ② 원격 조정 장치의 설치
③ 특수 저장 창고의 설치 ④ 콘크리트 방호벽의 설치
⑤ 공정의 이동 설치

해설 ① [×] 국소배기 장치의 설치는 작업환경 개선의 '공학적 대책' 중 하나이다.

○ 작업환경개선 대책 중 격리의 종류
　1. 저장물질의 격리 2. 시설의 격리 3. 공정의 격리 4. 작업자의 격리

02 폭발방지를 위한 환기량은 해당 물질의 공기 중 농도를 어느 수준 이하로 감소시키는 것인가?

① 폭발농도 하한치 ② 노출기준 하한치 ③ 노출기준 상한치
④ 폭발농도 상한치 ⑤ 폭발농도 중앙치

해설 ① [○] 폭발농도 하한치 이하로 감소시켜 폭발을 방지시킨다.

○ 화재 및 폭발방지 전체환기량(Q) 계산에 폭발농도 하한치(LEL)이 쓰인다.

$$Q = \dfrac{24.1 \times S \times W \times C}{MW \times LEL \times B} \times 100 \ (m^2/min)$$

여기서, S : 물질 비중　　　W : 안전물질 사용량
　　　　C : 안전계수　　　MW : 유해물질 분자량
　　　　LEL : 폭발농도 하한치　B : 온도에 따른 보정상수

정답　01. ①　02. ①

03 온도 95°C, 압력 720mmHg에서 부피 200m³인 기체가 있다. 21°C, 1atm에서 이 기체의 부피는 얼마가 되겠는가?

① 140.6m³   ② 151.4m³   ③ 220.3m³   ④ 285.6m³

⑤ 312.6m³

해설 ② [○] 보일-샤를의 법칙 $\dfrac{P_1 V_1}{T_1} = \dfrac{P_2 V_2}{T_2}$ 으로부터

$$V_2 = V_1 \times \dfrac{T_2}{T_1} \times \dfrac{P_1}{P_2} = 200 \text{ m}^3 \times \dfrac{273+21}{273+95} \times \dfrac{720}{760} = 151.4 \text{ m}^3$$

04 기온이 21°C이고, 고도가 1,830m인 경우 공기밀도는 약 몇 kg/m³인가? (단, 1기압하 21°C일 때 공기의 밀도는 1.2kg/m³, 1,830m 고도에서의 압력은 608mmHg이다.)

① 0.56   ② 0.66   ③ 0.76   ④ 0.86   ⑤ 0.96

해설 ⑤ [○] 실제공기밀도(ρ_a) $= \rho_S \times d_f = 1.2 \times 0.8 = 0.96 \text{kg/m}^3$

여기서, 밀도보정계수(d_f) $= \dfrac{(273+21) \times P}{(°C+273) \times 760} = \dfrac{294 \times 608}{(21+273) \times 760} = 0.8$

05 공학적 작업환경 관리대책 중 격리에 해당하지 않는 방법은?

① 저장탱크 사이에 도랑을 설치한 경우
② 방사성 동위원소 취급을 밀폐장소에서 취급하도록 하는 경우
③ 소음발생 작업장에 근로자용 부스를 별도로 설치
④ 시끄러운 기기에 방음 카버를 씌운 경우
⑤ 도장공정에서 페인트 분사공정을 함침작업으로 실시

해설 ⑤ [×] '대치 중 공정의 변경'에 해당하는 내용이다.

06 작업환경 개선을 위한 공학적인 대책과 가장 거리가 먼 것은?

① 격리 ② 대치 ③ 교육 ④ 평가 ⑤ 환기

해설 ④ [×] 평가는 공학적인 대책과 가장 거리가 멀다.
○ 작업환경 개선을 위한 공학적인 대책 : 대치(대체), 격리(밀폐), 환기, 교육

정답 06. ④

제 8 장

산업재해 조사분석

8.1 산업재해 예방 / 434

8.2 산업재해 원인 / 441

8.3 산업재해 통계분석 / 447

8.4 산업재해 대책 / 458

8.5 산업재해 보상 / 462

8.1 산업재해 예방

> 산업재해 예방 개요

01 다음 중 재해의 발생형태에 있어 일어난 장소나 그 시점에 일시적으로 요인이 집중하여 재해가 발생하는 경우를 무엇이라 하는가?

① 연쇄형   ② 복합형   ③ 결합형   ④ 단순자극형   ⑤ 단순연쇄형

해설 ④ [○] 제시문은 재해 발생유형 중 단순자극형에 해당하는 내용이다.
○ 재해 발생유형
1. 단순자극형 : 상호자극에 의한 순간적 재해 발생, 일시적으로 요인이 집중한다고 하여 '집중형'이라고도 한다.
2. 연쇄형 : 하나의 사고요인이 다른 요인을 발생시키는 경우이다. 단순 연쇄형과 복합 연쇄형이 있다.
3. 복합형 : 단순자극형과 연쇄형의 복합적인 발생유형이 있다.

02 다음 중 재해조사의 목적 및 방법에 관한 설명으로 적절하지 않은 것은?

① 재해조사는 현장보존에 유의하면서 재해발생 직후에 행한다.
② 피해자 및 목격자 등 많은 사람으로부터 사고시의 상황을 수집한다.
③ 재해조사의 1차적 목표는 재해로 인한 손실금액을 추정하는데 있다.
④ 재해조사의 목적은 동종재해 및 유사재해의 발생을 방지하기 위함이다.
⑤ 재해조사 목적 순서는 '재해원인과 결함규명 → 예방자료 수집 → 동종재해 및 유사재해 재발방지'이다.

해설 ③ [×] 재해조사의 1차적 목표는 재해원인과 결함규명을 하는데 있다.

03 다음 중 인간의 비지란스(Vigilance)현상에 영향을 미치는 조건의 설명으로 관계가 가장 적은 것은?

① 작업시작 직후에는 검출률이 낮다.
② 오래 지속되는 신호는 검출률이 높다.

정답 01. ④   02. ③   03. ①

③ 발생빈도가 높은 신호는 검출률이 높다.
④ 불규칙적인 신호에 대한 검출률이 낮다.
⑤ 검출능력은 작업시간 30~40분 후 검출능력은 50%로 저하한다.

해설 ① [×] 작업시작 직후에는 검출률이 가장 높다.

⑤ 검출능력은 작업시간 후 빠른 속도로 저하한다. 작업시작 30~40분 후 검출능력은 50%로 저하된다.

산업재해 예방대책

01 재해예방의 4원칙에 해당하지 않는 것은?

① 시행착오의 원칙　② 예방가능의 원칙　③ 손실우연의 원칙
④ 대책선정의 원칙　⑤ 원인계기(연계)의 원칙

해설 ① [×] 시행착오의 원칙은 재해예방의 4원칙에 해당하지 않는다.

○ 재해예방의 4원칙
1. 손실우연의 원칙 : 사고의 결과 손실은 우연히 발생한다.
2. 원인연계의 원칙 : 사고에는 원인이 있고, 그 원인은 연계되어 있다.
3. 예방가능의 원칙 : 모든 재해는 예방이 가능하다.
4. 대책선정의 원칙 : 사고의 원인에 대한 대책선정이 가능하다.

02 사고예방대책의 기본원리 5단계 중 틀린 것은?

① 1단계 : 안전관리계획　② 2단계 : 현상파악　③ 3단계 : 분석평가
④ 4단계 : 대책의 선정　⑤ 안전관리의 조직

해설 ① [×] 사고예방대책의 기본원리 5단계 (하인리히)

1. 제1단계 : 안전관리의 조직
2. 제2단계 : 사실의 발견 (현상파악)
3. 제3단계 : 분석평가
4. 제4단계 : 시정책의 선정
5. 제5단계 : 시정책의 적용

정답　01. ①　02. ①

03 사고예방대책의 기본원리 5단계 중 '제2단계의 사실의 발견'에 관한 사항에 해당되지 않는 것은?

① 사고조사
② 사고 및 안전활동기록의 검토
③ 안전회의 및 토의
④ 교육과 훈련의 분석
⑤ 각종 안전회의 및 토의

해설 ④ [×] 하인리히(Heinrich)의 사고예방대책 기본원리 5단계 중 제2단계는 '사실의 발견(현상파악)' 단계이다. 교육과 훈련의 분석은 제3단계 분석에 해당하는 활동이다.

○ 제2단계 : 사실의 발견
1. 사고 및 활동기록의 검토 2. 작업분석 3. 점검 및 검사 4. 사고조사
5. 각종 안전회의 및 토의 6. 근로자의 제안 및 여론조사

04 사고예방대책 기본원리 5단계 중에서 제2단계인 사실의 발견(현상파악)의 내용으로 옳은 것은?

① 안전활동 방침 및 안전계획수립 및 조직을 통한 안전활동을 전개한다.
② 사고보고서 및 인적·물적 조건을 분석한다.
③ 안전회의 및 토의를 실시하고 근로자의 의견을 수렴한다.
④ 작업공정을 분석하고, 기술적·관리적인 개선사항을 점검한다.
⑤ 교육훈련 분석 등을 통하여 사고의 직·간접 원인을 규명한다.

해설 ③ [○] 안전회의 및 토의를 실시하고 근로자의 의견을 수렴은 제2단계 활동이다.

○ 사고예방대책 기본원리 5단계 중 제2단계 사실의 발견(현상파악)의 내용
1. 사고 및 활동기록 검토 2. 작업분석, 점검, 검사 3. 사고조사
4. 안전회의, 토의, 근로자 제안

05 사고예방대책의 기본원리 5단계 중 제2단계는?

① 안전조직
② 사실의 발견
③ 시정방법(시정책)의 선정
④ 분석 평가
⑤ 시정책 적용

정답 03. ④ 04. ③ 05. ②

해설 ② [○] 사고 예방대책의 기본원리 5단계(사고방지원리의 단계) 중 제2단계는 '사실의 발견' 단계이다.

06 하인리히(Heinrich)의 사고예방대책 기본원리 5단계에서 재해조사 분석, 안전성 진단 및 작업환경 측정은 몇 단계에서 실시하는가?

① 1단계　② 2단계　③ 3단계　④ 4단계　⑤ 5단계

해설 ③ [○] 하인리히(Heinrich)의 사고예방대책 기본원리 5단계 중 제3단계는 '평가·분석(Analysis)' 단계이다.

07 하비(Harvey)가 제창한 3E 대책은 하인리히(Heinrich)의 사고예방대책의 기본원리 5단계 중 어느 단계와 연관이 되는가?

① 조직　② 사실의 발견　③ 분석 및 평가　④ 시정책의 선정
⑤ 시정책의 적용

해설 ⑤ [○] 제시문의 3E 대책에 해당하는 것은 '5단계 : 시정책의 적용'이다.
　○ 제5단계(시정책의 적용) : 3E 대책으로 3가지
　　1. 교육(Education)　2. 기술(Engineering)　3. 독려(규제)(Enforcement)
　○ 하인리히의 사고예방대책의 기본원리 5단계
　　1단계 : 안전관리 조직　2단계 : 사실의 발견　3단계 : 평가 및 분석
　　4단계 : 시정책의 선정　5단계 : 시정책의 적용
　○ 하비(J. H. Harvey)의 3E (사고발생 3요인)
　　1. 3E의 개요
　　　3E는 산업재해가 3가지 주된 원인으로 발생한다고 보는 관점이며, 사고예방 측면에서 원인을 알면 안전대책을 수립할 수 있다는 것
　　2. 사고발생요인 3E (재해발생의 간접적 원인)
　　　1) 기술(Engineering)적 원인 : 기계설비의 결함, 작업환경의 불량 등 불안전한 상태
　　　2) 교육(Education)적 원인 : 안전지식 및 기능 부족, 안전수칙 무시 등 불안전한 행동
　　　3) 관리(Enforcement)적 원인 : 안전관리조직 결함, 안전수칙 미제정 등 관리적 결함

정답　06. ③　07. ⑤

3. 예방대책 3E
   1) 기술적 대책 : 인체공학적인 설비 구성, 위험이 적은 원재료 사용, 작업공정·작업방법 변경
   2) 교육적 대책 : 안전교육을 생활화하여 안전의식 고취
   3) 관리적 대책 : 안전조직체계를 정비하고 관련 제반기준 마련

08 다음 중 재해사례연구의 진행단계를 올바르게 나열한 것은?

① 재해 상황의 파악 → 사실의 확인 → 문제점의 발견 → 문제점의 결정 → 대책의 수립
② 사실의 확인 → 재해 상황의 파악 → 문제점의 발견 → 문제점의 결정 → 대책의 수립
③ 문제점의 발견 → 재해 상황의 파악 → 사실의 확인 → 문제점의 결정 → 대책의 수립
④ 문제점의 발견 → 문제점의 결정 → 재해 상황의 파악 → 사실의 확인 → 대책의 수립
⑤ 재해 상황의 파악 → 문제점의 발견 → 사실의 확인 → 문제점의 결정 → 대책의 수립

해설 ① [○] 재해사례연구 진행단계 : 재해 상황 파악 → 사실 확인 → 문제점 발견 → 근본 문제점 결정 → 대책 수립

09 재해사례연구의 진행단계 중 다음 ( ) 안에 알맞은 것은?

재해 상황의 파악 → (㉠) → (㉡) → 근본적 문제점의 결정 → (㉢)

① ㉠ 사실의 확인, ㉡ 문제점의 발견, ㉢ 대책수립
② ㉠ 문제점의 발견, ㉡ 사실의 확인, ㉢ 대책수립
③ ㉠ 사실의 확인, ㉡ 대책수립, ㉢ 문제점의 발견
④ ㉠ 문제점의 발견, ㉡ 대책수립, ㉢ 사실의 확인
⑤ ㉠ 사실의 확인, ㉡ 문제점의 발견, ㉢ 대책실시

해설 ① [○] 재해사례연구의 진행단계

1. 전제조건(5단계일 때) : 재해상황의 파악
2. 제1단계 : 사실의 확인
3. 제2단계 : 문제점의 발견
4. 제3단계 : 근본 문제점의 결정
5. 제4단계 : 대책 수립

10 재해사례연구법 중 사실의 확인 단계에서 사용하기 가장 적절한 분석기법은?

① 크로즈분석도 ② 특성요인도 ③ 관리도 ④ 파레토도
⑤ 매트릭스도

해설 ② [○] 특성요인도는 특성(결과)과 요인(원인)의 관계도를 마치 생선뼈 모양으로 그림을 그려 분석하기 위한 도구이다. 다양한 공정 요소들을 도표에 나타내어 공정 변이의 원인을 분석하고 문제를 해결하는 도구이다.

11 A사업장에서 당해 연도 사고건수는 총 990건으로 확인되었다. 하인리히(Heinrich)의 재해구성 비율에 의해 추정되는 인적재해(사망, 중상, 경상) 건수는?

① 3 ② 33 ③ 87 ④ 90 ⑤ 900

해설 ④ [○] 하인리히(Heinrich)의 재해구성 비율인 1(사망 또는 중상) : 29(경상) : 300(무상해 사고)에 의해 구한다.
1+29+300=330이고 3배가 3+87+900=990이다. 따라서 인적재해 건수는 이들 중에서 앞 2개의 합인 3+87=90건

12 다음 중 안전활동률에 관한 설명으로 틀린 것은?

① 일정기간 동안에 안전활동상태를 나타낸 것이다.
② 안전관리활동의 결과를 정량적으로 판단하는 기준이다.
③ 안전활동건수를 평균근로자수의 총근로시간수로 나눈 비율에 10^3을 곱한 값이다.
④ 안전활동건수에는 안전개선 권고수, 불안전한 행동 적발수, 안전화의 건수, 안전홍보건수 등이 포함된다.

정답 10. ② 11. ④ 12. ③

⑤ 총근로시간수는 '근로시간수×평균근로자수'로 산출한다.

해설 ③ [×] 안전활동건수를 평균근로자수의 총근로시간수로 나눈 비율에 10^6, 즉 1,000,000)을 곱한 값이다.

○ 안전활동률 = $\dfrac{\text{안전활동건수}}{\text{총근로시간수}} \times 1,000,000$

13 안전관리의 수준을 평가하는데 사고가 일어나는 시점을 전후하여 평가를 한다. 다음 중 사고가 일어나기 전의 수준을 평가하는 사전 평가활동에 해당하는 것은?

① 재해율 통계　② 안전활동률 관리　③ 재해손실비용 산정
④ 환산도수율　⑤ Safe-T-Score 산정

해설 ② [○] 제시문은 '안전활동률 관리'가 재해예방을 위한 원인적 측면의 적절한 지표 내용에 해당된다. 안전활동률=(안전활동건수/총근로시간수)×1,000,000

14 재해예방 측면에서 시스템의 FT에서 상부측 정상사상의 가장 가까운 쪽에 OR 게이트를 인터록이나 안전장치 등을 활용하여 AND 게이트로 바꿔 주면 이 시스템의 재해율에는 어떠한 현상이 나타나겠는가?

① 재해율에는 변화가 없다.　② 재해율의 급격한 증가가 발생한다.
③ 재해율의 급격한 감소가 발생한다.　④ 재해율의 점진적인 증가가 발생한다.
⑤ OR게이트는 병렬설계, AND게이트는 직렬설계를 의미한다.

해설 ③ [○] 재해율의 급격한 감소가 발생한다. FT도의 OR게이트는 신뢰성블록도의 직렬설계, AND게이트는 신뢰성블록도의 병렬설계이므로 직렬설계를 병렬설계로 바꿔 주게 되면 신뢰성은 대폭 향상된다.

정답 13. ②　14. ③

8.2 산업재해 원인

> 산업재해 분석 및 기본원인

01 산업재해의 기본원인으로 볼 수 있는 4M으로 옳은 것은?

① Man, Machine, Maker, Media
② Man, Management, Machine, Media
③ Man, Machine, Maker, Management
④ Man, Management, Machine, Material
⑤ Man, Machine, Material, Method

해설 ② [○] 산업재해의 기본원인 4요소 : Man, Machine, Media, Management
⑤ 제조공정관리 4요소 : Man, Machine, Material, Method

02 산업재해의 기본원인인 4M에 해당되지 않는 것은?

① 방식(Mode)   ② 설비(Machine)   ③ 작업(Media)
④ 관리(Management)   ⑤ 인적(Man)

해설 ① [×] 방식(Mode)는 안전관리에서 산업재해의 기본원인인 4M에 방식(방법은) 해당사항이 아니다. 산업재해의 기본원인인 4M은 품질관리에서의 공정 4요소 4M(Man, Machine, Material, Method)과는 다른 의미이다.
○ 산업재해의 기본원인인 4M
 1. 인적요인(Man) - 망각, 무의식, 피로 등
 2. 설비적 요인(Machine) - 기계 결함, 안정장치 미흡 등
 3. 작업적 요인(Media) - 작업 순서, 방법, 환경 등
 4. 관리적 요인(Management) - 안전 관리 조직, 규정, 교육 등

03 사고의 원인분석방법에 해당하지 않는 것은?

① 통계적 원인분석   ② 종합적 원인분석   ③ 클로즈(close)분석
④ 관리도   ⑤ 특성요인도

정답   01. ②   02. ①   03. ②

해설 ② [×] 사고의 원인분석방법으로 통계적 방법에는 파레토도, 관리도, 특성요인도, 클로즈도 등이 쓰인다. 클로즈(close)도는 크로스(cross)도라고도 한다(공단 기출). 크로스도(cross diagram)가 내용상 맞으나 현재 2개 다 쓰이고 있고, 시험에 2개 다 출제되고 있다는 점을 참고.

산업재해의 직접원인

01 재해의 직접원인 중 물적 원인에 해당하지 않는 것은?

① 방호장치의 결함 ② 주변 환경의 미정리 ③ 보호구 미착용
④ 조명 및 환기불량 ⑤ 복장보호구의 결함

해설 ③ [×] 보호구 미착용은 불안전한 행동(인적 요인)에 해당한다.

○ 불안전한 행동 (인적 요인)
  1. 위험장소 접근   2. 안전장치 기능 제거
  3. 복장, 보호구의 잘못 사용 4. 기계기구의 잘못 사용
  5. 운전중인 기계장치 손질   6. 불안전한 속도조작
  7. 유해위험물 취급 부주의   8. 불안전한 상태 방치
  9. 불안전한 자세동작   10. 감독 및 연락 불충분

○ 불안전한 상태 (물적 요인)
  1. 물 자체의 결함   2. 안전방호장치 결함   3. 복장보호구의 결함
  4. 물의 배치 및 작업장소 불량   5. 작업환경의 결함
  6. 생산공정의 결함   7. 경계표시·설비 결함

산업재해의 간접원인

01 재해의 간접원인 중 기초원인에 해당하는 것은?

① 불안전한 상태 ② 관리적 원인 ③ 신체적 원인
④ 불안전한 행동 ⑤ 기술적 원인

해설 ② [○] 관리적 원인은 간접원인 중 기초원인에 해당한다.

정답 01. ③ | 01. ②

02 재해발생의 간접원인 중 2차원인이 아닌 것은?

① 안전 교육적 원인   ② 신체적 원인   ③ 학교 교육적 원인
④ 정신적 원인   ⑤ 관리적 원인

해설 ③ [×] 학교 교육적 원인은 간접원인 중 기초원인에 해당한다.

○ 재해 원인의 연쇄 관계
1. 기초원인(간접원인) – 2차원인(간접원인) – 1차원인(직접원인) – 사고 – 재해

○ 재해발생의 원인
1. 직접원인(1차원인) : 시간적으로 사고 발생에 가까운 원인이다.
   ① 물적원인 – 불안전한 상태(설비 및 환경 등의 불량)
   ② 인적원인 – 불안전한 행동
2. 간접원인(2차원인) : 재해의 가장 깊은 곳에 존재하는 재해원인이다.
   ① 기초원인 – 학교 교육적 원인, 관리적 원인
   ② 2차원인 – 신체적 원인, 정신적 원인, 안전 교육적 원인, 기술적 원인

03 다음 재해원인 중 간접원인에 해당하지 않는 것은?

① 기술적 원인   ② 교육적 원인   ③ 관리적 원인   ④ 인적 원인
⑤ 설계상 결함

해설 ④ [×] 인적 원인은 직접원인에 해당한다.

04 재해발생의 간접원인 중 교육적 원인이 아닌 것은?

① 안전수칙의 오해   ② 경험훈련의 미숙   ③ 안전지식의 부족
④ 작업지시 부적당   ⑤ 작업방법의 교육 불충분

해설 ④ [×] 작업지시 부적당은 관리적 원인에 해당한다.

정답 02. ③   03. ④   04. ④

상해 · 재해의 분류

01 다음 중 상해의 종류에 해당하지 않는 것은?

① 찰과상　② 타박상　③ 중독·질식　④ 이상온도노출　⑤ 청력장해

해설　④ [×] 이상온도노출은 재해발생 형태에 해당한다. 이상온도 노출에 의한 재해는 화상 및 동상이 있다.

　　○ 상해의 종류
　　　1. 골절 : 뼈가 부러진 상해
　　　2. 동상 : 저온물 접촉으로 생긴 동상상해
　　　3. 부종 : 국부 혈액순환의 이상으로 몸이 부어 오르는 상해
　　　4. 찔림(자상) : 칼날 등 날카로운 물건에 찔린 상해
　　　5. 타박상(좌상) : 타박, 충돌, 추락 등으로 피부표면보다 피하조직 또는 근육부를 다친 상해
　　　6. 절단 : 신체부위 절단
　　　7. 중독, 질식 : 음식, 약물, 가스 등에 의한 중독 및 질식 상해
　　　8. 찰과상 : 스치거나 문질러서 벗겨진 상해
　　　9. 베임(창상) : 창, 칼날 등에 베인 상해
　　　10. 화상 : 화재 또는 고온물 접촉으로 인한 상해
　　　11. 뇌진탕 : 머리 추격으로 인한 상해
　　　12. 익사 : 물 등 익사
　　　13. 피부병 : 직업과 연관되어 발생 또는 악화되는 피부질환
　　　14. 청력장해 : 청력 감퇴 또는 난청　　15. 시력장해 : 시력 감퇴 및 실명

02 재해의 발생형태 중 재해자 자신의 움직임·동작으로 인하여 기인물에 부딪히거나, 물체가 고정부를 이탈하지 않은 상태로 움직임 등에 의하여 발생한 경우를 무엇이라 하는가?

① 비래　② 전도　③ 충돌　④ 협착　⑤ 낙하

해설　③ [○] 충돌이란 물체가 고정부에서 이탈하지 않은 상태로 움직임(규칙, 불규칙) 등에 의하여 접촉 충돌한 경우를 말한다.

정답　01. ④　　02. ③

○ 재해 발생 형태별 분류
1. 추락 : 사람이 건축물, 비계, 기계. 사다리, 계단, 경사면, 나무 등에서 떨어지는 것
2. 전도 : 사람이 평면상으로 넘어졌을 때를 말함(과속, 미끄러짐 포함)
3. 충돌 : 사람이 정지물에 부딪친 경우
4. 낙하, 비래 : 물건이 주체가 되어 사람이 맞은 경우
5. 협착 : 물건에 끼워진 상태, 말려든 상태

03 다음과 같은 재해에 대한 원인분석시 "사고유형 – 기인물 – 가해물"을 올바르게 나열한 것은?

> 공구와 자재가 바닥에 어지럽게 널려 있는 작업통로를 작업자가 보행 중 공구에 걸려 넘어져 통로바닥에 머리를 부딪쳤다.

① 전도 - 바닥 - 공구 ② 낙하 - 통로 - 바닥
③ 전도 - 공구 - 바닥 ④ 충돌 - 바닥 - 공구
⑤ 추락 - 바닥 - 공구

해설 ③ [○] 이 경우 사고유형은 전도, 기인물은 공구, 가해물은 바닥이 해당한다.

04 근로자가 25kg의 제품을 운반하던 중에 발에 떨어져 신체 장해등급 14등급의 재해를 당하였다. 재해의 발생 형태, 기인물, 가해물을 모두 올바르게 나타낸 것은?

① 기인물 : 발, 가해물 : 제품, 재해발생형태 : 낙하
② 기인물 : 발, 가해물 : 발, 재해발생형태 : 추락
③ 기인물 : 제품, 가해물 : 제품, 재해발생형태 : 낙하
④ 기인물 : 제품, 가해물 : 발, 재해발생형태 : 낙하
⑤ 기인물 : 제품, 가해물 : 제품, 재해발생형태 : 추락

해설 ③ [○] 기인물 : 제품, 가해물 : 제품, 재해발생형태 : 낙하
○ 기인물 : 사고 발생 시 직접사고의 원인이 된 물체나 물질
가해물 : 사고 발생 시 신체에 직접 접촉하여 상해를 가한 물체나 물질

정답 03. ③   04. ③

05 다음과 같은 재해가 발생하였을 경우 재해의 원인분석으로 옳은 것은?

건설현장에서 근로자가 비계에서 마감작업을 하던 중 바닥으로 떨어져 사망하였다.

① 기인물 : 비계, 가해물 : 마감작업, 사고유형 : 낙하
② 기인물 : 바닥, 가해물 : 비계, 사고유형 : 추락
③ 기인물 : 비계, 가해물 : 바닥, 사고유형 : 낙하
④ 기인물 : 비계, 가해물 : 바닥, 사고유형 : 추락
⑤ 기인물 : 바닥, 가해물 : 비계, 사고유형 : 낙하

해설 ④ [○] 제시문은 '기인물은 비계, 가해물은 바닥, 사고유형은 추락'이 적절한 내용에 해당된다.

정답 05. ④

8.3 산업재해 통계분석

> 산업재해 통계 지표

01 연평균 근로자수가 1,100명인 사업장에서 한 해동안 17명의 사상자가 발생하였을 경우 연천인율은 약 얼마인가? (단, 근로자가 1일 8시간, 연간 250일을 근무하였다.)

① 7.73　② 13.24　③ 15.45　④ 18.55　⑤ 19.23

해설 ③ [○] 연천인율 = $\dfrac{\text{연간재해자 수}}{\text{연평균 근로자수}} \times 1{,}000 = \dfrac{17}{1{,}100} \times 1{,}000 = 15.45$

○ [참고] 연천인율 = 도수율 × 2.4, 도수율 = $\dfrac{\text{재해건수}}{\text{연근로시간수}} \times 1{,}000{,}000$

02 A사업장의 2023년 도수율이 10이라 할 때 연천인율은 얼마인가?

① 2.4　② 5　③ 12　④ 24　⑤ 32

해설 ④ [○] 연천인율 = 도수율 × 2.4 = 10 × 2.4 = 24

03 A사업장의 연간 도수율이 4일 때 연천인율은 얼마인가? (단, 근로자 1인당 연간근로시간은 2,400시간으로 한다.)

① 1.7　② 9.6　③ 15　④ 17　⑤ 20

해설 ② [○] 연천인율 = 도수율 × 2.4 = 4 × 2.4 = 9.6

○ [참고] 8(시간/1일) × 300(연간일수) = 2400일의 경우 : 연천인율 = 도수율 × 2.4

04 1일 8시간씩 연간 300일을 근무하는 사업장의 연천인율이 7이었다면 도수율은 약 얼마인가?

① 2.41　② 2.92　③ 3.42　④ 4.53　⑤ 4.85

정답　01. ③　02. ④　03. ②　04. ②

해설 ② [○] 연천인율=도수율×2.4 → 7=도수율×2.4 → 도수율=2.92

05 연천인율 45인 사업장의 도수율은 얼마인가?

① 10.8 ② 18.75 ③ 19.67 ④ 20.75 ⑤ 29.54

해설 ② [○] 연천인율=도수율×2.4 → 45=도수율×2.4 → 도수율=18.75

06 연간근로자수가 1000명인 공장의 도수율이 10인 경우 이 공장에서 연간 발생한 재해건수는 몇 건인가?

① 16건 ② 18건 ③ 20건 ④ 22건 ⑤ 24건

해설 ⑤ [○] 도수율=$\dfrac{재해건수}{연근로시간수}\times 1,000,000$ → $10=\dfrac{재해건수}{1,000\times 8\times 300}\times 1,000,000$

재해건수=10×2.4=24

07 1년간 80건의 재해가 발생한 A사업장은 1,000명의 근로자가 1주일당 48시간, 1년간 52주를 근무하고 있다. A사업장의 도수율은? (단, 근로자들은 재해와 관련 없는 사유로 연간노동시간의 3%를 결근하였다.)

① 31.06 ② 32.05 ③ 33.04 ④ 34.03 ⑤ 35.87

해설 ③ [○] 도수율(빈도율)=$\dfrac{재해건수}{연근로시간수}\times 1,000,000$

$=\dfrac{80}{1,000\times 48\times 52\times (1-0.03)}\times 1,000,000 = 33.04$

08 상시 근로자 수가 1,000명인 사업장에 1년 동안 6건의 재해로 8명의 재해자가 발생하였고, 이로 인한 근로손실일수는 80일이었다. 근로자가 1일 8시간씩 매월 25일씩 근무하였다면, 이 사업장의 도수율은 얼마인가?

① 0.03 ② 2.50 ③ 4.00 ④ 8.00 ⑤ 9.86

해설 ② [○] 도수율=$\dfrac{재해건수}{연근로시간수}\times 1,000,000=\dfrac{6}{1,000\times 8\times 25\times 12}\times 1,000,000 = 2.50$

정답 05. ② 06. ⑤ 07. ③ 08. ②

09 A사업장의 2023년 재해현황이 다음과 같을 때 이 사업장의 강도율은?

○ 근로자수 : 500명   ○ 연근로시간수 : 2,400시간
○ 신체장해등급 : 2급 : 3명, 10급 : 5명
○ 의사 진단에 의한 휴업일수 : 1,500일

① 0.22   ② 2.22   ③ 22.28   ④ 44.56   ⑤ 89.72

해설 ③ [○] 강도율 = $\dfrac{\text{총 근로손실일수}}{\text{연근로시간수}} \times 1,000$

$$= \dfrac{(3 \times 7,500) + (5 \times 600) + (1,500 \times \dfrac{300}{365})}{500 \times 2,400} \times 1,000 = 22.28$$

○ 근로손실일수

장해등급	1~3	4	5	6	7	8	9	10	11	12	13	14
근로손실일수	7,500	5,500	4,000	3,000	2,200	1,500	1,000	600	400	200	100	50

10 어떤 사업장의 상시근로자 1,000명이 작업 중 2명 사망자와 의사진단에 의한 휴업일수 90일 손실을 가져온 경우의 강도율은? (단, 1일 8시간, 연 300일 근무)

① 5.92   ② 6.28   ③ 7.32   ④ 8.12   ⑤ 9.24

해설 ② [○] 강도율 = $\dfrac{\text{총 근로손실일수}}{\text{연근로시간수}} \times 1,000$

$$= \dfrac{(2 \times 7,500) + (90 \times \dfrac{300}{365})}{1,000 \times 8 \times 300} \times 1,000 = 6.28$$

11 국제노동기구(ILO)의 산업재해 정도 구분에서 부상 결과 근로자가 신체장해등급 제12급 판정을 받았다면 이는 어느 정도의 부상을 의미하는가?

정답 09. ③   10. ②   11. ②

① 영구 전노동 불능　② 영구 일부노동 불능　③ 일시 전노동 불능
④ 일시 일부노동 불능　⑤ 구급처치상해

해설　② [○] 상해 정도별 구분 (ILO)
1. 사망
2. 영구 전노동 불능 상해 : 신체장해 등급 1~3급
3. 영구 일부노동 불능 상해 : 신체장해 등급 4~14급
4. 일시 전노동 불능 상해 : 장해가 남지 않는 휴업상해
5. 일시 일부노동 불능 상해 : 일시 근무 중에 업무를 떠나 치료를 받는 정도의 상해
6 구급처치상해 : 응급처치 후 정상작업을 할 수 있는 정도의 상해

12 재해통계에 있어 강도율이 2.0인 경우에 대한 설명으로 옳은 것은?

① 한 건의 재해로 인해 전제 작업비용의 2.0%에 해당하는 손실이 발생하였다.
② 근로자 1,000명당 2.0건의 재해가 발생하였다.
③ 근로시간 1,000시간당 2.0건의 재해가 발생하였다.
④ 근로시간 1,000시간당 2.0일의 근로손실이 발생하였다.
⑤ 근로자 1,000명당 1년간에 발생하는 재해발생자수가 2명 발생하였다.

해설　④ [○] 근로시간 1,000시간당 2.0일의 근로손실이 발생하였다.
○ [참고] 강도율=(근로손실일수/연근로시간수)×1,000

13 A사업장의 조건이 다음과 같을 때 A사업장에서 연간재해발생으로 인한 근로손실일수는?

○ 강도율 : 0.4　○ 근로자 수 : 1,000명　○ 연근로시간수 : 2,400시간

① 480　② 720　③ 960　④ 1,440　⑤ 1,540

해설　③ [○] 강도율 $= \dfrac{\text{총근로손실일수}}{\text{연근로시간수}} \times 1,000 \rightarrow 0.4 = \dfrac{\text{총근로손실일수}}{1,000 \times 2,400} \times 1,000$

→ 근로손실일수=960

정답　12. ④　13. ③

14 A사업장의 현황이 다음과 같을 때, A사업장의 강도율은?

- 상시근로자 : 200명
- 요양재해건수: 4건
- 사망 : 1명
- 휴업 : 1명(500일)
- 연근로시간 : 2,400시간

① 8.33　② 14.53　③ 15.31　④ 16.48　⑤ 17.45

해설　④ [○] 강도율을 구하기 위해 근로손실일수를 알고, 식을 이용하여 구한다.

$$강도율 = \frac{근로손실일수}{연근로시간수} \times 1,000 = \frac{7,500 + 500 \times \frac{300}{365}}{200 \times 2,400} = 16.48$$

○ 근로손실일수 : 문제에 이 값들이 주어지지 않는 경우가 많음(암기요함)

구분	사망	신체 장해등급 1~14등급											
		1~3	4	5	6	7	8	9	10	11	12	13	14
근로손실일수	7,500	7,500	5,500	4,000	3,000	2,200	1,500	1,000	600	400	200	100	50

○ 사망 및 1, 2, 3급의 근로손실일수7,500일 근거
25년×300일=7,500일 (단, 근로손실년수 : 25년, 1년 근로손실일수 300일 기준임)

15 A사업장의 상시근로자수가 1,200명이다. 이 사업장의 도수율이 10.5이고 강도율이 7.5일 때 이 사업장의 총 요양근로손실일수(일)는? (단, 연근로시간수는 2,400시간이다.)

① 21.6　② 216　③ 2,160　④ 21,600　⑤ 24,590

해설　④ [○] 강도율 $= \frac{근로손실일수}{연근로시간수} \times 1,000 \rightarrow 7.5 = \frac{x}{1,200 \times 2,400} \times 1,000 \rightarrow$

$x = 21,600$ 일

16 강도율에 관한 설명 중 틀린 것은?

① 사망 및 영구 전노동불능(신체장해등급1~3급)의 근로손실일수는 7,500일로 환산한다.

정답　14. ④　15. ④　16. ③

② 신체장애 등급 중 제14급은 근로손실일수를 50일로 환산한다.
③ 영구 일부 노동불능은 신체 장해등급에 따른 근로손실일수에 300/365을 곱하여 환산한다.
④ 일시 전노동 불능은 휴업일수에 300/365을 곱하여 근로손실일수를 환산한다.
⑤ 산재로 인한 근로손실의 정도를 나타내는 통계로서 1,000시간당 재해로 인한 근로손실일수를 의미한다.

해설 ③ [×] 근로손실일수는 '근로손실일수= 휴업일수(요양일수)×(300/365)'로 산출이 되나, 영구 일부 노동불능은 신체 장해등급에 따른 근로손실일수에 미리 정해진 일수를 사용한다. 영구 일부노동불능상해는 부상결과로 신체 일부분의 일부가 노동 기능을 상실한 부상(4~14급)에 해당하고, 장해등급 근로손실일수가 정해져 있다(예, 1~3급 7,500일, 14급 50일 등).

17 근로손실일수 산출에 있어서 사망으로 인한 근로손실연수는 보통 몇 년을 기준으로 산정하는가?

① 30   ② 25   ③ 20   ④ 15   ⑤ 10

해설 ② [○] 근로손실일수 7,500일과 근로손실년수 25년의 근거
1. 재해로 인해 사망한 자의 평균연령을 30세, 노동 가능한 연령을 55세로 보며, 근로자가 평생 25년(55세-30세=25세) 일한다고 가정하며, 1년 동안의 노동일수를 300일로 본 것이다.
2. 강도율=(근로손실일수/연근로시간수)×1,000 산출시 근로손실일수가 사용되며, 노동불능 발생시 장해등급별로 미리 정해진 근로손실일수가 적용되며, 휴업이 발생한 경우에는 휴업일수에 300/365를 곱하여 근로손실일수를 산출한 후에 이 두 개를 합하여 근로손실일수를 산출한다. 휴업일수에 300/365를 곱하는 이유는 1년에 300일을 근무일수로 가정하기 때문이다. 사망 시나 장애등급 1~3급일 경우에는 7,500일을 근로손실일수로 보며, 이는 근로자가 평생 25년 일한다고 가정하여 산출한 일수로서 300일/년×25년=7,500일이 되기 때문이다.

18 강도율이 1.25, 도수율이 10인 사업장의 평균강도율은 얼마인가?

① 8일   ② 10일   ③ 12.5일   ④ 125일   ⑤ 145일

정답 17. ②   18. ④

해설 ④ [○] 평균강도율 = $\frac{강도율}{도수율} \times 1,000 = \frac{1.25}{10} \times 1,000 = 125$

19 강도율 7인 사업장에서 한 작업자가 평생 동안 작업을 한다면 산업재해로 인한 근로손실일수는 며칠로 예상되는가? (단, 이 사업장의 연근로시간과 한 작업자의 평생근로시간은 100,000시간으로 가정한다.)

① 500   ② 600   ③ 700   ④ 800   ⑤ 900

해설 ③ [○] 환산강도율=강도율×100=7×100=700
  (여기서, 평생근로시간수=100,000시간인 경우이다.)

20 도수율이 24.5이고, 강도율이 1.15인 사업장이 있다. 이 사업장에서 한 근로자가 입사하여 퇴직할 때까지 몇 일간의 근로손실일수가 발생하겠는가?

① 2.45일   ② 115일   ③ 215일   ④ 245일   ⑤ 285일

해설 ② [○] 환산강도율=강도율×100=1.15×100=115일

21 연평균 상시근로자 수가 500명인 사업장에서 36건의 재해가 발생한 경우 근로자 한 사람이 이 사업장에서 평생 근무할 경우, 근로자에게 발생할 수 있는 재해는 몇 건으로 추정되는가? (단, 근로자는 평생 40년을 근무하며, 평생 잔업시간은 4,000시간이고, 1일 8시간씩 연간 300일을 근무한다.)

① 2건   ② 3건   ③ 4건   ④ 5건   ⑤ 6건

해설 ② [○] 평생 근무할 경우, 근로자에게 발생할 수 있는 재해건수는 환산도수율을 의미한다. 환산도수율=도수율×0.1=30×0.1=3

  여기서, 도수율 = $\frac{재해건수}{연근로시간수} \times 1,000,000$

  $= \frac{36}{500 \times 8 \times 300 + 400/40} \times 1,000,000 = 30$

22 재해의 빈도와 상해의 강약도를 혼합하여 집계하는 지표를 무엇이라 하는가?

① 강도율　② 안전활동률　③ safe-T-score　④ 종합재해지수
⑤ 평균강도율

해설　④ [○] 종합재해지수 $FSI = \sqrt{도수율 \times 강도율}$

① 강도율 = (총근로손실일수/연평균근로자수) × 1,000
② 안전활동률 = (안전활동건수/총근로시간수) × 1,000,000
　　여기서, 총근로시간수 = 근로시간수 × 평균근로자수

③ $\text{Safe} - \text{T} - \text{Score} = \dfrac{\text{현재빈도율} - \text{과거빈도율}}{\sqrt{\text{과거빈도율} \times \dfrac{1,000,000}{\text{근로총시간수(현재)}}}}$

판단 : +2.00이상 : 과거보다 심각하다.
　　　+2.00~-2.00 : 과거와 차이가 없다.
　　　-2.00이하 : 과거보다 좋아졌다.

⑤ 평균강도율 = $\dfrac{강도율}{도수율} \times 1,000$

23 500명의 상시근로자가 있는 사업장에서 1년간 발생한 근로손실일수가 1,200일이고, 이 사업장의 도수율이 9일 때, 종합재해지수(FSI)는 얼마인가? (단, 근로자는 1일 8시간씩 연간 300일을 근무하였다.)

① 2.0　② 2.5　③ 2.7　④ 3.0　⑤ 3.4

해설　④ [○] 종합재해지수(FSI) = $\sqrt{도수율 \times 강도율} = \sqrt{9 \times 1} = 3.0$

여기서, 도수율 = 9, 강도율 = $\dfrac{근로손실일수}{총근로시간수} \times 1,000 = \dfrac{1,200}{500 \times 8 \times 300} \times 1,000 = 1$

24 산업재해보험적용 근로자 1,000명인 플라스틱 제조사업장에서 작업 중 재해 5건이 발생하였고, 1명이 사망하였을 때 이 사업장의 사망만인율은?

① 2　② 5　③ 10　④ 15　⑤ 20

정답　22. ④　23. ④　24. ③

해설 ③ [○] 사망만인율 = $\dfrac{사망자수}{상시근로자수} \times 10,000 = \dfrac{1}{1,000} \times 10,000 = 10$

재해분석 활용 통계계수

01 산업위생통계에서 적용하는 변이계수에 대한 설명으로 틀린 것은?

① 표준오차에 대한 평균값의 크기를 나타낸 수치이다.
② 통계집단의 측정값들에 대한 균일성, 정밀성 정도를 표현하는 것이다.
③ 단위가 서로 다른 집단이나 특성값의 상호 산포도를 비교하는데 이용될 수 있다.
④ 평균값의 크기가 0에 가까울수록 변이계수의 의의가 작아지는 단점이 있다.
⑤ 변이계수로부터 상대분산은 $(CV)^2$으로 산출이 된다.

해설 ① [×] 변이계수는 평균값의 크기에 대한 표준오차를 나타낸 수치이다.
변이계수(변동계수) $CV = s/\bar{x}$이고, 측정방법의 정밀도를 평가하는 계수이며, %로 표현될 수 있고, 측정단위와 무관하게 독립적으로 산출된다.
참고로, 이를 응용한 상대분산은 $(CV)^2$으로 산출된다.

02 작업환경 중 분진의 측정 농도가 대수정규분포를 할 때, 측정 자료의 대표치에 해당되는 용어는?

① 기하평균치   ② 산술평균치   ③ 최빈치   ④ 중앙치
⑤ 미드레인지

해설 ① [○] 측정 농도가 대수정규분포를 할 때 대표값으로서 기하평균, 산포도로서 기하표준편차를 사용한다.
③ 최빈치(모드, Mode)=빈도수가 가장 높은 데이터
⑤ 미드레인지(M, Mid range))=(최대치+최소치)/2
○ 작업환경 중 분진의 측정 농도가 정규분포를 할 때 대표치
산술평균, 중앙치, 모드(최빈치), 미드레인지, 조화평균, 기하평균, 가중평균

정답 01. ①   02. ①

03 유해인자에 노출된 집단에서의 질병 발생률과 노출되지 않은 집단에서 질병 발생률과의 비를 무엇이라 하는가?

① 교차비   ② 발병비   ③ 기여위험도   ④ 상대위험도   ⑤ 특이도

해설 ④ [○] 설명은 상대위험도에 대한 정의이다.

$$\text{상대위험도} = \frac{\text{유해인자에 노출된 집단에서의 질병발생률}}{\text{유해인자에 노출되지 않은 집단에서의 질병발생률}}$$

04 유량, 측정시간, 회수율 및 분석 등에 의한 오차가 각각 15, 3, 9, 5%일 때, 누적오차는 약 몇 %인가?

① 18.4   ② 20.3   ③ 21.5   ④ 23.5   ⑤ 28.5

해설 ① [○] 누적오차 $= \sqrt{15^2 + 3^2 + 9^2 + 5^2} = 18.4\,(\%)$

05 100ppm을 %로 환산하면 몇 %인가?

① 1%   ② 0.1%   ③ 0.01%   ④ 0.001%   ⑤ 0.0001%

해설 ③ [○] 환산치 (ppm → %) $= 100\text{ppm} \times \dfrac{1\%}{10{,}000\text{ppm}} = 0.01\%$

06 다음 중 변이계수에 관한 설명으로 틀린 것은 어느 것인가?

① 통계집단의 측정값들에 대한 균일성, 정밀성 정도를 표현한 것이다.
② 평균값에 대한 표준편차의 크기를 백분율로 나타낸 수치이다.
③ 변이계수는 %로 표현되므로 측정단위와 무관하게 독립적으로 산출된다.
④ 평균값의 크기가 0에 가까울수록 변이계수의 의의는 커진다.
⑤ 단위가 서로 다른 집단이나 특성값의 산포도를 비교하는 데 이용될 수 있다.

해설 ④ [×] 평균값의 크기가 0에 가까울수록 산포의 척도인 변이계수의 값은 커지고, 산포가 커지게 되므로 좋지 못하게 되는 결과를 보이는 것이고, 그 의의는 낮아진다. 변이계수(CV)=(표준편차/산술평균)×100(%)
산포 척도인 불편분산, 표준편차, 변이계수, 범위 등은 작을수록 좋다.

정답 03. ④   04. ①   05. ③   06. ④

07 통계집단의 측정값들에 대한 균일성, 정밀성 정도를 표현하는 변이계수(%)의 산출식으로 맞는 것은?

① (표준편차/산술평균)×100
② (표준편차/기하평균)×100
③ (표준오차/산술평균)×100
④ (표준오차/기하평균)×100
⑤ (표준오차/산술평균)²×100

해설 ① [○] 변이계수=(표준편차/산술평균)×100(%), $CV = \dfrac{s}{\bar{x}} \times 100(\%)$

재해분석 활용 통계분포

01 일반적으로 재해발생 간격은 지수분포를 따르며, 일정기간 내에 발생하는 재해발생 건수는 포아송분포를 따른다고 알려져 있다. 이러한 확률변수들의 발생과정을 무엇이라고 하는가?

① Wiener 과정
② Bernoulli 과정
③ Poisson 과정
④ Binomial 과정
⑤ Hypergeometric 분포

해설 ③ [○] Poisson 과정은 포아송분포를 이용하여 계산하는 과정이다. 포아송분포(Poisson distribution)는 단위 시간안에 어떤 사건이 몇 번 발생할 것인지를 표현하는 이산확률분포이다. 포아송분포는 포아송의 1838년 '민사사건과 형사사건 재판의 확률에 관한 연구' 라는 논문을 통해 알려졌다. 포아송분포는 '푸아송분포'라고도 표기된다.

⑤ Hypergeometric 분포 : 초기하분포(超幾何分布, hypergeometric distribution)란 비복원추출에서 N개 중에 n번 추출했을 때 원하는 것 k개가 뽑힐 확률의 분포이다.

8.4 산업재해 대책

> 사고예방대책의 기본원리

01 사고예방대책의 기본원리 5단계 중 제2단계의 사실의 발견에 관한 사항에 해당되지 않는 것은?

① 사고조사 ② 안전회의 및 토의 ③ 교육과 훈련의 분석
④ 안전점검 ⑤ 사고 및 안전활동기록의 검토

해설 ③ [×] 교육과 훈련의 분석은 3단계 원인규명(분석평가) 활동이다.

○ 사고예방대책 기본원리 5단계
　1단계 : 조직
　　1. 경영층의 참여　2. 안전관리자 임명
　　3. 안전의 라인 및 참모조직 구성
　　4. 안전활동 방침 및 계획 수립　5. 조직을 통한 안전활동
　2단계 : 사실의 발견
　　1. 사고 및 안전활동 기록 검토　2. 작업분석
　　3. 안전점검 및 안전진단　4. 사고조사
　　5. 안전회의 및 토의　6. 근로자의 제안 및 여론조사
　　7. 관찰 및 보고서의 연구 등을 통하여 불안전요소 발견
　3단계 : 분석·평가
　　1. 사고보고서 및 현장조사　2. 사고기록 및 인적·물적 조건의 분석
　　3. 작업공정 분석
　　4. 교육·훈련 분석 등을 통하여 사고의 직접원인 및 간접원인을 규명
　4단계 : 시정방법(시정책)의 선정
　　1. 기술적 개선　2. 인사조정(배치조정)
　　3. 교육·훈련의 개선　4. 안전행정의 개선
　　5. 규정 및 수칙 작업표준 제도의 개선　6. 확인 및 통제체제 개선
　5단계 : 시정책의 적용(3E 적용)
　　1. 기술적(engineering)　2. 교육적(education)
　　3. 단속적(enforcement)

정답　01. ③

02 사고예방대책의 기본원리 5단계 중 3단계의 분석·평가 내용에 해당되는 것은?

① 위험 확인   ② 사고 및 활동 기록 검토   ③ 현장 조사
④ 사실의 발견   ⑤ 기술의 개선 및 인사조정

해설 ③ [○] 현장 조사는 3단계의 분석평가에서 행하는 활동이다.

○ 사고예방대책의 기본원리 5단계 (하인리히의 재해예방원리)
  1. 안전관리 조직   2. 사실의 발견   3. 분석·평가   4. 시정책의 선정
  5. 시정책의 적용

○ 제3단계 : 분석평가 내용
  1. 사고보고서 현장 조사·분석   2. 사고기록 및 관계자료 분석
  3. 인적·물적 환경조건 분석   4. 작업공정 분석   5. 교육 및 훈련 분석
  6. 배치사항 분석   7. 안전수칙 및 작업표준 분석   8. 보호장비의 적부

산업재해 발생시 조치순서

01 재해 발생 시 조치순서로 가장 적절한 것은?

① 산업재해발생 → 재해조사 → 긴급처리 → 대책수립 → 원인강구 → 대책실시계획 → 실시 → 평가
② 산업재해발생 → 긴급처리 → 재해조사 → 원인강구 → 대책수립 → 대책실시계획 → 실시 → 평가
③ 산업재해발생 → 재해조사 → 긴급처리 → 원인강구 → 대책수립 → 대책실시계획 → 실시 → 평가
④ 산업재해발생 → 긴급처리 → 재해조사 → 대책수립 → 원인강구 → 대책실시계획 → 실시 → 평가
⑤ 산업재해발생 → 긴급처리 → 재해조사 → 원인강구 → 대책실시계획 → 대책수립 → 실시 → 평가

해설 ② [○] 재해발생 시 조치순서는 "긴급처리, 재해조사, 원인강구, 대책수립, 대책실시계획, 실시, 평가"의 순이다.

정답   02. ③ | 01. ②

○ 긴급조치(처리) 순서
1. 피재기계 정지   2. 피해자 응급조치   3. 관계자에 통보
4. 2차재해 방지   5. 현장 보존

02 다음 중 재해 발생 시 긴급조치사항을 올바른 순서로 배열한 것은?

> ㉠ 현장보존   ㉡ 2차재해 방지   ㉢ 피재기계의 정지   ㉣ 관계자에게 통보
> ㉤ 피해자의 응급처리

① ㉤ → ㉢ → ㉡ → ㉠ → ㉣
② ㉢ → ㉤ → ㉠ → ㉣ → ㉡
③ ㉢ → ㉤ → ㉣ → ㉠ → ㉡
④ ㉢ → ㉤ → ㉣ → ㉡ → ㉠
⑤ ㉢ → ㉣ → ㉤ → ㉠ → ㉡

해설   ④ [○] 재해 발생 시 긴급조치 순서는 "기계정지 → 응급처리 → 통보 → 2차재해 방지 → 현장보존"의 순이다.

03 산업재해 발생 시 조치 순서에 있어 긴급처리의 내용으로 볼 수 없는 것은?

① 현장 보존   ② 잠재위험요인 적출   ③ 관련 기계의 정지
④ 재해자의 응급조치   ⑤ 관계자에게 통보

해설   ② [×] 잠재위험요인 적출은 재해조사 활동에 해당한다. 재해 발생시의 대책단계는 "긴급처리 → 재해조사 → 원인강구 → 대책수립 → 대책실시계획 → 실시 → 평가"의 순이다.

○ 긴급처리 단계의 활동내용
1. 피재기계의 정지   2. 피해자 구출   3. 피해자의 응급조치
4. 관계자에게 통보   5. 2차재해 방지   6. 현장보존

04 다음 중 산업재해 발생시 조치 순서에 있어 긴급처리의 내용으로 볼 수 없는 것은?

① 관련 기계의 정지   ② 현장조사   ③ 피해자 구출
④ 재해자의 응급조치   ⑤ 관계자에게 통보

정답   02. ④   03. ②   04. ②

[해설] ② [×] 현장조사는 긴급처리가 아닌 「재해조사」 단계의 활동이다.

○ 재해발생 시 조치순서 7단계
재해가 발생하면 「긴급처리 → 재해조사 → 원인강구 → 대책수립 → 대책실시계획 → 실시 → 평가」의 단계를 거쳐 최선의 사후조치를 한다.

○ 재해발생시의 긴급처리 순위
1순위 : 피재기계의 정지 및 피해확산 방지
2순위 : 피해자 구출
3순위 : 피해자의 응급조치
4순위 : 관계자에게 통보
5순위 : 2차재해 방지
6순위 : 현장보존

8.5 산업재해 보상

산업재해 보상 이론

01 재해로 인한 직접비용으로 8000만원이 산재보상비로 지급되었다면 하인리히 방식에 따를 때 총 손실비용은 얼마인가?

① 16000만원 ② 24000만원 ③ 32000만원 ④ 40000만원
⑤ 48000만원

해설 ④ [○] 하인리히의 법칙 (1 : 4 법칙) → 직접비용 1 : 간접비용 4
　　총손실비용=직접비용+간접비용=8000+32000=40000만원
　　여기서, 간접비용=8000(직접비용)×4=32000만원

02 전년도 A건설기업의 재해발생으로 인한 산업재해보상보험금의 보상비용이 5천만원이었다. 하인리히 방식을 적용하여 재해손실비용을 산정할 경우 총 재해손실비용은 얼마이겠는가?

① 2억원 ② 2억원5천만원 ③ 3억원 ④ 3억원5천만원 ⑤ 4억원

해설 ② [○] 하인리히 재해코스트=1(직접비) : 4(간접비)
　　　　　　　　　　　=직접비(5000만원) : 간접비(2억원)
　　총재해손실(직접비의 5배가 됨) : 5000만원+2억원=2억 5000만원

03 재해손실비의 산출에 대한 논자별 이론에서 잘못 설명이 된 것은?

① 시몬즈 방식에서 「총재해코스트=보험코스트+비보험코스트」이다.
② 버드 방식에서 「총재해비용=보험비+비보험비+비보험기타비용」이다.
③ 콤패스 방식에서 「총재해비용=공동운영비+개별비용비」이다.
④ 하인리히 방식에서 「총재해코스트=직접비+간접비+공동비」이다.
⑤ 하인리히 방식에서 「간접비=인적손실+물적손실+생산손실+기타손실」이다.

해설 ④ [×] 하인리히 방식에서 「총재해코스트=직접비+간접비」이다.

정답 01. ④ 02. ② 03. ④

제9장

최근 기출문제 풀이

9.1 2022년 기출문제 풀이 / 464

9.2 2023년 기출문제 풀이 / 479

9.3 2024년 기출문제 풀이 / 493

9.4 2025년 기출문제 풀이 / 507

9.1 2022년 기출문제

제2과목 : 산업안전일반

01 리스크 관리의 용어 정의에 관한 지침에서 "가능성과 결과에 대한 범위를 구분하여 리스크 등급을 표시하고, 리스크 우선순위를 정하기 위한 도구"로 정의되는 용어는?

① 리스크 통합(Risk aggregation)
② 리스크 프로파일(Risk profile)
③ 리스크 수준 판정(Risk evaluation)
④ 리스크 기준(Risk criteria)
⑤ 리스크 매트릭스(Risk matrix)

해설 ⑤ [○] 리스크 매트릭스(Risk matrix) : 가능성과 결과에 대한 범위를 구분하여 리스크 등급을 표시하고, 리스크 우선순위를 정하기 위한 도구를 말한다.

① 리스크 통합(Risk aggregation) : 전체 리스크 수준을 이해하기 위해 다수의 리스크를 하나의 리스크로 통합시키는 것을 말한다.

② 리스크 프로파일(Risk profile) : 조직 또는 단체에서 관리 대상이 되는 리스크의 우선순위 및 그에 관한 설명을 말한다.

③ 리스크 수준 판정(Risk evaluation) : 리스크 또는 리스크 경감이 수용할 만한 수준인지 결정하기 위하여 주어진 리스크 기준과 리스크 분석의 결과를 비교하는 과정을 말한다. 리스크 수준 판정은 리스크 처리 결정을 위해 보조적으로 활용된다.

④ 리스크 기준(Risk criteria) : 리스크의 유의성(Significance)을 판단하기 위한 기준이 되는 조건을 의미한다.

02 산업안전보건법령상 안전보건교육에서 다음 작업의 특별교육 교육내용이 아닌 것은? (단, 그 밖에 안전·보건관리에 필요한 사항은 고려하지 않는다.)

> 작업명 : 동력에 의하여 작동되는 프레스기계를 5대 이상 보유한 사업장에서 해당 기계로 하는 작업

정답 01. ⑤ 02. ④

① 프레스의 특성과 위험성에 관한 사항
② 방호장치 종류와 취급에 관한 사항
③ 안전작업방법에 관한 사항
④ 국소배기장치 및 안전설비에 관한 사항
⑤ 프레스 안전기준에 관한 사항

해설 ④ [×] 동력에 의하여 작동되는 프레스기계를 5대 이상 보유한 사업장에서 해당 기계로 하는 작업 (산시규 별표 5)
1. 프레스의 특성과 위험성에 관한 사항
2. 방호장치 종류와 취급에 관한 사항
3. 안전작업 방법에 관한 사항
4. 프레스 안전보건에 관한 사항
5. 그 밖에 안전·보건관리에 필요한 사항

03 안전교육의 단계별 과정 중 태도교육의 내용이 아닌 것은?

① 작업동작 및 표준작업방법의 습관화
② 공구·보호구 등의 관리 및 취급태도의 확립
③ 작업 전후 점검 및 검사요령의 정확화 및 습관화
④ 작업지시·전달 등의 언어·태도의 정확화 및 습관화
⑤ 작업에 필요한 안전규정 숙지

해설 ⑤ [×] 작업에 필요한 안전규정 숙지는 지식교육에 해당한다. 태도교육은 안전지식교육, 안전기능교육의 성과를 특히 체득시켜서 어떠한 경우에도 불안전 행동을 취하지 않는 태도로 육성하기 위한 개인교육이다.

04 OJT(on the job training)에 비하여 Off JT(off the job training)의 장점으로 옳은 것을 모두 고른 것은?

ㄱ. 다수의 근로자에게 조직적 훈련이 가능하다.
ㄴ. 개개인에 적합한 지도훈련이 가능하다.
ㄷ. 훈련에만 전념할 수 있다.   ㄹ. 전문가를 강사로 초청할 수 있다.

정답 03. ⑤   04. ③

① ㄱ, ㄴ   ② ㄴ, ㄷ   ③ ㄱ, ㄷ, ㄹ   ④ ㄴ, ㄷ, ㄹ
⑤ ㄱ, ㄴ, ㄷ, ㄹ

해설 (ㄴ) [×] 개개인에 적합한 지도훈련이 가능하다. → OJT에 해당

○ Off JT(off the job training)의 장점
1. 한 번에 다수를 대상으로 일괄적·조직적으로 교육할 수 있다.
2. 전문가를 강사로 초청할 수 있다.
3. 교육기자재 및 특별교재나 시설을 활용할 수 있다.
4. 업무와 분리되어 훈련에만 전념할 수 있다.
5. 다른 분야 및 다른 직장의 경험이나 지식을 교환할 수 있다.
6. 교육목표를 위하여 집단적으로 협력과 협조가 가능하다.
7. 원리, 개념, 이론의 교육에 적합하다.

OJT의 특징	Off JT의 특징
- 개개인에게 적절한 훈련 가능	- 다수의 근로자 훈련 용이
- 직장의 실정에 맞는 훈련 가능	- 훈련 전념이 가능
- 효과가 즉시 업무에 연결	- 특별설비기구 이용 가능
- 업무의 계속성 유지	- 많은 지식이나 경험 교류
- 신뢰 이해도가 높음	- 집단적 노력이 흐트러질 수 있음

05 학습지도원리에 해당하지 않는 것은?

① 자발성의 원리   ② 개별화의 원리   ③ 사회화의 원리
④ 도미노 이론의 원리   ⑤ 직관의 원리

해설 ④ [×] 학습지도 원리 : 자발성의 원리, 개별화의 원리, 사회화의 원리, 통합성의 원리, 직관의 원리, 목적의 원리, 과학성의 원리

06 사업장 위험성평가에 관한 지침에서 사업주는 위험성평가를 효과적으로 실시하기 위하여 위험성평가 실시규정을 작성하고 관리하여야 한다. 이때 실시규정에 포함되어야 할 사항이 아닌 것은?

① 평가의 목적 및 방법   ② 인정심사위원회의 구성·운영
③ 평가담당자 및 책임자의 역할   ④ 평가시기 및 절차

정답 05. ④   06. ②

⑤ 근로자에 대한 참여·공유 방법

해설 ② [×] 실시규정에 포함되어야 할 사항 (사업장 위험성평가에 관한 지침 제9조)
〈개정 2024. 12. 18〉
1. 평가의 목적 및 방법   2. 평가담당자 및 책임자의 역할
3. 평가시기 및 절차   4. 근로자에 대한 참여·공유 방법 및 유의사항
5. 결과의 기록·보존

07 산업안전보건법령상 고용노동부장관이 사업주에게 안전보건진단을 받아 안전보건개선계획을 수립하여 시행할 것을 명할 수 있는 사업장으로 옳지 않은 것은?

① 산업재해율이 같은 업종 평균 산업재해율의 1.5배인 사업장
② 사업주가 필요한 안전조치를 이행하지 아니하여 중대재해가 발생한 사업장
③ 직업성 질병자가 연간 2명 발생한 상시근로자 900명인 사업장
④ 직업성 질병자가 연간 3명 발생한 상시근로자 1,500명인 사업장
⑤ 작업환경 불량, 화재·폭발 또는 누출 사고 등으로 사업장 주변까지 피해가 확산된 사업장으로서 고용노동부령으로 정하는 사업장

해설 ① [×] 안전보건진단을 받아 안전보건개선계획을 수립할 대상 (산안령 제49조)
1. 산업재해율이 같은 업종 평균 산업재해율의 2배 이상인 사업장
2. 사업주가 필요한 안전조치 또는 보건조치를 이행하지 아니하여 중대재해가 발생한 사업장
3. 직업성 질병자가 연간 2명 이상(상시근로자 1천명 이상 사업장의 경우 3명 이상) 발생한 사업장
4. 그 밖에 작업환경 불량, 화재·폭발 또는 누출 사고 등으로 사업장 주변까지 피해가 확산된 사업장으로서 고용노동부령으로 정하는 사업장

[참고] 안전보건개선계획의 수립·시행 명령 (산안법 제49조)
1. 산업재해율이 같은 업종의 규모별 평균 산업재해율보다 높은 사업장
2. 사업주가 필요한 안전조치 또는 보건조치를 이행하지 아니하여 중대재해가 발생한 사업장
3. 대통령령으로 정하는 수 이상의 직업성 질병자가 발생한 사업장
4. 유해인자의 노출기준을 초과한 사업장

정답 07. ①

08 작업장의 도구, 부품, 조종장치 배치에서 작업의 효율성 향상을 위해 적용하는 원리가 아닌 것은?

① 일관성 원리   ② 중요도 원리   ③ 독창성 원리   ④ 사용 순서의 원리
⑤ 사용 빈도의 원리

해설   ③ [×] 작업장에서 공간배치의 원리 : 중요도 원리, 사용 빈도의 원리, 기능성의 원리, 사용 순서의 원리, 일관성 원리, 양립성의 원리, 혼잡선 회피 원리

09 인간-기계 시스템에서 표시장치(display)와 조종장치(control)의 설계에 관한 내용으로 옳지 않은 것은?

① 작업자의 즉각적 행동이 필요한 경우에 청각적 표시장치가 시각적 표시장치보다 유리하다.
② 330m 이상 정도의 장거리에 신호를 전달하고자 할 때는 청각신호 주파수를 1,000Hz 이하로 하는 것이 좋다.
③ 광삼현상으로 인해 음각(검은 바탕의 흰 글씨)의 글자 획폭(stroke width)은 양각(흰 바탕의 검은 글씨)보다 작은 값이 권장된다.
④ 조종-반응 비(C/R 비)가 작을수록 조종장치와 표시장치의 민감도가 낮아져 미세조종에 유리하다.
⑤ 공간적 양립성은 표시장치와 조종장치의 배치와 관련된다.

해설   ④ [×] 조종-반응 비(C/R 비)가 작을수록 조종장치와 표시장치의 민감도가 커서 미세조종에 유리하다.
① 청각적 표시장치는 즉각적인 행동이 필요한 경우에 적합하다.
② 330m 이상 정도의 장거리에 신호를 전달하고자 탈 때는 1,000Hz 이하의 진동수를 사용한다.
③ 광삼현상은 흰 모양이 주위의 검은 배경으로 번져 보이는 현상으로 음각(검은 바탕의 흰 글씨)의 글자 획폭(stroke width)은 양각(흰 바탕의 검은 글씨)보다 작은 값이 권장된다.
⑤ 공간적 양립성은 특정한 사물 특히 표시장치나 조종장치에서 물리적 형태나 공간적이 배치의 양립성이다.

정답   08. ③   09. ④

10 인간-컴퓨터 상호작용에서 닐슨(J. Nielsen)이 정의한 사용성의 세부 속성에 해당하지 않는 것은?

① 적합성(conformity)   ② 학습 용이성(learnability)
③ 기억 용이성(memorability)   ④ 주관적 만족도(subjective satisfaction)
⑤ 오류의 빈도와 정도(error frequency and severity)

해설   ① [×] 사용성의 세부 속성에는 학습성, 기억성, 효율성, 주관적인 만족, 오류 등이다.

11 재해 조사 과정에서 수행해야 할 절차 내용을 순서대로 옳게 나열한 것은?

ㄱ. 근본적 문제점 결정   ㄴ. 4M 모델에 따른 기본 원인 파악
ㄷ. 5W1H 원칙에 따른 사실 확인
ㄹ. 불안전 상태와 불안전 행동에 해당하는 직접 원인 파악

① ㄱ → ㄴ → ㄷ → ㄹ   ② ㄴ → ㄱ → ㄷ → ㄹ
③ ㄷ → ㄴ → ㄹ → ㄱ   ④ ㄷ → ㄹ → ㄴ → ㄱ
⑤ ㄹ → ㄷ → ㄱ → ㄴ

해설   ④ [○] 재해 조사 과정에서 수행해야 할 절차 내용
1. 1단계 : 사실의 확인
2. 2단계 : 직접원인과 문제점 확인 (직접적 원인 파악, 4M 모델 활용 원인 파악)
3. 3단계 : 근본적 문제점 결정
4. 4단계 : 대책의 수립

○ 재해발생시 조치순서
* 긴급조치 → 재해조사 → 원인분석 → 대책수립 → 대책실시계획 → 실시 → 평가
* 긴급조치 순서 : 기계 정지 → 피해자구출 → 응급조치 → 관계자 통보 → 2차 재해 방지 → 현장보존

정답   10. ①   11. ④

12 사업장 위험성평가에 관한 지침에서 위험성평가의 실시에 관한 내용으로 옳지 않은 것은?

① 위험성평가는 최초평가 및 수시평가, 정기평가로 구분하여 실시하여야 한다.
② 최초평가 및 정기평가는 전체작업을 대상으로 한다.
③ 중대산업사고 또는 산업재해(휴업 이상의 요양을 요하는 경우에 한정한다) 발생시에는 재해발생 작업을 대상으로 작업을 재개하기 전에 수시평가를 실시하여야한다.
④ 사업장 건설물의 설치·이전·변경 또는 해체 계획이 있는 경우에는 해당 계획의 실행을 착수하기 전에 수시평가를 실시하여야 한다.
⑤ 정기평가는 최초평가 후 2년에 1회 실시하여야 한다.

해설　⑤ [×] 정기평가는 최초평가 후 매년 정기적으로 실시한다(사업장 위험성평가에 관한 지침 제15조).
　　　① 위험성평가는 최초평가 및 수시평가, 정기평가로 구분하여 실시하여야 한다 (사업장 위험성평가에 관한 지침 제15조).
　　　② 최초평가 및 정기평가는 전체작업을 대상으로 한다(사업장 위험성평가에 관한 지침 제15조). <조항 삭제됨 2024. 12.18>
　　　③ 중대산업사고 또는 산업재해(휴업 이상의 요양을 요하는 경우에 한정한다) 발생시에는 재해발생 작업을 대상으로 작업을 재개하기 전에 수시평가를 실시하여야 한다(사업장 위험성평가에 관한 지침 제15조).
　　　④ 사업장 건설물의 설치·이전·변경 또는 해체 계획이 있는 경우에는 해당 계획의 실행을 착수하기 전에 수시평가를 실시하여야 한다(사업장 위험성평가에 관한 지침 제15조).

13 2,500명의 근로자가 근무하는 사업장의 재해율(천인율)은 1.6, 도수율은 0.8, 강도율은 1.2이었다. 이 사업장의 연간 재해발생건수와 근로손실일수로 옳은 것은? (단, 1일 8시간, 연간 250일 근무하는 것으로 가정한다.)

① 재해발생건수 : 4건, 근로손실일수 : 4,000일
② 재해발생건수 : 4건, 근로손실일수 : 6,000일

정답　12. ⑤　　13. ②

③ 재해발생건수 : 6건, 근로손실일수 : 6,000일
④ 재해발생건수 : 6건, 근로손실일수 : 8,000일
⑤ 재해발생건수 : 8건, 근로손실일수 : 8,000일

해설 ② [○] 도수율 = $\dfrac{\text{재해건수}}{\text{연근로시간수}} \times 1{,}000{,}000 = \dfrac{\text{재해건수}}{\text{근로자수} \times \text{연간근로시간}} \times 1{,}000{,}000$

이므로, $0.8 = \dfrac{x}{2{,}500 \times 8 \times 250} \times 1{,}000{,}000 \rightarrow x = 4$건

강도율 = $\dfrac{\text{총 근로손실일수}}{\text{연근로시간수}} \times 1{,}000 = \dfrac{\text{총 근로손실일수}}{\text{근로자수} \times \text{연간근로시간}} \times 1{,}000$ 이므로,

$1.2 = \dfrac{x}{2{,}500 \times 8 \times 250} \times 1{,}000 \rightarrow x = 6000$일

14 산업재해 연구에 관한 내용으로 옳은 것을 모두 고른 것은?

ㄱ. 시몬즈(Simonds)는 평균치법을 적용해 재해손실비용을 산출하였다.
ㄴ. 하인리히(Heinrich)는 재해손실비용의 직접비와 간접비 비율을 약 1 : 4로 제시하였다.
ㄷ. 버드(Bird)는 1건의 중상이 발생할 때 10건의 경상, 300건의 아차사고가 발생한다고 하였다.

① ㄱ   ② ㄷ   ③ ㄱ, ㄴ   ④ ㄴ, ㄷ   ⑤ ㄱ, ㄴ, ㄷ

해설 (ㄱ) [○] 시몬즈(Simonds)는 재해손실비용 산출에 평균치 계산방식을 적용했다.
(ㄴ) [○] 하인리히(Heinrich)는 재해손실비용의 직접비와 간접비 비율이 약 1 : 4가 된다고 하였다.
(ㄷ) 버드(Bird)는 1건의 중상·폐질이 발생할 때 10건의 경상(인적·물적 상해), 30건의 무상해사고(물적손실 발생), 600건의 무상해, 무사고 고장(위험순간)이 발생한다고 하였다.

정답 14. ③

15 시력이 1.2인 사람이 6m 떨어진 곳에서 구분할 수 있는 벌어진 틈의 최소 크기(mm)는? (단, 소수점 둘째 자리에서 반올림하여 소수점 첫째 자리까지 구하시오.)

① 1.0　　② 1.3　　③ 1.5　　④ 1.7　　⑤ 1.9

해설 ③ [○] $\pi : 180° \times 60분/° = \dfrac{x}{600} : \dfrac{1}{1.2}$ 분 관계로부터

$$\dfrac{180 \times 60 \times x}{6,000} = \dfrac{\pi}{1.2} \rightarrow x = 1.45 ≒ 1.5\text{mm}$$

여기서, $\tan\theta ≒ \theta = \dfrac{h}{l}$, 시각(분) $= \dfrac{1}{시력}$, 1°=60분

16 근골격계부담작업 유해성 평가를 위한 인간공학적 도구에 관한 내용으로 옳지 않은 것은?

① RULA는 하지 자세를 평가에 반영한다.
② REBA는 동작의 반복성을 평가에 반영한다.
③ QEC는 작업자의 주관적 평가 과정이 포함되어 있다.
④ OWAS는 중량물 취급 정도를 평가에 반영한다.
⑤ NLE는 중량물의 수평 이동거리를 평가에 반영한다.

해설 ⑤ [×] NLE(NIOSH Lifting Equation)는 중량물의 수평 이동거리를 반영하지 않는다. NLE는 들기 적용에 적합하며, 수평이동은 평가요소가 아니다.

① RULA(Rapid Upper Limb Analysis)는 어깨, 팔목, 손목, 목 등 상지에 초점을 맞추어서 작업자세로 인한 작업부하를 쉽고 빠르게 평가하기 위해 만들어진 기법이다.
⊙ 주의점으로, 하지자세는 평가에 반영한다는 점이다.
② REBA는 비정형화된 자세를 수행하는 작업자의 자세에 대한 부담정도와 유해인자에의 노출정도를 분석하기 위해 만들어진 기법이다. EB는 Entire Body
③ QEC는 분석자의 분석결과와 작업자의 설문결과가 조합되어 평가가 이루어지므로 작업자의 주관적 평가 과정이 포함되어 있다.
④ OWAS는 허리, 상지, 하지로 구분하고 통합적 자세평가를 수행한다.

17 신뢰도 이론의 욕조곡선(bathtub curve)을 나타낸 것으로 옳은 것은?
(단, t : 시간, $h(t)$: 고장률, $f(t)$: 고장확률밀도함수, $F(t)$: 불신뢰도 기호이다.)

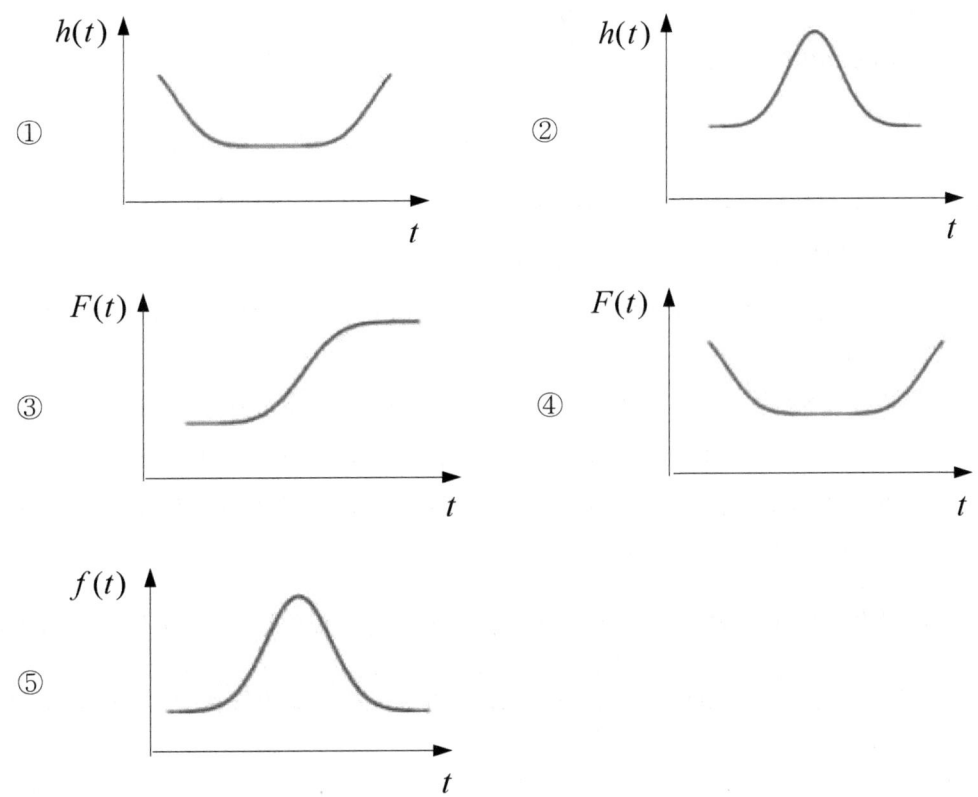

해설 ① [○] 욕조곡선(bathtub curve)은 체계, 설비 또는 아이템을 사용하기 시작하여 폐기할 때까지의 고장발생 상태를 도시한 곡선으로 고장률이 시간의 변화에 따라 높은 값에서 점차로 감소하여 일정한 값을 얼마 동안 유지한 후 점차로 높아지는 변화 양상이 욕조를 닮아서 붙여진 이름이다. 세로축은 고장률 $h(t)$ 를, 가로축은 경과시간 t 를 나타낸다.

　1. 초기고장 기간(고장률 감소) : 설계나 제조상 결함 또는 불량 부품으로 인해 발생
　2. 우발고장 기간(고장률 일정) : 제품 사용 조건의 우발적인 변화에 기인하여 발생
　3. 마모고장 기간(고장률 증가) : 마모·노화 등의 원인에 의하여 발생

정답 17. ①

18 신뢰성 수명분포 중 지수분포에 관한 내용으로 옳은 것을 모두 고른 것은?

> ㄱ. 우발적인 고장을 다루는 데 적합하다.
> ㄴ. 무기억성(memoryless property)을 갖는다.
> ㄷ. 평균(mean)이 중앙값(median)보다 작다.

① ㄱ ② ㄷ ③ ㄱ, ㄴ ④ ㄴ, ㄷ ⑤ ㄱ, ㄴ, ㄷ

해설
㉠ [○] 지수분포는 시간에 따라 마모나 열화가 없고, 과부하에 우발적으로 고장이 발생하는 아이템의 수명분포이다.

㉡ [○] 지수분포는 무기억성(memoryless property)을 갖는 유일한 연속확률분포이다.
무기억성이란 현재 상황에서 다음 사건이 언제 발생할지는 이전에 발생한 사건에 영향을 받지 않는다는 것이다. 마치 기계가 앞에서 t 시간 동안 사용되었다는 것을 기억하지 못하는 것과 같다고 해서 이를 무기억(memoryless) 성질이라 한다.

㉢ 지수분포의 평균 $E(T) = \dfrac{1}{\lambda}$, 분산 $V(T) = \dfrac{1}{\lambda^2}$ 으로서, 평균 $E(T)$를 중앙값으로 대비하여 판단하지는 않는다. 여기서, λ는 고장률로서 $\lambda = 1/MTBF$ 이다.

19 라스무센(J. Rasmussen)의 SRK 모델을 근거로 리전(J. Reason)이 제안한 인적오류 분류에 관한 내용으로 옳은 것을 모두 고른 것은?

> ㄱ. 실수(slip)와 망각(lapse)은 비의도적 행동으로 분류되는 숙련기반오류이다.
> ㄴ. 잘못된 규칙을 적용하는 것은 비의도적 행동으로 분류되는 규칙기반착오(mistake)이다.
> ㄷ. 불충분한 정보로 인해 잘못된 결정을 내리는 것은 의도적 행동으로 분류되는 지식 기반 착오(mistake)이다.

① ㄱ ② ㄴ ③ ㄱ, ㄷ ④ ㄴ, ㄷ ⑤ ㄱ, ㄴ, ㄷ

정답 18. ③ 19. ③

해설 ㉠ [○] 실수(slip)는 의도되지 않았고 어떤 기준에 맞지 않는 행동이고, 망각(lapse)은 의도되지 않았고 기억실패에 의한 행동이다.

㉢ [○] 불충분한 정보로 인해 잘못된 결정을 내리는 것은 의도적 행동으로 분류되는 지식 기반 착오(mistake)이다.

㉡ 규칙 기반착오(mistake), 지식 기반 착오(mistake)는 의도적 행동에 기인한 착오이다.

[참고] 불안전한 행동의 유형

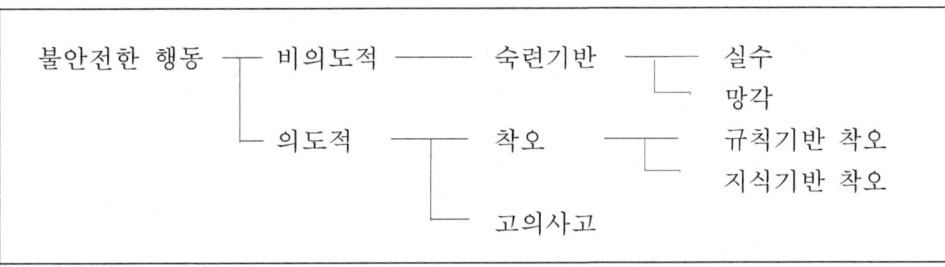

20 예방보전에 해당하지 않는 것은?

① 기회보전   ② 고장보전   ③ 수명기반보전   ④ 시간기반보전
⑤ 상태기반보전

해설 ② [×] 보전활동의 종류
1. 예방보전 : 적응보전, 상태기반보전, 시간기반보전, 기회보전, 수명기반보전
2. 사후보전 : 계획사후보전(PBM, Planned BM), 응급사후보전 또는 돌발사후보전(EBM, Emergency BM)

21 다음에서 설명하고 있는 위험성평가 기법은?

○ 초기 개발 단계에서 시스템 고유의 위험성을 파악하고 예상되는 재해의 위험수준을 결정한다.
○ 시스템 내의 위험요소가 어떤 위험 상태에 있는가를 평가하는 정성적인 기법이다.

① CA   ② FMEA   ③ MORT   ④ THERP   ⑤ PHA

정답 20. ②   21. ⑤

[해설] ⑤ [○] PHA : 예비위험성분석(PHA : Preliminary Hazard Analysis)은 시스템 위험분석의 초기단계에 핵심 안전위험 부분을 확인하고 위험조건의 초기 평가와 필요한 위험조건 관리 및 후속 조치를 판단하기 위하여 수행하는 기법

① CA : 치명도 분석(CA : Criticality analysis)은 고장형태에 따른 영향을 분석한 후 중요한 고장에 대해 그 피해의 크기와 고장발생률을 이용하여 치명도를 분석하는 절차이다. FMEA에서 중대고장에 대해 계량적인 분석을 하는 것이 FMECA이며, FMECA에서 CA만 부각해서 본 것이 CA이다.

② FMEA : 실패유형 및 영향분석(FMEA : Failure Mode & Effect Analysis)은 제품개발 및 공정 프로세스 상에서 발생가능한 고장(Failure)과 이러한 고장으로 인해 야기될 수 있는 위험을 구조화하여 사전에 방지하는 기법

③ MORT : 경영소홀 및 위험수목 분석(MORT : Management Oversight & Risk Tree)는 MORT라고 명명되는 tree를 중심으로 FTA, ETA 등과 같은 논리기법을 이용하여 관리, 설계, 생산, 보전 등에 대한 넓은 범위에 걸쳐 안전성을 확보하려고 시도된 기법이다.

④ THERP : 인간 실수율 예측 기법(THERP : Technique for Human Error Rate Prediction)은 인간 신뢰도 분석에서의 HEP에 대한 예측 기법이다.

22 시스템 안전성 확보를 위한 방법이 아닌 것은?
① 위험상태 존재의 최소화
② 중복설계(redundancy)의 배제
③ 안전장치의 채용
④ 경보장치의 채택
⑤ 인간공학적 설계의 적용

[해설] ② [×] 시스템 안전성 확보를 위한 방법에는 위험 최소화 설계, 중복설계 채택, 경보장치의 채택, 안전장치 채용, 특수 수단의 개발 등을 이용한다.

23 어떤 사고의 발생건수는 연평균 1회로 포아송(Poisson)분포를 따른다. 이 사고가 3년 동안 한 건도 발생하지 않을 확률은 얼마인가? (단, 소수점 셋째 자리에서 반올림하여 소수점 둘째 자리까지 구하시오.)
① 0.05   ② 0.15   ③ 0.25   ④ 0.33   ⑤ 0.50

[정답] 22. ②   23. ①

해설 ① [○] 포아송분포이고, $E(x) = m = 3$ (3년 기준이며, 3년간 3회 발생이 평균 값으로 되어야 함)

확률밀도함수 $p(x)$는 $P_r(X = x) = p(x) = \dfrac{e^{-m} \cdot m^x}{x!}$ 가 되므로,

$P_r(X = 0) = p(0) = \dfrac{e^{-3} \cdot 3^0}{0!} = \dfrac{e^{-3} \times 1}{1} = e^{-3} = \dfrac{1}{e^3} = 0.05$

24 안전성평가 종류 중 기술개발의 종합평가(technology assessment)에서 단계별 내용으로 옳지 않은 것은?

① 1단계 : 생산성 및 보전성 ② 2단계 : 실현가능성
③ 3단계 : 안전성 및 위험성 ④ 4단계 : 경제성 ⑤ 5단계 : 종합 평가

해설 ① [×] 생산성 및 보전성은 개발완료된 제품의 생산을 위해 필요한 평가 내용이다.

○ 기술개발의 종합평가(technology assessment) 5단계
  1. 1단계 : 사회적 복리 기여도
     - 기술개발이 사회 및 환경에 미치는 영향 검토
  2. 2단계 : 실현가능성
     - 기술의 잠재능력을 명확히 하여 실용화를 촉진
  3. 3단계 : 안전성 및 위험성의 비교 평가
     - 합리성과 비합리성의 비교, 평가에 의한 대체 계획
  4. 4단계 : 경제성 검토
     - 신제품 개발에 따른 경제적 허용성 및 경제성 검토
  5. 5단계 : 종합 평가 및 조정
     - 대안으로서 가장 바람직한 것을 선택하고 그것을 실시

25 서로 독립인 기본사상 a, b, c로 구성된 아래의 결함수(Fault Tree)에서 정상사상 T에 관한 최소절단집합(minimal cut set)을 모두 구하면?

① {a} ② {a, b} ③ {a, c} ④ {a}, {b} ⑤ {a}, {c}

정답 24. ① 25. ⑤

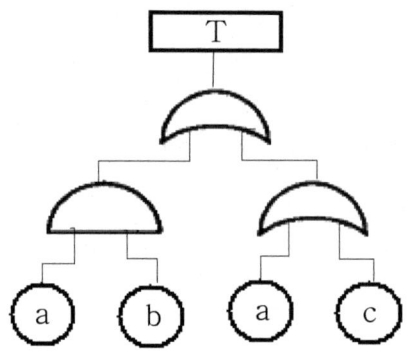

> [해설] ⑤ [○] 좌측 AND 게이트 출력은 {a, b}, 우측 OR 게이트의 출력은 {a}, {c}이며, Top사상으로의 출력은 OR 게이트이므로 미니멀 컷셋이 조건인 T가 고장이 나는 것은 {a} 또는 {c}가 고장나면 T가 고장이 난다. 따라서 미니멀 컷셋(minimal cut set)은 {a}, {c}가 된다. 즉 a 또는 c 하나만 고장이 나도 T가 고장이 되므로 미니멀 컷셋이 되는 것이다.

9.2 2023년 기출문제

제2과목 : 산업안전일반

01 산업안전보건법령상 안전보건교육 교육대상별 교육내용에서 특별교육 대상에 해당하지 않는 작업명은?

① 전압이 75볼트 이상인 정전 및 활선작업
② 콘크리트 파쇄기를 사용하는 파쇄작업(2미터 이상인 구축물의 파쇄작업만 해당한다)
③ 굴착면의 높이가 2미터 이상이 되는 지반 굴착(터널 및 수직갱 외의 갱 굴착은 제외한다)작업
④ 선박에 짐을 쌓거나 부리거나 이동시키는 작업
⑤ 게이지 압력을 제곱미터당 1kg 이상으로 사용하는 압력용기 설치 및 취급작업

해설 ⑤ [×] 게이지 압력을 cm^2 당 1kg 이상으로 사용하는 압력용기의 설치 및 취급작업(산시규 별표 5)
  ○ 특별교육 대상 작업별 교육 → 대상 작업 (산시규 별표 5)
   1. 고압실 내 작업(잠함공법이나 그 밖의 압기공법으로 대기압을 넘는 기압인 작업실 또는 수갱 내부에서 하는 작업만 해당한다)
   2. 아세틸렌 용접장치 또는 가스집합 용접장치를 사용하는 금속의 용접·용단 또는 가열작업(발생기·도관 등에 의하여 구성되는 용접장치만 해당한다)
   3. 밀폐된 장소(탱크 내 또는 환기가 극히 불량한 좁은 장소를 말한다)에서 하는 용접작업 또는 습한 장소에서 하는 전기용접 작업
   4. 폭발성·물반응성·자기반응성·자기발열성 물질, 자연발화성 액체·고체 및 인화성 액체의 제조 또는 취급작업(시험연구를 위한 취급작업은 제외한다)
   5. 액화석유가스·수소가스 등 인화성 가스 또는 폭발성 물질중 가스의 발생장치 취급작업
   6. 화학설비 중 반응기, 교반기·추출기의 사용 및 세척작업
   7. 화학설비의 탱크 내 작업

정답 01. ⑤

8. 분말·원재료 등을 담은 호퍼(하부가 깔대기 모양으로 된 저장통)·저장창고 등 저장탱크의 내부작업
9. 다음 각 목에 정하는 설비에 의한 물건의 가열·건조작업

    가. 건조설비 중 위험물 등에 관계되는 설비로 속부피가 $1m^3$ 이상인 것

    나. 건조설비 중 가목의 위험물 등 외의 물질에 관계되는 설비로서, 연료를 열원으로 사용하는 것(그 최대연소소비량이 매 시간당 10kg 이상인 것만 해당)

    또는 전력을 열원으로 사용하는 것(정격소비전력 10kW 이상인 경우만 해당)

10. 다음 각 목에 해당하는 집재장치(집재기·가선·운반기구·지주 및 이들에 부속하는 물건으로 구성되고, 동력을 사용하여 원목 또는 장작과 숯을 담아 올리거나 공중에서 운반하는 설비를 말한다)의 조립, 해체, 변경 또는 수리작업 및 이들 설비에 의한 집재 또는 운반 작업

    가. 원동기의 정격출력이 7.5kW를 넘는 것 ◆

    나. 지간의 경사거리 합계가 350m 이상인 것

    다. 최대사용하중이 200kg 이상인 것

11. 동력에 의하여 작동되는 프레스기계를 5대 이상 보유한 사업장에서 해당 기계로 하는 작업
12. 목재가공용 기계[둥근톱기계, 띠톱기계, 대패기계, 모떼기기계 및 라우터기(목재를 자르거나 홈을 파는 기계)만 해당하며, 휴대용은 제외한다]를 5대 이상 보유한 사업장에서 해당 기계로 하는 작업
13. 운반용 등 하역기계를 5대 이상 보유한 사업장에서의 해당 기계로 하는 작업
14. 1톤 이상의 크레인을 사용하는 작업 또는 1톤 미만의 크레인 또는 호이스트를 5대 이상 보유한 사업장에서 해당 기계로 하는 작업(제40호의 작업은 제외한다)
15. 건설용 리프트·곤돌라를 이용한 작업
16. 주물 및 단조(금속을 두들기거나 눌러서 형체를 만드는 일) 작업
17. 전압이 75볼트 이상인 정전 및 활선작업
18. 콘크리트 파쇄기를 사용하여 하는 파쇄작업(2m 이상 구축물 파쇄작업만 해당)
19. 굴착면의 높이가 2m 이상인 지반 굴착(터널 및 수직갱 외의 갱 굴착은 제외)작업 ◆

20. 흙막이 지보공의 보강 또는 동바리를 설치하거나 해체하는 작업
21. 터널 안에서의 굴착 작업(굴착용 기계를 사용하여 하는 굴착작업 중 근로자가 칼날 밑에 접근하지 않고 하는 작업은 제외한다) 또는 같은 작업에서의 터널 거푸집 지보공의 조립 또는 콘크리트 작업
22. 굴착면의 높이가 2m 이상이 되는 암석의 굴착 작업
23. 높이가 2m 이상인 물건을 쌓거나 무너뜨리는 작업(하역기계로만 하는 작업은 제외한다)
24. 선박에 짐을 쌓거나 부리거나 이동시키는 작업 ◆
25. 거푸집 동바리의 조립 또는 해체작업 작업
26. 비계의 조립·해체 또는 변경 작업
27. 건축물의 골조, 다리의 상부 구조 또는 탑의 금속제의 부재로 구성되는 것(5m 이상인 것만 해당한다)의 조립·해체 또는 변경작업
28. 처마 높이가 5m 이상인 목조건축물의 구조 부재의 조립이나 건축물의 지붕 또는 외벽 밑에서의 설치작업
29. 콘크리트 인공구조물(그 높이가 2m 이상인 것만 해당한다)의 해체 또는 파괴작업 ◆
30. 타워크레인을 설치(상승작업을 포함한다)·해체하는 작업
31. 보일러(소형 보일러 및 다음 각 목의 보일러는 제외) 설치 및 취급 작업
    가. 몸통 반지름이 750mm 이하이고 그 길이가 1,300mm 이하인 증기보일러
    나. 전열면적이 $3m^2$ 이하인 증기보일러
    다. 전열면적이 $14m^2$ 이하인 온수보일러
    라. 전열면적이 $30m^2$ 이하인 관류보일러(물관 사용 가열 방식 보일러)
32. 게이지 압력을 cm^2 당 1kg 이상으로 사용하는 압력용기의 설치 및 취급 작업 ◆
33. 방사선 업무에 관계되는 작업(의료 및 실험용은 제외한다)
34. 밀폐공간에서의 작업
35. 허가 또는 관리 대상 유해물질의 제조 또는 취급작업
36. 로봇작업
37. 석면해체·제거작업
38. 가연물이 있는 장소에서 하는 화재위험작업
39. 타워크레인을 사용하는 작업시 신호업무를 하는 작업

02 교육훈련 기법에서 강의법(Lecture method)의 장점으로 옳지 않은 것은?

① 수강자의 학습참여도가 높고 적극성과 협조성을 부여하는 데 효과적이다.
② 오래된 전통 교수방법이며 안전지식의 전달방법으로 유용하다.
③ 시간과 장소의 제약이 비교적 적다.
④ 수업의 도입이나 초기단계에 적용이 효과적이다.
⑤ 많은 인원을 대상으로 교육할 수 있다.

해설　① [×] 수강자의 학습참여도가 높고 적극성과 협조성을 부여하는데 효과적인 것은 토의법이다.

03 원인결과분석(CCA)기법에 관한 기술지침상 원인결과분석의 평가절차를 순서대로 옳게 나열한 것은?

| ㄱ. 안전요소의 확인 | ㄴ. 최소컷세트 평가 | ㄷ. 사건수의 구성 |
| ㄹ. 평가할 사건의 선정 | ㅁ. 결과의 문서화 | ㅂ. 결함수의 구성 |

① ㄱ→ ㄹ→ㄷ →ㅂ→ ㄴ→ㅁ
② ㄱ→ ㄹ→ㅂ →ㄴ→ ㄷ→ㅁ
③ ㄷ→ ㅂ→ㄴ →ㄹ→ ㄱ→ㅁ
④ ㄹ→ ㄱ→ㄷ →ㅂ→ ㄴ→ㅁ
⑤ ㄹ→ ㄱ→ㅂ →ㄴ→ ㄷ→ㅁ

해설　④ [○] 수행절차 : 평가할 사건의 선정 → 안전요소의 확인 → 사건수의 구성 → 결함수의 구성 → 최소컷세트 평가 → 결과의 문서화
○ 원인결과 분석기법(CCA : Cause Consequence Analysis)
사건수 분석기법 및 결함수 분석기법을 결합한 것으로 잠재된 사고의 결과 및 근본적인 원인을 찾아내고, 사고결과와 원인 사이의 상호관계를 예측하며, 리스크를 정량적으로 평가하는 리스크 평가기법
[출처] 고용노동부 위험성평가 지침(고용노동부 고시) 해설서, 주요위험성평가 기법 소개

04 안전관리 활동을 통해서 얻을 수 있는 긍정적인 효과가 아닌 것은?

① 근로자의 사기 진작　② 생산성 향상　③ 손실비용 증가
④ 신뢰성 유지 및 확보　⑤ 이윤 증대

정답　02. ①　03. ④　04. ③

해설 ③ [×] 손실비용 감소가 긍정적 효과이다. 이런 문제는 상식문제이므로 절대 틀리지 않도록 유의한다.

05 산업안전보건법상 산업안전보건위원회의 심의·의결 사항으로 옳은 것을 모두 고른 것은?

ㄱ. 산업재해에 관한 통계의 기록 및 유지에 관한 사항
ㄴ. 사업장의 산업재해 예방계획의 수립에 관한 사항
ㄷ. 작업환경측정 등 작업환경의 점검 및 개선에 관한 사항
ㄹ. 유해하거나 위험한 기계·기구·설비를 도입한 경우 안전 및 보건 관련 조치에 관한 사항

① ㄱ   ② ㄴ, ㄹ   ③ ㄷ, ㄹ   ④ ㄱ, ㄴ, ㄷ   ⑤ ㄱ, ㄴ, ㄷ, ㄹ

해설 ⑤ [○] 산업안전보건위원회의 심의·의결 사항 (산안법 제24조, 제15조)
1. 사업장의 산업재해 예방계획의 수립에 관한 사항
2. 안전보건관리규정의 작성 및 변경에 관한 사항
3. 안전보건교육에 관한 사항
4. 작업환경측정 등 작업환경의 점검 및 개선에 관한 사항
5. 근로자의 건강진단 등 건강관리에 관한 사항
6. 산업재해에 관한 통계의 기록 및 유지에 관한 사항
7. 중대재해에 관한 사항
8. 유해·위험한 기계·기구·설비를 도입한 경우 안전 및 보건 조치 관련 사항
9. 그 밖에 해당 사업장 근로자의 안전 및 보건 유지·증진을 위하여 필요한 사항

06 제조물 책임법에 관한 내용으로 옳지 않은 것은?
① "제조업자"란 제조물의 제조·가공 또는 수입을 업(業)으로 하는 자를 말한다.
② 동일한 손해에 대하여 배상할 책임이 있는 자가 2인 이상인 경우에는 연대하여 그 손해를 배상할 책임이 있다.

정답 05. ⑤   06. ④

③ "제조물"이란 제조되거나 가공된 동산(다른 동산이나 부동산의 일부를 구성하는 경우를 포함한다)을 말한다.

④ "설계상의 결함"이란 제조업자가 합리적인 설명·지시·경고 또는 그 밖의 표시를 하였더라면 해당 제조물에 의하여 발생할 수 있는 피해나 위험을 줄이거나 피할 수 있었음에도 이를 하지 아니한 경우를 말한다.

⑤ 제조업자는 제조물의 결함으로 생명·신체 또는 재산에 손해(그 제조물에 대하여만 발생한 손해는 제외한다)를 입은 자에게 그 손해를 배상하여야 한다.

[해설] ④ [×] "표시상의 결함"이란 제조업자가 합리적인 설명·지시·경고 또는 그 밖의 표시를 하였더라면 해당 제조물에 의하여 발생할 수 있는 피해나 위험을 줄이거나 피할 수 있었음에도 이를 하지 아니한 경우를 말한다.

○ 제조물책임 용어 (제조물 책임법 제2조)
"결함"이란 해당 제조물에 제조상·설계상 또는 표시상의 결함이 있거나 그 밖에 통상적으로 기대할 수 있는 안전성이 결여되어 있는 것을 말한다.

◇ 제조물책임 배상액 정할 때 고려사항 (제조물 책임법 제3조)
1. 고의성의 정도
2. 해당 제조물의 결함으로 인하여 발생한 손해의 정도
3. 해당 제조물의 공급으로 인하여 제조업자가 취득한 경제적 이익
4. 해당 제조물의 결함으로 인하여 제조업자가 형사처벌 또는 행정처분을 받은 경우 그 형사처벌 또는 행정처분의 정도
5. 해당 제조물의 공급이 지속된 기간 및 공급 규모
6. 제조업자의 재산상태
7. 제조업자가 피해구제를 위하여 노력한 정도

◇ 제조물책임 면책사유 (제조물 책임법 제4조)
1. 제조업자가 해당 제조물을 공급하지 아니하였다는 사실
2. 제조업자가 해당 제조물을 공급한 당시의 과학·기술 수준으로는 결함의 존재를 발견할 수 없었다는 사실
3. 제조물의 결함이 제조업자가 해당 제조물을 공급한 당시의 법령에서 정하는 기준을 준수함으로써 발생하였다는 사실
4. 원재료나 부품의 경우에는 그 원재료나 부품을 사용한 제조물 제조업자의 설계 또는 제작에 관한 지시로 인해 결함이 발생하였다는 사실

07 현장이나 직장에서 직속상사가 부하직원에게 일상 업무를 통하여 지식, 기능, 문제해결능력 및 태도 등을 교육 훈련하는 방법으로 개별교육에 적합한 것은?

① TWI(Training Within Industry)
② OJT(On the Job Training)
③ ATP(Administration Training Program)
④ MTP(Management Training Program)
⑤ Off JT(Off the Job Training)

해설 ② [○] OJT(On the Job Training)는 '직장 내 교육훈련'이라고도 불리며, 직무를 수행하는 과정에서 부서 내 직속 상사나 선배들에게 직접적으로 직무교육을 받는 것이 특징이다.

08 재해의 통계적 원인분석 방법에 해당하지 않는 것은?

① 파레토도 ② 특성요인도 ③ 소시오메트리도 ④ 클로즈분석도
⑤ 관리도

해설 ③ [×] 소시오메트리(sociometry)는 정신과 의사 모레노(Jacob Moreno)에 의해 고안된 것으로, 인간관계의 그래프나 조직망을 추적하는 이론이다.

09 산업재해발생의 기본 원인 4M에 해당하지 않는 것은?

① Man ② Method ③ Machine ④ Media ⑤ Management

해설 ② [×] Method(방법)는 제조공정관리의 4요소인 Man, Machine, Material, Method의 하나이다.

10 제어시스템에서의 안전무결성 등급(SIL)에 관한 일부 내용이다. ( )에 들어갈 것으로 옳은 것은?

안전무결성 등급	목표평균 고장확률
(ㄱ)	10^{-5} 이상 ~ 10^{-4} 미만
(ㄴ)	10^{-2} 이상 ~ 10^{-1} 미만

정답 07. ② 08. ③ 09. ② 10. ③

① ㄱ : 1, ㄴ : 4   ② ㄱ : 1, ㄴ : 5   ③ ㄱ : 4, ㄴ : 1
④ ㄱ : 5, ㄴ : 1   ⑤ ㄱ : 5, ㄴ : 2

해설 ③ [○] 안전무결성 수준(IEC 61508) : SIL(Safety Integrity Level)

안전무결성 등급	목표평균 고장확률
4	10^{-5} 이상~10^{-4} 미만
3	10^{-4} 이상~10^{-3} 미만
2	10^{-3} 이상~10^{-2} 미만
1	10^{-2} 이상~10^{-1} 미만

11 공정안전성 분석(K-PSR)기법에 관한 기술지침상 "위험형태"에 해당하는 것을 모두 고른 것은?

ㄱ. 누출   ㄴ. 화재·폭발   ㄷ. 공정 트러블   ㄹ. 상해

① ㄱ, ㄴ   ② ㄱ, ㄷ   ③ ㄴ, ㄷ   ④ ㄱ, ㄴ, ㄷ
⑤ ㄱ, ㄴ, ㄷ, ㄹ

해설 ⑤ [○] "위험형태"라 함은 사업장에서 발생한 사고로 인하여 직·간접적으로 인적, 물적, 환경적 피해를 입히는 원인이 될 수 있는 잠재적인 위험의 종류를 말하며, 본 지침에서는 누출, 화재·폭발, 공정 트러블 및 상해 등 4가지로 표현된다. (KOSHA GUIDE P-111-2021 공정안전성 분석(K-PSR)기법에 관한 기술지침)

12 인간공학적 동작경제원칙에 관한 내용으로 옳지 않은 것은?

① 양손은 동시에 시작하고 동시에 끝나지 않도록 한다.
② 양팔의 동작은 동시에 서로 반대방향으로 대칭적으로 움직이도록 한다.
③ 손과 신체동작은 작업을 원만하게 수행할 수 있는 범위 내에서 가장 낮은 동작 등급을 사용하도록 한다.
④ 족답장치를 활용하여 양손이 다른 일을 할 수 있도록 한다.
⑤ 휴식시간을 제외하고는 양손이 동시에 쉬지 않도록 한다.

정답 11. ⑤   12. ①

해설 ① [×] 양손은 동시에 시작하고 동시에 끝나도록 한다.

13 인간-기계시스템 설계과정 6단계를 순서대로 옳게 나열한 것은?

| ㄱ. 시스템 정의 | ㄴ. 목표 및 성능명세 결정 | ㄷ. 기본설계 |
| ㄹ. 인터페이스 설계 | ㅁ. 촉진물, 보조물 설계 | ㅂ. 시험 및 평가 |

① ㄱ→ㄴ→ㄷ→ㄹ→ㅁ→ㅂ　　② ㄱ→ㄴ→ㄹ→ㄷ→ㅁ→ㅂ
③ ㄱ→ㄷ→ㄴ→ㅁ→ㄹ→ㅂ　　④ ㄴ→ㄱ→ㄷ→ㄹ→ㅁ→ㅂ
⑤ ㄴ→ㄷ→ㄱ→ㅁ→ㄹ→ㅂ

해설　④ [○] 시스템(체계) 설계의 주요 과정
　　1. 시스템 목표 및 성능 명세 결정
　　2. 시스템 정의(체계의 정의)
　　3. 기본설계 : 작업설계, 직무분석, 기능할당
　　4. 계면설계(인터페이스 설계) : 작업공간, 표시장치, 조종장치
　　5. 촉진물 설계 : 인간 성능 증진, 보조물 설계
　　6. 시험 및 평가

14 부품 신뢰도가 A인 동일한 4개의 부품을 병렬로 연결하였을 때 전체시스템의 신뢰도는 0.9984가 되었다. 이 부품 신뢰도 A는 얼마인가?

① 0.5　② 0.6　③ 0.7　④ 0.8　⑤ 0.9

해설　④ [○] 병렬설계시 전체시스템 신뢰도 $R_S = 1-(1-R)^4 = 0.9984 \to R = 0.8$

15 안전성평가 6단계에서 단계별 내용으로 옳지 않은 것은?

① 2단계 : 정성적 평가　② 3단계 : 정량적 평가
③ 4단계 : 안전대책　　④ 5단계 : 재해정보에 의한 재평가
⑤ 6단계 : ETA에 의한 재평가

해설　⑤ [×] 6단계 : FTA에 의한 재평가

정답　13. ④　14. ④　15. ⑤

○ 안전성평가 6단계 : 제1단계(관계자료의 정비 검토) → 제2단계(정성적 평가) → 제3단계(정량적 평가) → 제4단계(안전대책) → 제5단계(재해정보에 의한 재평가) → 제6단계(FTA에 의한 재평가)

16 A부품의 고장확률 밀도함수는 평균고장률이 시간당 10^{-2} 인 지수분포를 따르고 있다. 이 부품을 180분 작동시켰을 때의 불신뢰도는? (단, 소수점 셋째 자리에서 반올림하여 소수점 둘째 자리까지 구하시오.)

① 0.03　② 0.05　③ 0.95　④ 0.97　⑤ 0.99

해설　① [○] $F(t) = 1 - R(t) = 1 - e^{-\lambda t} = 1 - e^{-10^{-2} \times 3} = 1 - e^{-0.03} = 1 - \dfrac{1}{e^{0.03}}$

$= 1 - 0.97 = 0.03$

17 산업안전보건기준에 관한 규칙상 공기압축기를 가동하기 전에 관리감독자가 하여야 하는 작업시작 전 점검사항으로 옳지 않은 것은?

① 슬라이드 또는 칼날에 의한 위험방지 기구의 기능
② 압력방출장치의 기능　③ 언로드밸브(unloading valve)의 기능
④ 회전부의 덮개　⑤ 드레인밸브(drain valve)의 조작 및 배수

해설　① [×] 슬라이드 또는 칼날에 의한 위험방지 기구의 기능은 프레스 관련 사항이다.

18 재해사례연구의 진행단계에 관한 내용이다. 진행단계를 순서대로 옳게 나열한 것은?

ㄱ. 재해와 관계가 있는 사실 및 재해요인으로 알려진 사실을 객관적으로 확인한다.
ㄴ. 재해의 중심이 된 근본적인 문제점을 결정한 후 재해원인을 결정한다.
ㄷ. 재해 상황을 파악한다.
ㄹ. 파악된 사실로부터 문제점을 파악한다.
ㅁ. 동종재해와 유사재해의 예방대책 및 실시계획을 수립한다.

정답　16. ①　17. ①　18. ⑤

① ㄱ→ㄷ→ㄴ→ㄹ→ㅁ ② ㄱ→ㄷ→ㄹ→ㄴ→ㅁ ③ ㄴ→ㄷ→ㄱ→ㄹ→ㅁ
④ ㄷ→ㄱ→ㄴ→ㄹ→ㅁ ⑤ ㄷ→ㄱ→ㄹ→ㄴ→ㅁ

해설 ⑤ [○] 재해사례연구순서 5단계 : 전제조건(재해 상황의 파악) → 제1단계(사실의 확인) → 제2단계(문제점 발견) → 제3단계(근본 문제점 결정) → 제4단계(대책수립)

19 사고피해 예측 기법에 관한 기술지침상 위험 기준의 정립에 관한 내용이다. ( )에 들어갈 것으로 옳은 것은?

○ 화재(복사열) : 화구 등과 같이 짧은 시간동안 발생하는 강렬한 복사열에 의한 위험 또는 증기운 화재, 고압분출 화재, 액면 화재 등에 의한 장시간의 복사열에 의하여 근로자 또는 주변 기기에 미치는 영향을 판단할 수 있는 기준은 (ㄱ) kW/m² 의 복사열이 미치는 거리로 한다.

○ 폭발(과압) : 증기운 폭발 등과 같은 폭발 사고시 주변 기기 및 근로자 등에 미치는 영향을 판단할 수 있는 기준은 (ㄴ) kPa의 과압이 도달하는 거리로 한다.

① ㄱ : 1, ㄴ : 0.07 ② ㄱ : 1, ㄴ : 6.9 ③ ㄱ : 5, ㄴ : 0.07
④ ㄱ : 5, ㄴ : 6.9 ⑤ ㄱ : 10, ㄴ : 0.07

해설 ④ [○] 위험 기준의 정립 (사고피해 예측기법에 관한 기술지침: KOSHA Guide P-102)

1. 화재(복사열) : 화구 등과 같이 짧은 시간동안 발생하는 강렬한 복사열에 의한 위험 또는 증기운 화재, 고압분출 화재, 액면 화재 등에 의한 장시간의 복사열에 의하여 근로자 또는 주변 기기에 미치는 영향을 판단할 수 있는 기준은 5kW/m² (1,585Btu/hr/ft²)의 복사열이 미치는 거리로 한다.

2. 폭발(과압) : 증기운 폭발 등과 같은 폭발 사고시 주변 기기 및 근로자 등에 미치는 영향을 판단할 수 있는 기준은 0.07kgf/cm² (6.9kPa, 1psi)의 과압이 도달하는 거리로 한다.

정답 19. ④

20 암실 내에서 정지된 작은 빛을 응시하고 있으면 그 빛이 움직이는 것처럼 보이는 것을 자동운동이라고 한다. 자동운동이 생기기 쉬운 조건으로 옳은 것은?

① 광점이 클 것
② 광의 강도가 작을 것
③ 시야의 다른 부분이 밝을 것
④ 대상이 복잡할 것
⑤ 광의 눈부심과 조도가 클 것

해설 ② [○] 광의 강도가 작을 것 → 자동운동이 생기기 쉬운 조건으로 옳은 내용이다.
○ 자동운동이 생기기 쉬운 조건
  1. 광점이 작을 것   2. 광의 강도가 작을 것
  2. 시야의 다른 부분이 어두울 것   4. 대상이 단순할 것
  5. 광의 눈부심과 조도가 작을 것 등

21 통전경로별 위험도가 큰 순서대로 옳게 나열한 것은?

ㄱ. 오른손 → 가슴   ㄴ. 왼손 → 한발 또는 양발   ㄷ. 왼손 → 가슴
ㄹ. 왼손 → 오른손

① ㄱ > ㄴ > ㄷ > ㄹ
② ㄴ > ㄷ > ㄱ > ㄹ
③ ㄷ > ㄱ > ㄴ > ㄹ
④ ㄹ > ㄱ > ㄴ > ㄷ
⑤ ㄹ > ㄱ > ㄷ > ㄴ

해설 ③ [○] (ㄱ) 오른손→가슴(1.3), (ㄴ) 왼손→한발 또는 양발(1.0), (ㄷ) 왼손→가슴(1.5), (ㄹ) 왼손→오른손(0.4)
○ 통전 경로별 위험도

통전경로	위험도	통전경로	위험도
왼손 → 가슴	1.5	왼손 → 등	0.7
오른손 → 가슴	1.3	한손 또는 양손 → 앉은 자리	0.7
왼손 → 한발 또는 양발	1.0	왼손 → 오른손	0.4
양손 → 양발	1.0	오른손 → 등	0.3
오른손 → 한발 또는 양발	0.8		

정답 20. ②   21. ③

22 반지름 30cm의 조종구를 20° 움직였을 때 표시계기의 지침이 2cm 이동하였다면, 이 계기의 통제표시비는?

① 약 4.12 ② 약 5.23 ③ 약 7.34 ④ 약 8.42 ⑤ 약 10.46

해설 ② [○] $C/R \text{ ratio} = \dfrac{\dfrac{\alpha}{360} \times 2\pi R}{2} = \dfrac{\dfrac{20}{360} \times 2\pi \times 30}{2} = 5.23$

23 시몬즈(Simonds)의 재해손실비 평가방법에 관한 내용이다. ( )에 들어갈 것으로 옳은 것은?

○ 총 재해비용 = 산재보험비용 + (ㄱ)비용
○ (ㄱ)비용 = 휴업상해건수×A + (ㄴ)건수×B + (ㄷ)건수×C + 무상해
　　　　　　사고건수×D
　　(여기서, A, B, C, D는 장해 정도별 비보험비용의 평균치임)

① ㄱ : 비보험, ㄴ : 입원상해, ㄷ : 유족상해
② ㄱ : 간접, ㄴ : 입원상해, ㄷ : 비응급조치
③ ㄱ : 비보험, ㄴ : 통원상해, ㄷ : 응급조치
④ ㄱ : 간접, ㄴ : 통원상해, ㄷ : 중상해
⑤ ㄱ : 비보험, ㄴ : 물적손실, ㄷ : 비응급조치

해설 ③ [○] 총재해비용=산재보험비용+ 비보험비용
　　　비보험비용=휴업상해건수×A+ 통원상해건수×B+ 응급조치건수×C+ 무상해
　　　　　사고건수×D
　　　여기서, A, B, C, D는 장해 정도별 비보험비용의 평균치

24 매슬로우(Maslow)의 동기부여 이론(욕구5단계 이론)에 관한 내용으로 옳지 않은 것은?

① 제1단계 : 생리적 욕구(생명유지의 기본적 욕구)
② 제2단계 : 도전 욕구(새로운 것에 대한 도전 욕구)
③ 제3단계 : 사회적 욕구(소속감과 애정 욕구)

정답 22. ② 23. ③ 24. ②

④ 제4단계 : 존경 욕구(인정받으려는 욕구)
⑤ 제5단계 : 자아실현 욕구(잠재적 능력의 실현 욕구)

해설 ② [×] 제2단계 : 안전 욕구(안전할 것에 대한 욕구)

25 산업안전보건기준에 관한 규칙에서 정하고 있는 "충격소음작업" 정의의 일부내용이다. ( )에 들어갈 것으로 옳은 것은?

> "충격소음작업"이란 소음이 1초 이상의 간격으로 발생하는 작업으로서 다음 각 목의 어느 하나에 해당하는 작업을 말한다.
>   가. 120데시벨을 초과하는 소음이 1일 (ㄱ)회 이상 발생하는 작업
>   나. (ㄴ)데시벨을 초과하는 소음이 1일 1천회 이상 발생하는 작업

① ㄱ : 1천, ㄴ : 125 ② ㄱ : 3천, ㄴ : 125 ③ ㄱ : 5천, ㄴ : 125
④ ㄱ : 8천, ㄴ : 130 ⑤ ㄱ : 1만, ㄴ : 130

해설 ⑤ [○] "충격소음작업"이란 소음이 1초 이상의 간격으로 발생하는 작업으로서 다음 각 목의 어느 하나에 해당하는 작업을 말한다(산기규 제512조).
   1. 120dB를 초과하는 소음이 1일 1만회 이상 발생하는 작업
   2. 130dB를 초과하는 소음이 1일 1천회 이상 발생하는 작업
   3. 140dB를 초과하는 소음이 1일 1백회 이상 발생하는 작업

정답 25. ⑤

9.3 2024년 기출문제

제2과목 : 산업안전일반

01 안전보건교육규정에서 정의하는 교육에 관한 내용으로 옳지 않은 것은?

① "비대면 실시간교육"이란 정보통신매체를 활용하여 강사와 교육생이 쌍방향으로 실시간 소통하면서 이루어지는 교육을 말한다.
② "인터넷 원격교육"이란 정보통신매체를 활용하여 교육이 실시되고 훈련생관리 등이 웹상으로 이루어지는 교육을 말한다.
③ "현장교육"이란 사업장의 생산시설 또는 근무장소에서 실시하는 교육을 말한다.
④ "안전보건관리담당자 양성교육"이란 안전보건총괄책임자 자격을 부여하기 위한 양성교육을 말한다.
⑤ "전문화교육"이란 직무교육기관이 근로자 등 및 직무교육대상자의 전문성을 높이기 위해 업종 또는 관련 분야별로 개발·운영하는 교육을 말한다.

해설 ④ [×] 안전보건관리담당자 양성교육은 안전보건관리담당자의 선임 등((산업안전보건법 시행령 제24조 제2항 3호)에 따른 자격요건을 갖추기 위한 교육을 말한다.

○ 안전보건관리담당자의 선임 등(산안령 제24조)
① 다음 각 호의 어느 하나에 해당 사업의 사업주는 상시근로자 20명 이상 50명 미만인 사업장에 안전보건관리담당자를 1명 이상 선임해야 한다.
1. 제조업 2. 임업 3. 하수, 폐수 및 분뇨 처리업
4. 폐기물 수집, 운반, 처리 및 원료 재생업
5. 환경 정화 및 복원업
② 안전보건관리담당자는 해당 사업장 소속 근로자로서 다음 각 호의 어느 하나에 해당하는 요건을 갖추어야 한다.
1. 안전관리자의 자격(제17조)에 따른 안전관리자의 자격을 갖추었을 것
2. 보건관리자의 자격(제21조)에 따른 보건관리자의 자격을 갖추었을 것
3. 고용노동부장관이 정하여 고시하는 안전보건교육을 이수했을 것

정답 01. ④

02 산업안전보건법령상 안전보건개선계획서에 관한 내용으로 옳지 않은 것은?

① 안전보건개선계획서에는 시설, 안전보건관리체제, 안전보건교육, 산업재해 예방 및 작업환경의 개선을 위하여 필요한 사항이 포함되어야 한다.
② 사업주는 안전보건개선계획서 수립·시행 명령을 받은 날부터 60일 이내에 관할 지방고용노동관서의 장에게 해당 계획서를 제출해야 한다.
③ 지방고용노동관서의 장이 안전보건개선계획서를 접수한 경우에는 접수일부터 30일 이내에 심사하여 사업주에게 그 결과를 알려야 한다.
④ 지방고용노동관서의 장은 안전보건개선계획서의 적정 여부 확인을 공단 또는 지도사에게 요청할 수 있다.
⑤ 고용노동부장관은 산업재해 예방을 위하여 종합적인 개선조치를 할 필요가 있다고 인정되는 사업장의 사업주에게 고용노동부령으로 정하는 바에 따라 그 사업장, 시설, 그 밖의 사항에 관한 안전 및 보건에 관한 개선계획을 수립하여 시행할 것을 명할 수 있다.

해설 ③ [×] 지방고용노동관서의 장이 안전보건개선계획의 제출 등(산시규 제61조)에 따른 안전보건개선계획서를 접수한 경우에는 접수일부터 15일 이내에 심사하여 사업주에게 그 결과를 알려야 한다(산시규 제62조).

03 버드(F. Bird)의 재해 구성비율에 해당하는 것은?

① 1 : 20 : 200   ② 1 : 29 : 300   ③ 1 : 10 : 29 : 300
④ 1 : 10 : 30 : 600   ⑤ 1 : 10 : 40 : 600

해설 ④ [○] 버드의 재해구성 비율은 1(중상 또는 폐질) : 10(경상) : 30(무상해 사고) : 600(무상해·무사고 고장)의 비율을 말한다.

04 산업안전보건법령상 안전보건관리담당자의 업무가 아닌 것은?

① 산업재해에 관한 통계의 유지·관리·분석을 위한 보좌 및 지도·조언
② 위험성평가에 관한 보좌 및 지도·조언
③ 작업환경 측정 및 개선에 관한 보좌 및 지도·조언
④ 안전보건교육 실시에 관한 보좌 및 지도·조언

정답 02. ③   03. ④   04. ①

⑤ 산업 안전·보건과 관련된 안전장치 및 보호구 구입 시 적격품 선정에 관한 보좌 및 지도·조언

해설 ① [×] 산업재해에 관한 통계의 유지·관리·분석을 위한 보좌 및 지도·조언은 안전관리자의 업무이다.

○ 안전보건관리담당자의 업무 (산안령 제25조)
1. 안전보건교육 실시에 관한 보좌 및 지도·조언
2. 위험성평가에 관한 보좌 및 지도·조언
3. 작업환경측정 및 개선에 관한 보좌 및 지도·조언
4. 건강진단에 관한 보좌 및 지도·조언
5. 산업재해 발생의 원인 조사, 산업재해 통계의 기록 및 유지를 위한 보좌 및 지도·조언
6. 산업 안전·보건과 관련된 안전장치 및 보호구 구입 시 적격품 선정에 관한 보좌 및 지도·조언

05 안전보건교육 방법에서 하버드학파의 5단계 교수법의 순서를 옳게 나열한 것은?

ㄱ. 준비시킨다(Preparation)　　ㄴ. 총괄시킨다(Generalization)
ㄷ. 교시한다(Presentation)　　　ㄹ. 연합시킨다(Association)
ㅁ. 응용시킨다(Application)

① ㄱ→ㄴ→ㄷ→ㄹ→ㅁ　② ㄱ→ㄴ→ㄹ→ㄷ→ㅁ　③ ㄱ→ㄷ→ㄹ→ㄴ→ㅁ
④ ㄱ→ㄷ→ㄹ→ㅁ→ㄴ　⑤ ㄱ→ㄹ→ㄷ→ㅁ→ㄴ

해설 ③ [○] 하버드학파의 5단계 교수법을 순서대로 옳게 나열한 것이다.

06 다음의 설명 중에서 안전관리의 생산성 측면 효과로 옳지 않은 것은?

안전관리란 생산성의 향상과 손실(Loss)의 최소화를 위하여 행하는 것으로 비능률적 요소인 사고가 발생하지 않는 상태를 유지하기 위한 활동이다.

① 근로자의 사기진작　② 사회적 신뢰성 유지 및 확보　③ 이윤 증대
④ 비용 절감　⑤ 생산시설의 고급화 및 다양화

정답　05. ③　06. ⑤

해설 ⑤ [×] '생산시설의 안전화 및 고생산성화'로 되어야 옳은 내용이다.

07 안전교육의 지도원칙으로 옳지 않은 것은?
① 피교육자 중심 교육   ② 동기부여
③ 어려운 부분에서 쉬운 부분으로 진행   ④ 오관(감각기관) 활용
⑤ 기능적 이해

해설 ③ [×] "쉬운 부분에서 어려운 부분으로 진행"이 되어야 옳다.

○ 교육지도의 원칙
1. 피교육자 중심교육(상대방 입장에서 교육) 2. 동기부여
3. 쉬운 부분에서 어려운 부분으로 진행 4. 한 번에 하나씩 교육
5. 시청각 활용(인상의 강화) 6. 5관의 활용 7. 반복 8. 기능적 이해

08 안전보건교육규정에서 정하고 있는 "직무교육의 방법"의 일부 내용이다. ( )에 들어갈 것으로 옳은 것은?

교육형태 : 다음 각 목에 따른 교육형태 중 어느 하나 또는 혼합한 방식으로 할 것. 다만, 총 교육시간의 (ㄱ)분의 (ㄴ) 이상을 가목이나 나목 또는 (ㄷ)목의 형태로 할 것
가. 집체교육 나. 현장교육 다. 인터넷 원격교육 라. 비대면 실시간교육

① ㄱ : 2, ㄴ : 1, ㄷ : 다   ② ㄱ : 2, ㄴ : 1, ㄷ : 라
③ ㄱ : 3, ㄴ : 1, ㄷ : 다   ④ ㄱ : 3, ㄴ : 2, ㄷ : 다
⑤ ㄱ : 3, ㄴ : 2, ㄷ : 라

해설 ⑤ [○] 근로자 등 안전보건교육의 방법 [안전보건교육규정 고시 제15조(직무교육의 방법)]

09 제조물책임법상 결함에 해당되는 것을 모두 고른 것은?

ㄱ. 제조상 결함 ㄴ. 배송상 결함 ㄷ. 설계상 결함 ㄹ. 표시상 결함

① ㄱ, ㄴ   ② ㄷ, ㄹ   ③ ㄱ, ㄷ, ㄹ   ④ ㄴ, ㄷ, ㄹ   ⑤ ㄱ, ㄴ, ㄷ, ㄹ

정답 07. ③   08. ⑤   09. ③

해설 ③ [○] 제품결함의 정의 (제조물 책임법 제2조) : "결함"이란 해당 제조물에 다음 각 목의 어느 하나에 해당하는 제조상·설계상 또는 표시상의 결함이 있거나 그 밖에 통상적으로 기대할 수 있는 안전성이 결여되어 있는 것을 말한다.

가. "제조상의 결함"이란 제조업자가 제조물에 대하여 제조상·가공상의 주의의무를 이행하였는지에 관계없이 제조물이 원래 의도한 설계와 다르게 제조·가공됨으로써 안전하지 못하게 된 경우를 말한다.

나. "설계상의 결함"이란 제조업자가 합리적인 대체설계(代替設計)를 채용하였더라면 피해나 위험을 줄이거나 피할 수 있었음에도 대체설계를 채용하지 아니하여 해당 제조물이 안전하지 못하게 된 경우를 말한다.

다. "표시상의 결함"이란 제조업자가 합리적인 설명·지시·경고 또는 그 밖의 표시를 하였더라면 해당 제조물에 의하여 발생할 수 있는 피해나 위험을 줄이거나 피할 수 있었음에도 이를 하지 아니한 경우를 말한다.

10 재해조사의 1단계(사실 확인)에 포함되는 활동을 모두 고른 것은?

ㄱ. 재해 발생 작업의 지휘·감독 상황 조사
ㄴ. 재해 발생의 직접 원인(불안전 상태와 불안전 행동) 판단
ㄷ. 재해 발생 기계·설비의 위험방호설비 확인

① ㄱ   ② ㄴ   ③ ㄱ, ㄷ   ④ ㄴ, ㄷ   ⑤ ㄱ, ㄴ, ㄷ

해설 (ㄴ) [×] 재해 발생의 직접 원인(불안전 상태와 불안전 행동) 판단은 2단계에 해당한다.

○ 재해조사 순서 5단계
  1) 제0단계 (전제조건) : 재해상황의 파악
  2) 제1단계 : 사실의 확인
  3) 제2단계 : 직접원인(물적원인, 인적원인)과 문제점 발견
  4) 제3단계 : 기본원인(4M)과 근본적 문제점 결정
  5) 제4단계 : 동종 및 유사재해 예방대책의 수립

○ 재해조사 방법 5가지
  1) 재해조사는 재해발생 직후에 실시한다. (현장보존)
  2) 현장의 물리적 흔적(증거)을 수집 및 보관한다.

정답 10. ③

3) 재해현장의 상황을 기록하고 사진을 촬영한다.
4) 목격자 및 현장 관계자의 진술을 확보한다.
5) 재해 피해자와 면담 (사고 직전의 상황청취 등)

○ 재해조사 시 유의사항
1) 사실을 수집한다. (이유와 원인은 뒤에 확인)
2) 목격자 등이 증언하는 사실이외의 추측이나 본인의 의견 등은 분리하고 참고로만 한다.
3) 조사는 신속히 실시하고, 2차재해 방지를 위한 안전조치를 한다.
4) 인적, 물적 요인에 대한 조사를 병행한다.
5) 객관적인 입장에서 2인 이상 실시한다.
6) 책임추궁보다 재발방지에 역점을 둔다.
7) 피해자에 대한 구급조치를 우선한다.
8) 위험에 대비해 보호구를 착용한다.

11 재해 통계에 관한 내용으로 옳은 것은?

① 강도율 계산 시 사망 재해의 경우 10,000일의 근로손실일수를 산정한다.
② 도수율(빈도율)은 연 근로시간 100,000시간당 재해발생건수를 의미한다.
③ 재해율(천인율)은 연 평균 근로자 1,000명당 재해발생건수를 의미한다.
④ 종합재해지수(FSI)는 도수율과 강도율을 곱한 값이다.
⑤ 안전성 비교(Safety T Score)는 현재의 안전성을 과거와 비교한 것으로서 -2 이하인 경우 과거에 비해 안전성이 개선된 것을 의미한다.

해설 ① [×] 강도율 계산 시 사망 재해의 경우 7,500일의 근로손실일수를 산정한다.

② [×] 도수율(빈도율)은 연 근로시간 1,000,000시간당 재해발생건수를 의미한다. 도수율=(재해건수/연근로시간수)×1,000,000

③ [×] 재해율(천인율)은 연 평균 근로자 1,000명당 재해발생자수를 의미한다.

④ [×] 종합재해지수(FSI)는 도수율과 강도율을 곱한 값의 제곱근이다.

종합재해지수(FSI)= $\sqrt{도수율 \times 강도율}$

⑤ [○] 안전성 비교(Safety T Score)는 현재의 안전성을 과거와 비교한 것으로서 -2이하인 경우 과거에 비해 안전성이 개선된 것을 의미한다. +2.0이상은 과거보다 심각하다. -2.0~+2.0는 과거와 차이가 없음을 각각 의미한다.

정답 11. ⑤

12 재해 발생 시 조치사항으로 옳지 않은 것은?

① 재해 피해자 구출과 응급조치를 가장 먼저 실시한다.
② 재해조사를 위하여 현장을 보존하고 촬영 등의 기록을 실시한다.
③ 재해조사 담당 인력에 안전관리자를 포함시킨다.
④ 재해조사는 2차 재해 발생 우려가 없는지 확인 후 가능하면 신속히 실시한다.
⑤ 빠른 복구를 위해 재해조사는 재해발생 현장으로 대상 범위를 한정하여 실시한다.

해설 ⑤ [×] 빠른 복구를 위해 재해조사는 재해발생 현장으로 대상 범위를 집중하여 실시하되 주변의 영향인자에 대한 조사도 병행하여 실시한다.

13 인간-기계 시스템에 관한 설명으로 옳은 것은?

① 인간-기계 인터페이스는 인간-기계 시스템을 구성하는 요소이다.
② 인간-기계 시스템에서 표시장치는 인간의 반응을 표시하는 장치를 의미한다.
③ 작업자가 전동 공구를 사용하여 제품을 조립하는 과정은 인간-기계 시스템에 해당하지 않는다.
④ 인간의 주관적 반응은 인간-기계 시스템의 평가기준 중 시스템 기준(system descriptive criteria)에 해당한다.
⑤ 인간-기계 시스템을 평가할 때 심박수는 인간 성능에 관한 척도(performance measure)에 해당한다.

해설 ① [○] 인간-기계 인터페이스는 인간-기계 시스템을 구성하는 요소이다.
　　1. 1단계 : 시스템의 목표와 성능명세 결정
　　2. 2단계 : 시스템의 정의　　3. 3단계 : 기본설계
　　4. 4단계 : 인터페이스 설계　　5. 5단계 : 보조물 설계
　　6. 6단계 : 시험 및 평가

② [×] 인간-기계 시스템에서 표시장치는 기계의 반응을 표시하는 장치를 의미한다.
③ [×] 작업자가 전동 공구를 사용하여 제품을 조립하는 과정은 인간-기계 시스템에 해당한다.
④ [×] 인간의 주관적 반응은 인간-기계 시스템의 평가기준 중 인간 기준에 해당한다.

정답　12. ⑤　　13. ①

⑤ [×] 인간-기계 시스템을 평가할 때 심박수는 생리학적 지표에 해당한다.
○ 인간기준(human criteria)
1. 인간 성능 척도 : 여러 가지 감각활동, 정신활동, 근육활동 등에 의해서 판단된다.
2. 생리학적 지표 : 혈압, 맥박수, 분당호흡수, 뇌파, 혈당량, 혈액의 성분, 피부온도, 전기피부반응(galvanic skin response)등이 척도가 있다.
3. 주관적인 반응 : 개인성능의 평점(rating), 체계설계면의 대안들의 평점, 체계에 사용되는 여러 가지 다른 유형의 정보에 대하 판단된 중요도 평점, 의자의 안락도 평점 등이 있다.
4. 사고 빈도 : 어떤 목적을 위해서는 사고나 상해 발생빈도가 적절한 기준이 될 수가 있다.

14 산업안전보건기준에 관한 규칙상 소음 및 진동에 의한 건강장해의 예방에 관한 내용으로 옳지 않은 것은?

① 1일 8시간 작업을 기준으로 85데시벨의 소음이 발생한 작업은 소음작업에 해당한다.
② 105데시벨의 소음이 1일 30분 발생하는 작업은 강렬한 소음작업에 해당한다.
③ 임팩트 렌치(impact wrench)를 사용하는 작업은 진동작업에 속한다.
④ 1초 간격으로 125데시벨의 소음이 1일 1만회 발생하는 작업은 충격소음작업에 해당한다.
⑤ 청력보존 프로그램 시행 대상 사업장에서는 소음의 유해성과 예방에 관한 교육과 정기적 청력검사를 실시해야 한다.

해설 ② [×] 105데시벨의 소음이 1일 1시간 발생하는 작업은 강렬한 소음작업에 해당한다.
① 종래의 90dB에서 85dB로 강화 개정이 되었다. <개정 2024. 6. 28>
○ 정의 (산기규 제512조) : "강렬한 소음작업"이란 다음 각목의 어느 하나에 해당하는 작업을 말한다.
1. 90데시벨 이상의 소음이 1일 8시간 이상 발생하는 작업
2. 95데시벨 이상의 소음이 1일 4시간 이상 발생하는 작업
3. 100데시벨 이상의 소음이 1일 2시간 이상 발생하는 작업
4. 105데시벨 이상의 소음이 1일 1시간 이상 발생하는 작업

정답 14. ②

5. 110데시벨 이상의 소음이 1일 30분 이상 발생하는 작업
6. 115데시벨 이상의 소음이 1일 15분 이상 발생하는 작업

15 인간의 시각 기능에 관한 설명으로 옳지 않은 것은?

① 명순응은 암순응에 비해 시간이 짧게 걸린다.
② 암순응 과정에서 원추세포와 간상세포의 순으로 순응 단계가 진행된다.
③ 눈에서 물체까지의 거리가 멀어질수록 수정체의 두께를 두껍게 하여 초점을 맞춘다.
④ 최소가분시력(minimum separable acuity)은 일정 거리에서 구분할 수 있는 표적의 최소 크기에 따라 정해진다.
⑤ 가장 민감한 빛의 파장은 간상세포가 원추세포에 비해 짧다.

해설 ③ [×] 눈에서 물체까지의 거리가 멀어질수록 수정체의 두께를 얇게 하여 초점을 맞춘다. 이렇게 하여 원거리의 물체를 잘 볼 수 있게 한다.

16 제품설계에 인체측정치를 적용하는 절차를 순서대로 옳게 나열한 것은?

| ㄱ. 설계에 필요한 인체치수 선택 | ㄴ. 적절한 인체측정 자료 선택 |
| ㄷ. 필요한 여유치 결정 | ㄹ. 인체측정 자료 응용 원리 결정 |

① ㄱ→ㄴ→ㄹ→ㄷ   ② ㄱ→ㄹ→ㄴ→ㄷ   ③ ㄴ→ㄱ→ㄷ→ㄹ
④ ㄴ→ㄷ→ㄱ→ㄹ   ⑤ ㄹ→ㄴ→ㄱ→ㄷ

해설 ② [○] 인체측정치의 제품설계 적용절차
1. 설계에 필요한 인체치수의 결정
2. 설비를 사용할 집단을 정의 : 성인, 아동
3. 적용할 인체자료 응용원리를 결정 : 조절식, 극단치, 평균치
4. 적절한 인체측정자료의 선택 : 평균과 표준편차를 이용하여 %tile 결정
5. 특수복장 착용에 대한 적절한 여유 고려
6. 설계할 치수의 결정   7. 모형을 제작하여 모의실험

17 산업안전보건기준에 관한 규칙상 근골격계부담작업으로 인한 건강장해 예방과 관련된 내용으로 옳지 않은 것은?

정답 15. ③   16. ②   17. ①

① 근골격계질환 예방과 관련하여 노사간 이견(異見)이 없는 근로자 수 80명인 사업장에서 연간 업무상 질병으로 인정받은 근골격계질환자가 5명 발생한 경우에 근골격계질환 예방관리 프로그램을 수립 및 시행해야 한다.
② 근로자가 근골격계부담작업을 하는 경우에 해당 작업에 대해 3년마다 유해요인 조사를 실시하여야 한다.
③ 근골격계부담작업에 해당하는 새로운 작업·설비를 도입한 경우에는 지체 없이 유해요인조사를 실시해야 한다.
④ 5킬로그램 이상의 중량물을 들어올리는 작업을 하는 경우에는 취급하는 물품의 중량과 무게중심에 대해 작업장 주변에 안내표시를 하여야 한다.
⑤ 근골격계부담작업 유해요인조사를 실시할 때 작업과 관련된 근골격계질환 징후와 증상 유무를 조사해야 한다.

해설
① [×] "80명×0.1=8명" 이상 발생한 경우 근골격계질환 예방관리 프로그램을 수립 및 시행 대상이 된다.
○ 근골격계질환 예방관리 프로그램 시행 (산기규 제662조) : 사업주는 다음 각 호의 어느 하나에 해당하는 경우에 근골격계질환 예방관리 프로그램을 수립하여 시행하여야 한다.
1. 근골격계질환으로 「산업재해보상보험법 시행령」에 따라 업무상 질병으로 인정받은 근로자가 연간 10명 이상 발생한 사업장 또는 5명 이상 발생한 사업장으로서 발생 비율이 그 사업장 근로자 수의 10퍼센트 이상인 경우
2. 근골격계질환 예방과 관련하여 노사 간 이견(異見)이 지속되는 사업장으로서 고용노동부장관이 필요하다고 인정하여 근골격계질환 예방관리 프로그램을 수립하여 시행할 것을 명령한 경우

18 근골격계 질환 예방을 위한 유해요인 평가방법에 관한 설명으로 옳은 것은?
① REBA는 손으로 물체를 잡을 때 손잡이 조건을 평가에 반영한다.
② NLE의 LI는 값이 클수록 안전한 작업이다.
③ REBA는 보행 동작을 평가에 반영한다.
④ NLE는 중량물의 수평 운반거리를 평가에 반영한다.
⑤ OWAS는 팔꿈치 각도를 평가에 반영한다.

정답 18. ①

해설 ① [○] REBA는 손으로 물체를 잡을 때 손잡이 조건을 평가에 반영한다.
REBA(Rapid Entire Body Assessment)는 근골격계질환과 관련한 위해인자에 대한 개인작업자의 노출정도를 평가하기 위한 목적으로 개발되었으며, 크게 신체부위별 작업자세를 나타내는 4개의 배점표로 구성되어 있다.
② [×] NLE의 LI는 값이 작을수록 안전한 작업이다.
들기작업지수(Lifting Index)를 계산하는데 LI는 실제 작업물의 무게와 권장무게한계의 비율이며, LI값이 1.0보다 작아야 안전하다.
③ [×] REBA는 전신작업을 평가하며, 동작의 반복성을 평가에 반영한다.
④ [×] NLE는 중량물의 수평 운반거리는 평가에 반영하지 않는다.
⑤ [×] OWAS는 중량물의 취급정도를 평가에 반영하며, 팔꿈치 각도를 평가에 반영하지 않는다. OWAS(Ovako Working posture Analysis System) 평가도구는 근력을 발휘하기에 부적절한 작업자세를 구별해 내기 위한 목적으로 개발되었다.

19) 정상 청력을 가진 성인이 느끼는 소리의 크기를 비교할 때, 1,000Hz 순음에서 80dB의 소리는 60dB의 소리에 비해 얼마나 더 크게 들리는가?

① 약 1.3배   ② 약 2배   ③ 약 2.6배   ④ 약 4배   ⑤ 약 8배

해설 ④ [○] 소리 크기는 sone이고, $sone = 2^{\frac{phon-40}{10}}$ 의 관계를 이용하여 구한다.

80dB이면 $2^{\frac{phon-40}{10}} = 2^{\frac{80-40}{10}} = 16 sone$ 이고,

60dB이면 $2^{\frac{phon-40}{10}} = 2^{\frac{60-40}{10}} = 2^2 = 4 sone$ 이다. 16sone÷4sone=4(배)

20) 산업안전보건법령상 유해위험방지계획서 제출 대상인 공사를 모두 고른 것은?

| ㄱ. 지상높이 25미터 건축물 건설 | ㄴ. 연면적 2만제곱미터 건축물 해체 |
| ㄷ. 연면적 6천제곱미터 판매시설 건설 | ㄹ. 깊이 12미터 굴착공사 |

① ㄴ   ② ㄱ, ㄹ   ③ ㄴ, ㄷ   ④ ㄷ, ㄹ   ⑤ ㄱ, ㄷ, ㄹ

해설 ④ [○] 유해위험방지계획서 제출 대상 (산안령 제42조)

정답 19. ④   20. ④

1. 다음 각 목의 어느 하나에 해당하는 건축물 또는 시설 등의 건설·개조 또는 해체(이하 "건설 등"이라 한다) 공사
   가. 지상높이가 31미터 이상인 건축물 또는 인공구조물 ◆
   나. 연면적 3만제곱미터 이상인 건축물 ◆
   다. 연면적 5천제곱미터 이상인 시설로서 다음의 어느 하나에 해당 시설
      1) 문화 및 집회시설(전시장 및 동물원·식물원은 제외)
      2) 판매시설, 운수시설(고속철도의 역사 및 집배송시설은 제외) ◆
      3) 종교시설   4) 의료시설 중 종합병원
      5) 숙박시설 중 관광숙박시설   6) 지하도상가
      7) 냉동·냉장 창고시설
2. 연면적 5천제곱미터 이상인 냉동·냉장 창고시설의 설비공사 및 단열공사
3. 최대 지간(支間)길이(다리의 기둥과 기둥의 중심사이의 거리)가 50미터 이상인 다리의 건설 등 공사
4. 터널의 건설등 공사
5. 다목적댐, 발전용댐, 저수용량 2천만톤 이상의 용수 전용 댐 및 지방상수도 전용 댐의 건설 등 공사
6. 깊이 10미터 이상인 굴착공사 ◆

21 서로 독립인 가본사상 a, b, c로 구성된 아래의 결함수(Fault Tree)에서 정상사상 T에 관한 최소절단집합(minimal cut set)을 모두 구하면?

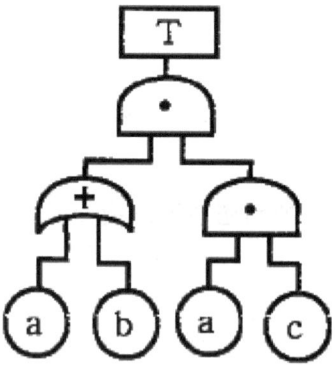

① {a, b} ② {a, c} ③ {b, c} ④ {a, b, c} ⑤ {a, c}. {a, b, c}

해설 ② [○] $T = \begin{Bmatrix} a \\ b \end{Bmatrix} \times \{a, c\} = \{a, a, c\}, \{a, b, c\} = \{a, c\}, \{a, b, c\} = \{a, c\}$

정답 21. ②

22 신뢰도가 A인 동일한 부품 3개를 그림과 같이 직렬 및 병렬로 연결하였을 때 전체시스템의 신뢰도는 0.8309이다. 이 부품의 신뢰도 A는 얼마인가?

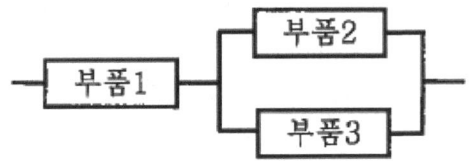

① 0.70　② 0.75　③ 0.80　④ 0.85　⑤ 0.90

해설　④ [○] $R_S = R_A \times [1-(1-R_A)(1-R_A)] = 2R_A^2 - R_A^3 = 0.8309$

　　　R_A값은 인수분해로는 구해지지 않으므로, 시행착오법을 활용하며, 위의 선지 값들 중 $R_A=0.85$를 대입하면 0.8309가 구해진다.

23 정성적, 귀납적인 시스템안전 분석기법으로 시스템에 영향을 미치는 모든 요소의 고장을 형태별로 분석하여 그 영향을 검토하는 기법은?

① ETA　② FMEA　③ THERP　④ FTA　⑤ PHA

해설　② [○] FMEA(실패유형 및 영향분석) : 시스템 안전분석에 이용되는 전형적인 정성적 귀납적 분석방법으로 시스템에 영향을 미치는 전체 요소의 고장을 유형별로 분석하여 시스템에 미치는 영향을 검토하는 것이다

○ ① ETA는 사건수분석, ③ THERP은 인간과오율예측기법, ④ FTA은 고장나무분석, ⑤ PHA는 예비위험분석을 각각 의미한다.

24 A부품의 고장확률밀도함수는 지수분포를 따르며 평균수명은 10^4 시간이다. 이 부품을 10^3 시간 작동시켰을 때의 신뢰도는 얼마인가? (단, 소수점 셋째 자리에서 반올림하여 소수점 둘째 자리까지 구한다.)

① 0.05　② 0.10　③ 0.15　④ 0.85　⑤ 0.90

해설　⑤ [○] $R(t) = e^{-\lambda t} = e^{-t/MTBF} = e^{-10^3/10^4} = e^{-0.1} = 1/e^{0.1} = 0.9048$

정답　22. ④　23. ②　24. ⑤

25 사업장 위험성평가에 관한 지침에 따라 위험성평가 실시규정을 작성할 때 반드시 포함되어야 할 사항이 아닌 것은?

① 평가의 목적 및 방법
② 결과의 기록·보존
③ 위험성평가 인정신청서 작성방법
④ 근로자에 대한 참여·공유방법 및 유의사항
⑤ 평가담당자 및 책임자의 역할

해설 ③ [×] 사전준비 (사업장 위험성평가에 관한 지침 제9조) : 사업주는 위험성평가를 효과적으로 실시하기 위하여 최초 위험성평가시 다음 각 호의 사항이 포함된 위험성평가 실시규정을 작성하고, 지속적으로 관리하여야 한다.
1. 평가의 목적 및 방법
2. 평가담당자 및 책임자의 역할
3. 평가시기 및 절차
4. 근로자에 대한 참여·공유방법 및 유의사항
5. 결과의 기록·보존

정답 25. ③

9.4 2025년 기출문제

제2과목 : 산업안전일반

01 다음에서 설명하고 있는 안전교육 방법은?

○ 스스로 자신의 성장과 향상의욕을 고취하고 주도적으로 학습하는 방법
○ 장점 : 자율적으로 필요한 시간에 개인의 관심, 흥미, 능력, 환경 등에 적합하게 수행할 수 있고 학습참여와 내용 선택에서도 높은 자율성이 부여됨

① 시범법 ② 토의법 ③ 실연법 ④ 반복법 ⑤ 프로그램 학습법

해설 ⑤ [○] 프로그램 학습법 내용이며, 교육 내용이 프로그램으로 고정되어 진행된다. 단점은 여러 수업 매체를 동시에 다양하게 활용할 수 없다는 점이다.

02 "학습자가 지니고 있는 각자의 요구와 능력 등에 알맞은 학습활동의 기회를 마련해 주어야 한다"는 학습지도원리에 해당하는 것은?

① 직관의 원리 ② 개별화의 원리 ③ 자발성의 원리 ④ 목적의 원리
⑤ 통합의 원리

해설 ② [○] 개별화의 원리는 학습자에게 요구되는 능력에 맞게 교육해야 한다는 원리이다.

○ 학습지도의 원리
1. 자기활동의 원리 : 학습자 스스로 학습에 참여해야 한다는 원리
2. 개별화의 원리 : 학습자에게 요구되는 능력에 맞게 교육해야 한다는 원리
3. 사회화의 원리 : 공동학습을 통해 협력과 사회화에 기여한다는 원리
4. 통합의 원리 : 학습을 종합적으로 지도하는 것으로 학습자의 능력을 조화롭게 발달시키는 원리
5. 직관의 원리 : 구체적인 사물을 제시하거나 경험 등을 통해 학습효과를 거둘 수 있는 원리

정답 01. ⑤   02. ②

03 제조물책임법상 손해배상책임을 지는 자가 사실을 입증한 경우에 손해배상책임을 면(免)하는 사유에 해당하지 않는 것을 모두 고른 것은?

ㄱ. 제조업자가 해당 제조물을 공급하지 아니하였다는 사실
ㄴ. 제조업자가 해당 제조물을 공급한 당시의 과학·기술 수준으로는 결함의 존재를 발견할 수 있었다는 사실
ㄷ. 제조물의 결함이 제조업자가 해당 제조물을 공급한 당시의 법령에서 정하는 기준을 준수함으로써 발생하였다는 사실
ㄹ. 원재료나 부품의 경우에는 그 원재료나 부품을 사용한 제조물 제조업자의 설계 또는 제작에 관한 지시로 인하여 결함이 발생하였다는 사실

① ㄱ   ② ㄴ   ③ ㄱ, ㄴ   ④ ㄴ, ㄷ   ⑤ ㄱ, ㄴ, ㄷ, ㄹ

해설 (ㄴ) [×] "제조업자가 해당 제조물을 공급한 당시의 과학·기술 수준으로는 결함의 존재를 발견할 수 없었다는 사실"이 손해배상책임을 면(免)하는 사유이다(제조물책임법 제4조).

04 적응기제에 관한 내용이다. ( )에 들어갈 것으로 옳은 것은?

○ (ㄱ) : 어떤 행동이 억압되었을 때 그 행동이 사회적으로 용납할 수 있는 이유를 설명함으로써 자아를 보호하는 행동
○ (ㄴ) : 현실적으로 도저히 만족할 수 없는 욕구나 소원을 상상의 세계에서 얻으려고 하는 행동
○ (ㄷ) : 억압당한 욕구가 사회적, 문화적으로 가치 있는 목적으로 향하여 노력함으로써 욕구를 충족시키는 것

① ㄱ : 동일시, ㄴ : 고립, ㄷ : 보상   ② ㄱ : 동일시, ㄴ : 백일몽, ㄷ : 승화
③ ㄱ : 합리화, ㄴ : 고립, ㄷ : 승화   ④ ㄱ : 합리화, ㄴ : 백일몽, ㄷ : 승화
⑤ ㄱ : 합리화, ㄴ : 백일몽, ㄷ : 보상

해설 ④ [○] 적응기제 : 욕구불만, 갈등을 합리적으로 해결할 수 없을 때 욕구충족을 위해 비합리적인 방법을 취하는 것
1. 방어기제 : 보상, 합리화, 승화, 동일화, 투사, 치환, 반동형성
2. 도피기제 : 고립, 퇴행, 억압, 백일몽, 고착, 거부, 부정
3. 공격기제 : 직접적 공격기제, 간접적 공격기제

정답 03. ②   04. ④

05 산업안전보건법령상 다음과 같은 기계 등을 보유하여 작업하는 사업장의 사업주가 특별교육을 실시하여야 하는 대상 작업에 해당하는 것을 모두 고른 것은?

> ㄱ. 정격하중 2.8톤 천장주행크레인 1대, 정격하중 0.5톤 호이스트 5대를 보유하여 사용한 작업
> ㄴ. 3톤 지게차 1대를 보유하여 사용한 작업
> ㄷ. 고정식인 둥근톱기계, 띠톱기계, 대패기계 및 모떼기기계를 각 1대씩 보유하여 사용한 작업

① ㄱ   ② ㄴ   ③ ㄱ, ㄷ   ④ ㄴ, ㄷ   ⑤ ㄱ, ㄴ, ㄷ

해설 ① [○] (ㄴ)은 5대 이상, (ㄷ)은 5대 이상이 특별교육 대상이다(산시규 별표 5).

○ 특별교육 대상 작업별 교육 → 대상 작업 (산시규 별표 5) : 총 39가지 작업

1. 1톤 이상의 크레인을 사용하는 작업 또는 1톤 미만의 크레인 또는 호이스트를 5대 이상 보유한 사업장에서 해당 기계로 하는 작업(제40호의 작업은 제외한다)
2. 운반용 등 하역기계를 5대 이상 보유한 사업장에서의 해당 기계로 하는 작업
3. 목재가공용 기계[둥근톱기계, 띠톱기계, 대패기계, 모떼기기계 및 라우터기(목재를 자르거나 홈을 파는 기계)만 해당하며, 휴대용은 제외한다]를 5대 이상 보유한 사업장에서 해당 기계로 하는 작업

06 재해발생 원인에 관한 휴의 이론 중 다음에서 설명하고 있는 요인에 해당하는 것은?

> 무리한 행동, 안전작업에 대한 소홀, 신체적 특성을 고려하지 못한 작업 배치, 자동화 기기와 일반기계와의 속도차이, 단순작업이 계속될 경우의 권태감·무력감, 작업자의 신체 기능의 변화, 정보처리능력의 변화 등으로 스트레스가 증가하여 재해가 발생할 수 있다.

정답 05. ①   06. ③

① 심리적 요인　② 기계적 요인　③ 인위적 요인　④ 기술적 요인
⑤ 환경적 요인

해설　③ [○] 휴(Huh)는 재해발생 요인에 대해 ㉠ 작업자의 심리적 불안 등을 야기하는 심리적 요인, ㉡ 안전 보호장치 미흡 등의 기계적 요인, ㉢ 청소 불량 등으로 인한 환경적 요인, ㉣ 기계 배치를 적절하게 배치하지 않아 위험성이 있는 기술적 요인, ㉤ 무리한 행동에 의한 인위적 요인에 의해 발생한다는 이론을 정립하였다.

07 T.B.M(Tool Box Meeting)의 실시순서 5단계를 옳게 나열한 것은?

| ㄱ. 작업지시　ㄴ. 도입　ㄷ. 점검 및 정비　ㄹ. 확인　ㅁ. 위험예측 |

① ㄱ→ㄴ→ㄷ→ㄹ→ㅁ　② ㄱ→ㄴ→ㄹ→ㄷ→ㅁ　③ ㄴ→ㄱ→ㄷ→ㅁ→ㄹ
④ ㄴ→ㄷ→ㄱ→ㅁ→ㄹ　⑤ ㄴ→ㄹ→ㄷ→ㄱ→ㅁ

해설　④ [○] TBM은 Tool Box Meeting의 약어이며, 5단계로 진행된다.
1단계 : 도입 (직장체조, 무재해기원, 상호인사, 안전연설, 목표제창)
2단계 : 점검정비 (건강, 복장, 보호구, 사용기기 등)
3단계 : 작업지시 (금일 혹은 명일에 있을 작업 사항 간단하게 전달)
4단계 : 위험예측 (작업관련 위험에 관한 것을 예측)
5단계 : 확인 (위험에 대한 팀원의 확인 touch and call)

08 산업안전보건법령상 산업안전보건위원회의 심의·의결을 거쳐야 하는 사항이 아닌 것은? (그 밖에 근로자의 유해·위험 방지조치에 관한 사항으로서 고용노동부령으로 정하는 사항은 제외함)

① 사업장의 산업재해 예방계획의 수립에 관한 사항
② 안전보건관리규정의 작성 및 변경에 관한 사항
③ 안전장치 및 보호구 구입 시 적격품 여부 확인에 관한 사항
④ 작업환경측정 등 작업환경의 점검 및 개선에 관한 사항
⑤ 안전보건교육에 관한 사항

해설　③ [×] 안전장치 및 보호구 구입 시 적격품 여부 확인에 관한 사항은 안전보건관리책임자의 업무이다(산안법 제15조).

정답　07. ④　08. ③

○ 산업안전보건위원회의 심의·의결을 거쳐야 하는 사항 (산안법 제24조)
  1. 사업장의 산업재해 예방계획의 수립에 관한 사항
  2. 안전보건관리규정의 작성 및 변경에 관한 사항
  3. 안전보건교육에 관한 사항
  4. 작업환경측정 등 작업환경의 점검 및 개선에 관한 사항
  5. 근로자의 건강진단 등 건강관리에 관한 사항
  6. 산업재해에 관한 통계의 기록 및 유지에 관한 사항
  7. 중대재해에 관한 사항
  8. 유해하거나 위험한 기계·기구·설비를 도입한 경우 안전 및 보건 관련 조치에 관한 사항
  9. 그 밖에 해당 사업장 근로자의 안전 및 보건을 유지·증진을 위하여 필요한 사항

09 위험성평가기법에 관한 설명으로 옳지 않은 것은?

① FMEA는 각 요소의 고장유형과 그 고장이 미치는 영향을 분석하는 방법으로 귀납적 분석기법이다.
② PHA는 시스템 내의 위험요소가 어떤 위험 상태에 있는가를 평가하는 기법이다.
③ MORT는 FTA와 동일한 논리방법을 사용하여 관리, 설계, 생산 및 보전 등의 넓은 범위에 걸친 안전성 확보를 위하여 활용하는 기법이다.
④ HEA는 운전원, 보수반원, 기술자 등의 불안전행동으로 발생할 수 있는 피해에 대해서 그 원인을 파악·추적하여 문제점을 개선하기 위한 평가기법이다.
⑤ HAZOP은 잠재된 사고의 결과 및 근본적인 원인을 찾아내고 사고결과와 원인 사이의 상호관계를 예측하며 리스크를 평가하는 기법이다.

해설 ⑤ [×] HAZOP 기법은 '위험과 운전분석'을 말하며, 가이드워드(guide word)와 공정의 파라미터(parameter)를 결합하여 위험요소와 운전상의 문제점을 도출하고 분석하는 기법이다. 제시된 내용은 CCA(Cause Consequence Analysis)에 대한 내용이며, CCA는 원인결과 분석기법으로서 잠재된 사고의 결과 및 근본적인 원인을 찾아내고 사고 결과와 원인 사이의 상호관계를 예측하며 리스크를 평가하는 기법이다.

정답 09. ⑤

10 산업안전보건법령에서 정하고 있는 안전보건관리책임자를 두어야 하는 사업의 종류 및 사업장의 상시근로자 수의 연결로 옳지 않은 것은?

① 의료용 물질 및 의약품 제조업 - 50명 이상
② 금융 및 보험업 - 300명 이상   ③ 해체, 선별 및 원료 재생업 - 50명 이상
④ 소프트웨어 개발 및 공급업 - 50명 이상   ⑤ 정보서비스업 - 300명 이상

해설 ④ [×] 소프트웨어 개발 및 공급업은 상시근로자 300명 이상인 경우에 해당한다.

○ 안전보건관리책임자를 두어야 하는 사업의 종류 및 사업장의 상시근로자 수 (산안령 제14조 관련 별표 2)

11 서로 독립인 기본사상 $X_1 \sim X_5$로 구성된 다음의 결함수(Fault Tree)에서 정상사상 T에 관한 최소절단집합(minimal cut set)을 모두 구한 것은?

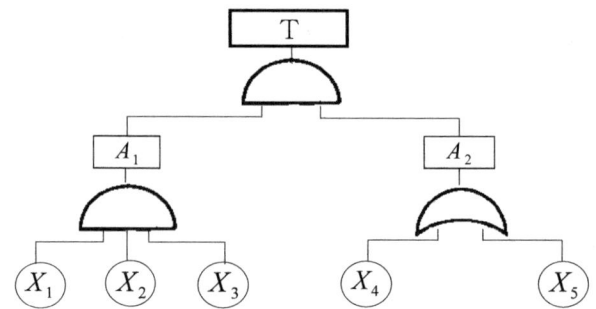

① $(X_1, X_2, X_3), (X_1, X_4, X_5)$
② $(X_1, X_2, X_3, X_4), (X_1, X_2, X_3, X_5)$
③ $(X_1, X_2, X_4), (X_1, X_3, X_5), (X_2, X_3, X_5)$
④ $(X_1, X_2, X_4), (X_1, X_2, X_5), (X_1, X_4, X_5)$
⑤ $(X_1, X_4, X_5), (X_2, X_4, X_5), (X_3, X_4, X_5)$

해설 ② [○] 미니멀 컷셋(minimal cut set)을 구하는 방법으로서 퍼셀(Fussell) 알고리즘을 이용하면 계산이 용이하다

$$T = A_1 \times A_2 = (X_1, X_2, X_3) \times \begin{pmatrix} X_4 \\ X_5 \end{pmatrix} = (X_1, X_2, X_3, X_4), (X_1, X_2, X_3, X_5)$$

12 신뢰성 척도에 관한 함수 중 옳은 것을 모두 고른 것은? (단, $F(t)$: 고장분포함수, $f(t)$: 고장밀도함수, $R(t)$: 신뢰도함수, $h(t)$: 고장률함수, t: 시간이다.)

$$\text{ㄱ. } F(t) = 1 - R(t) \qquad \text{ㄴ. } f(t) = \frac{d}{dt}F(t) \qquad \text{ㄷ. } h(t) = \frac{f(t)}{1-F(t)}$$
$$\text{ㄹ. } h(t) = \frac{df(t)/dt}{1-F(t)}$$

① ㄱ, ㄹ ② ㄱ, ㄴ, ㄷ ③ ㄱ, ㄷ, ㄹ ④ ㄴ, ㄷ, ㄹ
⑤ ㄱ, ㄴ, ㄷ, ㄹ

해설 ② [○] $R(t) + F(t) = 1$, $F(t) = \int_0^t f(t)dt$, $h(t)[=\lambda(t)] = \frac{f(t)}{R(t)}$ 의 관계

13 HAZOP 기법에서 적용되는 가이드 워드(guide word)의 의미가 옳지 않은 것은?

① part of : 성질상의 증가
② more/less : 양의 증가 혹은 감소
③ reverse : 설계 의도의 논리적인 역
④ other than : 완전한 대체
⑤ no/not : 설계 의도의 완전한 부정

해설 ① [×] part of : 성질상의 감소

○ HAZOP(위험 및 운전성 검토)의 유인어 종류
  1. No 또는 Not : 완전한 부정
  2. More 또는 Less : 양의 증가 또는 감소
  3. As Well As : 성질상의 증가   4. Part of : 성질상의 감소
  5. Reverse : 논리적인 역   6. Other than : 완전한 대체

14 FMEA에 따라 평가한 결과 위험우선순위점수(Risk Priority Number)가 가장 높은 고장유형은? (단, S는 Severity, O는 Occurrence, D는 Detection raiing이다.)

정답 12. ②   13. ①   14. ②

① S : 5, O : 6, D : 3　　② S : 6, O : 5, D : 4
③ S : 7, O : 4, D : 3　　④ S : 8, O : 3, D : 2
⑤ S : 9, O : 3, D : 4

해설　② [○] 위험우선순위점수(RPN)=심각도(심각성)×발생도(빈도)×검출도=6×5×4=120으로서, 선지 항들 중 가장 큰 값이다.

15 다음은 각 부품의 신뢰도가 a, b인 시스템의 신뢰성 블록도(Block Diagram)이다. 이 시스템의 신뢰도로 옳은 것은?

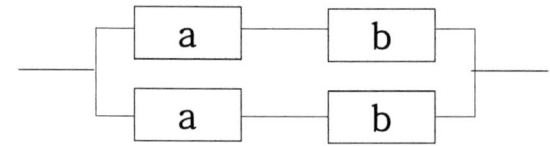

① $1-(ab)^2$　② $\{1-(1-a)(1-b)\}^2$　③ $(1-ab)^2$　④ $1-(1-a)(1-b)$
⑤ $1-(1-ab)^2$

해설　⑤ [○] $R_S = 1-(1-a \times b)(1-a \times b) = 1-(1-a \times b)^2 = 1-(1-ab)^2$

　　여기서, $a = R_a$, $b = R_b$로서 지문에서 제시된 것을 이용한 것임

16 사업장 위험성평가에 관한 지침에서 사업주가 위험성평가를 실시할 때 해당 작업에 종사하는 근로자를 참여시켜야 하는 경우로 옳은 것을 모두 고른 것은?

ㄱ. 위험성 감소대책을 수립하여 실행하는 경우
ㄴ. 위험성 감소대책 실행 여부를 확인하는 경우
ㄷ. 해당 사업장의 유해·위험요인을 파악하는 경우
ㄹ. 유해·위험요인의 위험성이 허용 가능한 수준인지 여부를 결정하는 경우

① ㄱ, ㄹ　② ㄱ, ㄴ, ㄷ　③ ㄱ, ㄴ, ㄹ　④ ㄴ, ㄷ, ㄹ
⑤ ㄱ, ㄴ, ㄷ, ㄹ

해설 ⑤ [O] 근로자 참여 (사업장 위험성평가에 관한 지침 제6조) : 사업주는 위험성평가를 실시할 때, 다음 각 호에 해당하는 경우 해당 작업에 종사하는 근로자를 참여시켜야 한다.
1. 유해·위험요인의 위험성 수준을 판단하는 기준을 마련하고, 유해·위험요인별로 허용 가능한 위험성 수준을 정하거나 변경하는 경우
2. 해당 사업장의 유해·위험요인을 파악하는 경우
3. 유해·위험요인의 위험성이 허용 가능한 수준인지 여부를 결정하는 경우
4. 위험성 감소대책을 수립하여 실행하는 경우
5. 위험성 감소대책 실행 여부를 확인하는 경우

17 다음 논리식을 가장 간단하게 표현한 것은?

$$\overline{A}\,\overline{B}\,\overline{C} + \overline{A}\,B\,\overline{C} + A\,\overline{B}\,\overline{C} + A\,\overline{B}\,C + A\,B\,\overline{C} + A\,B\,C$$

① $A + \overline{C}$ ② $AB + \overline{C}$ ③ $A\overline{B} + C$ ④ $\overline{B}C + \overline{C}$ ⑤ $A + \overline{B}$

해설 ① [O] 이 문제의 경우는 유도과정이 식별상 매우 혼란스러우므로, 불 대수(Boolean Algebra)와 기본 법칙을 이용하는 것 보다, 벤 다이어그램(Venn diagram)으로 해결하는 것이 객관식 문제에서는 보다 빠르고 정확한 파악 방법이다.

"$\overline{A}\,\overline{B}\,\overline{C} + \overline{A}\,B\,\overline{C} + A\,\overline{B}\,\overline{C} + A\,\overline{B}\,C + A\,B\,\overline{C} + A\,B\,C$"는 6개의 합집합을 구하는 것이 되며, 그 결과는 다음 그림에서와 같이 6개의 합집합인 $A + \overline{C}$ 이다.

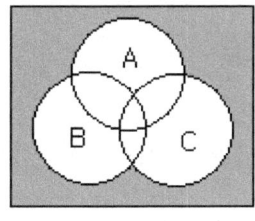
$\overline{A}\,\overline{B}\,\overline{C}$

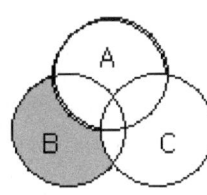
$\overline{A}\,B\,\overline{C}$

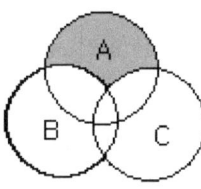
$A\,\overline{B}\,\overline{C}$

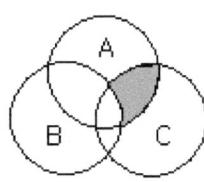
$A\,\overline{B}\,C$

정답 17. ①

516 / 제9장 최근 기출문제 풀이

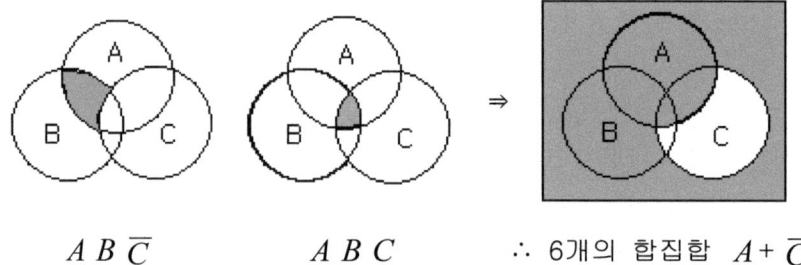

$A\,B\,\overline{C}$　　　　　$A\,B\,C$　　　∴ 6개의 합집합 $A+\overline{C}$

18 인간공학을 기업에 적용함에 따른 기대효과로 옳은 것은?

① 생산성 감소　　② 직무만족도 저하　　③ 노사간 신뢰 구측
④ 산재손실비용의 증가　　⑤ 이직률 증가

해설　③ [○] 인간공학은 인간의 신체적, 정신적 특성을 고려하여 제품, 작업, 환경을 설계하는 응용학문이다. 인간공학은 인간과 시스템의 상호작용을 연구하고, 인간을 위해 사용되는 물체, 시스템, 환경을 사용하기 편하게 만드는 것을 목표로 한다.

○ 이런 문제는 일반상식 문제이므로 절대 틀리지 않도록 해야 한다.

19 산업안전보건법령상 "고용노동부령으로 정하는 안전인증대상기계 등"에 해당하는 기계 및 설비 중 설치·이전하는 경우와 주요 구조 부분을 변경하는 경우에는 안전인증을 받아야 한다. 두 가지 모두의 경우에 안전인증을 받아야 하는 기계 및 설비로 옳은 것은?

① 프레스　② 압력용기　③ 리프트　④ 롤러기　⑤ 고소작업대

해설　③ [○] 안전인증대상기계 등이란 다음 각 호의 기계 및 설비를 말한다(산시규 제107조).

1. 설치·이전하는 경우 안전인증을 받아야 하는 기계
   가. 크레인　　나. 리프트　　다. 곤돌라
2. 주요 구조 부분을 변경하는 경우 안전인증을 받아야 하는 기계 및 설비
   가. 프레스　　나. 전단기 및 절곡기(折曲機)　　다. 크레인
   라. 리프트　　마. 압력용기　　바. 롤러기　　사. 사출성형기
   아. 고소(高所)작업대　　자. 곤돌라

정답　18. ③　　19. ③

20 재해조사 시 유의사항으로 옳은 것을 모두 고른 것은?

> ㄱ. 책임추궁보다 재발방지를 우선하는 태도를 가지고 조사한다.
> ㄴ. 재해조사자는 항상 주관적인 입장에서 공정하게 조사하여야 한다.
> ㄷ. 목격자의 추측적인 말은 참고로 한다.
> ㄹ. 재해조사는 발생 후 가능한 한 빨리 현장이 변형되지 않은 상태에서 실시한다.

① ㄱ, ㄷ ② ㄴ, ㄷ ③ ㄷ, ㄹ ④ ㄱ, ㄴ, ㄷ ⑤ ㄱ, ㄷ, ㄹ

해설 (ㄴ) [×] 재해조사자는 항상 객관적인 입장에서 공정하게 조사하여야 한다.

○ 재해조사 시 유의사항
1) 사실을 수집한다. (이유와 원인은 뒤에 확인)
2) 목격자 등이 증언하는 사실이외의 추측이나 본인의 의견 등은 분리하고 참고로만 한다.
3) 조사는 신속히 실시하고, 2차재해 방지를 위한 안전조치를 한다.
4) 인적, 물적 요인에 대한 조사를 병행한다.
5) 객관적인 입장에서 2인 이상 실시한다.
6) 책임추궁보다 재발방지에 역점을 둔다.
7) 피해자에 대한 구급조치를 우선한다.
8) 위험에 대비해 보호구를 착용한다.

21 재해사례연구의 순서에서 제3단계에 해당하는 것은?

① 근본적 문제점의 결정 ② 문제점의 발견 ③ 재해상황의 파악
④ 대책수립 ⑤ 사실의 확인

해설 ① [○] 재해사례연구의 진행단계
1. 전제조건(5단계일 때) : 재해상황의 파악
2. 제1단계 : 사실의 확인
3. 제2단계 : 문제점의 발견
4. 제3단계 : 근본 문제점의 결정
5. 제4단계 : 대책 수립

정답 20. ⑤ 21. ①

22 연평균 근로자 400명이 작업하는 A제조공장에서 연간 5건의 재해가 발생하였다. 이로 인해 사망 1명, 신체장애등급 11급 3명, 나머지 1명은 휴업일수 50일을 초래하였다. 강도율은 약 얼마인가? (단, 1일 8시간, 연간 285일 작업하며, 결근율은 7%이다.)

① 9.70   ② 9.93   ③ 10.02   ④ 10.30   ⑤ 10.62

해설 ④ [○] 강도율을 구하기 위해 근로손실일수를 알고, 식을 이용하여 구한다.

$$강도율 = \frac{근로손실일수}{연근로시간수} \times 1,000 = \frac{7,500 + 400 \times 3 + 50 \times \frac{285}{365}}{400 \times 8 \times 285 \times (1 - 0.07)} \times 1,000 = 10.30$$

○ 근로손실일수 : 문제에 이 값들이 주어지지 않는 경우가 많으며 암기요함

구분	사망	신체 장해등급 1~14등급											
		1~3	4	5	6	7	8	9	10	11	12	13	14
근로손실일수	7,500	7,500	5,500	4,000	3,000	2,200	1,500	1,000	600	400	200	100	50

○ 사망 및 1, 2, 3급의 근로손실일수 7,500일 근거
25년×300일=7,500일 (단, 근로손실년수 : 25년, 1년 근로손실일수 300일 기준임)

23 인간공학적 의자설계 시 일반원칙에 관한 내용으로 옳지 않은 것은?

① 척추의 요부전만을 유지한다.   ② 디스크가 받는 압력을 감소시킨다.
③ 정적 자세고정을 증가시킨다.   ④ 등근육의 정적 부하를 감소시킨다.
⑤ 조정이 용이해야 한다.

해설 ③ [×] 정적 자세고정을 감소시켜야 한다.

○ 의자설계의 일반원리
1. 요추의 전만곡선을 유지   2. 디스크 압력 줄임
3. 자세 고정 줄임   4. 등근육의 정적부하 감소
5. 쉽게 조절할 수 있도록 설계

24 근골격계부담작업의 범위 및 유해요인조사 방법에 관한 고시에서 정하고 있는 근골격계부담작업에 해당하지 않는 것은? (단, 단기작업 또는 간헐적인 작업은 제외한다.)

① 하루에 5시간 이상 집중적으로 자료입력 등을 위해 키보드 또는 마우스를 조작하는 작업
② 하루에 3시간 이상 목, 어깨, 팔꿈치, 손목 또는 손을 사용하여 같은 동작을 반복하는 작업
③ 하루에 2시간 이상 쪼그리고 앉거나 무릎을 굽힌 자세에서 이루어지는 작업
④ 하루에 12회 이상 25kg 이상의 물체를 드는 작업
⑤ 하루에 총 1시간 이상 분당 2회 이상 2.5kg 이상의 물체를 드는 작업

[해설] ⑤ [×] 하루에 총 1시간 이상 분당 2회 이상 4.5kg 이상의 물체를 드는 작업

○ 근골격계부담작업 (근골격계부담작업의 범위 및 유해요인조사 방법에 관한 고시 제3조 : 산안법 제39조 관련 고용노동부고시)
  1. 하루에 4시간 이상 집중적으로 자료입력 등을 위해 키보드 또는 마우스를 조작하는 작업
  2. 하루에 총 2시간 이상 목, 어깨, 팔꿈치, 손목 또는 손을 사용하여 같은 동작을 반복하는 작업
  3. 하루에 총 2시간 이상 머리 위에 손이 있거나, 팔꿈치가 어깨위에 있거나, 팔꿈치를 몸통으로부터 들거나, 팔꿈치를 몸통뒤쪽에 위치하도록 하는 상태에서 이루어지는 작업
  4. 지지되지 않은 상태이거나 임의로 자세를 바꿀 수 없는 조건에서, 하루에 총 2시간 이상 목이나 허리를 구부리거나 트는 상태에서 이루어지는 작업
  5. 하루에 총 2시간 이상 쪼그리고 앉거나 무릎을 굽힌 자세에서 이루어지는 작업
  6. 하루에 총 2시간 이상 지지되지 않은 상태에서 1kg 이상의 물건을 한 손의 손가락으로 집어 옮기거나, 2kg 이상에 상응하는 힘을 가하여 한 손의 손가락으로 물건을 쥐는 작업
  7. 하루에 총 2시간 이상 지지되지 않은 상태에서 4.5kg 이상의 물건을 한 손으로 들거나 동일한 힘으로 쥐는 작업

정답 24. ⑤

8. 하루에 10회 이상 25kg 이상의 물체를 드는 작업
9. 하루에 25회 이상 10kg 이상의 물체를 무릎 아래에서 들거나, 어깨위에서 들거나, 팔을 뻗은 상태에서 드는 작업
10. 하루에 총 2시간 이상, 분당 2회 이상 4.5kg 이상의 물체를 드는 작업
11. 하루에 총 2시간 이상 시간당 10회 이상 손 또는 무릎을 사용하여 반복적으로 충격을 가하는 작업

25 청각적표시장치의 일반원리에 해당하지 않는 것은?

① 근사성   ② 검약성   ③ 분리성   ④ 변동성   ⑤ 양립성

해설 ④ [×] 청각적표시장치의 일반원리에 변동성은 해당하지 않는다.

○ 청각적표시장치의 일반원리
① 양립성 : 긴급용 신호일 때는 낮은 주파수를 사용하는 것이다.
② 검약성 : 조작자에 대한 입력신호는 꼭 필요한 정보만을 제공하는 것이다.
③ 근사성 : 복잡한 정보를 나타내고자 할 때 2단계의 신호를 고려하는 것이다.
④ 분리성 : 두 가지 이상의 채널을 듣고 있다면 각 채널의 주파수가 분리되어 있어야 하는 것이다.

정답 25. ④

산업안전지도사 1차대비
최신 산업안전일반

2025년 5월 1일 개정2판 1쇄 발행

저 자 권 오 운
펴낸이 이 병 덕
펴낸곳 도서출판 정일
등록날짜 1989년 8월 25일
등록번호 제 3-261호
주소 경기도 파주시 한빛로 11
전화 031) 946-9152(대)
팩스 031) 946-9153
도서 내용 문의 jungilb@naver.com, kwonohw@naver.com
www.atpm.co.kr

잘못된 책은 구입하신 서점이나 본사에서 교환해 드립니다.

저작권 : 도서출판 정일에서는 저작권법에 따른 저작권을 준수하고 있습니다.
  본 도서 내용 중 저작권자나 발행인의 승인없이 무단복제나 인용할 수 없습니다.

  저작권법 : 제97조의5(권리의침해죄) 저작재산권 그 밖의 이 법에 의하여 보호되는 재산적 권리를 복제·공연·방송·전시·전송·배포·2차적 저작물 작성의 방법으로 침해한 자는 5년 이하의 징역 또는 5천만원 이하의 벌금에 처하거나 이를 병과할 수 있다.